米の外観品質・食味

― 最新研究と改善技術 ―

松江勇次 編著

養賢堂

はしがき

　現在，地球温暖化による水稲の生育期間中の気温上昇などによって，米生産現場においては作柄の不安定化にともなう品質の低下が顕在化するとともに，食味の低下も懸念されるところとなり，米農家に深刻な影響を与えている．その一方で，食味に重点を置くことは止むを得ないものの，低タンパク米と称して窒素施用量の抑制が強調され過ぎて，健全な米づくりの進展が阻害されている感がある．また，国産米の国際競争力を高める視点から，さらなる米の生産コスト削減が謳われているなかでは，作物生産学の王道である増収を念頭においた良質米生産技術の開発を急ぐ必要がある．

　健全な米づくりとは品質と収量性とが両立していることであり，決して食味を含めた高品質性が，収量性と相反するものではない．品質と作柄が不安定な今日こそ，この考えを前提とした外観品質・食味に関する学術の発展および地域に対応した良質良食味米の生産技術の確立が望まれる．さらには，米を主食としている国として，世界に冠たるジャポニカ米の品質，食味研究レベルを維持，アピールしていく必要がある．

　本書は，このような考えにもとづき，米の外観品質・食味に焦点を絞って，育種から育種法，メカニズムおよび改善技術までという，一貫して良質良食味米の生産過程を念頭においた基礎的研究と応用研究を交えた学術書である．記述内容は，遺伝育種学，栽培学，形態学，水分生理学，分子生物学，食品科学といった学問分野から，品質と食味を解説したものである．

　本書で執筆された方々は，いずれもその分野の第一線級でご活躍されている専門家である．それゆえ，品種育成や栽培技術の改善を担っている研究者はもちろん，品質を研究している人たち，農業普及指導員および米生産者にも役立つと確信している．また，本書は月刊誌「農業および園芸」での「米の外観品質・食味研究の最前線」という連載記事を基にして，その後の新たな知見を追加記載して内容の充実を図ったものである．

　最後に，本書の出版に際しては，（株）養賢堂編集部　小島英紀氏のご尽力

を賜った．ここに記して感謝の意を表します．

2017 年 4 月
執筆者を代表して
松江勇次

目次

はしがき（松江勇次） ··· i

第Ⅰ部　良食味水稲品種の育種

第1章　北海道における水稲良食味品種の開発（丹野　久・平山裕治） ············· 3
  1. うるち米 ··· 3
  2. もち米 ·· 14
第2章　九州地域における良食味水稲品種の開発（尾形武文） ························ 33
  1. はじめに ··· 33
  2. 九州における水稲の育種目標 ··· 34
  3. 水稲品種の選抜手法 ··· 35
  4. 九州地域の高温耐性品種の育成状況 ··· 41
  5. これからのブランド品種に求められるもの ·· 41
第3章　高温耐性品種の育成とその課題　—西日本向け品種—（坂井　真） ······· 45
  1. 九州を中心とした暖地向きの高温登熟耐性水稲品種育成の現状 ··················· 45
  2. 高温登熟耐性の検定法の開発 ··· 52
  3. 九州地域における基準品種の策定 ·· 55
  4. 今後の展望 ··· 55

第Ⅱ部　外観品質・食味の評価方法と育種法

第4章　水稲高温登熟耐性品種の評価方法
　　　　　—背白米発生量を指標とする検定法—（若松謙一） ······················ 61
  1. はじめに ··· 61
  2. 登熟期の気温と不完全米の発生 ·· 61
  3. 気温以外の要因と背白米の関係 ·· 63
  4. 高温登熟性と品種間差異 ··· 66
  5. 高温に対応した育種の取り組み ·· 71
  6. まとめ ·· 74
第5章　米の食味の生物的，物理的，化学的評価方法の探索
　　　　　　　　　　　　　　　　　　　（大坪研一・中村澄子） ····· 77

1. 米の食味 ·· 77
2. 米の食味に関する官能検査と物理化学的測定 ································· 78
3. 生物的測定による新しい食味推定の試み ······································ 87
4. 食味研究の今後の課題 ··· 91

第6章　CE-MS で測定した炊飯米に含まれる成分と食味との関係
　　　　　　　　　　　　　　　　　　　　　（佐野智義・後藤　元）···· 97
1. メタボロームプロファイルによる食味評価 ···································· 97
2. CE-MS によるメタボローム解析技術について ······························· 98
3. 代謝物質の測定方法と解析結果 ·· 98

第7章　北海道米の澱粉の分子構造と新食味評価手法（五十嵐俊成）········· 109
1. 米の品質向上における澱粉科学の意義 ··· 110
2. 育種選抜のための澱粉評価と新食味評価法 ··································· 116
3. 良食味米育種における成分育種手法の高度化 ································ 123

第8章　いもち病圃場抵抗性と良食味特性を結合する育種法
　　　　　　　　　　　　　　　　　　　　（坂　紀邦・福岡修一）···· 129
1. はじめに ··· 129
2. いもち病抵抗性 ··· 130
3. イネ縞葉枯病抵抗性育種から幸運に恵まれて見出された *Pb1* ·········· 131
4. 陸稲「戦捷」活用—ゲノム時代の再チャレンジ— ························· 134
5. *pi21* の利用を阻んだ食味不良形質 ··· 135
6. 日中のシャトル育種が生んだ高度圃場抵抗性品種 ·························· 138
7. いもち病圃場抵抗性を導入した品種の効果 ··································· 141
8. 持続的抵抗性を獲得するための「三本の矢の教え」························ 142
9. ゲノム研究の進展といもち病圃場抵抗性育種 ································ 143

第9章　米の食味と食味に関連する形質の遺伝解析とその育種的利用（竹内善信）··· 149
1. はじめに ··· 149
2. アミロースとタンパク質含有率を制御する遺伝子の解析と育種的利用 ········· 149
3. 食味官能評価値に関する遺伝解析と育種的利用 ····························· 151
4. おわりに ··· 154

第10章　高温耐性品種の育成とその遺伝的要因の解明
　　　　　　　—外観品質を主にして—（小林麻子）························ 159
1. はじめに ··· 159
2. 高温耐性品種の育成 ··· 159
3. 遺伝的要因 ·· 165

4. 高温耐性品種と良食味性 …………………………………………… 171
5. おわりに ……………………………………………………………… 172

第Ⅲ部　外観品質・食味形成のメカニズム

第11章　良食味米と低食味米の微細構造的特徴（新田洋司）………… 179
1. 子房における光合成産物の転流・転送経路 ……………………… 180
2. 良食味米と低食味米の微細構造的特徴 …………………………… 181
3. 粒厚と食味関連形質および炊飯米の微細骨格構造 ……………… 182
4. 高温登熟と炊飯米の微細骨格構造 ………………………………… 186
5. 炊飯米の微細骨格構造におよぼす品種および環境の影響 ……… 187

第12章　米の食味に関わる可溶性低分子物質（阿部利徳）…………… 191
1. 精白米における糖含量の品種間差異 ……………………………… 191
2. 精白米における遊離アミノ酸組成・含量の品種間差異 ………… 193
3. 慣行栽培および有機栽培による遊離アミノ酸含量の比較 ……… 194
4. 米の糖および遊離アミノ酸など低分子物質の込みにした特徴 … 196
5. おわりに ……………………………………………………………… 197

第13章　米の食味に関与する貯蔵タンパク質の米粒内分布の解析
　　　　　　　　　　　　　　　（増村威宏・斉藤雄飛）…… 201
1. 電気泳動法による米タンパク質の分析 …………………………… 202
2. 米を対象とする顕微鏡観察 ………………………………………… 204
3. 免疫染色法による貯蔵タンパク質の米粒内分布の観察 ………… 206
4. おわりに ……………………………………………………………… 208

第14章　登熟期の高温が種子遺伝子発現および登熟代謝に及ぼす影響
　　　　　　（山川博幹・羽方　誠・中田　克・宮下朋美・山口武志）…… 211
1. イネの高温登熟障害発生メカニズムの分子生理研究 …………… 211
2. 乳白粒の発生―デンプンの蓄積量の不足― ……………………… 212
3. 米飯の硬化―デンプンの質的変化― ……………………………… 218
4. 今後の展望 …………………………………………………………… 219

第15章　高温耐性イネの開発戦略―澱粉代謝関連酵素の細胞分子生物学の視点から―
　　　　　　　　　　　（三ツ井敏明・金古堅太郎・白矢武士）…… 223
1. 澱粉代謝関連酵素の細胞分子生物学に関する新しい知見 ……… 224
2. 米品質に及ぼす高温・高CO_2濃度環境の影響 …………………… 227
3. 澱粉集積抑制酵素は米品質に影響を与える ……………………… 228
4. 高温登熟による米品質低下軽減のための戦略 …………………… 230

第16章　胴割れ米の発生に関わる諸要因（長田健二）･････････ 237
　1. 品位検査場面における近年の発生動向 ････････････････････ 237
　2. 品質・食味への影響 ･･････････････････････････････････ 238
　3. 発生メカニズム ･･････････････････････････････････････ 239
　4. 発生程度に関わる要因 ････････････････････････････････ 239
第17章　フェーンによる乳白粒発生メカニズム
　　　　　――イネの細胞水分状態計測の活用による機構解明――（和田博史）････ 247
　1. はじめに ･･･ 247
　2. 高温乾燥風が玄米外観品質に及ぼす影響の解析 ･･････････････ 248
　3. 細胞レベルで見えてきたフェーンによる乳白粒発生メカニズム ･･････ 252
　4. 細胞および組織の水分状態計測 ････････････････････････ 256
　5. おわりに ･･･ 264

第Ⅳ部　外観品質・食味の改善技術

第18章　米の食味・外観品質と養分・気象環境（近藤始彦）････････ 271
　1. はじめに ･･･ 271
　2. 栽培管理の影響 ･･････････････････････････････････････ 271
　3. 外観品質，特に白未熟粒の発生機構と対策 ･･････････････････ 275
　4. 外観品質・食味の両立に向けて ････････････････････････ 280
第19章　水稲の品質と稲体窒素栄養条件や施肥法の関係（田中浩平）･･ 285
　1. イネの窒素吸収と外観品質 ････････････････････････････ 285
　2. 外観品質と食味を両立させる窒素施肥法 ････････････････ 290
第20章　高温登熟障害の回避に向けた研究（森田　敏）････････････ 297
　1. 水稲高温登熟障害の研究変遷 ････････････････････････････ 297
　2. 高温化に伴う3つの気象的特徴 ････････････････････････ 298
　3. 異常高温 ･･･ 299
　4. 高温寡照 ･･･ 302
　5. 高夜温 ･･･ 305
　6. 台風 ･･･ 309
　7. 玄米充実度の低下に対応した研究 ････････････････････････ 310
　8. 高温登熟障害の発生予測技術の研究 ････････････････････ 311
　9. 高温登熟障害対策の考え方 ････････････････････････････ 313
第21章　北海道における良食味低蛋白米の生産技術（丹野　久）･･････ 323
　1. 初期生育と精米蛋白質含有率 ････････････････････････････ 324

 2. 施肥量の設定 ………………………………………………………… 327
 3. 側条施肥 ……………………………………………………………… 328
 4. 育苗と栽植密度 ……………………………………………………… 328
 5. 泥炭土圃場への対策 ………………………………………………… 333
 6. 防風対策 ……………………………………………………………… 336
 7. 冷害回避 ……………………………………………………………… 338
 8. ケイ酸の施用効果 …………………………………………………… 339
 9. わら処理と圃場管理 ………………………………………………… 342

第22章　北海道におけるうるち米の外観品質とその変動要因
              （丹野　久・平山裕治）…… 349
 1. 1971年以降における米粒外観品質の改良と東北以南の品種との比較 ………… 350
 2. 1999～2006年における米粒外観品質の年次間・地域間差異とその発生要因 …… 352
 3. 白未熟粒の発生要因 ………………………………………………… 356
 4. 色彩選別機の活用および1等米比率の向上 ……………………… 364

第23章　分げつの発生制御による高品質・良食味米安定生産技術（金　和裕）…… 369
 1. 高品質・良食味米安定生産に適した分げつの次位・節位 ……… 369
 2. 群落における分げつの光合成環境と穂重 ………………………… 371
 3. 有効茎歩合の違いが収量，品質，食味に及ぼす影響 …………… 373
 4. 分げつ発生次位・節位理論による高品質・良食味米安定生産マニュアル …… 374
 5. 残された課題 ………………………………………………………… 378

第24章　高温登熟条件下における増収，品質向上対策
   —登熟期間中の水管理と玄米仕上げ水分および玄米形状の視点から—
                  （松江勇次）…… 383
 1. 水稲におけるデンプン合成 ………………………………………… 383
 2. 登熟期間中の最適な水管理 ………………………………………… 384
 3. 広域における産米の食味と玄米仕上げ水分および玄米形状との関係 ………… 387

第25章　米の収穫後技術による品質・食味の向上（川村周三）…………… 393
 1. 米の共同乾燥調製貯蔵施設における籾荷受から玄米出荷まで … 393
 2. 籾の自動品質検査システム ………………………………………… 394
 3. 貯蔵のための籾の精選別 …………………………………………… 397
 4. 自然の寒さを利用した籾の超低温貯蔵 …………………………… 402
 5. 粒厚選別と色彩選別とを併用した玄米の精選別 ………………… 410

第26章　高温登熟障害の克服に向けた福岡県の取り組みと今後の課題
                  （宮崎真行）…… 419

1.「夢つくし」および「ヒノヒカリ」の対策技術と取り組み ……………… 420
　　2. 高温耐性品種「元気つくし」の普及拡大に向けた取り組み …………… 426
　　3. 今後の方向性と課題 …………………………………………………… 429
第27章　高温登熟障害の克服に向けた福井県の取り組みと今後の課題（井上健一）… 433
　　1. 福井県の玄米品質向上の取り組み ……………………………………… 434
　　2. 品質と食味評価との関連性 ……………………………………………… 441
　　3. 高温障害克服に向けた今後の課題 ……………………………………… 442
第28章　高温障害回避技術の構築を目指して
　　　　―水田の水管理による熱環境の改善―（丸山篤志）……………… 445
　　1. 気候変動による登熟期の熱環境の変化 ………………………………… 445
　　2. 水温と玄米品質との関係 ………………………………………………… 447
　　3. 水田水温を低下させる水管理 …………………………………………… 449
第29章　酒米の品質と気象との関係（池上　勝）……………………………… 453
　　1. 酒米の外観品質と気象条件との関係 …………………………………… 453
　　2. 高温による酒造適性の変化 ……………………………………………… 462
　　3. おわりに ………………………………………………………………… 464

索引 ‥‥‥ 469

執筆者一覧 ‥‥‥ 477

第 I 部
良食味水稲品種の育種

第1章
北海道における水稲良食味品種の開発

丹野　久・平山裕治

1 うるち米

　北海道は新潟県と1，2位を争う米の収穫量を誇るが，「コシヒカリ」のような全国銘柄米品種はなかった．そこで，北海道の水稲育種では，北海道立（現，北海道立総合研究機構　農業研究本部）中央・上川・道南・北見農業試験場（以下，農業試験場は農試と記す）の4農試において1980年から始まった「優良米の早期開発試験」以来の4期28年間のプロジェクト（以下，優良米早期開発プロジェクトと記す）などにより，うるち良食味21品種を育成した（図1-1，表1-1，図1-2；沼尾2009）．その結果，北海道米の食味水準の向上が達成され，東北以南の銘柄米品種と遜色が無くなった（木下ら2007，横江・川村2009）．同プロジェクトでは実施時期により多少の違いがあるが，①育種年限の短縮，②育種規模の拡大，③食味関連分析値による食味選抜が主要な柱であった（図1-3；仲野・佐々木編1988，佐々木1995）．ここでは，同プロジェクトを中心にこれまでの北海道米の食味向上に関する育種の概要を説

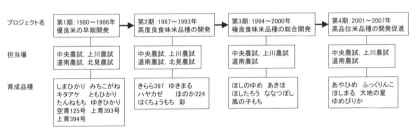

図1-1　北海道立農業試験場（現，北海道立総合研究機構　農業研究本部）における良食味米品種開発プロジェクトおよびその育成品種
もち品種および冷凍加工米飯用品種「大地の星」を含む．沼尾（2009）による．

表 1-1　1980 年以降育成の北海道うるち良食味品種における育種年限短縮法への供試の有無および食味などの諸特性

品種名	系統名	組合せ	F₁冬季温室	F₂-F₃世促	葯培養	育成期間	食味	熟期	耐冷性	いもち病抵抗性	耐倒伏性
キタヒカリ	北海 230	しおかり／ユーカラ	○	—	—	65~75	中下	中中	や強	中	や強
しまひかり	渡育 214	コシホマレ／そらち	○	—	—	69~81	中上	晩早	や弱	強	強
みらこがね	空育 110	空育 99／キタヒカリ	○	—	—	73~82	中中	中中	や強-強	中	強
キタアケ	道北 36	永系 7361／道北 5	○	—	—	74~83	中下	早中	強	中	中
とどひかり	空育 111	北海 230／巴まさり／空育 99	○	○	—	74~83	中下	早晩	や強	中	や強
ゆきひかり	空育 114	北海 230／巴まさり／空育 99	○	○	—	74~84	中中	中早	や強	強	中
上育 393 号	上育 393	キタヒカリ／永系 7659	○	○	—	77~87	中中	中早晩	強	中	や強
空育 125 号	空育 125	空育 109／キタヒカリ	○	○	—	78~87	中中	中早晩	や強-強	強	や強
上育 394 号	上育 394	渡育 214／道北 36	—	○	○	80~87	中上	晩早	や強	や強	や強
きらら 397	上育 397	渡育 214／道北 36	—	○	—	80~88	中上	中早	や強	中	中
ほのか 224	渡育 224	渡育 214／空育 110／空育 114	—	○	—	81~90	中中	中早	や強-強	強	強
ハヤカゼ	道北 47	北育 74／道北 36	—	○	—	82~90	中中	早早	や強-強	強	や弱
彩	道北 52	永系 84271／キタアケ	—	—	—	84~91	上下	晩晩	中	弱	中
ゆきまる	空育 139	上育 397／空育 125	—	○	—	85~93	上下	早晩	や強-強	や強	や強
あきほ	空育 150	上育 394／空育 133	—	○	*	88~96	中下	中中	強	や弱	中
ほしのゆめ	上育 418	あきたこまち／道北 48／きらら 397	—	○	*	88~96	上下	中中	強	や弱	や弱
はなぶさ	北海 280	道北 53／キタアケ	○	—	—	89~98	上下	中早	強	中	中
きらしたろう	空育 427	上育 418／空育 150	○	○	*	93~00	上下	中早	や強-強	や弱-中	や弱-中
ななつぼし	空育 163	ひとめぼれ／空系 90242A／空育 150	○	—	—	93~01	上下	中早	強	や弱	中
あやひめ	上育 433	AC90300／キタアケ	○	—	—	92~01	上下	中中	強	中	や弱-中
ふっくりんこ	渡育 240	空系 90242B／上育 418	○	○	—	93~03	上下	晩早	強	や弱	中
おぼろづき	北海 292	空育 150／95 晩 37	○	—	—	95~05	上下	中早	強	中	中
ほしまる	上育 445	上育 428／空育 159	—	○	—	97~06	上下	早中	強	や弱	中-や強
ゆめぴりか	上育 453	札系 96118／上育 427	—	○	○	97~08	上上	や早中	や強-強	や弱	や弱

育成期間の最終年は品種として認定された年としたため、年度では前年である。「キタヒカリ」は 1980 年代後半の食味目標であったので、参考として示す。F₁冬季温室は雑種第 1 代冬季温室養成、世促は世代促進栽培（以下農業試験場を農試、農業試験場第 1 代冬季温室養成を略す）。F₂-F₃世促の○*は引き続き F₃世代でも世促した、1 年 3 作栽培を行った。空育は上川農試、渡育は道南農試、上育は上川農試、札系は北海道中央農試。なお、系統名のあとの数字にづく「号」は省略。北海道農試（旧、北海道農試）による育成。沼尾（2009）に一部追加。

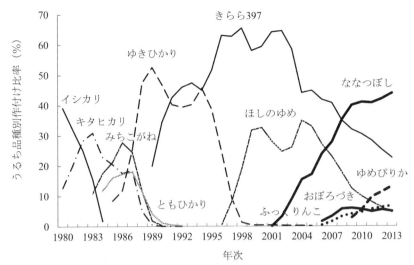

図1-2 北海道における1980年以降のうるち品種別作付け比率の推移
沼尾（2009）に一部追加．

明する．

（1）良食味品種育成に向けた育種戦略

① 育種年限短縮

品種の成立要件の一つとして，特性が実用上固定していることが必要である．交配によって得た交雑集団は，初期には特性の分離が大きい未固定個体が多く，世代が

```
┌─ 1. 育種年限短縮
│     1) 世代促進
│     2) 葯培養
├─ 2. 良食味系統選抜
│     1) 育種規模の拡大
│     2) 有用遺伝子活用の強化
└─ 3. 食味検定
      1) 食味特性分析
      2) 食味総合評価
```

図1-3 北海道立農業試験場（現，北海道立総合研究機構 農業研究本部）における良食味米品種開発プロジェクトの試験構成の例
仲野・佐々木編（1988）および佐々木編（1995）から一部改．

進むにつれ主要な特性が固定した個体の頻度が高まる．そのため，1年1作栽培では交配から品種育成まで10年は必要であった．そこで時代の要請に早期に応えるべく育種年限を短縮するため，世代促進栽培と葯培養法を取り入れた．

ア．世代促進栽培

優良米早期開発プロジェクト開始前にも雑種第1代（F_1）養成を冬季温室で行っていたが，その後のF_2世代養成以降は中央農試のみで暖地（鹿児島県）での世代促進栽培（以下，世促）を行っていた．そこで，同プロジェクトに参

表1-2 標準，世代促進栽培および葯培養法における交配から新品種育成までの年数

試験	新品種育成までの年数		
	標準	世代促進栽培	葯培養法
交配	1	夏	夏
F_1養成	2	冬季温室　1	冬季温室　1
			葯置床
F_2養成	3	大型温室	夏季温室
		（春～夏）　2	A1養成　2
F_3養成	4	大型温室	冬季温室
		（夏～秋）	A2選抜
個体選抜	5	—	—
系統選抜	6	3	—
生産力予	7	4	3
生産力本	8	5	4
奨決予	9	6	5
奨決本	10	7	6
奨決本	11	8	7
新品種			

生産力予，同本はそれぞれ生産力（収量）予備試験，同本試験．奨決は奨励品種決定試験．F_1は雑種第1代．標準法ではF_2，F_3世代を集団選抜あるいは個体選抜試験に供試する．また，急ぐ場合，例えばF_4世代（5年目）より系統選抜を行い，新品種まで10年となる．世代促進栽培では2年目にF_2～F_4の3世代を一部供試した時期があったが，現在は行われていない．

画している全場で，鹿児島県で春季から秋季かけF_2とF_3世代の世促を行うこととし，さらに一部の材料については引き続きF_4世代を冬季の沖縄県で栽培を行った．F_4世代を世促に含めた場合，育種年限は変わらないが，育種材料の固定度を高めることが出来る．これら温室F_1養成を含めた世促により，従来は交配から優良品種決定まで最短で10年かかるのを8年にまで短縮できた（表1-2）．なお，2001年以降は，暖地利用の世促から，道南農試の大型温室により1年でF_2，F_3世代を栽培する世促に切り替えている．また，続いてF_4世代を供試する1年3世代の世促は現在行っていない．

イ．葯培養法

葯培養法では，夏に得た交配種子を冬季に播種，栽培したF_1個体の葯を培養する．それにより花粉由来の半数体を得て，自然倍加で固定した系統を早期に得る．その後，2年目に夏季採種，冬季系統選抜を行い，翌3年目には生産力予備試験に供試する．そのため，交配から優良品種決定まで要する年数は7年である（表1-2，大槻ら1989）．一時中央農試でも行っていたが，現在は上川農試のみで実施している．労力が多くかかるため，毎年100～120組合せの中から有望な3～5組合せを選んで供試している．

これら育種年限短縮の方法で，優良米早期開発プロジェクトで育成された21品種のほとんどが育成された．すなわち，葯培養により育成されたのは5品種である．残り16品種の中で，冬季温室でのF_1養成，F_2とF_3世代の世促を経過した品種はいずれも13品種で，引き続きF_4世代も世促を経過したのは3品種であった（表1-1）．

表1-3 北海道立総合研究機構 農研本部の水稲育種試験における食味の選抜・評価方法

試験	食味関連分析						食味官能試験		実需者評価
	アミロース含有率	精米蛋白質含有率	糊化特性	炊飯米			少量炊飯	一般炊飯	
				テクスチャー	外観品質	老化性			
個体選抜	◎	◎							
系統選抜	◎	◎					◎		
生産力予備	○	○		○				◎	
生産力本	○	○	○	○	○			◎	
奨決予備	○	○	○	○	○			◎	
奨決本1年目	○	○	○	○	○			◎	
奨決本2年目	○	○	○	○	○			◎	◎

生産力予，同本，奨決については表1-2の脚注を参照．個体選抜試験前には食味に関する選抜をしていない．糊化特性はラピッドビスコアナライザー，テクスチャーはテクスチャアナライザー，炊飯米外観品質は炊飯米外観自動測定装置，老化性は炊飯米老化性評価法（βアミラーゼ・プルナラーゼ（BAP）変法，北海道立上川農業試験場・中央農業試験場2009b）による．食味官能試験で，少量炊飯は供試精米量が20〜100 g，一般炊飯は300〜750 g．選抜・評価において◎は重点的，○は補完的に用いる．

② 良食味系統選抜

ア．育種規模の拡大

当時困難と思われた良食味と早熟，耐冷性を同時に有する品種を育成するために，個体選抜試験や系統（1穂の種子で翌年1系統とする穂別系統を含む）選抜試験の供試規模を大きくし，その出現確率を高めることを図った．

イ．有用遺伝子活用の強化

良食味，低アミロースおよび耐冷性などの内外有用遺伝子を活用し，遺伝変異の拡大を行い，重要形質を具備した優良系統の育成を図った．また，このためにも育種規模の拡大を必要とした．

③ 食味検定

ア．食味特性分析

良食味品種を育成するためには食味による選抜を行わなければならない．しかし，炊飯米を食する食味官能試験を行ってもその供試点数は限定される．とくに，個体選抜試験や系統選抜試験などの初期世代では，供試材料数が多く，同時に1個体や1系統当たりの供試できる玄米サンプル量は少ない．そこで初期世代の選抜には，食味関連の理化学的特性で行った（表1-3）．具体的には，優良米早期開発プロジェクト開始以前からアミロース含有率と精米蛋白質含有率（以下，精米は略す）について北海道米が東北以南の良食味米に比べ高

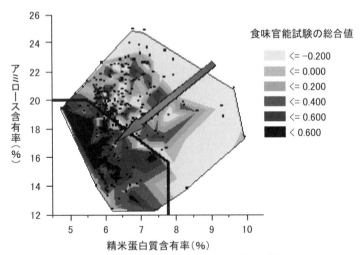

図 1-4 アミロース，精米蛋白質含有率と食味官能総合値との間の関係
食味官能試験の基準は「ほしのゆめ」．矢印方向に食味が向上する傾向があり，線の左下側には + 0.4 以上が多く含まれる．木下ら（2007）による．

く，改良の必要性があることが指摘されていたため，個体選抜や系統選抜には両含有率が低い個体，系統を選抜した（図 1-4，稲津 1988，佐々木 1991）．

　実際，多数のサンプルを迅速に測定するために，アミロース含有率分析用オートアナライザーや蛋白質含有率分析用近赤外分析計を全国に先駆けて導入し活用した．その分析のために必要なサンプル量は，調整作業も考慮すると，両含有率のいずれも玄米 10 g 程度である．それら機器による分析点数の 1 例を示すと，2007 年の上川農試では，両含有率はいずれも 5,500 点であった．さらに，同時に系統選抜試験おいて精米 10～100 g の少量炊飯による選抜も 350 点を行った（佐藤 2009）．

イ．食味総合評価

　生産力（収量）試験以降は，供試系統数も限られ，玄米サンプルも十分得られることから，精米 300～750 g を供試した食味官能試験を中心として評価を行っている．さらに，新たな評価法として，炊飯米の外観を画像処理により指数化する方法や老化性の評価法などを確立して，食味評価への活用を図っている（表 1-3）．また，品種育成最後の奨励品種決定試験では，米卸業者などの実需者による評価も得ている．

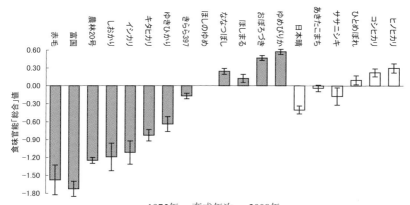

図1-5 北海道の新旧品種における食味官能総合値の比較
白抜きは東北以南の品種.基準品種は「ほしのゆめ」.北海道品種は上川農試産米,東北以南品種は特A産地銘柄米を使用.試食人数は6～21,1996～2007年ののべ155回の,上川農試の食味官能試験結果の集計による(北海道立上川農業試験場・中央農業試験場2009b).

(2) 導入良食味遺伝子から見た育成経過

① 道内良食味遺伝子の集積

　優良米早期開発プロジェクトの開始以前では,北海道米は東北以南の米に比べ食味が明らかに劣っていた(図1-5).これを改善するため,主として,デンプン成分の一つであるアミロース含有率の低下を重視し,日本でも先駆けてオートアナライザーを導入し選抜を行ってきた結果(図1-6),「粘り」が改善され,食味が大きく向上した.同時に,蛋白質含有率も食味に大きく影響するため,低い系統を選抜した.その結果,「巴まさり」などの道内良食味品種を改良して1984年に育成された「ゆきひかり」等が開発された(図1-7；沼尾2009,図1-8；和田ら1986).

②「コシヒカリ」の良食味遺伝子の導入

　その後,「コシヒカリ」を片親に持つ「コシホマレ」を母本にして「しまひかり」が1981年に育成された.さらに「しまひかり」を母本にして1988年に育成された「きらら397」(図1-9；佐々木ら1990)は,それ以前の北海道米にはない良食味性を備え,精力的な販売戦略もあって,北海道で初めての良食味米として全国区のブランド米になった.同品種は,現在となっては耐冷性がやや劣るが,収量の安定性にも優れており,現在まで長期間にわたり全道で広く作付けされている.さらに,「きらら397」の欠点である耐冷性を向上さ

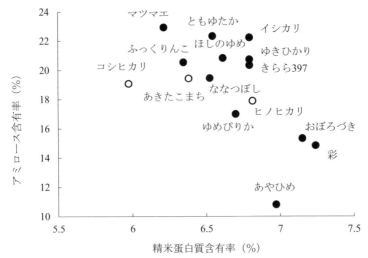

図 1-6 北海道の新旧品種における精米蛋白質含有率とアミロース含有率との間の関係
東北以南の3品種（○）を含む．1995〜2007年の平均．北海道品種は上川農試標肥区産米，東北以南品種は各代表的生産地産米による．データは上川農試による（沼尾 2009）．

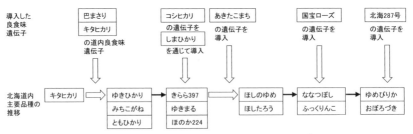

図 1-7 北海道良食味品種における良食味遺伝子の導入
⇨は矢印左側品種の良食味性が右側品種に受け継がれていること，→はその関係が無いことを示す．沼尾（2009）による．

せ，「コシヒカリ」を片親に持つ「あきたこまち」を良食味の母本に使い，「ほしのゆめ」を1996年に育成した（図1-10；新橋ら 2003）．

アミロース含有率は登熟温度と正の相関関係にあり，年次変動が大きいため正確な数字を示すことは困難であるが，「ゆきひかり」育成以前の旧来の多肥多収品種「イシカリ」などの22％から「きらら397」と「ほしのゆめ」の20％まで，2％程度が低下したと思われる（図1-6）．しかし，東北以南に比べ北海道は登熟温度が低いため，「きらら397」と「ほしのゆめ」でもアミロー

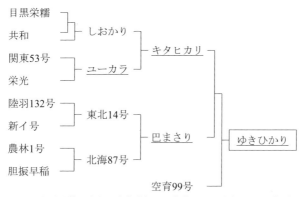

図 1-8 北海道品種が有する良食遺伝子の集積により育成された「ゆきひかり」の系譜
下線は良食味遺伝子を有すると考えられる品種．図中の組合せの上段が母本，下段が花粉親．「巴まさり」は1961年育成．和田ら（1986）による．

図 1-9 「コシヒカリ」の良食味遺伝子を北海道品種「しまひかり」を通し導入して育成された「きらら397」の系譜
図 1-8 の脚注を参照．佐々木ら（1990）による．

図 1-10 「あきたこまち」の良食味遺伝子を導入して育成された「ほしのゆめ」の系譜
図 1-8 の脚注を参照．新橋ら（2003）による．

ス含有率がやや高かった．

③ 低アミロース遺伝子の活用

　一方，アミロース含有率をさらに低下させる方法の一つとして，従来の日本の一般うるち品種にはない低アミロース遺伝子を導入する試みが行われた（菊地 1988）．「ニホンマサリ」にガンマー線を照射して開発された低アミロース系統「NM391」の遺伝子を導入して，1991年に「彩」（國廣ら 1993，丹野ら 1997a），2001年に「あやひめ」（木内ら 2009）が育成された（図 1-11，表

図 1-11 「NM391」の突然変異低アミロース遺伝子を導入して育成された「彩」と「あやひめ」の系譜
下線は低アミロース遺伝子を有すると考えられる品種．図 1-8 の脚注を参照．丹野ら（1997）および木内ら（2009）による．

表 1-4 北海道でアミロース含有率と精米蛋白質含有率を低下するために活用された遺伝資源

食味関連形質	遺伝資源	低下程度(%)	育成品種	育成系統
アミロース含有率	NM391（「ニホンマサリ」の突然変異）dull 遺伝子	8～10	彩 はなぶさ あやひめ	
	北海 287 号（「きらら 397」の培養変異）Waxy 遺伝子	4～6	おぼろづき ゆめぴりか	上育 458 号 空育 171 号
	国宝ローズ	2～5	ななつぼし ふっくりんこ	空育 147 号 北海 302 号
精米蛋白質含有率	国宝ローズ	0.5～1	ななつぼし ふっくりんこ	北海 302 号 上育 462 号

低下程度は年次や気象により異なる．データは上川農試による．

1-4)．これらは，アミロース含有率が「きらら 397」など一般粳品種のほぼ半分の 10～12% であり，かなり粘りが強く柔らかいため，主に一般うるち米とのブレンド米としての活用が図られた．

また，2001 年には「国宝ローズ」の良食味性を導入した北海道育成系統を母本として，「ななつぼし」が開発された（図 1-12；吉村ら 2002）．「ななつぼし」は「きらら 397」と「ほしのゆめ」よりもアミロース含有率が 1% 程度低下した（図 1-6）．さらに，蛋白質含有率については，それまでアミロース含有率ほど顕著な改善は得られていなかったが，「ななつぼし」は従来品種に比べ蛋白質含有率もやや低下した．本品種の育成により，北海道米に対する流通・実需関係者や消費者の食味評価はさらに高まった．

その後，優良米早期開発プロジェクトの成果ではないが，「きらら 397」の

図1-12 「国宝ローズ」の良食味遺伝子を導入して育成された「ななつぼし」の系譜
図1-8と1-11の脚注を参照．吉村ら（2002）による．

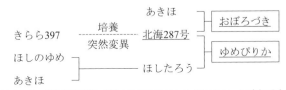

図1-13 培養突然変異系統「北海287号」の低アミロース遺伝子を導入して育成された「おぼろづき」と「ゆめぴりか」の系譜
図1-11の脚注を参照．安東ら（2007）および佐藤ら（2007）による．「北海287号」は，交配当時「95晩37」あるいは「札系96118」の系統名であった．表1-1を参照．

培養変異による低アミロース系統「北海287号」を母本として，「おぼろづき」が2003年に育成された（図1-13：安東ら2007）．「おぼろづき」はアミロース含有率が15％程度で，単品で利用できる低アミロース品種であった．また，同じ「北海287号」を遺伝資源に利用しアミロース含有率が「おぼろづき」よりも1％程度高く，栽培特性が改善された「ゆめぴりか」が，2008年に育成された（図1-13；佐藤ら2007，佐藤2009）．両品種とも「つや」，「粘り」および「柔らかさ」に優れており，食味のポテンシャルとしては「コシヒカリ」に並ぶと評価されている（図1-5）．

(3) 今後の良食味育種戦略

アミロース含有率については，「粘り」や「柔らかさ」のバランスを考慮した場合，これ以上の低下は望ましくなく，「ななつぼし」と「ゆめぴりか」の中間の値を有し（図1-6），産地や年次による変動が小さい品種の開発を目指している（木下・佐藤2004，佐藤2009）．そのため，現在，「国宝ローズ」由来の育成系統の活用が考えられている．蛋白質含有率についても，「国宝ローズ」由来の育成系統等を遺伝資源に利用して，安定的な低下が試みられている．さらに，「外観」や「つや」，冷めてもおいしく感じる「米飯老化性」を改良するために，これら特性を育種現場で効率よく測定する方法の開発が必要で

ある．また，いわゆる「味」や「香り」などに関する特性も機器分析できるように基礎的な研究を続けていく必要がある．

❷ もち米

　北海道は日本において佐賀県と並ぶもち米の大きな生産地である（ホクレン農業協同組合連合会2013）．2012年の北海道糯品種作付面積は7,978 haで，道内全水稲面積の7％であった．その糯作付地域は，うるち花粉によるキセニア粒であるうるち粒の混入による品質低下を防ぐため，多くが気象的に厳しい稲作の北限地帯でもち団地を形成している（北海道農政部生産振興局農産振興課編2013）．そのため，とくに冷温年では整粒歩合の低下や障害不稔の発生による高蛋白化により精米白度が下がり（図1-14，1-15，1-16，1-17），品質低下が生じやすい．そこで，育種により耐冷性の強化や収量の安定化と共に品質の向上を図る必要があった．

　一方，北海道もち米は従来硬化性が低く，炊飯米やつき餅が硬くなるまで長い時間を要する特長を有していた（赤間・有坂1992）．この一因は，北海道が

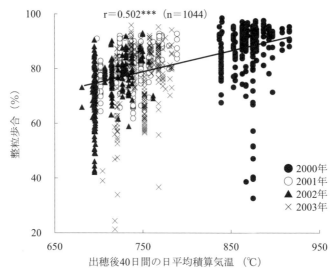

図1-14　出穂後40日間の日平均積算気温と整粒歩合との関係
日平均気温は日最高気温と日最低気温の平均．回帰式は，y＝0.0809x＋18.44．＊＊＊：0.1％水準で有意．丹野ら（2009）による．

第1章 北海道における水稲良食味品種の開発　15

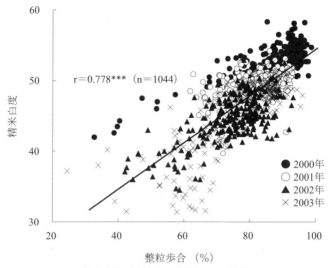

図1-15 整粒歩合と精米白度との関係
日平均気温は日最高気温と日最低気温の平均．回帰式は，y = 0.3255x + 22.00．***：0.1％水準で有意．丹野ら（2009）による．

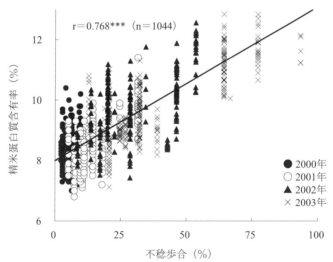

図1-16 不稔歩合と精米蛋白質含有率との関係
回帰式は，y = 0.0488x + 8.02．***：0.1％水準で有意．丹野ら（2009）による．

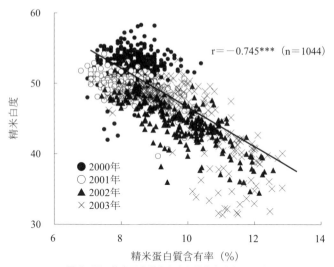

図 1-17 精米蛋白質含有率と精米白度との関係
回帰式は，y＝－2.955x＋75.01．＊＊＊：0.1％ 水準で有意．丹野ら（2009）による．

東北以南よりも登熟気温が低く，登熟気温が低いと硬化性が低下するためであった（図 1-18）．そのため，硬化性が高い東北以南のもち米に比べ団子やおこわには適するが成型餅や菓子用途には適さないとされてきた．しかし，需要を拡大するために硬化性の高い糯品種も販売側から要望されてきた．

以上のことから，北海道のもち育種は，従来からの硬化性が低い品種の高品質化を進め，さらに，新たに硬化性が高い品種の開発も行ってきた．本稿では，1970 年以降の 45 年間について，その概要を報告する．

(1) 育成品種の育種法，諸特性および系譜

1970 年以降に育成された北海道糯 7 品種は，いずれの品種も早期の開発を行うため世代促進（世促）栽培あるいは葯培養法に供試された（表 1-5）．すなわち，「おんねもち」(1970 年育成，佐々木・山崎 1972) を除く他の全品種で冬季温室の F_1 世代養成を行った．また，「おんねもち」で F_2 世代を，「たんねもち」（1983 年育成，佐々木ら 1983）で F_3 世代を，冬季温室で養成した．「はくちょうもち」（1989 年育成，本間ら 1991），「風の子もち」（1995 年育成，丹野ら 1997b），「きたゆきもち」（2009 年育成，佐藤ら 2009）および「きたふくもち」（2013 年育成，北海道立総合研究機構上川農業試験場 2013）の 4

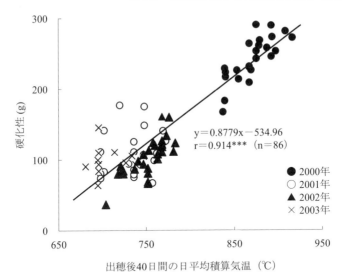

図1-18 出穂後40日間の日平均積算気温とつき餅の硬化性との関係
***：0.1％水準で有意．丹野ら（2009）による．

表1-5 1970年以降育成の北海道糯7品種における育種年限短縮法への供試，品質および農業諸特性

品　種　名	育種年限短縮			育成期間	硬化性	食味	粒の大小	熟期	障害型耐冷性	
	F_1冬季温室	$F_2 \sim F_3$世促	薬培養						穂ばらみ期	開花期
おんねもち	—	(F_2冬温)	—	'61〜'70	低	中上	や小	早晩	や強	中
たんねもち	○	(F_3冬温)	—	'74〜'83	低	上下	や小	早晩	や強	や弱〜中
はくちょうもち	○	○鹿児	—	'80〜'89	低	上下	や小	早晩	強	中
風の子もち	○	○鹿児	—	'87〜'95	低	上下	中	中早	強〜極強	中
しろくまもち	—	—	○	'00〜'07	高	上下	や小	早中	極強	強
きたゆきもち	○	○沖縄	—	'98〜'09	低	上下	や大	早中	極強	中〜や強
きたふくもち	○	○道南	—	'05〜'13	高	上下	中	早晩	極強	極強

育成期間の最終年は品種として認定された年としたため，年度では前年で，'61と'07は各1961，2007年．F_1冬季温室は雑種第1代冬季温室養成，$F_2 \sim F_3$世促は$F_2 \sim F_3$世代を1年2作の世代促進栽培．ただし（F_2冬温）はF_2世代のみ冬季温室栽培．鹿児，沖縄，道南は各鹿児島県，沖縄県，道南農試温室による世促栽培．「や強」は「やや強」．熟期は主に成熟期．品種決定時の成績によるが，「おんねもち」と「たんねもち」における開花期の障害型耐冷性は丹野ら（2000）による．

品種は，F_2とF_3世代を1年2作の世促栽培に供試した．「しろくまもち」（2007年育成，糟谷ら2013）は薬培養で育成された．

硬化性は1970〜1995年育成の4品種および「きたゆきもち」が「低」であ

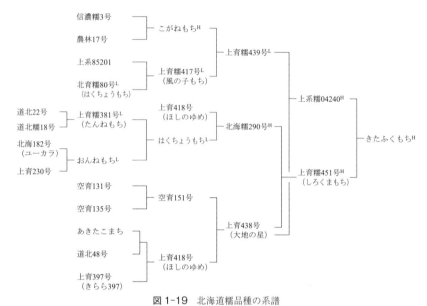

図 1-19 北海道糯品種の系譜
図中の組合せの上段が母本，下段が花粉親．系統名，上育（上系）と道北は北海道立（現，北海道立総合研究機構）上川農業試験場（以下，農業試験場は農試と略す），空育は北海道立（現，北海道立総合研究機構）中央農試，北海は北海道農試（現，農業・食品産業技術総合研究機構北海道農業研究センター）による育成．「上育230号」と「上系85201」は糯系統．北海道立総合研究機構上川農業試験場（2013）に一部追加．もち品種名の右上つけのHは硬化性が高くLは低い特性を有することを示す．また，とくに記載がない場合は不明．

る（表 1-5）．一方，「しろくまもち」と「きたふくもち」は硬化性「高」と従来の北海道糯品種と異なる．これら硬化性を高めた遺伝資源として「しろくまもち」の母本である「北海糯290号」にはうるち品種「ほしのゆめ」が，「しろくまもち」にはさらに父本としてうるち品種「大地の星」が寄与したと考えられる（図 1-19，粕谷ら 2013）．なお，「おんねもち」や「たんねもち」は，片親がうるち品種であるが硬化性が高くなく，硬化性を高めるためには母本の選定やその選抜が必要である．

また，もち品種の粒大は，従来はうるち品種に比べランクが「やや小」と小粒であった．しかし，「風の子もち」以降「しろくまもち」を除く3品種がランク「中」あるいは「やや大」と，それ以前よりも大きくなった．このことは，小粒品種では登熟条件が不良な場合，粒の充実が不足し粒厚が薄くなり選別の歩留まりが下がり低収化しやすい．そこで，収量安定化のため粒厚を厚く

粒大を大きくするが，粒大が大きいと品質が低下する傾向がある．この粒大と外観品質との間にある負の相関関係を育種により打破できた例であると考えられる．

北海道では水稲の安定生産のために穂ばらみ期，開花期とも障害型耐冷性が強いことが不可欠である．穂ばらみ期耐冷性は，育成時期の最も早い2品種の「やや強」から「はくちょうもち」で「強」，「風の子もち」で「強～極強」，それ以降はいずれも「極強」と向上した．また，開花期耐冷性も「おんねもち」から「風の子もち」まで「中」程度だったが，それ以降は「しろくまもち」の「強」や「きたふくもち」の「極強」と大きな改善が見られた．

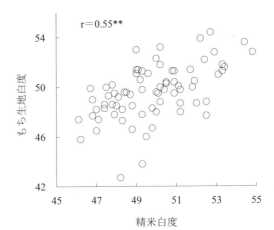

図 1-20　精米白度ともち生地白度の関係
**：1％水準で有意．柳原（2002）による．

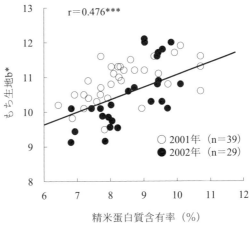

図 1-21　精米蛋白質含有率ともち生地の色（b*）との関係
b*は色彩色差計の測定値で，大きいほど黄味が強い．***：0.1％水準で有意．中森（2005）による．

(2) 品質の育種方法

つきもちの白さを高めるには精米白度を高める必要があり（図1-20），1999年の実需者へのアンケート調査の結果でも実需者からその改良が最も強く要望されている（平山2001）．さらに，精米白度を高め，もち生地の黄味を弱くするためには蛋白質含有率を低下させることが必要である（図1-17，1-21）．さらに，つき餅の伸展性を高く炊飯米の粘りを強くして良食味化を図るためにも，蛋白質含有率が低い品種

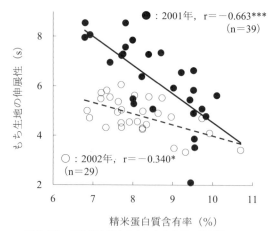

図 1-22 精米蛋白質含有率ともち生地の伸展性の関係
もち搗き後もち生地を 5℃ 2 時間冷蔵し，テクスチャーアナライザーにより伸展性を測定．*，***：それぞれ 5，0.1% 水準で有意．中森(2005) による．

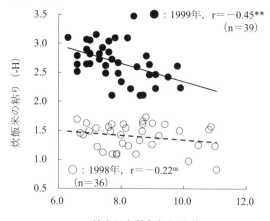

図 1-23 精米蛋白質含有率と炊飯米の粘りとの関係
炊飯米の粘りはテクスチュロメーターによる．
**は 1% 水準で有意，ns は有意でないことを示す．平山（2001）による．

を開発する必要がある（図 1-22，図 1-23，柳瀬ら 1984）．

　育種において選抜効率を上げるためには可能な限り初期世代の多数の材料から選抜を行うことが望ましい．しかし，初期世代では供試数が多く品質選抜のための得られる検体量が少ないことや，多数の材料を測定するには簡便でなけ

表 1-6 北海道立総合研究機構上川農業試験場における糯品種育成試験の供試材料数および品質選抜手法

試験名		供試材料数		玄米 品質		精米		硬化性			食味官能		実需評価
		圃場	室内(品質)	外観	白度	白度	蛋白質含有率	RVA最高粘度到達温度	つき餅 T.A.	曲がり法	つき餅	おこわ	
個体選抜		50000	2000	○	○			○					
系統選抜	穂別	1500	200	○	○	○	○	○	○				
	単独	800	400	○	○	○	○	○	○				
生産力予		100	50	○	○	○	○	○	○	○	○		
生産力本		10	5	○	○	○	○	○	○	○	○		
奨決予		1	1	○	○	○	○	○	○	○	○	○	
奨決本		1	1	○	○	○	○	○	○	○	○	○	
奨決本		1	1	○	○	○	○	○	○	○	○	○	○
検体重量(g)		—	—	12	12	20	10	3.5	8	800	600		30000
同上試料種別				玄米	玄米	精米	精米	米粉	精米	精米	精米		玄米

生産力予，同本はそれぞれ生産力（収量）予備試験，同本試験．奨決は奨励品種決定試験．交配は年 20 組み合わせ．穂別系統選抜試験は近年実施していない．調査法は，玄米品質の外観と白度は達観，精米白度はケット科学研究所製玄米・精米白度計 C-300，精米蛋白質含有率は近赤外分析装置，また RVA はラピッドビスコアナライザー（NEWPORT SCIENTIFIC 社），つき餅の硬化性を測定する T.A. はテクスチャーアナライザー（StableMicroSystems 社 TA Xtplus Texture Analyser），曲がり法は新潟食総研方式（有坂ら 1988，山下 1996）による．なお，調査法が試験により異なる場合はより早い段階での試験について記載．

ればならないなど，測定法が限定される．すなわち，玄米品質の外観と白度は達観で個体選抜試験の，精米白度と蛋白質含有率はそれぞれ白度計と近赤外分析装置を用い系統選抜試験のいずれも初期世代から，玄米や精米で 10〜20 g を供試して選抜を行っている（表 1-6）．

硬化性について，つき餅による曲がり法は精米数百 g の検体量を要し，より少量の精米 8 g の検体量で簡易に測定可能なつき餅によるテクスチャーアナライザー（T.A.）による評価と正の相関が高い（図 1-24）．また，後者はさらに少量の米粉 3.5 g の検体で測定時間も短いラピッドビスコアナライザー（RVA）による最高粘度到達温度や糊化開始温度と正の相関関係がみられる（図 1-25，1-26，松江ら 2002）．そこで，とくに RVA の最高粘度到達温度を個体選抜から，少量のつき餅で測定できる T.A. による硬化性を系統選抜試験から，曲がり法を生産力予備試験から，それら以降の試験で活用し選抜している．また，これら初期世代からのつき餅を用いた硬化性選抜には北海道立総合研究機構中央農業試験場と民間企業が共同開発した試験用小型もち搗き機（北海道立中央農業試験場・上川農業試験場 2004，糟谷ら 2013）が活用されてい

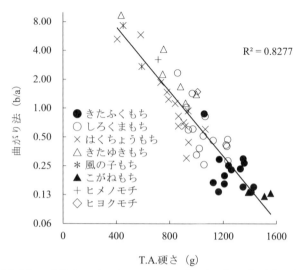

図1-24 つき餅でのテクスチャーアナライザー（T.A.）の硬さと曲がり法（b/a）との関係
2011, 2012年産米を供試. y軸は対数目盛りで示す. **：1％水準で有意.

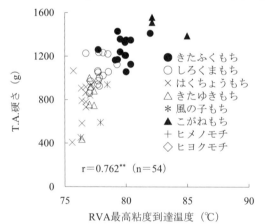

図1-25 ラピッドビスコアナライザー（RVA）の最高粘度到達温度とテクスチャーアナライザー（T.A.）のつき餅の硬さとの関係
2011, 2012年産米を供試. **：1％水準で有意.

る．

　一方，つき餅やおこわによる食味官能評価は生産力試験以降であり，供試系統数が限定される．育種効率を上げるために，官能評価よりも簡易で初期世代

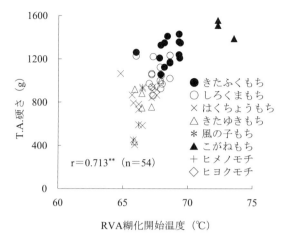

図 1-26 ラピッドビスコアナライザー (RVA) の糊化開始温度とテクスチャーアナライザー (T.A.) のつき餅の硬さとの関係
2011～2012 年産米を供試．**：1％ 水準で有意．

表 1-7 1970～1989 年に育成された北海道糯 3 品種の玄米白度，精米白度および精米蛋白質含有率

品　種　名	玄米白度 (1986, 1988 年, n=2)	適搗精回数 (1985～1988 年, n=9)	搗精歩合 (同左)	精米白度 (同左)	精米蛋白質含有率（％） (1986, 1987 年, n=18)
おんねもち	23.2±1.1	5.1±1.14	90.9±0.60	1.8±0.67	8.7±1.0
たんねもち	24.0±1.7	5.4±1.35	90.5±0.41	1.9±0.63	8.7±1.0
はくちょうもち	22.4±1.1	5.1±1.07	90.9±0.56	1.1±0.33	8.7±1.1

育成年次は表 1-5 参照．白度は達観調査あるいはケット白度計 C-300 による．また，精米白度では，良／48.0 以上：1，やや良／46.5～47.9：2，中／46.4 以下：3．±標準偏差．北海道立北見農業試験場（1989）から作表．玄米白度は農試産米，他は農試と現地試験産米を供試．

からの活用が可能な選抜法の開発が今後必要である．育成の最後には硬化性の高低に関わらず，実需から新品種としての十分な品質特性を有しているかの評価を得る．

(3) 育成品種の品質評価
① 精米白度

「はくちょうもち」はそれ以前に育成の「おんねもち」と「たんねもち」に比べ，蛋白質含有率は同等で，玄米白度は劣るものの精米白度は高かった（表 1-7）．玄米白度が低いのは「はくちょうもち」の登熟が良いためサビ米の発生が早く玄米白度が低下しやすいためである．

表1-8 1989年以降に育成された北海道糯5品種,および東北以南産糯4品種における玄米白度,精米白度,精米蛋白質含有率

品種名	生産地	白度		精米蛋白質含有率（％）	供試米の生産年次	測定回数
		玄米	精米			
はくちょうもち	北海道	27.2±1.14	56.4±1.90	7.3±0.87	2004～2012	18
風の子もち	北海道	27.9±1.58	56.1±1.85	6.6±0.85	2004～2012	18
しろくまもち	北海道	26.9±1.18	56.2±2.08	7.0±0.87	2004～2012	18
きたゆきもち	北海道	28.7±1.22	56.9±1.58	7.1±0.99	2004～2012	18
きたふくもち	北海道	28.5±0.74	55.6±2.01	6.2±1.02	2010～2012	6
こがねもち	新潟県	27.7±1.30	54.6±2.78	6.1±0.70	2004～2012	12～13
わたぼうし	新潟県	28.9±0.28	55.4±2.76	6.9±0.06	2007～2008	2
ヒメノモチ	岩手県,宮城県	29.5±1.87	55.2±1.78	6.3±0.35	2004～2008	6～7
ヒヨクモチ	佐賀県	27.7±2.04	55.3±1.93	7.4±0.32	2004～2008	6～7

北海道立総合研究機構中央・上川・道南農業試験場・農研機構北海道農業研究センター（2005～2013）および北海道立総合研究機構上川農業試験場（2009）のデータにより作表.育成年次は表1-5参照.北海道糯品種は農試産米を供試.東北以南の生産地は主たる産地で,市販品も含む.90.5％搗精.±標準偏差.

「はくちょうもち」以降に育成された品種は,蛋白質含有率が「はくちょうもち」よりも低下しており,とくに「風の子もち」と「きたふくもち」で低い（表1-8,北海道立総合研究機構上川農業試験場2013）.ただし,出穂後40日間の積算平均気温が840～850℃をこえた場合には,同積算気温が低いほど蛋白質含有率が低くなる関係があるため（丹野2010）,「風の子もち」は熟期が遅く登熟気温が低いことも蛋白質含有率が低い要因の一つであると考えられる.玄米白度は「風の子もち」,「きたゆきもち」および「きたふくもち」で「はくちょうもち」より高いが,精米白度には明確な差異がみられない.一方,限られた試験数ではあるが,これら北海道5品種と新潟県産「こがねもち」と「わたぼうし」,岩手県と宮城県産「ヒメノモチ」および佐賀県産「ヒヨクモチ」との比較では,玄米白度が「ヒメノモチ」で最も高く,蛋白質含有率で「こがねもち」と「ヒメノモチ」が「きたふくもち」と同程度で最も低いことを除けば,精米白度も含め明確な差異はなかった.

② つき餅による食味

「はくちょうもち」はより育成時期が早い「おんねもち」に比べ外観,きめの細かさ,触感,総合評価とも優り,「たんねもち」に比べてもやや優るデータが得られている（表1-9）.さらに「はくちょうもち」以降に育成された品種ではいずれもきめの細かさ,触感,総合評価で「はくちょうもち」に優っていた.

第1章　北海道における水稲良食味品種の開発　25

表1-9　1970年以降に育成された北海道糯7品種および東北以南産糯4品種のつき餅による食味官能評価

品種名	生産地	外観		きめの細かさ	触感		総合評価	試食年・回数
		白さ	つや		粘り	コシ		
おんねもち	北海道	0	0	0	0	0	0	2・6
たんねもち	北海道	0.07±0.35	0.29±0.52	0.24±0.42	0.34±0.74	0.21±0.30	0.20±0.50	2・6
はくちょうもち	北海道	0.37±0.29	0.49±0.39	0.42±0.26	0.63±0.59	0.49±0.42	0.58±0.38	2・6
はくちょうもち	北海道	0	0	0	0	0	0	
風の子もち	北海道	-0.09±0.31	0.11±0.12	0.19±0.23	0.33±0.21	0.15±0.15	0.21±0.21	9・31
しろくまもち	北海道	0.22±0.20	0.16±0.13	0.28±0.21	0.25±0.18	0.21±0.20	0.33±0.21	10・40
きたゆきもち	北海道	0.13±0.27	0.19±0.14	0.35±0.19	0.37±0.19	0.27±0.21	0.38±0.20	10・44
きたふくもち	北海道	0.17±0.18	0.13±0.11	0.18±0.19	0.17±0.16	0.44±0.16	0.32±0.19	4・19
ヒメノモチ	岩手県	-0.11±0.21	-0.09±0.25	0.02±0.04	0.44±0.14	-0.03±0.20	0.17±0.14	2・3
こがねもち(1)	新潟県	0.02±0.30	0.31±0.15	0.37±0.20	0.42±0.23	0.53±0.20	0.66±0.25	4・4
こがねもち(2)	新潟県	-0.68±0.44	-0.27±0.35	-0.58±0.43	-0.33±0.38	0.21±0.14	-0.36±0.46	4・6
わたぼうし	新潟県	-0.05±0.07	0.25±0.11	0.36±0.16	0.58±0.28	0.38±0.07	0.41±0.04	2・2
ヒヨクモチ	佐賀県	0.09±0.20	0.21±0.26	0.27±0.26	0.34±0.13	0.17±0.35	0.39±0.48	2・3

北海道立（北海道立総合研究機構）上川農業試験場（2007，2009，2013）のデータにより作成．北海道糯品種は農試と現地試験産米を供試．育成年次は表1-5参照．基準品種は上段が「おんねもち」，下段が「はくちょうもち」．試食年・回数は，供試米の生産年数と試食試験の回数．±標準偏差．試食人数は6～33．新潟県産「こがねもち」は生産年次の期間により評価が大きく異なったため，期間別に示した．

表1-10　1970年以降に育成された北海道糯7品種のおこわによる食味官能評価

品種名	外観		口あたり	粘り	柔らかさ	総合評価	試食年・回数
	白さ	つや					
かむいもち	0	0	—	0	（コシ）0	0	1・1
おんねもち	0.20	0.10	—	0	0.20	0.10	1・1
たんねもち	-0.30	0.20	—	0.20	0.90	0.30	1・1
おんねもち	0	0	—	0	（コシ）0	0	1・1
たんねもち	0.30	0.20	—	0.30	0.60	0.40	1・1
はくちょうもち	0.00	0.40	—	0.50	0.04	0.60	1・1
たんねもち	0	0	0	0	0	0	2・4
はくちょうもち	0.79±0.16	0.42±0.12	0.21±0.20	0.30±0.24	0.28±0.32	0.37±0.25	2・4
風の子もち	0.24±0.21	0.29±0.20	0.08±0.11	0.17±0.22	0.35±0.30	0.28±0.15	2・4
はくちょうもち	0	0	0	0	0	0	—
風の子もち	-0.20±0.37	0.05±0.18	0.05±0.20	0.11±0.24	0.12±0.24	0.04±0.24	10・29
しろくまもち	0.34±0.25	0.19±0.15	0.15±0.15	0.20±0.17	0.19±0.18	0.20±0.21	10・23
きたゆきもち	0.03±0.34	0.13±0.22	0.16±0.21	0.21±0.24	0.18±0.20	0.21±0.26	10・36
きたふくもち	-0.06±0.25	0.09±0.13	0.11±0.10	0.16±0.21	0.13±0.18	0.15±0.14	3・8

北海道立北見農業試験場（1989）および北海道立（北海道立総合研究機構）上川農業試験場（1983，1995，2007，2009，2013）のデータにより作表．最下段は農試および現地試験産米を，他は農試産米のみを供試．育成年次は表1-5参照．なお「かむいもち」は1965年育成で参考．基準品種は上段から「かむいもち」，「おんねもち」，「たんねもち」および「はくちょうもち」．最上段と上から2段目の「柔らかさ」には「コシ」を記載し，「香り」と味は省略した．試食年・回数は，供試米の生産年数と試食回数．±標準偏差．試食人数は4～33．

表 1-11　1970〜1989 年に育成された北海道糯 3 品種のつき餅の硬化性

品　種　名	餅つき後の放置時間（時間）			
	1	12	24	36
おんねもち	138±22.2	406±34.0	1125±250.1	2196± 30.5
たんねもち	149±14.1	383±19.8	926±182.7	2048± 46.2
はくちょうもち	134±20.8	448±41.2	1012±345.1	2206±191.7

育成年次は表 1-5 参照．レオメーターによる測定値で，単位は g．1988 年産，農試 3 カ所，現地試験 1 カ所の平均±標準偏差．北海道立北見農業試験場（1989）から作表．

　一方，新潟県産「こがねもち」は 2003〜2008 年と 2009〜2012 年の成績をみると後者の期間で評価が低かった．そこで「こがねもち」のみ 2 期間別にし，新潟県産「わたぼうし」，岩手県産「ヒメノモチ」および佐賀県産「ヒヨクモチ」を北海道糯品種に比較した（表 1-9）．すなわち，「わたぼうし」の粘りや評価が高い生産時期での「こがねもち」における触感のコシと総合評価では，これら北海道糯品種を上回る高い評価であった．これらの改善点が北海道糯品種の課題として残されている．

③ おこわによる食味

　「おんねもち」，「たんねもち」および「はくちょうもち」と育成年次が新しくなるほど，数少ないデータであるが，外観のつやが良く粘りが強く総合評価が高くなった（表 1-10）．「はくちょうもち」以降は，同品種に比べ「風の子もち」はほぼ同じ，「きたふくもち」では粘り，柔らかさおよび総合でわずかに優り，さらに「しろくまもち」と「きたゆきもち」ではそれら項目でやや優った．とくに「しろくまもち」では外観の白さとつやも評価がやや高かった（表 1-10）．

④ つき餅の硬化性

　つき餅の硬化性には「おんねもち」，「たんねもち」および「はくちょうもち」の間に明確な差異はなかった（表 1-11）．さらに，硬化性の指標であるつき餅による曲がり法では，ランクを 1〜5 に分け，日本でも硬化性が最も高い新潟県産「こがねもち」がランク 1，代表的な低い品種である「ヒヨクモチ」がランク 4 であった（表 1-12，図 1-27，赤間・有坂 1992，江川・吉井 1990）．北海道糯品種で「はくちょうもち」，「風の子もち」および「きたゆきもち」は硬化性が低く，「はくちょうもち」と「きたゆきもち」がほぼランク 4 である．また，「風の子もち」は「はくちょうもち」よりもランクの平均が

表 1-12 1989 年以降に育成された北海道糯 5 品種,および新潟県,岩手県,佐賀県産糯 3 品種のつき餅の硬化性

品種名	生産地	曲がり法			T.A による硬さ	同左年・回数	ラピッドビスコアナライザー				
		a/b	分類	年・回数			最高粘度到達温度(℃)	年・回数	糊化開始温度(℃)	年・回数
きたふくもち	北海道	0.31±0.23	1.6±0.80	3・21	1262±122	3・18	79.7±1.04	3・17	68.6±0.90	3・17
しろくまもち	北海道	0.90±0.65	3.1±0.91	8・42	1165±206	8・36	77.8±1.43	9・41	67.3±1.37	7・38
はくちょうもち	北海道	2.82±2.49	4.1±0.93	10・54	765±243	8・46	76.0±1.56	11・57	65.4±1.67	9・55
きたゆきもち	北海道	3.09±2.75	4.2±0.89	10・43	865±327	8・35	76.5±1.69	11・51	65.9±1.57	9・49
風の子もち	北海道	4.87±3.00	4.7±0.60	10・28	625±236	8・23	75.9±1.79	11・37	64.7±1.63	9・35
こがねもち	新潟県	0.16±0.05	1.1±0.28	8・13	1650±195	7・12	82.1±2.30	11・14	71.9±1.27	8・11
ヒメノモチ	岩手県	2.40±1.49	4.2±1.33	5・6	1012±244	4・5	79.0±2.21	8・11	68.0±1.32	6・8
ヒヨクモチ	佐賀県	2.52±2.40	4.0±0.87	7・9	1120±412	6・8	78.4±1.73	8・10	67.5±1.67	6・8

北海道立(北海道立総合研究機構)上川農業試験場(2007, 2009, 2013)のデータにより作表.北海道糯品種は農試と現地試験産米を供試.育成年次は表 1-5 参照.曲がり法の測定法:新潟食総研方式に従い,もち搗き後長さ 50 cm,厚さ 1.5 cm,幅 5 cm に調製した生地を 5℃ 約 24 時間貯蔵後に釣りかけ器に下げ,下図の a, b の距離を測定.数値が小さいほうが硬化性が高い.同分類 (b/a),1:~0.25, 2:0.25~0.5, 3:0.5~1.0, 4:1.0~2.0, 5:2.0~.T.A:テクスチャーアナライザーによる硬さの測定値,直径 2 mm の円形型プローブを用い,1 cm 厚に調製した生地に 5 mm 貫入した時の最大抵抗値.ラピッドビスコアナライザー(RVA),最高粘度到達温度と糊化開始温度は,ともに数値が大きいほうが硬化性が高い.±標準偏差.年・回数は供試米生産年数と試験回数で,供試米生産年次は 2002~2012 年の全部あるいはいずれかである.

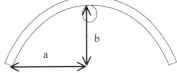

4.7 とさらにやや低い(北海道立上川農業試験場 2009a)が,これは熟期が遅く登熟温度が低いためと考えられる.

　硬化性が高い北海道糯品種で「しろくまもち」は「はくちょうもち」より 1 ランク硬化性が高いランク 3 となった.さらに,最も新しく育成された「きたふくもち」はランクの平均が 1.6 とさらに向上した.

　今後は,硬化性が低い品種としては登熟温度の変動に関わらず「はくちょうもち」よりも安定して低い品種が望まれる.一方,硬化性が高い品種としては,元来北海道では新潟県よりも登熟温度が平均 5~6℃ も低く不利な気象条件ではあるが,新たな選抜法も含め,新潟県産「こがねもち」にさらに近づいた硬化性を有する品種の開発が期待される(木下ら 2005).

　以上のように,北海道糯米品種は今後とも硬化性の高い品種と低い品種の両タイプに分けて育種が進められる.しかし,硬化性の高低に関わらずもち米は菓子用を除いてその多くがつき餅あるいは炊飯米として食されるため,これらの食味も同時に向上させる必要がある.また,もち米の蛋白質含有率が高いとつき餅の外観や食味を低下させるのでより低い特性を有し,同時に冷温年での

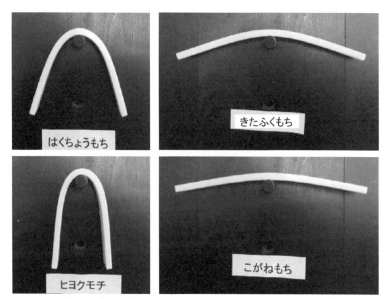

図 1-27　北海道および東北以南でそれぞれつき餅の硬化性が大きく異なる糯品種の曲がり法による硬化性
2012年産米,「こがねもち」：新潟県産,「ヒヨクモチ」：佐賀県産,他の品種：北海道立総合研究機構上川農試産.調査法は表1-12の脚注を参照.北海道立総合研究機構上川農試のデータによる.

不稔発生により年次変動が生じないように穂ばらみ期と開花期の両障害型耐冷性をさらに向上させる必要がある.

参考文献

赤間芳洋・有坂将美 1992. もち米. 櫛淵欽也監修, 日本の稲育種. 農業技術協会. 東京. pp. 197-208.

安東郁男・荒木　均・清水博之・黒木　慎・三浦清之・永野邦明・今野一男 2007. 極良食味の低アミロース米水稲品種「おぼろづき」. 北海道農研研報 186：31-46.

有坂將美・中村雅彦・吉井洋一・谷地田武雄 1988. 破砕糯精米の性状及び米菓加工性. 新潟食品研報告 23：15-19.

江川和徳・吉井洋一 1990. 産地・品種を異にした糯米による餅の硬化性. 新潟食品研報 25：29-33.

平山裕治 2001. 北海道もち米の実需実態と理化学特性. 北農 68（4）：355-360.

北海道農政部生産振興局農産振興課編 2013. 米に関する資料［生産・価格・需要］

（平成 25 年 5 月版）北海道農政部発行．http://www.pref.hokkaido.lg.jp/ns/nsk/kome/all.pdf（2013/6/21 閲覧）．

北海道立上川農業試験場 1983．水稲新品種決定に関する参考成績書　上育糯 381 号．北海道立上川農業試験場水稲育種科．pp. 1-65.

北海道立上川農業試験場 1995．水稲新品種決定に関する参考成績書　上育糯 417 号．北海道立上川農業試験場（農林水産省指定試験）．pp. 1-79.

北海道立上川農業試験場 2007．新品種決定に関する参考成績書　水稲　上育糯 451 号．北海道立上川農業試験場研究部水稲科（農林水産省指定試験地）．pp. 1-87.

北海道立北見農業試験場 1989．水稲新品種決定に関する参考成績書　北育糯 80 号．北海道立北見農業試験場．pp. 1-50.

北海道立上川農業試験場　2009a．北海道農業試験会議（成績会議）資料　平成 20 年度．水稲新品種候補「上育糯 450 号」．北海道立上川農業試験場研究部水稲科．pp. 1-105.

北海道立上川農業試験場・中央農業試験場 2009b．北海道米品種の食味現況と高品位米選抜強化のための新しい食味検定法．北海道立総合研究機構　農業研究本部農業技術情報広場，北海道農業試験場　試験研究成果一覧．http://www.hro.or.jp/list/agricultural/center/kenkyuseika/gaiyosho/h21gaiyo/f2/058.pdf（2017/8/10 閲覧）

北海道立総合研究機構上川農業試験場 2013．北海道農業試験会議（成績会議）資料　平成 24 年度．水稲新品種候補「上育糯 464 号」．北海道立総合研究機構農業研究本部上川農業試験場研究部水稲グループ．pp. 1-70.

北海道立総合研究機構中央・上川・道南農業試験場・農研機構北海道農業研究センター 2005～2013．水稲育成系統の配布先における成績書．

北海道立中央農業試験場・上川農業試験場 2004．もち米品質がもち生地品質（色・物性）に及ぼす影響とその評価法．北海道立総合研究機構　農業研究本部　農業技術情報広場，北海道農業試験場　試験研究成果一覧．https://www.hro.or.jp/list/agricultural/center/kenkyuseika/gaiyosho/h16gaiyo/2004610.htm（2017/8/10 閲覧）

ホクレン農業協同組合連合会 2013．北海道のもち米（北海道　米 LOVE　資料ダウンロード）．http://www.hokkaido-kome.gr.jp/download/（2013/6/21 閲覧）．

本間　昭・楠谷彰人・前田　博・佐々木一男・天野高久・前川利彦・新橋　登・佐々木多喜雄・柳川忠男・沼尾吉則 1991．水稲糯新品種「はくちょうもち」の育成について．北海道立農試集報 62：1-11.

稲津　脩 1988．北海道産米の食味向上による品質改善に関する研究．北海道立農業試験場報告 66：1-89.

粕谷雅志・佐藤　毅・沼尾吉則・木下雅文・吉村　徹・佐々木忠雄・品田博史・尾﨑洋人・木内　均・相川宗巌・前川利彦・平山裕治 2013．水稲糯新品種「しろくまもち」の育成．北海道立総合研究機構農試集報 97：15-28.

菊地治己 1988. イネの胚乳成分に関する育種学的研究. 北海道立農業試験場報告 68：1-68.
木下雅文・佐藤　毅 2004. 登熟気温の差異が北海道水稲品種のアミロース含有率に及ぼす影響. 育種・作物学会北海道談話会会報 45：19-20.
木下雅文・沼尾吉則・尾﨑洋人・荒木和哉・佐藤　毅 2005. 府県水稲糯品種並に高い餅硬化性を持つ育成系統の解析. 育種・作物学会北海道談話会会報 46：61-62.
木下雅文・沼尾吉則・佐藤　毅 2007. 北海道産米と府県産米との食味の違いに関する理化学的解析. 育種・作物学会北海道談話会会報 48：27-28.
木内　均・沼尾吉則・平山裕治・前川利彦・木下雅文・相川宗巖・菊地治己・田中一生・丹野　久・佐藤　毅・新橋　登・田縁勝洋・佐々木一男・吉田昌幸・前田博・菅原圭一 2009. 水稲品種「あやひめ」の育成. 北海道立農試集報 93：13-24.
國廣泰史・江部康成・新橋　登・菊地治己・丹野　久・菅原圭一 1993. 葯培養による低アミロース良食味水稲新品種「彩」の育成. 育種学雑誌 43：155-163.
松江勇次・内村要介・佐藤大和 2002. アミログラム特性の糊化開始温度による水稲もち品種の餅硬化速度の評価方法と餅硬化速度からみた糊化開始温度と登熟温度. 日作紀 71：57-61.
中森朋子 2005. もち生地の物性と色の評価. 良食味と多様なニーズに対応する米の品種開発と技術改善の新たな取組み（米セミナー収録）. 北海道立農業試験場資料 35：61-65.
仲野博之・佐々木多喜雄編 1988. 優良米の早期開発試験プロジェクトチーム第Ⅰ期（昭和 55～61 年度）の試験研究成果. 北海道立農試資料 19：1-113.
沼尾吉則 2009. 北海道米の良食味品種育成について. 北農 76：336-342.
大槻義昭・新関宏夫・丹野　久・佐々木武彦・中村幸生 1989. 稲の葯培養（1）. 農業技術 44（3）：135-139
佐々木忠雄 1991. 北海道における水稲の良食味育種. 育種学最近の進歩 33：3-15.
佐々木多喜雄・山崎信弘 1972. 水稲新品種「おんねもち」の育成について. 北海道立農試集報 25：35-47.
佐々木多喜雄・佐々木一男・柳川忠男・沼尾吉則・相川宗巌 1990. 水稲新品種「きらら 397」の育成について. 北海道立農試集報 60：1-18.
佐々木多喜雄編 1995. 優良米の早期開発試験プロジェクトチーム第Ⅱ期（昭和 62～平成 5 年度）高度良食味米品種の開発試験研究成果. 北海道立農試資料 24：1-77.
佐々木多喜雄・沼尾吉則・柳川忠男・和田　定・国広泰史・本間　昭・佐々木一男・新橋　登・森村克美 1983. 水稲新品種「たんねもち」の育成について. 北海道

立農試集報 50：120-134.

佐藤　毅・沼尾吉則・吉村　徹・尾崎洋人・木下雅文・品田博史・粕谷雅志・木内　均・前川利彦・平山裕治・佐々木忠雄・相川宗嚴・菊地治己・丹野　久・田中一生・新橋　登 2007. アミロース含有率が適度に低い極良食味水稲新品種候補「上育453号」. 平成19年度　新しい研究成果―北海道地域―. 北海道農業研究センター. 札幌. pp. 4-7.

佐藤　毅 2009. 新品種「ゆめぴりか」の育成と今後の北海道稲育種. 北農 76：343-357.

佐藤　毅・沼尾吉則・木下雅文・吉村　徹・佐々木忠雄・粕谷雅志・品田博史・尾﨑洋人・木内　均・前川利彦・相川宗嚴・平山裕治・菊地治己・田中一生・丹野　久 2009. 耐冷性が強く，玄米白度が高い良食味水稲新品種候補系統「上育糯450号」. 平成20年度　新しい研究成果―北海道地域―. 農研機構　北海道農業研究センター. 札幌. pp. 4-7.

新橋　登・前田　博・國廣泰史・丹野　久・田縁勝洋・木内　均・平山裕治・菅原圭一・菊地治己・佐々木一男・吉田昌幸 2003. 水稲新品種「ほしのゆめ」の育成. 北海道立農試集報 84：1-12.

丹野　久・國廣泰史・江部康成・菊地治己・新橋　登・菅原圭一 1997a. 水稲新品種「彩」の育成について. 北海道立農試集報 72：37-53.

丹野　久・前田　博・新橋　登・佐々木一男・田縁勝洋・柳川忠男・相川宗嚴・吉田昌幸・菅原圭一・菊地治己・木内　均・平山裕治 1997b. 水稲糯新品種「風の子もち」の育成について. 北海道立農試集報 72：55-68.

丹野　久・木下雅文・木内　均・平山裕治・菊地治己 2000. 北海道水稲品種における開花期耐冷性の評価およびその穂ばらみ期耐冷性との関係について. 日作紀 69：493-499.

丹野　久・木下雅文・佐藤　毅 2009. 寒地における水稲もち米品質の年次間と地域間の差異およびその発生要因. 日作紀 78：50-57.

丹野　久 2010. 寒地のうるち米における精米蛋白質含有率とアミロース含有率の年次間と地域間の差異およびその発生要因. 日作紀 79：16-25.

山下　浩 1996. 硬化特性の測定. 農林水産省農業研究センター山本隆一・堀末　登・池田良一共編　イネ育種マニュアル　特性検定，玄米成分量，もち. 養賢堂. 東京. pp. 72-73.

柳原哲司 2002. 北海道米の食味向上と用途別品質の高度化に関する研究. 北海道もち米の加工適性向上に関する技術開発. 北海道立農業試験場報告 101：55-62.

柳瀬　肇・大坪研一・橋本勝彦 1984. もち米の品質と加工適性に関する研究（第6報）もち生地の湯溶けならびに膨化伸展性の銘柄間差異. 食総研報 45：1-8.

横江未央・川村周三 2009. 北海道米と府県米の品質と食味の評価. 日作紀 78：180-

188.
吉村　徹・丹野　久・菅原圭一・宗形信也・田縁勝洋・相川宗嚴・菊地治己・佐藤毅・前田　博・本間　昭・田中一生・佐々木忠雄・太田早苗・鴻坂扶美子 2002. 水稲新品種「ななつぼし」の育成. 北海道立農試集報 83：1-10.

和田　定・江部康成・森村克美・江川勇雄・前田　博・佐々木忠雄・菊地治己・新井利直・本間　昭・山崎信弘 1986. 水稲新品種「ゆきひかり」の育成について. 北海道立農試集報 54：57-70.

第2章
九州地域における良食味水稲品種の開発

尾形武文

1 はじめに

　1990年前後からブランド米の産地間競争が一層激しくなる中，北海道，東北，九州地域の品種動向は食味の面で劇的な変化を遂げてきた．すなわち，北海道では食味に関連する理化学分析の育種への導入により，「きらら397」などの品種を開発し，道産米の食味向上に成功した．東北では「あきたこまち」，「ひとめぼれ」など「コシヒカリ」の子孫品種が長年王座を保ってきた「ササニシキ」に取って代わった．九州地域では普通期栽培用品種に「コシヒカリ」の良食味性を導入した「ヒノヒカリ」（八木ら1990）などの良食味品種を開発し，以前は「鳥跨ぎ米」と揶揄された九州産米の食味の評価向上に大きく寄与した．

　その一方で，近年，地球温暖化が進む中（IPCC 2007），水稲の登熟期間における気温が高まる傾向にあり，産米への影響が懸念されている．九州地域においては主要品種「ヒノヒカリ」を中心に，乳白粒や心白粒のような未熟粒（白未熟粒）の多発等によって，年によっては台風の影響はあるものの，1等米比率が50％を大きく下回るとともに，収量も低下し，深刻な問題となっている（浜地2010）．

　しかし，高温耐性を有した各県での独自ブランド品種開発や奨励品種決定調査事業における良食味品種の導入が競って行われており，九州地域における良食味米品種開発とその生産に熱い動きが見られる．ここでは，九州地域における最近の良食味米水稲品種の開発状況を紹介する．

❷ 九州における水稲の育種目標

2012年現在，九州地域において水稲の育種事業を行っている機関は，独立行政法人九州沖縄農業研究センター水田作・園芸研究領域，福岡県農業総合試験場農産部，佐賀県農業試験研究センター作物部，熊本県農業研究センター農産園芸研究所，宮崎県総合農業試験場作物部及び鹿児島県農業開発総合センター園芸作物部の6つの育成機関である．この6機関が1990年前後以降に開発した主な主食用良食味品種とその特性を表2-1に示した．これらの品種は食味が「コシヒカリ」並の「上の中」以上であるが，耐病性が不充分なものも多い．一方，最近では高温耐性を有した品種も開発されてきた（表2-3）．

これらの育成機関に対して，普通期植えの主食用米（うるち）の育種目標について，(1) ここ2～3年のうちに解決すべき短期的目標，(2) 5～6年先を見越した中期的目標，さらには (3) 将来をしっかりと見据えた10年以降の長期的な育種目標の3つに分け，各々の目標期間の中での優先順位についてアンケート調査を行った結果を表2-2に示した．この中で，短期，中期および長期的期間においても，産米のブランド化の推進には欠くことのできない良食味は最優先の育種目標となっている．また，高温耐性やそれに付随する玄米品質がここ2～3年のうちに解決すべき育種目標として捉えられている．一方，多収性の付与および防除技術の進展で防除可能ないもち病や縞葉枯病などの病害抵抗性はじっくりと解決すべき中～長期的育種目標に位置づけている場所が多い．

以上のように，九州地域における水稲の育種において，「良食味」と「高温耐性」が大きな育種目標である．特に，高温による玄米品質低下の大きな要因となっている白未熟粒は，胚乳中のデンプンが隙間なく蓄積するか否かで決まり，登熟が劣った場合には食味低下を引き起こすとされる玄米タンパク質含有率の上昇を招くことが懸念される．したがって，水稲の登熟期間の高温が続く中，収量，外観品質，食味の三拍子そろった米を生産するためには「優れた登熟」（森田2011）を実現するための品種改良を行うことが喫緊の課題である．

表 2-1　1990 年前後以降に開発された普通期栽培用の水稲良食味品種における諸特性

品種名	育成地	系統名	組合せ	育成期間	熟期	食味	いもち病抵抗性	耐倒伏性
あきさやか	九沖農研セ	西海230号	西海195号／北陸148号（どんとこい）	'90–'02	晩生の晩	上の中	やや弱	強
あきまさり	〃	西海248号	南海127号（かりの舞）／西海230号（あきさやか）	'96–'05	晩生の晩	上の中	やや弱	強
にこまる	〃	西海250号	は系626（きぬむすめ）／北陸174号	'96–'05	中生の中	上の中	やや弱	中
夢つくし	福岡	ちくし6号	キヌヒカリ／コシヒカリ	'88–'93	早生の早	上の中	弱	やや強
つくしろまん	〃	ちくし46号	ちくし6号（夢つくし）／中部88号	'92–'02	早生の晩	上の上	やや弱	中
元気つくし	〃	ちくし64号	ちくし46号（つくしろまん）／つくし早生	'98–'08	早生の晩	上の上	弱	やや弱
夢しずく	佐賀	佐賀18号	キヌヒカリ／東北143号（ひとめぼれ）	'91–'01	早生の晩	上の中	弱	やや弱
天使の詩	〃	佐賀27号	西海201号／関東165号	'93–'01	晩生の早	上の中	弱	極強
さがびより	〃	佐賀37号	佐賀27号（天使の詩）／愛知100号（あいちのかおりSBL）	'98–'09	中生の晩	上の中	弱	やや強
森のくまさん	熊本	熊本2号	ヒノヒカリ／コシヒカリ	'89–'95	中生の中	上の中	弱	弱
くまさんの力	〃	熊本A49号	ヒノヒカリ／北陸174号	'98–'07	中生の中	上の中	やや弱	中
わさもん	〃	熊育GR05号	越南175号／きらり宮崎	'00–'09	極早生	上の中	強	中
ヒノヒカリ	宮崎	南海102号	愛知40／コシヒカリ	'79–'89	中生の中	上の中	やや弱	やや弱
まいひかり	〃	南海157号	南海132号／南海127号（かりの舞）	'94–'04	晩生の晩	上の中	中	強
おてんとそだち	〃	南海166号	南海149号／北陸190号	'00–'09	中生の早	上の中	やや弱～中	強
はなさつま	鹿児島	鹿児島5号	南海62号／ヒノヒカリ	'91–'01	晩生の晩	やや弱～中		強
夢はやと	〃	鹿児島18号	ミズホ／ひとめぼれ	'96–'05	晩生の晩	上の中	R	強
あきほなみ	〃	鹿児島30号	99S123／越南179号	'99–'07	中生の晩	上の中	R	やや強

注）各育成地が開発した普通期栽培用水稲良食味品種の代表的な 3 普及品種を掲載した．

3　水稲品種の選抜手法

(1) 効率的な良食味品種の選抜方法

　各育成地ともに人間が試食して評価する官能検査方法と，炊飯米の化学性や物理性に基づいて評価する理化学的機器による分析方法とを併用して食味評価を行っている．良食味品種の速やかな開発の成否は，食味に関与している形質を効率的に評価する技術の有無が重要である．九州地域の良食味品種の旗手となった「ヒノヒカリ」（八木ら 1990）は，食味を飯米の光沢と粘りにしぼって成功した好例である．

表2-2 九州地域の水稲育種機関における育種目標の優先順位（目標期間別）

育種目標	短期	中期	長期
良食味	1	1	1
高温耐性	2	2	5
外観品質	2	5	6
多収性	3	3	2
耐倒伏性	4	6	6
いもち病抵抗性	4	2	3
縞葉枯病抵抗性	5	4	4
特定の熟期群	5	8	8
直播適性	7	9	9
その他（虫害抵抗性等）	6	7	7

注1）九州地域6水稲育種機関における普通期栽培用主食用水稲うるち品種の育種目標について，(1) 2～3年のうちに解決すべき短期，(2) 5～6年先を見越した中期，(3) 10年以降の長期の3つに分けて，その優先順位を2011年10月にアンケート調査を実施．
　各育種目標の優先順位の平均値から順位を付けた．
注2）独立行政法人九州沖縄農業研究センター水田作・園芸研究領域，福岡県農業総合試験場農産部，佐賀県農業試験研究センター作物部，熊本県農業研究センター農産園芸研究所，宮崎県総合農業試験場作物部及び鹿児島県農業開発総合センター園芸作物部の6機関．

表2-3 主な高温耐性品種の一等米比率と普及面積

品種名	作付場所	2010年一等米比率（％）	普及面積（推定ha） 2010年	普及面積（推定ha） 2013年
にこまる	全国平均	59.2	4500	9000
(参) ヒノヒカリ	全国平均	16.2	—	—
元気つくし	福岡	91.8	1090	4260
さがびより	佐賀	79.5	4360	5070
くまさんの力	熊本	69.6	1234	1457

注）一等米比率のデータは農林水産省発表の確定値．
普及面積は九州沖縄地域試験研究推進会議資料や各県の広報資料を参考にした推定値．

　良食味品種を追い求める中で，食味検定材料の増加にともない，1回の試験に基準品種含めて4点の試料で年齢構成性別条件を満たした24名のパネル員で判定する食糧庁方式（食糧庁1968，米の食味試験実施要領）による食味官能試験は，パネル員の確保等の問題から実施しがたい状況にあった．このため福岡県では1回の供試点数を10に増やし（図2-1），パネル員を15名前後の食味官能試験を実施してきた（松江1992）．さらに，食味と関係のある精米の理化学的特性（タンパク質含有率，アミロース含有率，アミログラム特性およびテクスチャー特性）も併せて調査を行い，良食味選抜の指標として活用してきた（浜地2010）．他の育成機関においても育種の規模等実情に見合った効率

的な食味官能試験を実施している.

その一方で，1999年は水稲の登熟期間が高温寡照となる稀な気象条件で，産米の充実が著しく不良となった結果，「レイホウ」のような食味が劣る品種でもアミロース含有率が良食味品種並みに低下した（和田ら 2006）．このため，食味の優れた高温耐性品種の開発には，高温登熟条件下での理化学的特性等によ

図 2-1　食味官能試験
注）食味総合，外観，味，粘り，硬さの5項目について，「コシヒカリ」を基準（0.0）に，−3（かなり劣，軟）〜＋3（かなり優，硬）として，パネル員数15名前後で評価．

る効率的な食味評価を確立しておくことが重要であることが示唆された．さらに，登熟温度と食味との間には2次曲線の関係が認められ，食味が安定して優れる登熟期間の平均気温（出穂期後35日間）は25℃前後で26℃以上を超えると食味の低下が起こる（図2-2）．26℃以上の高温登熟条件下における食味と理化学的特性の関係では，タンパク質含有率とテクスチャー特性のH/-H比と食味との間には一定の関係が認められるが，従来食味と関係が認められていたアミロース含有率，アミログラム特性と食味との間には一定の関係は認められず，高温登熟条件下での食味の良否を表す指標形質としては適さない．このた

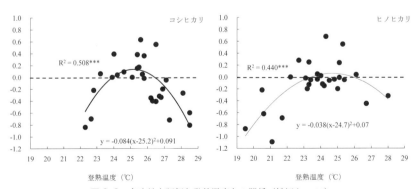

図 2-2　食味総合評価と登熟温度との関係（松江ら 2003）
注）＊＊＊は 0.1％ 水準で有意．

め，高温登熟条件下での理化学的特性による食味の良否を判断する指標形質としては，タンパク質含有率とH/-H比（松江ら2003）を活用している．

近年，量的形質に関する分子遺伝学的研究の著しい進展により食味と食味成分に関与するDNAマーカーの開発が進展している．DNAマーカーを利用した選抜技術は，良食味品種開発に対して最も貢献が期待される技術で，「コシヒカリ」の良食味に関与する染色体領域を明らかにするためのQTL解析を進めながら（Wadaら2008），今後DNAマーカーを用いた品種の食味評価や目標とする良食味品種の開発が加速されるものと考える．

(2) 高温耐性

高温登熟性の優れた品種を効率よく開発するためには，多くの交配後代系統の中から優れた高温条件下での登熟性を高い精度で評価し選抜していくことにある．九州地域での高温処理の方法としては，ア）作期移動（普通期よりも約1ヶ月早めた5月植え），イ）被覆資材（ビニールハウス，トンネル，ガラス室），ウ）灌漑水温制御を活用した方法に大別でき，実際にはこれら複数の手法を組み合わせて実施している（九州沖縄農業研究センター2010）．特に，移植時期を4月上旬～8月上旬まで移動させて登熟期の気温を変化させて不完全米の発生程度から高温登熟性を評価する方法（若松ら2007），普通期作より約1ヶ月早めた5月植えとガラス温室を活用した高温登熟性の検定（永吉ら2011，若松ら2009），5月植えと同時に光透過率70%のフィルム被覆により遮光処理を行い，白未熟粒の発生程度による高温寡照耐性を評価する方法（坂井ら2011）（図2-3）などが九州各県で試みられてきた．福岡県では新潟県農業総合研究所の手法（重山ら1999，石崎2006）を参考にして，水田に35℃の温水を循環させて，穂の付近の気温を1～2℃高めることができる高温耐性評価施設を2005年に設置している（図2-4）．この処理により，出穂期～同20日後の日平均気温を若松らの報告（2007）にある背白米や基白米歩合の急激な増加や寺島らの報告（2001）にある1等米比率の低下が認められる27～28℃に設定した．この施設では登熟期間中に温水処理を行い登熟温度を27℃以上にすると，白未熟粒が増加して検査等級が低下し，白未熟粒歩合の品種間差を大きくし，選抜を効率よく行うことができる（図2-5）．さらに，実際の育種選抜（坪根ら2008）には，目視調査で要する多大な作業時間と労力を軽減するために穀粒判別機による白未熟粒歩合（乳白粒，基部未熟粒および腹白未熟粒

図 2-3 登熟期間にビニールハウスを用いた高温登熟性検定
（九州沖縄農業研究センター）
注）平成 23 年 9 月著者撮影

図 2-4 水稲高温耐性評価施設の概要（福岡県）
注 1) 登熟期間中に水深 15 cm で 35℃の温水を循環（水量 100 l/分）．
　　2) 温水は貯水槽から水中ポンプで往水路へ揚水した後，検定ほ場→復水路→貯水槽へ自然流下．

の各粒数歩合合計値）10% 未満を指標（図 2-6）に利用している．このように，各々の育成地で確立した手法を用いて高温登熟性に優れる水稲品種を効率よく選抜を行っている．今まで高温登熟性を評価する指標として玄米品質の中でも背白と基白の発生程度に着目したり（福井ら 2002），白未熟粒発生の品種間差等の基礎的な研究を行ってきた（若松ら 2007）．また，九州沖縄農業研究センターを中心に九州各県との連絡試験により高温耐性の基準品種が策定され

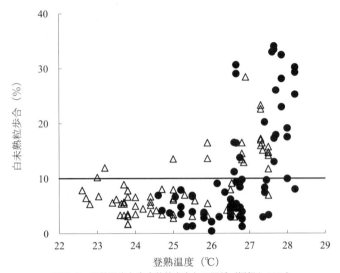

図 2-5 登熟温度と白未熟粒歩合との関係（坪根ら 2008）
注 1）●：高温耐性施設による温水区，△：対照区．
 2）白未熟粒歩合は穀粒判別器（RGQ120A，サタケ社製）で調査（2006 年の結果）．

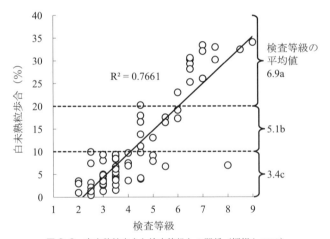

図 2-6 白未熟粒歩合と検査等級との関係（坪根ら 2008）
注 1）生産力検定試験に供試した 69 品種，系統（2006 年の結果）．
 2）検査等級は 1（1 等上）〜9（3 等下）．
 3）** は 1% 水準で有意．異英小文字間には 1% 水準で有意差あり（Fisher's PLSD）．

ており，より効率的な高温耐性育種の体制が整備されてきている．

4 九州地域の高温耐性品種の育成状況

2003年頃より高温傾向が顕著となり，特に8月の気温が観測史上最も高温となった2010年産米の1等米比率（確定値）は全国62.0％，九州地域は13.3％という極めて低いレベルまでに落ち込み，食味の低下まで気に及ぶこととなった．このことがそれまで以上に強い高温耐性を有する良食味水稲品種の作付けを後押しすることになった．

九州沖縄農業研究センター育成の「にこまる」（坂井ら2007）が2013年産（推定）で約9,000 haが作付けされている．本品種は，長崎，大分県に続き静岡県でも新たに奨励・認定品種に採用され，石川，岡山，愛媛各県で産地銘柄に登録されるなど，九州から東に作付けが拡大している（表2-3）．また，県育成の高温耐性水稲品種も面積が増えている．2013年産においては，県内のみの栽培限定ではあるが，福岡県の「元気つくし」（和田ら2010）は4,260 ha，佐賀県の「さがびより」（広田ら2012）は5,070 ha，熊本県の「くまさんの力」（藤井ら2008）は1,457 haと面積が拡大している（表2-3）．また，宮崎県育成の「おてんとそだち」（永吉ら2011）も2011年から宮崎県内で作付けが始まった．これら高温耐性品種は2010年の夏の異常高温下においても一等米比率は高く，高温耐性を有していることが実証された．

5 これからのブランド品種に求められるもの

日本穀物検定協会（東京）が主宰する2011年産米の食味ランキングでは，食味が最高位の特Aに129産地品種の中で26産地品種，九州地域では5産地品種がランクされている．この中に，高温耐性品種の「にこまる」，「元気つくし」，「さがびより」が含まれ，長崎県産「にこまる」は4年連続，佐賀県産「さがびより」は2年連続，福岡県の2011年産「元気つくし」は特Aの中でも最高得点の評価を受けている．さらに，2013産米においては，九州地域では8産地品種が得Aにランクされ躍進している．このように九州各県が切磋琢磨することで，消費者から喜ばれる『米どころ九州』との呼び名が定着することを期待したい．

高温登熟の障害軽減対策として，これまで施肥法や水管理などの栽培，土壌管理対策など短期間で多くの研究がなされており（近藤ら 2005，森田 2011），これらの技術成果の活用と高温耐性品種の普及とで現場対応を速やかに進める必要がある．また，今後は登熟障害の発生タイプの違いが考慮されたさらに強い高温耐性品種の育成が望まれる．

今までは，従来の産地間競争は主として県と県の間の産米の販売競争であった．これは県単位にあった農協経済連が県産米の販売，流通を一手に担ってきたこともあり，その結果，各県が独自にブランド米開発を行う必要性に迫られてきた．しかし，今後，米の市場開放が進み，販売の自由化が進むと，従来の国内主体の競争とは大きく異なってくることが予想される．これとともに，既に外国との競争が始まっていることを認識する必要がある．カリフォルニア米や近年，米の食味研究にも取り組もうとしている中国でのジャポニカ米の研究動向にも注視しながら，日本独自の高品質，良食味研究はさらに深化させるとともに，食の安全性と信頼性を確保できるよう育種目標に織り込み速やかに実践して行く必要があろう．

本稿作成に当たり，独立行政法人九州沖縄農業研究センター水田作・園芸研究領域筑後拠点，福岡県農業総合試験場農産部，佐賀県農業試験研究センター作物部，熊本県農業研究センター農産園芸研究所，宮崎県総合農業試験場作物部及び鹿児島県農業開発総合センター園芸作物部の6つの研究機関の水稲育種担当者への育種目標アンケートを依頼し，速やかな対応と多くの助言を頂いた．

参考文献

藤井康弘・三ツ川昌洋・坂梨二郎・上野育夫・泉　恵市・畠山誠一・荒木聖士・倉田和馬・田中正美 2009．高温登熟性に優れる水稲新品種「くまさんの力」の育成とその特性．熊本農研センター研報　第 16 号：1-10．

浜地勇次 2010．福岡県農業総合試験場におけるイネ育種の成果．育種学研究 12：102-110．

浜地勇次・宮崎真行・坪根正雄・大野礼成・小田原孝治 2012．2010 年の夏期高温条件下における高温耐性品種「元気つくし」の玄米品質．日作紀 81：332-338．

広田雄二・徳田眞二・多々良泉・木下剛仁・松雪セツ子 2012．水稲新品種「さがびより」の育成．佐賀農センター研報 37（印刷中）．

福井清美・桑原浩和・佐藤光徳 2002．水稲品種系統の高温登熟性検定について．九農研 64：8．

IPCC 2007. IPCC 第 4 次評価報告書第 1 作業部会の報告 政策決定者向け要約（翻訳 気象庁）. http://www.data.kishou.go.jp/climate/cpdinfo/ipcc/ar4/ipcc_ar4_wg1_spm_Jpn.pdf（2012/5/20 閲覧）.

石崎和彦 2006. 水稲の高温登熟性に関する検定方法の評価と基準品種の選定. 日作紀 75：502-506.

近藤始彦・石丸 努・三王裕見子・梅本貴之 2005. イネの高温登熟研究の今後の方向. 農業技術 60：462-470.

九州沖縄農業研究センター 2010. 九州沖縄農業研究センター研究資料Ⅲ. 高温に対応した品種開発の現状と方向. 第 94 号：54-70.

松江勇次 1992. 少数パネル, 多数試料による米飯の官能検査. 家政誌 43：1027-1032.

松江勇次・尾形武文・佐藤大和・浜地勇次 2003. 登熟期間中の気温と米の食味および理化学的特性との関係. 日作紀 72（別 1）：272-273.

森田 敏 2011. イネの高温障害と対策—登熟不良の仕組みと防ぎ方—. 農山漁村文化協会：1-143.

永吉嘉文・中原孝博・黒木 智・齋藤 葵・井場良一・加藤 浩・山下 浩・三枝田大樹・竹田博文・堤省一郎・上田重英・若杉桂司・川口 満・吉岡秀樹・藪押睦幸・角 明彦 2011. 高温登熟性に優れる暖地向き水稲新品種'おてんとそだち'. 宮崎総農試研報 46：1-29.

坂井 真・岡本正弘・田村克徳・梶 亮太・溝淵律子・平林秀介・深浦壮一・西村 実・八木忠之 2007. 玄米品質に優れる暖地向き良食味水稲品種「にこまる」の育成について. 育種学研究 9：67-73.

坂井 真・田村克徳・森田 敏・片岡知守・田村泰章 2011. 早植えとフィルム被服処理による水稲の高温寡照耐性の評価法. 日作紀 80（別 2）：250-251.

重山博信・伊藤喜美子・阿部聖一・小林和幸・平尾賢一・松井崇晃・星 豊一 1999. 新潟県における水稲品種の品質・食味の向上 第 16 報 水稲の高温水かんがいによる高温登熟性の検定. 北陸作物学会報 34：21-23.

寺島一男・齋藤祐幸・酒井長雄・渡部富男・尾形武文・秋田重誠 2001. 1999 年の夏期高温が水稲の登熟と米品質に及ぼした影響. 日作紀 70（3）：449-458.

坪根正雄・井上 敬・尾形武文・和田卓也 2008. 登熟期間中の温水処理による高温登熟性に優れる水稲品種の選抜方法. 日作紀 77（別 2）：166-167.

和田卓也・坪根正雄・濱地勇次・尾形武文 2006. 水稲の極良食味品種選抜のための指標形質となる理化学的特性の検証. 日作紀 75（1）：38-43.

Wada, T., T. Ogata, T. Tsubone, Y. Uchimura and Y. Matsue 2008. Mapping of QTLs for eating quality and physicochemical properties of the japonica rice 'Koshihikari'. Breeding Science 58：427-435.

和田卓也・坪根正雄・井上　敬・尾形武文・浜地勇次・松江勇次・大里久美・安長知子・川村富輝・石塚明子 2010．高温登熟性に優れる水稲新品種「元気つくし」の育成およびその特性．福岡農総試研報 29：1-9.

若松謙一・佐々木修・上蘭一郎・田中明男 2007．暖地水稲の登熟期間の高温が玄米品質に及ぼす影響．日作紀 76：71-78.

若松謙一・小牧有三・田中明男・神門達也・田之頭拓・露重美義・下西　恵・福元伸一・竹牟禮穣 2009．普通期中生の多収・良食味水稲新品種'あきほなみ'の育成．鹿児島農総セ 3：1-10.

八木忠之・西山　壽・小八重雅裕・轟　篤・日高秀光・黒木雄幸・吉田浩一・愛甲一郎・本部裕朗 1990．水稲新品種"ヒノヒカリ"について．宮崎総農試研報 25：1-30.

第3章
高温耐性品種の育成とその課題
―西日本向け品種―

坂井 真

1 九州を中心とした暖地向きの高温登熟耐性水稲品種育成の現状

(1) 高温耐性品種の開発の背景

　西日本の温暖地，暖地では，最近の気候温暖化傾向により，8月から9月にかけての水稲登熟期が高温になる年が多く，それが原因で起こる白未熟粒の増加や充実不足による米の品質低下が問題となっている．特に九州地域では一等米比率が50%未満となる状況が数年連続で続いており，事態は深刻である．この原因として，九州の水稲作付けの60%近くを占める主力品種の「ヒノヒカリ」が，高温条件では白未熟粒多発や充実不足を招きやすいことが被害を拡大させていると考えられる．この対応策として，高温気象下でも安定した産米品質を実現できる品種への要望が高まっている．ここ数年で九州を中心とする育成地からポスト・ヒノヒカリになりうる高温登熟耐性に優れた品種が数多く育成されている．ここではそれらの特性や普及状況について概説する．

(2) 農研機構で育成した品種
① きぬむすめ：九州沖縄農業研究センター 2005年育成．交配組合せ：愛知92号（祭り晴）／キヌヒカリ

　日本晴よりやや遅い熟期で，温暖地では早生の晩に属する．収量性は日本晴にやや優る．育成地での玄米品質は「日本晴」並で高温登熟耐性も「中」程度で特に高い評価ではない．しかし，近畿・中国・四国地域の品種選定連絡試験で，安定して高い品質，収量を示し，食味もヒノヒカリ，コシヒカリ同等と評価された（梶ら 2009, 春原 2009）．2014年現在，静岡，和歌山，大阪，兵

図 3-1　きぬむすめ，にこまるの系譜

庫，鳥取，島根，山口の 7 府県で奨励または認定品種に指定され，主として平坦部のコシヒカリ代替として導入されている（図 3-2）．これらの普及地帯では 2010 年の高温気象下でも「コシヒカリ」「ヒノヒカリ」より高い一等米比率を示し，現場での品質改善効果が確認された（表 3-1）．また三重，滋賀，岡山，愛媛の 4 府県で産地品種銘柄として作付けされている．鳥取県産の「きぬむすめ」は（社）穀物検定協会の「米の食味ランキング」で最高ランクの「特 A」評価を 2011 年以来 3 年（2011，12 年は参考銘柄）連続で受けている．

② にこまる：九州沖縄農業研究センター 2005 年育成．交配組合せ：は系 626（きぬむすめ）／北陸 174 号

ヒノヒカリより出穂期は 3 日程度遅く，暖地では中生の中ないし晩に属する．収量性はヒノヒカリを約 8% 上回る多収である．玄米品質は「ヒノヒカリ」に明らかに優り高温での未熟粒発生も少ない（坂井ら 2010）．2010 年の高温気象下でも栽培された各府県で「ヒノヒカリ」より明らかに高い一等米比率を示し，現場での品質改善効果が確認された（表 3-1，写真 3-1）．食味はヒノヒカリ並以上に良好で，長崎県産の「にこまる」は（社）穀物検定協会の「米の食味ランキング」で最高ランクの「特 A」評価を 5 年連続で受けていた．また各地の米食味コンテスト等でも多数上位入賞を果たし，食味の良さも実証さ

第3章 高温耐性品種の育成とその課題

図 3-2 きぬむすめの普及地帯（2014年現在）

表 3-1 主な高温耐性品種の一等米比率と普及面積

品　種　名	2010年一等米比率（%）	備　考	普及面積（推定 ha）		特　長
			(2010)	(2011)	
きぬむすめ	56.0	全国平均	5500	7500	早　生
ヒノヒカリ	16.2	全国平均	—	—	
にこまる	59.2	全国平均	4500	5800	
ヒノヒカリ	16.2	全国平均	—	—	
元気つくし	91.8	福　岡	1090	3281	早　生
ヒノヒカリ	11.1	福　岡	—	(16888)	
さがびより	79.5	佐　賀	4360	4380	短　稈
ヒノヒカリ	11.7	佐　賀	—	(5270)	
くまさんの力	69.6	熊　本	1234	1200	
ヒノヒカリ	17.3	熊　本	—	(19000)	
おてんとそだち	—	宮　崎	—	23	やや早生
ヒノヒカリ	10.3	宮　崎	—	(9916)	
あきほなみ	62.1	鹿児島	870	1560	やや晩生
ヒノヒカリ	25.7	鹿児島	—	(15350)	

注）一等米比率のデータは農林水産省発表の確定値．普及面積は九州沖縄地域試験研究推進会議資料や各県の広報資料等を参考にした推定値．

写真 3-1　玄米　左：にこまる　右：ヒノヒカリ（2010 年（高温年），育成地産）

図 3-3　にこまるの普及地帯（2014 年現在）

れつつある．現在，長崎，大分，静岡，愛媛，高知の 5 県で奨励または認定品種に指定されており，また関東，北陸以南の計 14 府県で産地品種銘柄として作付けされており，ヒノヒカリにかわる西日本の基幹品種となりつつある（図3-3）．

第 3 章　高温耐性品種の育成とその課題　49

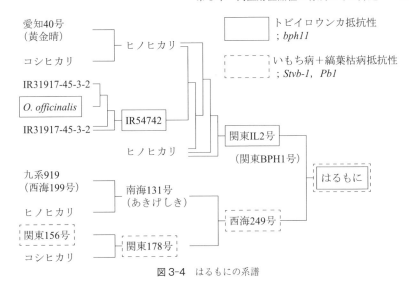

図 3-4　はるもにの系譜

③ はるもに：九州沖縄農業研究センター 2011 年育成．組合せ：関東 IL2 号／西海 249 号

ヒノヒカリよりやや遅い熟期で，暖地では中生の中に属する．本品種の最大の特長は，高温登熟耐性のみならず病害虫の抵抗性をも両立していることである．すなわちトビイロウンカ抵抗性遺伝子 $bph11$，縞葉枯病抵抗性遺伝子 $Stvb-i$，穂いもち抵抗性遺伝子 $Pb1$ の 3 つを合わせ持っている（図 3-4）．ただし，$bph11$ によるトビイロウンカ抵抗性は，近年日本に飛来するウンカには効果が低いという報告もあり（データ略），注意が必要である．収量性はヒノヒカリ並かやや優る程度で「にこまる」には及ばないが，玄米品質および高温登熟耐性は「にこまる」並に優れ，食味は「ヒノヒカリ」と遜色がない（表 3-1）．品種登録出願から日が浅く，普及はまだこれからの品種であるが，特別栽培米栽培地域での試作が行われている（田村ら 2011）．

④ 恋の予感：近畿中国四国農業研究センター 2014 年育成．交配組み合わせ：「きぬむすめ」／「中国 178 号」

出穂期，成熟期はヒノヒカリ並かやや晩．玄米品質は，「にこまる」と同程度で，「ヒノヒカリ」に優り，高温条件でも低下しにくい．「ヒノヒカリ」より約 8％ 多収で，食味は「ヒノヒカリ」と同等．穂いもちに対しては「ヒノヒカリ」よりも強い「やや強」で，縞葉枯病にも抵抗性を有する．広島県で奨励品

表 3-2 暖地・温暖地西部向けの主な高温耐性品種の特性一覧

品種名	出穂期 (月.日)	稈長 (cm)	穂数 (本/m²)	玄米重 (kg/a)	比率 (%)	品質 (1良-9否)	分級	病害抵抗性 葉いもち	穂いもち	縞葉枯病
(農研機構育成品種)										
きぬむすめ	8.21	84	347	60.3	104	4.6	中中	中	中	感受性
日本晴	8.20	80	368	57.9	100	4.3	中中	中	中	感受性
にこまる	8.28	83	331	62.8	108	4.5	上中	やや弱	やや弱	感受性
ヒノヒカリ	8.26	84	364	58.3	100	5.7	上下	やや弱	やや弱	感受性
はるもに	8.27	75	356	55.8	105	4.6	上中	やや弱	中	抵抗性
ヒノヒカリ	8.26	81	366	53.3	100	6.4	上下	やや弱	やや弱	感受性
恋の予感	8.21	81	330	58.7	115	3.9	―	中	やや強	抵抗性
ヒノヒカリ	8.20	85	359	51.0	100	5.3	―	やや弱	やや弱	感受性
(県育成品種)										
元気つくし	8.16	86	376	54.8	99	2.8	上下	弱	やや弱	感受性
ヒノヒカリ	8.24	89	320	55.4	100	3.8	中上	やや弱	やや弱	感受性
さがびより	8.31	73	357	52.1	114	―	上下	弱	やや弱	感受性
ヒノヒカリ	8.26	79	372	45.9	100	―	中上	やや弱	やや弱	感受性
くまさんの力	8.27	77	332	52.4	105	3.8	―	やや弱	やや弱	感受性
ヒノヒカリ	8.26	82	359	50.1	100	5.5	―	やや弱	やや弱	感受性
おてんとそだち	8.17	73	390	52.0	108	4.1	―	中	やや弱	感受性
ヒノヒカリ	8.20	85	403	48.0	100	4.9	―	やや弱	やや弱	感受性
あきほなみ	8.31	78	378	57.1	102	4.4	―	不明(真性)	不明(真性)	感受性
ヒノヒカリ	8.22	79	373	56.1	100	6.0	―	やや弱	やや弱	感受性

注) データは各育成地が公表している研究報告,研究成果情報等より引用した.

種に採用予定であり,2014年度は約100 ha に作付けされており,今後さらに作付拡大の予定である.今後,同県南部の平坦地域で「ヒノヒカリ」に替わる品種としての普及が期待される.

(3) 九州各県で育成された品種

九州各県の県単育種計画により,以下の品種が育成され,高温条件でも品質が低下しにくい特性を前面に出して普及が進められている.これらの品種は農林水産省指定試験事業で育成された「おてんとそだち」を除き,現時点ではその普及は育成した県に限られ,他県での普及は認められていない.普及状況は表 3-1 に示すとおりである.

① 元気つくし：2009 年福岡県育成　組合せ：ちくし 46 号（つくしろまん）／つくし早生

　出穂期は，「ヒノヒカリ」より 6〜10 日程度早く，暖地では早生で収量は「ヒノヒカリ」と同程度である．温水灌漑による高温登熟耐性の評価試験での白未熟粒発生が「ヒノヒカリ」より明らかに優れる．また食味も良好で育成地では「ヒノヒカリ」を上回る評価を得ており，冷飯や古米でも食味が低下しにくいとされる（和田ら 2010）．

② さがびより：2009 年佐賀県育成　組合せ：佐賀 27 号／愛知 100 号

　ヒノヒカリより出穂期で 5 日程度遅い「中生の晩」で，稈長がヒノヒカリより短い．収量性は「ヒノヒカリ」より 10% 多収で品質も上回り，食味も同等であるが，葉いもちに「弱」で耐病性はやや劣る．佐賀県では平成 22 年に 4300 ha の作付けがあり「ヒノヒカリ」からの品種転換が進んでいる（広田ら 2009）．

③ くまさんの力：2008 年熊本県育成　組合せ：ヒノヒカリ／北陸 174 号

　ヒノヒカリより出穂期で 2 日程度遅い「中生の中」で，稈長がヒノヒカリより短い．収量性は「ヒノヒカリ」よりやや多収で品質も上回り，食味も同等とされる（藤井ら 2009）．

④ おてんとそだち：2011 年宮崎県育成　組合せ：南海 149 号／北陸 190 号

　ヒノヒカリより出穂期で 3 日程度早い「中生の早」で，稈長がヒノヒカリより 10 cm 以上短い短稈で倒伏にも強い．育成地での収量性は「ヒノヒカリ」より 8% 多収で，高温登熟耐性も「強」にランクされ品質も上回る．食味は「ヒノヒカリ」とも同等とされる．平成 23 年度から宮崎県内で普及が始まっている（永吉ら 2011）．

⑤ あきほなみ：2008 年鹿児島県育成　組合せ：（南海 107 号／西海 201 号）F6／越南 179 号

　かりの舞よりやや晩生でヒノヒカリよりかなり晩生となり，高温登熟を回避できる可能性が高い．千粒重が大きく収量性，品質は「ヒノヒカリ」に優り食味は同等とされる．いもち病真性抵抗性（*Pita-2*）を持つ（若松ら 2009）．

　以上述べた品種の主要特性は表 3-2 に，普及状況は表 3-1 に示した．また，2013 年現在「元気つくし」「さがびより」「くまさんの力」「あきほなみ」の 4 品種は（社）穀物検定協会の「米の食味ランキング」で最高ランクの「特 A」評価を受けている．

❷ 高温登熟耐性の検定法の開発

　高温登熟耐性の検定法としては，大別して，①作期の早進により登熟期を高温に遭遇させる用法，②ガラス室やトンネル等の被覆物により登熟気温を高温にする方法，③人工気象室等の環境調節装置を用いる方法，④温水灌漑により，穂周辺の微気象を調節して高温に遭遇させる方法等が考案され，育種の現場で用いられている．

　一方，九州の普通期作では，8月末から9月上旬の登熟前半に，台風や低気圧の影響で曇天日が多く，かつ気温が比較的高温で推移することが多いことが指摘されている．そこで九州沖縄農研センターでは，高温かつ寡照の登熟条件でも品質が安定した品種を選抜するため，早植えで登熟期を高温の時期に遭遇させ，同時にフィルムの被覆により遮光処理を行う条件で，高温＋寡照条件に対する耐性の品種間差異の評価を白未熟粒の発生程度により行っている（坂井ら 2011）．以下に 2008 年から 2010 年の 3 カ年間で実施した結果を示す．移植は 5 月 19 日から 21 日に行い，栽植密度 22.2 株/m^2（3 本植え），施肥量は NPK 成分 4 kg/10 a（LPS120 緩効性肥料）として，2 反復で検定を行っている．遮光処理は，出穂後 30 日間，光透過率 70％ の梨地ビニールでトンネル被覆により行う（写真 3-2）．供試材料は出穂期の順に栽植し，先に出穂した材料から順次ビニールを被覆していくことで，出穂期に合わせた処理を行った．玄米品質の調査は，1 区当たり 5 株をサンプリングし，玄米穀粒判別機（サタケ RGQI10A または RGQ-I20A）および達観判定で行っている．白未熟粒発生率は乳白＋腹白＋基部未熟粒の合計として調査を行った．

　これまでの試験で，5月下旬の早植えにより，コシヒカリ（8月第1半旬出穂）〜ヒノヒカリ（8月第4半旬）級の熟期の供試材

写真 3-2　遮光トンネルを併用した高温寡照耐性試験

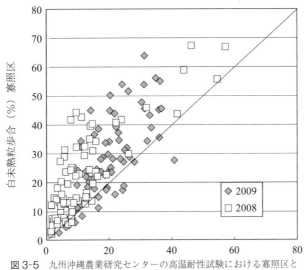

図 3-5 九州沖縄農業研究センターの高温耐性試験における寡照区と対照区の白未熟粒発生

注）白未熟粒は乳白＋基部未熟＋腹白（背白含む）．

料については，3年間を通じて登熟気温（出穂後20日間の平均気温）がほぼ26℃以上となる処理が行えている（データ略）．一方，年次によっては出穂期の違いにより登熟気温には最大3℃程度の差が見られ，品種・系統の評価に際しては出穂期の差による登熟気温の差を考慮する必要がある．フィルム被覆により，光量子密度は80％程度となり（データ略），対照区に比較して安定的に白未熟粒発生が促進されるとともに，品種・系統間の差も大きくなる傾向がある（図3-5）．3年を通じて供試した23品種・系統については，登熟気温と白未熟粒発生の関係を見たところ，両者の間に正の相関が認められたが（図3-6），前述のように出穂期の差による登熟気温の差を考慮することで，適切な選抜が行えると考えられた．「みねはるか」，「北陸147号」等は同程度の気温条件下で登熟した他の系統より白未熟粒発生が少なく（図3-6），寡照が加わった条件での高温登熟耐性が優れると考えられた．「にこまる」は「ヒノヒカリ」に比較すると，白未熟粒発生は少ないが，ヒノヒカリより出穂期が遅いためより低い気温で登熟した影響を受けている可能性がある．その一方で近年に試験したいくつかの系統の中で「にこまる」等より出穂期が同等か早いにもかかわらず白未熟粒発生が少なく（写真3-3），「にこまる」よりも高温登熟耐性が優れる可能性がある系統が見いだされている．

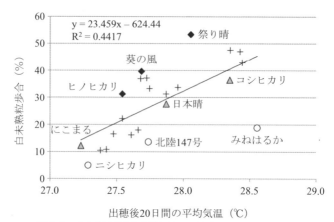

図 3-6　白未熟粒発生と登熟気温の関係（2008〜2010：寡照区）
注）白未熟粒は乳白＋基部未熟＋腹白（背白含む）．

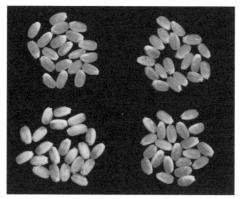

写真 3-3　2010年産高温寡照耐性試験区の玄米（九州沖縄農業研究センター）
上段：高温寡照耐性が強いと見られる系統．上左：西海283号，上右：羽283．
下左：ヒノヒカリ，下右：にこまる．

　さらに高レベルの高温耐性を実現した系統として，西海283号（組合せ：西海250号（にこまる）／ちくし64号（元気つくし），西南136号（組合せ：西南115号／西海250号（にこまる））等の有望系統も数多く育成されている．

③ 九州地域における基準品種の策定

　前述したような九州の普通期作の主力熟期品種を検定できる基準品種は，鹿児島県が単独で策定した例はあるものの，九州全域で使用できる品種が未確立であった．そこで，九州地域の試験研究機関で高温耐性の品種間差異を検定する連絡試験を実施し，その結果を基に新たな基準品種を策定した．3年間の連絡試験を行った結果を整理し，熟期が早生と中生の中間の「おてんとそだち」は，双方の熟期で"強"の基準に位置づけ，"やや強"には早生の「みねはるか」中生の「コガネマサリ」を，また早生の「黄金晴」「祭り晴」，中生の「葵の風」を"やや弱"の基準とし，また，「ヒノヒカリ」を中生の"弱"に位置づけた．九州地域では平成24年度よりこの基準品種を使用して高温耐性検定を実施することを申し合わせた（表3-3）（坂井ら2012）．

④ 今後の展望

　近年，DNAマーカーの整備が進み，遺伝的に近縁の日本品種同士の雑種後代でもDNAマーカー多型を利用して遺伝解析が実施可能となった．また遺伝解析に利用できる実験系統群の整備も進んでいる．これまで，「ハナエチゼン」「越路早生」等寒冷地の高温耐性品種の関連QTL（量的形質遺伝子座）については数多くの報告がなされているものの，上述した暖地普通期作向きの高温耐性品種の遺伝解析はこれからの課題である．九沖農研では「ヒノヒカリ／にこまる」の組換自殖系統群を作出し，上述の高温寡照耐性検定法によりQTL解析を実施している．データについては解析途中であるが，他の実験系統で報告のない染色体領域に高温態勢に関与すると見られるQTLを見いだしており，暖地品種の高温耐性改良に有効な遺伝子座である可能性が示唆されている．

　一方で，温暖化に伴い一部の病害虫の発生も増加すると予測されるが，現状の高温耐性品種の多くは，耐病虫性については「ヒノヒカリ」等と大差なく，耐病虫性の強化が必要である．とくに2013年は九州を中心にトビイロウンカによる坪枯れ被害が頻発し，品種の耐性強化の必要性が改めて示された．また，現行の高温耐性品種は出穂後20日間の平均気温が28℃前後の条件では優れた玄米品質を示すが，近い将来さらに温暖化が進行した場合に備え，より高

表 3-3 九州地域高温耐性連絡試験 (2009～11 年の結果集計) と選定した基準品種

熟期	供試品種	各試験地の判定値平均 (2:極強～5:中～8:極弱)					新基準	(参考) 鹿児島従来基準	平均登熟気温 (℃)	穀粒判別器				達観評価			
		2009	2010	2011	平均	順位				白未熟粒計 (%)	順位	基部未熟粒 (%)	順位	白未熟粒計	基部未熟粒	総合品質	順位
早生	みねはるか	4.0	4.3	4.0	4.1	③	やや強		28.0	11.4	①	7.6	③	4.0	2.3	4.1	④
	日本晴	4.5	4.6	4.9	4.7	④	中	中	27.9	17.5	③	6.6	①	4.9	2.2	3.8	③
	黄金晴	6.0	5.8	5.5	5.8	⑤	やや弱	やや弱	27.9	23.9	⑤	11.1	⑤	6.6	3.8	5.1	⑤
	祭り晴	6.1	6.0	6.5	6.2	⑥	やや弱	弱	28.0	31.8	⑥	13.0	⑥	5.9	3.5	5.3	⑥
	元気つくし	4.0	3.5	3.9	3.8	②			28.0	19.8	④	8.7	④	3.2	2.1	3.4	②
早/中	おてんとそだち	3.9	3.3	3.5	3.5	①	①	強	27.8	15.9	②	④	6.6	①	②	2.7	1.1	3.1	①
中生	金南風	5.1	4.4	4.7	4.7	⑤		強	27.8	30.1	⑥	10.7	⑤	6.8	1.4	4.7	⑦
	コガネマサリ	4.3	3.6	3.9	3.9	②	やや強	やや強	27.8	14.3	②	7.2	③	3.8	1.5	3.1	①
	葵の風	6.3	5.3	5.7	5.7	⑦		中	27.9	31.6	⑦	14.9	⑧	6.4	3.4	4.5	⑥
	ヒノヒカリ	6.8	6.4	6.8	6.6	⑧	弱	弱	27.9	32.1	⑧	13.7	⑦	7.7	4.2	5.8	⑧
	シンレイ	5.5	5.6	5.6	5.6	⑥	やや弱	弱	27.9	22.5	⑤	12.8	⑥	5.4	2.7	4.1	⑤
	にこまる	4.3	3.7	4.3	4.1	③			27.9	15.5	③	6.1	①	4.3	1.8	3.5	③
	さがびより	4.9	3.9	4.4	4.4	④			27.9	14.1	①	7.3	④	4.9	2.0	4.0	④

注：平均登熟気温は各試験地の出穂後 20 日間日平均気温の平均．穀粒判別器の機種は，試験地により異なる．達観評価の白未熟粒計は，基部未熟，背白＋腹白，乳白の合計，達観評価の白未熟粒計，基部未熟は 0：無～9：発生甚，総合品質は 1：良～9：否による評価．

い登熟気温に耐える育種素材や，開花期の高温で発生する高温不稔への耐性を持つ育種素材を準備しておく必要があり，外国品種や野生種も含めた幅広い遺伝資源のスクリーニングと活用が必要になると考えられる．

参考文献

藤井康弘・三ツ川昌洋・上野育夫 2008．高温条件下でも品質の優れる水稲品種「くまさんの力」の育成．九州農業研究発表会 第 71 回講演要旨 http://qnoken.ac.affrc.go.jp/yoshi/no71/71-002.pdf

広田雄二・徳田眞二・多々良泉・吉田桂一郎・木下剛仁・松雪セツ子 2009．高温条件下でも収量，品質の低下が少ない水稲品種「さがびより」の育成．九州農業研究発表会 第 72 回講演要旨．http://qnoken.ac.affrc.go.jp/yoshi/no72/72-p001.pdf

梶亮太・坂井真・田村克徳・平林秀介・岡本正弘・八木忠之・溝淵律子・深浦壮一・西村実・山下浩・富松高治 2009．温暖地向き極良食味水稲新品種「きぬむすめ」の育成．九州沖縄農業研究センター報告 52：79-93．http://www.naro.affrc.go.jp/publicity_report/publication/files/naro-se/52-002.pdf

永吉嘉文・中原孝博・黒木 智・齋藤 葵・藪押睦幸・角朋彦・川口満 2011．高温登熟性に優れる水稲新品種「南海 166 号」の育成 日本作物学会九州支部会報

77：1-4．http://ci.nii.ac.jp/naid/110008687273
坂井　真・岡本正弘・田村克徳・梶　亮太・溝淵律子・平林秀介・八木忠之・西村実・深浦壯一 2010．食味と高温登熟条件下での玄米品質に優れる多収性水稲品種「にこまる」の育成．九州沖縄農業研究センター報告 54：43-61．http://www.naro.affrc.go.jp/publicity_report/publication/files/naro-se/54-003_1.pdf
坂井真・田村克徳・森田敏・片岡知守・田村泰章（2011）早植えとフィルム被覆処理による水稲の高温寡照耐性の評価法．日作紀 81（別 2）：250-251．
坂井真・和田卓也・坪根正雄・徳田眞二・吉田桂一郎・古賀潤弥・藤井康弘・三ツ川昌洋・清水康弘・長谷川航・白石真貴夫・永吉嘉文・松浦聡司・佐藤光徳・園田純也・森浩一郎 2012．九州地域における普通期水稲育種のための高温耐性基準品種の選定．育種学研究 14（別 2）：230．
春原嘉弘 2009．水稲地域基幹品種共同選定の意義と「きぬむすめ」の地域適応性の評価．育種学研究 11：101-105．
田村克徳・坂井真 2011．3 種類の病害虫に強い水稲新品種「はるもに」を開発九州沖縄農業研究センタープレスリリース．http://www.naro.affrc.go.jp/publicity_report/pr_report/laboratory/karc/016949.html
若松謙一・小牧有三・田中明男・神門達也・田之頭拓・露重美義・下西恵・福元伸一・竹牟禮穣 2009．普通期中生の多収・良食味水稲新品種'あきほなみ'の育成．鹿児島県農業開発総合センター研究報告．耕種部門 3：1-10．
和田卓也・坪根正雄・井上　敬・尾形武文・浜地勇次・松江勇次・大里久美・安長知子・川村富輝・石塚明子 2010．高温登熟性に優れる水稲新品種「元気つくし」の育成およびその特性．福岡農総試研報 29：1-9．http://farc.pref.fukuoka.jp/farc/kenpo/kenpo-29/29-01.pdf

第 II 部
外観品質・食味の評価方法と育種法

第4章
水稲高温登熟耐性品種の評価方法
―背白米発生量を指標とする検定法―

若松謙一

1 はじめに

　近年，九州では一等米比率が低下しており，その要因として，登熟期間中の高温による不完全米の発生ならびに充実不足粒の増加が指摘されている．特に2010年は全国的に8月，9月が高温で経過し，不完全米による玄米外観品質低下が問題になっており，その後，各地で高温対策が検討されている．鹿児島県においては，6月下旬に出穂する早期栽培と8月下旬～9月上旬に出穂する普通期栽培があり，そのうち，普通期栽培のヒノヒカリで高温による品質低下が顕在化し，早急な対策が求められている．現在は，最も暑い時期である7月下旬～8月上旬に出穂させて多数の品種を検定し，早期および普通期栽培ともに高温に対応した品種の開発・選定に努めている．

　そこで本稿では，不完全米のうち背白米に着目し，その発生要因と品種間差異を解析するとともに，背白米の発生量を指標とした高温登熟耐性品種の評価方法について概説する．

2 登熟期の気温と不完全米の発生

　南九州の早期栽培では，登熟期に当たる7月の高温の影響を受けて背白米の発生がみられ，玄米品質が低下することが報告されてきた（岩下ら1973，安庭・江畑1978）．しかし近年，植付けの早進化に加えて4～5月が高温で経過する頻度が高くなってきたことから出穂の早まる傾向があり（若松ら2003），従前と異なり登熟期間の初・中期の気温が比較的低く推移するため背白米の発生がほとんどみられなくなっている．一方，普通期栽培の主要品種ヒノヒカリ

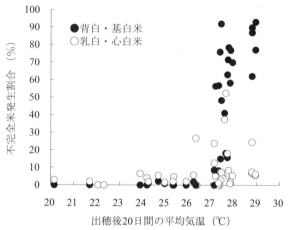

図 4-1 登熟期の気温と不完全米発生割合の関係（2002～2004 年）
品種はヒノヒカリ，はなさつま．

で，これまでみられなかった背白米の発生が散見されるようになり，充実不足と併せて品質低下の大きい要因となっている．この背景として，ヒノヒカリが高温条件で背白米，基白米が発生しやすい（若松ら 2007）ことや，作期分散を図るため移植時期が早まり，登熟期が高温に遭遇しやすくなっていることが考えられる．乳白米，背白米等を含む不完全米の発生要因はそれぞれ異なり，乳白米や心白米の発生については，気象要因に限れば登熟期の高温条件よりむしろ低日射条件の影響が大きいこと（長戸・江幡 1959，斉藤 1987，若松ら 2006），さらに，台風の影響も発生要因であること（江幡・石川 1989，船場ら 1992）が報告されている．一方，背白米の発生については登熟期の高温の影響が大きく，その発生程度に品種間差異が認められている（岩下ら 1973，長戸・江幡 1965）．このように，高温障害程度を示す指標としては，背白米割合が最適で，背白米の発生が軽微な場合には基白米割合が適当であることが報告されている（長戸・江幡 1965）．

　筆者ら（2007）は水稲の登熟期間の高温が玄米品質に及ぼす影響について検討した結果，出穂後 20 日間の平均気温 27℃以上の高温条件で背白米，基白米が発生し，それ以下の温度ではいずれもほとんど発生が認められないことを明らかにした（図 4-1）．登熟期における高温の時期別影響は，人工気象室において高温条件の処理時期を変えた結果，前期高温区が全期間高温区同様に背白米の発生が多く，次いで中期高温区が少発生し，後期高温区では発生が極めて

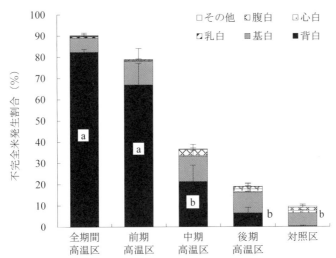

図 4-2 高温の処理時期が背白米発生割合に及ぼす影響（2006年）
注）人工気象室で高温区：32/26℃，対照区：28/22℃に設定した．処理終了後の9月25日からは湛水条件とし，10月2日に収穫した．背白米の発生割合について Tukey の多重比較により異なる小文字間に有意差有り．

少なくなった（図4-2）．これらのことから，背白米は登熟期間前・中期，特に前期の高温の影響が大きいことが認められた（若松ら2008a, 2010）．高温が登熟に及ぼす影響については，粒重増加速度が低下する低日射条件の場合と異なり，粒重増加速度は促進されるものの比較的早期に同化産物の受入れ能力が減退し，登熟期間が短縮されることが報告されている（佐藤・稲葉1976）．このことから，背白米は初期の高温の影響で胚乳貯蔵物質の蓄積が登熟の早い時期に偏って進行し，その間子房への同化産物の供給は十分に行われるものの，胚乳背側部の発達期である登熟後期（星川1968）に同化産物の蓄積が不充分である場合に発生することが考えられる．

③ 気温以外の要因と背白米の関係

(1) 窒素施肥量が玄米窒素量および背白米発生割合に及ぼす影響

玄米外観品質低下の要因としては，1990年代以降の食味重視傾向により，食味が低下する玄米タンパク質7%以上を避けるために窒素施肥量の低下も関与していることが指摘されている（近藤2007）．特に，南九州ではヒノヒカリ

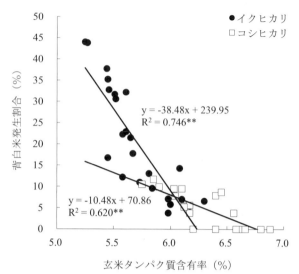

図4-3 玄米タンパク質含有率と背白米発生割合との関係（2004～2005年）
登熟温度は2004年：イクヒカリ27.0℃，コシヒカリ26.7℃，2005年：両品種ともに27.4℃．

が倒伏に弱い品種であり，地理的に台風被害を受けやすいことから，施肥レベルは全国の中でも低位にある．

筆者ら（2008b）は，窒素施肥量が玄米タンパク質含有率（玄米窒素量）および背白米発生割合に及ぼす影響について検討した結果，窒素施肥量の増加に伴い玄米タンパク質含有率が高くなり，背白米の発生割合が減少し，玄米タンパク質含有率と背白米発生割合との間にそれぞれ高い負の相関関係を認めた（図4-3）．登熟温度28℃以下においては，玄米タンパク質含有率が約6.0％以下になると背白米の発生割合が増加し，その傾向はコシヒカリに比べてイクヒカリで顕著であった．この差の要因として，高温登熟性の違いが考えられた．基肥の増量または追肥によって穂揃期の葉色を高めることが玄米タンパク質含有率向上を促し，さらには背白米発生の抑制につながることが示唆された．このように高温登熟条件下で背白米の発生を抑制するには，肥効調節型肥料の利用など穂揃期以降の葉色を一定レベル以上に維持する必要があると考えられた．一方で，食味については玄米タンパク質含有率7.0％を超えると食味が低下する（若松ら2004）ことから，玄米の外観品質と食味の両立を考慮した場合での玄米タンパク質含有率の目標値は，登熟温度28℃以下では6.0～7.0％

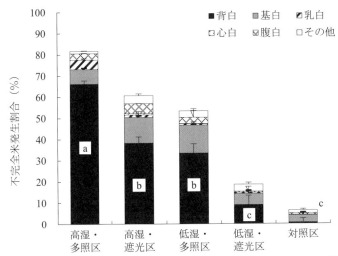

図4-4 高温条件下における湿度と日射の違いが不完全米発生割合に及ぼす影響
温度条件は昼温 32/夜温 26℃．高湿区：相対湿度 70%，低湿区：相対湿度 35%，多照区：11.4MJ m-2 day-1，遮光区：多照区の 60% に遮光．対照区は 28/22℃，相対湿度 70%，遮光無し．Tukey の多重検定により，同じ英小文字間には 1% 水準で背白米の発生割合に有意差がないことを示す．

の間が望ましいと考えられた．

(2) 登熟期の日射量および湿度が背白米発生割合に及ぼす影響

　高温条件下における日射量の違いが不完全米に及ぼす影響については，背白米は高温・無遮光条件で多発したが，高温・遮光条件で減少し，逆に乳白米の増加傾向が認められた（若松ら 2009）．乳白米の発生は高温よりむしろ低日射の影響が大きく，さらに籾数が多い場合に助長され，籾間における同化産物の競合が乳白米発生の要因と考えられる．登熟において，高温条件より遮光条件の影響が大きく，穂への同化産物の供給量が抑制されたことが，結果として乳白米の増加につながったと考えられる．また，同一の高温条件下における日射量と湿度の違いが背白米発生割合に及ぼす影響については，日射量が多いほど，また湿度が高いほど，背白米発生割合が高くなった（図4-4）．これまで不完全米に関与する高温の感受部位については，茎葉ではなく穂であること（佐藤・稲葉 1973，森田ら 2004）が報告されている．また，同一高温条件下における穂の表面温度は，高湿・多照区が最も高く，次いで高湿・遮光区，低湿・多照区の順で，低湿・遮光区が最も低い値を示し，背白米発生割合もこれ

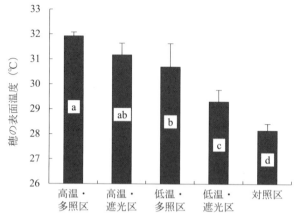

図 4-5 湿度と日射の違いが穂の表面温度に及ぼす影響
値は放射温度計による穂温の測定値（2007年11月1日 10:00～10:30）．Tukeyの多重検定により，同じ英小文字間には1%水準で有意差がないことを示す．

と同様の傾向を示した（図4-5）．湿度と稲体の表面温度との関係については，湿度が低く大気中の飽差が大きいことで蒸散（潜熱交換）が活発になり，葉面あるいは穂面の表面温度が低くなること（丸山ら2007）が報告されている．このように日射量と湿度は穂の表面温度と密接に関係しており，同じ高温条件下においても高日射や高湿度条件の場合に穂の表面温度が高くなり，結果として背白米発生割合が高まることを明らかにした．

これまでの結果に基づいて不完全米の発生要因を1）出穂後20日間の平均気温（25～30℃）と2）出穂後の日射量の2つの要因から整理すると，おおよそ図4-6のようになる．背白米は高温・高日射条件で多くなり，その割合は低窒素条件および高湿度条件で発生が助長される．また，高温・低日射条件になると背白米は減少し，乳白米が増加するが，さらに高籾数条件で乳白米の発生が助長される．低温・高日射条件では完全米割合が高くなるが，低温・低日射条件では乳白米や腹白米の発生が促進される．

4 高温登熟性と品種間差異

(1) 高温登熟耐性と遺伝

高温登熟条件下における不完全米発生割合には品種間差異がみられ，その発

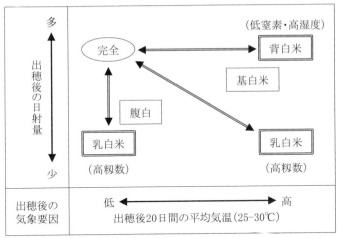

図 4-6 不完全米の発生と出穂後の環境の影響
（ ）内の条件は出穂後の発生助長要因を示す．

生様相，程度が異なることが認められた（若松ら 2007）．中でも背白・基白米発生割合の品種間の違いが顕著であったが，早期栽培品種に比べて，普通期栽培品種は背白・基白米発生割合の他，乳白・心白米発生割合や腹白米の発生もかなり認められた．このように，普通期栽培品種で不完全米の種類が多くなった一因は，暖地の普通期栽培品種の登熟期間が 9 月～10 月の比較的良好な気象条件にあるために，これまでの育種において早期栽培品種に比べて高温条件や梅雨期の影響下での選抜が加わっていないことによる可能性が考えられた．

熟期の異なる品種群の背白・基白米発生割合について，高温登熟性の強弱を 5 段階で判定した（図 4-7, 4-8）．その結果，ヒノヒカリを中心にした遺伝的系譜をもとに，高温登熟性を分類し（図 4-9），背白・基白米の発生割合が最も少ないふさおとめが「強」，ハナエチゼンが「やや強」，コシヒカリが「中」，イクヒカリが「やや弱」，初星，ヒノヒカリが「弱」と判定した．ヒノヒカリは高温登熟性が劣るが，ヒノヒカリの親の黄金晴，黄金晴の親の喜峰，喜峰の親の秋晴はいずれも背白米の発生が著しく，高温登熟性が劣ることが認められた．さらに，喜峰／コシヒカリの初星，喜峰／関東 79 号のミネアサヒはいずれも「弱」品種であり，喜峰に由来する遺伝的形質を継いでいることが推察された．背白米発生の品種間差異は遺伝的であることが明らかにされており（田畑ら 2005），背白米発生率を制御する QTL に関する報告（Kobayashi et

68　第Ⅱ部　外観品質・食味の評価方法と育種法

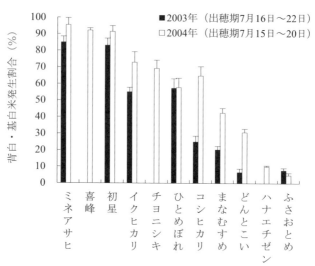

図 4-7　早期栽培用品種群における高温登熟性の品種間差異.
喜峰, チヨニシキ, ハナエチゼンは 2004 年のみ調査.

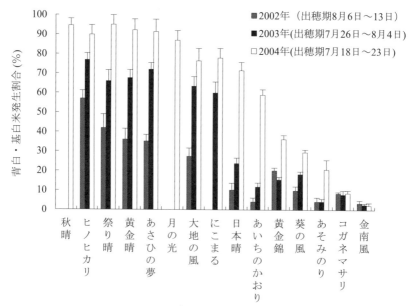

図 4-8　普通期栽培早生群における高温登熟性の品種間差異.
秋晴, 月の光は 2004 年のみ調査.

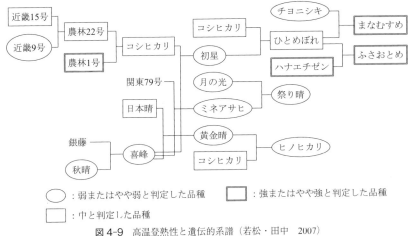

図 4-9 高温登熟性と遺伝的系譜（若松・田中　2007）

al. 2007，白澤ら 2008）もある．一方で，背白米発生の品種間差異に関するメカニズムは未だ不明な点が多い．

　以上のことから，玄米品質における高温登熟性の品種間差異の原因として遺伝的要因の寄与率が高いことが考えられた．ヒノヒカリに替わる高温登熟性の優れた良食味品種育成は，高温登熟性の優れる品種との交配に加えて，玄米品質に関して高温条件下での選抜を行うことが必要と考えられる．

(2) 施肥法と品種間差異の関係

　前述のとおり，登熟期の高温では，背白米発生に品種間差異がみられるが，一方で，施肥量の違いでも背白米の発生割合は異なる．そこで施肥法と品種間差異との関係について検討した．人工気象室において，窒素施肥量を変えて品種比較した結果，いずれの品種においても施肥量が多くなるにしたがい背白米の発生割合が減少したが，高温登熟性の違いにより品種間差異は明らかに認められた（図 4-10）．登熟温度 28℃以上の高温登熟条件下において，初星，ヒノヒカリなどの高温登熟性「弱」品種では，窒素施肥量増加による背白米発生の軽減効果が小さいことが認められ，これらの品種では玄米の外観品質と食味を両立させる玄米タンパク質含有率 7% 以下で高品質化は困難であると考えられた（図 4-11）．一方で，「中」品種のコシヒカリにおいては，窒素施肥量の増加に伴い，背白米の減少が大きく，玄米タンパク質含有率 7% 以下で高品質化

70　第Ⅱ部　外観品質・食味の評価方法と育種法

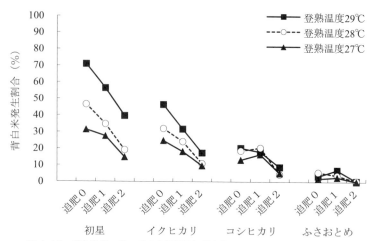

図4-10　登熟温度の違いが窒素追肥量と背白米発生割合の関係に及ぼす影響
人工気象室で登熟温度27℃（30℃/24℃），登熟温度28℃（31℃/25℃），登熟温度29℃（32℃/26℃）に設定した．肥料はN：12%，P_2O_5：18%，K_2O：14%の化成肥料を用い，追肥0は基肥のみ，追肥1は基肥に2g/ポット+移植30日後に2g/ポットの1回追肥，追肥2は基肥に2g/ポット+移植30日後に2g/ポット+出穂20日前に2g/ポットの2回追肥．

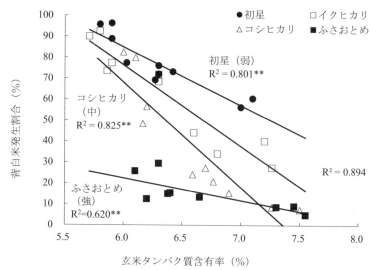

図4-11　品種別にみた玄米タンパク質含有率と背白米発生割合との関係（2006年）
出穂期は7月16～18日．登熟温度は28.4℃．

が可能であると考えられた．「強」品種ふさおとめは，いずれの施肥条件でも他の品種に比べて背白米発生割合が明らかに低かった．したがって，28℃を超える高温条件下では窒素施肥量の増加による背白米の軽減と食味の両立を考慮すると，高温登熟性「中」以上の強い品種が必要と考えられる．

5 高温に対応した育種の取り組み

　鹿児島県では，早期栽培用，普通期栽培用品種について，移植時期を変えて高温下での登熟による玄米品質低下の評価法を検討し，背白および基白の発生程度で高温登熟耐性を評価する方法を開発した．この成果を利用して，鹿児島県では早期および普通期のいずれの作型でも育成系統について高温登熟耐性の検定を行い，高温登熟性の優れる品種の育成を進めている．また，九州沖縄農研などの農研機構や，他県の県単育種試験地の育成系統についても，以下の点に留意して，毎年，高温登熟耐性の評価を行っている．評価に当たっては，低日射や高窒素条件で背白米発生割合が減少するため，年次間差を考慮し複数年検定を行う必要がある．

(1) 検定に適した温度帯

　圃場の検定に適した温度の目安は，登熟温度（出穂後20日間の平均気温）28～30℃とし，出穂後20日間が最も高温になる7月中旬～8月上旬を目標出穂期（図4-12）として，熟期群ごとに移植時期を変えている．鹿児島では，コシヒカリと同熟期の品種は5月中～下旬，ヒノヒカリと同熟期の品種は4月下旬～5月上旬に移植して，基準品種と出穂期を揃えて比較し検定している．筆者ら（2010）は，登熟温度の違いで不完全米の発生様相が異なり，登熟温度28℃から背白米が発生し，登熟温度30℃以上では腹白米および心白米が併発する背白米（背白複合米），乳白米の発生が多発する（表4-1）ことを報告した．ハウスを用いて検定する際は，遮光の影響による心白米，乳白米（低日射型乳白）や登熟温度30℃以上の高温による背白複合米や乳白米（高温型乳白）など発生要因の異なる乳白米（図4-13）の発生に注意している．

(2) 基準品種

　小牧ら（2005）は，極早生～早生の早，早生の晩～中生，晩生の3つの熟期

72　第Ⅱ部　外観品質・食味の評価方法と育種法

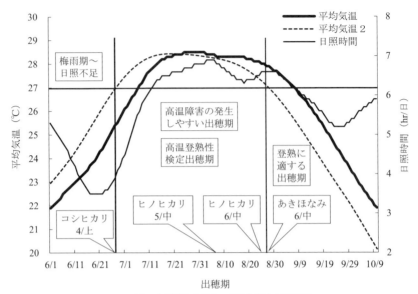

図 4-12　出穂期と出穂後の平均気温と日照時間
平均気温，日照時間の値は，鹿児島市における 1971-2000 年の 30 年間の平均値．平均値 2 は出穂後 20 日間の平均気温．ヒノヒカリの 5/中はヒノヒカリの 5 月中旬植の出穂期を示す．

表 4-1　登熟温度および高温処理時期の違いが不完全米発生割合に及ぼす影響（2008 年；％）

処理時期 （穂揃後日数）	試験区	完全粒	背白粒	背白複合粒	基白粒	乳白粒	心白粒	腹白粒	その他
1～7 日	32℃区	8.0	26.3	21.4	5.4	21.9	6.0	1.1	9.9
	30℃区	11.5	48.2	13.9	8.4	4.0	2.0	2.3	9.6
	28℃区	69.6	7.0	0.0	5.8	2.0	4.6	1.1	9.8
8～14 日	32℃区	31.7	17.5	17.9	9.7	4.2	2.3	10.9	5.8
	30℃区	44.6	19.2	0.8	6.4	9.7	6.1	4.9	8.3
	28℃区	47.7	17.5	1.5	9.6	8.4	5.7	0.8	8.8
15～21 日	32℃区	72.5	6.9	2.1	7.7	1.1	2.6	0.7	6.5
	30℃区	76.7	7.0	0.0	8.4	0.0	0.5	0.3	7.0
	28℃区	72.4	2.1	0.0	10.0	0.4	7.1	0.0	8.0
22～28 日	32℃区	82.5	1.2	0.0	3.6	0.0	6.1	0.0	6.5
	30℃区	80.2	0.0	0.0	7.7	1.4	1.9	0.0	8.8
	28℃区	86.3	0.0	0.0	2.8	0.9	2.8	0.0	7.1
1～28 日 （全期間）	32℃区	0.2	0.0	51.5	0.0	40.1	0.0	0.0	8.2
	30℃区	0.0	37.7	49.2	0.0	9.0	0.0	0.0	4.1
	28℃区	35.8	38.3	2.4	8.8	0.3	0.3	5.4	8.7

注）人工気象室で 32℃区（昼温 35/夜温 29℃），30℃区（33/27℃），28℃区（31/25℃）に設定した．穂揃期に人工気象室に入れ，7 日毎に時期別温度処理を行った．

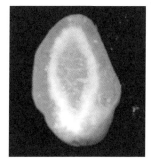 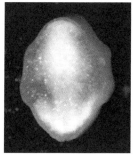

　　　　低日射型乳白粒　　　　　高温型乳白粒
　　図4-13　発生要因の異なる乳白粒の横断面（2008年）

表4-2　高温登熟耐性特性検定の基準品種（鹿児島県農業開発総合センター）

高温耐性	極早生～早生の早	早生の晩～中生	晩生
強	ふさおとめ なつのたより （越路早生）	なつほのか おてんとそだち （金南風）	（無し）
やや強	ハナエチゼン	コガネマサリ	ニシヒカリ
中	あきたこまち コシヒカリ	葵の風 日本晴	レイホウ シンレイ
やや弱	はえぬき ミネアサヒ	黄金晴	（無し）
弱	初星	ヒノヒカリ 祭り晴	ミナミヒカリ かりの舞

　注）越路早生，金南風は，腹白米の発生が多いため参考品種とする．

に分けて高温登熟耐性の基準品種を提示した．その後の検定結果を踏まえて，現在は，極早生～早生の早の基準品種として，ふさおとめ（強），ハナエチゼン（やや強），コシヒカリ（中），ミネアサヒ（やや弱），初星（弱）を選定し，早生の晩～中生の基準品種として，なつほのか（強），コガネマサリ（やや強），日本晴（中），黄金晴（やや弱），ヒノヒカリ（弱）を選定して，高温登熟耐性を評価している．また，背白米の発生が少ないが腹白米が発生する越路早生，金南風は参考品種としている（表4-2）．

（3）施肥法

　窒素追肥により，背白米発生割合が減少することを考慮し，1本植えや地力

が高い圃場では基肥のみで栽培を行い，品種間差を評価する．

まとめ

　以上のように，背白米は，他の不完全米と異なり，高温条件において顕著に発生し，品種間差異が明らかであるため，高温登熟性の評価に有効な手段と考えられる．近年，鹿児島県では，高温年において背白米や基白米による玄米品質低下がみられ，高温障害対策が課題となっており，多数品種を圃場で検定して高温登熟性の優れる品種の育成に努めてきた．その結果，2007年に高温を回避する中晩生の良食味品種として「あきほなみ」を育成し，平成2015年には，高温登熟性の優れる早生の良食味品種「なつほのか」を育成している．

　現在，各育成地においても，良食味品種に高温登熟性の高い品種を交配して選抜する育種が進められており，将来はDNAマーカーによる選抜と圃場検定を併用した効率的な高温登熟性品種の開発が期待される．

参考文献

星川清親 1968．米の胚乳発達に関する組織形態学的研究．第11報　胚乳組織における澱粉粒の蓄積と発達について．日作紀 37：207-216．

江幡守衛・石川雅士 1989．イネの稔実，登熟および粒質形成におよぼす風・雨の影響．日作紀 58：555-561．

船場　貢・泉　省吾・西村勝久 1992．長崎県における平成3年大型台風による水稲被害の実態と解析．第2報　台風17,19号の襲来時生育ステージと品質・収量の被害．日作九支報 59：6-8．

岩下友記・新屋　明・山川恵久・土井　修・上原裕美・鳥山国士 1973．水稲の高温登熟について―品質の変化と品種間差異―．日作九支報 39：48-57．

Kobayashi A., G. Bao, S. Ye and K. Tomita 2007. Detection of quantitative trait loci for whiteback and basal-white kernels under high temperature stress in japonica rice varieties. Breed. Sci. 57: 107-116.

小牧有三・若松謙一・福井清美・桑原浩和・重水　剛・東　孝行 2005．背白・基白粒の発生程度を利用した高温耐性検定法の基準品種．九州沖縄農業研究成果情報 20：55-56．

近藤始彦 2007．コメの品質，食味向上のための窒素管理技術―水稲の高温登熟障害軽減のための栽培技術開発の現状と課題―．農及び園 82：31-34．

丸山篤志・石井健太郎・大場和彦・脇山恭行 2007．登熟期における湿度の違いが水

稲の白未熟粒発生に及ぼす影響．九州の農業気象 16：52-53.
森田　敏・白土宏之・高橋純一・藤田耕之輔 2004．高温が水稲の登熟に及ぼす影響
　　—穂・茎葉別の高夜温・高昼温処理による解析—．日作紀 73：77-83.
長戸一男・江幡守衛 1959．心白米に関する研究．第 1 報．心白米の発生．日作紀
　　27：49-51.
長戸一男・江幡守衛 1965．登熟期の高温が穎花の発育ならびに米質に及ぼす影響．
　　日作紀 34：59-66.
斉藤満保 1987．登熟期の遮光程度が水稲の収量と玄米品質に及ぼす影響．日作東北
　　支報 30：48-49.
佐藤　庚・稲葉健五 1973．水稲の高温稔実障害に関する研究．第 2 報　穂と茎葉を
　　別々の温度環境下においた場合の稔実．日作紀 42：214-219.
佐藤　庚・稲葉健五 1976．水稲の高温稔実障害に関する研究．第 5 報　稔実期の高
　　温による籾の炭水化物受入れ能力の早期減退について．日作紀 45：156-161.
白澤健太・山田哲平・永野邦明・岸谷幸枝・西尾　剛 2008．高温登熟条件下での背
　　白米発生率を制御する QTL に関する準同質遺伝子系統群の育成と評価．育種学
　　研究 10（別 1）：131.
田畑美奈子・飯田幸彦・大澤　良 2005．水稲の登熟期の高温条件下における背白米
　　および基白米発生率の遺伝解析．育種学研究 7：9-15.
若松謙一・神門達也・田之頭拓・重水　剛 2003．鹿児島県における早期栽培コシヒ
　　カリの出穂に及ぼす高温の影響．日作九支報 69：1-3.
若松謙一・田之頭拓・重水　剛・竹牟禮穣 2004．鹿児島県早期栽培コシヒカリの収
　　量構成要素および食味に及ぼす栽植密度の影響．日作九支報 70：7-9.
若松謙一・田中明男・上薗一郎・佐々木修 2006．水稲の暖地早期栽培における登熟
　　期間の遮光処理が収量，品質，食味に及ぼす影響．日作九支報 72：19-21.
若松謙一・佐々木修・上薗一郎・田中明男 2007．暖地水稲の登熟期間の高温が玄米
　　品質に及ぼす影響．日作紀 76：71-78.
若松謙一・田中明男・佐々木修・上薗一郎 2008a．水稲登熟期間中の高温処理時期お
　　よび玄米タンパク質含有率が背白米の発生に及ぼす影響．日作九支報 74：17-
　　20.
若松謙一・佐々木修・上薗一郎・田中明男 2008b．水稲登熟期の高温条件下における
　　背白米の発生に及ぼす窒素施肥量の影響．日作紀 77：424-433.
若松謙一・佐々木修・田中明男 2009．暖地水稲における高温登熟条件下の日射量お
　　よび湿度が玄米品質に及ぼす影響．日作紀 78：476-482.
若松謙一・田中明男・佐々木修 2010．水稲登熟期間の時期別高温処理が玄米外観品
　　質に及ぼす影響．日作九支報 75：12-14.
安庭　誠・江畑正之 1978．西南暖地における早期水稲の米質に関する研究．第 4

報．背白米の特性と発現の穂上位置について．日作九支報 45：31-33．

第5章
米の食味の生物的，物理的，化学的評価方法の探索

大坪研一・中村澄子

1 米の食味

　消費者の良食味志向を受けて，生産，流通，炊飯・加工の各段階で米の食味・特性評価法の開発が求められている．竹生（1988）は，米の食味には，品種，産地，気候，栽培方法，収穫・乾燥，貯蔵，精米，炊飯等の様々な生産・流通上の要因が影響すると述べている．米の食味評価項目としては，外観，味，香り，硬さ・粘り等が挙げられるが，最終的には総合的に「うまい，まずい」等の認識がなされる．しかしながら，米飯の味や香りは，他の食品に比べて強いとは言えず，「つや」，「白さ」に代表される「外観」も重要ではあるが，客観的・基準的な指標はきわめて少ない．一方で，前述の食味評価項目に影響を与える成分・特性としては，主要成分である澱粉，タンパク質，脂質，水分に加えて微量成分である細胞壁成分や酵素等も関与が報告されており，成分以外に組織構造や細胞配列なども食味に影響すると考えられる．

　米は一人あたりの消費量が漸減傾向にはあるものの，依然としてわが国の主食であり，殆どの人が毎日一度は口にするものである．したがって消費者の一人一人がきわめて鋭敏なセンサーを有しており，それぞれが独自の嗜好を持っていると言える．白飯の食味評価に限っても，単一の指標で食味の上，中，下を決めることはきわめて困難と考えられる．さらに，同一人物でも調理の種類や副食によって好む米飯の特性は異なっており，体調，時間，環境等によっても評価は異なってくる．

　こうした様々な問題はあるものの，日本人の多くがコシヒカリに代表されるような軟らかくて粘りの強い米飯を好むということもまた事実であり，全体としての食味嗜好を把握するということは育種分野や流通・利用分野にとって重

要な課題である．同時に，特に新しく育成される特異な米の特徴を明らかにしながらこれまでにない新たな用途適性を推定し，米の用途を拡大していくということもまた重要な課題であり，米の食味評価においては，これら両方の評価が必要と考えられる．

❷ 米の食味に関する官能検査と物理化学的測定

(1) 米の食味評価

　日本人は一般に，軟らかくて粘りの強い米を好む．米のおいしさは，人間の「視覚，聴覚，嗅覚，味覚，触覚」という五感に訴えるものであり，白飯の場合には，「色が白く，つやがあり，粒の形がよい（視覚），噛むときほとんど音がしない（聴覚），風味がある（嗅覚），いくら噛んでも味が変わらず，多少油っこい感じとなんとなく甘い感じがするが無味に近い（味覚），暖かく，ご飯粒が滑らかで柔軟，粘りと弾力がある（触覚）」米飯が好まれる（竹生 1988）．一方，ピラフやチャーハン等に適する米，冷凍米飯に適する米，おにぎりに適する米など，用途に応じて様々な米を使い分ける必要もあり，食味嗜好は一律ではない．

(2) 官能検査（食味試験）

　米の食味の最も基準的な評価方法と言える．人間が視覚，味覚，嗅覚，触覚等の感覚器をセンサーとして評価を行うので，「この米はうまい，この米はまずい」といった総合的な評価以外に，味，香り，硬さ等の項目別にも多面的な評価が得られるという利点がある．日本穀物検定協会で使用している官能検査用紙の例を図5-1に示す（坂口 1991）．同協会では一定作付け量以上の全国の主要な米について毎年官能検査を行い，特A，A，A'，B，B'とランク分けして公表している．一方，官能検査の場合には，地域や時代によって嗜好性の評価結果が異なるという問題点がある．例えばインドやタイ中部では，基本的に硬くて粘りの少ない飯が好まれるし，日本や韓国，中国北部では軟らかくて粘りの強い飯が好まれるので，同じ米を試料としても結果が異なってくるという問題がある．また，炊飯器で炊くこと，試食の順序を変えて公平な試験を行うこと，再現性試験を行うことから，一定数以上の試食者数と試料量を必要とするので，育種の初期段階のような少量試料しかない場合や流通加工の段階で多

第5章 米の食味の生物的，物理的，化学的評価方法の探索　79

官能検査記録用紙

★食味官能試験★
●評価の程度●
「かなり」：1回目の試食（1度観る，嗅ぐ，1口目の飯を噛む）で明確な違いがあると確信される場合．
「少し」：1回目の試食で確信できないが，ある程度の違いが解る程度の場合．
「わずかに」：1回目の試食でははっきりせず，2回目の試食（2口目）で違いが解る場合．
「基準と同じ」：2回目の試食でも違いがあるか判断に迷う場合．

図 5-1　官能検査用紙の例

数点の試料の検査を迅速に行う必要がある場合には適用が困難となる．さらに，新形質米や新たに導入された外国産米のような試料米の場合には，多くの試食者からは「変わった米」，「異常な米」といった評価を受けて評点が低くなる傾向がある．こうした問題点を解消するために，食総研の内藤ら（1994）は，新形質米用に「好き，きらい」の評価を加えない分析型尺度（例えば「白い，白くない」，「香りが強い，弱い」，「飯粒の輪郭がはっきり残っている，崩れている」など）による新しい官能検査方法を提案している．米国やフランス等でも物理性，香り，味等について，代表的な基準試料と尺度を用意して試料米の官能検査を行う「記述的官能検査（descriptive sensory test）」が報告されている（Bett-Garber ら 2007）．また，島田ら（1997）によると，同じ米の官能検査においても，白飯とチャーハン，カレーライスでは試食者の重視する項目が異なってくるとされており，米飯の用途によって異なる官能検査項目を用意する必要のあることが指摘されている（図 5-2）．

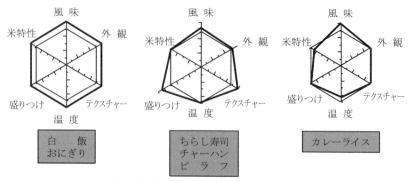

図5-2 米料理のおいしさにおける各要因の必要度

(3) 炊飯米の光沢検定

炊飯米光沢検定は，農事試験場の藤巻と櫛淵が開発した育種用検定法であり，ビーカーに採取した精米をオートクレーブ等で多数点簡易炊飯し，一定照度のもとで，肉眼によって基準米試料と比較しながら検定試料の光沢を比較評価する方法である（藤巻・櫛淵1975）．新潟県農業試験場（現・新潟県農業総合研究所）ではこの炊飯米光沢検定試験が実際の官能検査結果と高い相関を示すことを報告している（東ら1994）．北海道農試の柳原ら（2002）は，炊飯米の光沢に基づく食味評価装置を開発し，その有用性を示した．

(4) 米の食味の物理化学的測定
① 理化学的測定とは

理化学的測定では，米の成分や米飯の物理的特性等，官能検査結果と相関の高い特性を客観的に測定することによって食味を推定する．問題点としては，測定項目がおおむね単一であり，官能検査のような多面的な評価ができないこと，食味の推定については，あくまで各種の測定値に基づく推定値であって官能検査のような精度は期待できないことが挙げられる．一方，特長としては，試料量が少なくて済むこと，測定者が少人数で済むことが挙げられ，育種の初期段階や，流通利用段階での多種類少量試料の評価に適している．さらに，理化学測定値は条件さえ揃えれば地域差がなく，国内はもとより，外国でも，日本でも共通の値が得られるという普遍性が利点として挙げられる．

② 食味関連成分の測定
ア．アミロース含量

アミロース含量が高い程，米飯が硬く，粘りが少なくなる．アミロース含量は国際稲研究所のJulianoのヨウ素比色法，北海道立農試の稲津ら（1988）の用いたオートアナライザー法，澱粉調製後に精密測定する電流滴定法，イソアミラーゼやプルラナーゼ等で澱粉分子の枝切り

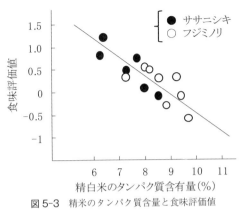

図5-3 精米のタンパク質含量と食味評価値

をした後にゲル濾過で鎖長の差によって「真のアミロース」，「アミロペクチン長鎖」，「アミロペクチン短鎖」を分離検出する酵素クロマト法等により測定する．アミロース含量の低い米は特徴的な物理特性を示し（大坪ら1988），米飯が軟らかく，粘りが増す（掘末・丸山1996）．松江ら（2005）や鈴木ら（2006）は，低アミロース米のブレンドと食味の関係について報告している．

最近の澱粉化学では，アミロースのみならず，アミロペクチンの分子鎖長分布が食味に影響するとの報告が増加しており（Takedaら1987, Inouchiら2005），北海道農試の五十嵐ら（2006）は，分光測定による新しい澱粉構造解析と米食味評価技術を開発した．今後，これらの澱粉分子の詳細な検討が食味評価の高精度化と良食味米の分子育種に役立つことが期待されている．

イ．蛋白質含量

わが国では山下・藤本（1974）によって，蛋白質含量が高い米ほど，食味は低下するとされている（図5-3）．これはわが国の炊飯方式が炊き干し法であるため，少量の水を澱粉とタンパク質が取り合うことになり，高蛋白質の米では澱粉の吸水・糊化が妨げられるためと考えられている．最近では，新潟県食品研究所の江川（1989）や京都府立大学の益重ら（1995）によって，蛋白質の総量のみでなく，蛋白質の分子組成も重要であり，プロラミンが主体のプロテインボディⅠ（PB-I）の多い米ほど食味が劣るという仮説が提唱され，注目されている．蛋白質総量はケルダール法，燃焼式窒素定量装置，近赤外分光分析法等により測定され，分子組成は電気泳動法，抗原抗体法，多段階溶出法によって測定される．

ウ．その他の成分

水分，脂質，ミネラル含量（堀野 1989），少糖類（田島ら 1994），単糖やアミノ酸（香西ら 2000）なども食味と関係があるとの報告がある．脂質がリパーゼによって分解されて生じる遊離脂肪酸の量（脂肪酸度）は古米化の指標として重視されている．

③ 炊飯特性試験

米国農務省で開発された炊飯試験方法を竹生ら（1963）がわが国に導入したもので，8～10 g の精米を，ステンレス製の金網に入れてトールビーカー中につるし，160 cc の水を加えて電気炊飯器中で加熱炊飯し，炊飯による膨張容積，加熱吸水率，炊飯液のヨード呈色度，炊飯液中に溶出した固形物重量等を測定する．近年増加している業務用炊飯では，食味に加えて米飯の容積（釜増え量）も重要な品質項目となるので，炊飯特性試験の膨張容積も重要な指標である．

④ 精米粉末の糊化特性

アミログラフ（稲津 1988）やラピッドビスコアナライザー（RVA）（豊島ら 1997）によって，糊化特性試験が行われ，最高粘度が高く，ブレークダウンが大きく，最終粘度の低い米の食味が好まれる．最近注目されているコンビニエンスストアの弁当やおにぎりのように，炊飯して時間が経過した後に食べる場合には，糊化澱粉の老化が問題となる．糊化特性値のコンシステンシー（最終粘度―最低粘度）は，澱粉の老化しやすさの指標として適しており，「冷やご飯指標」と呼ぶこともできよう．RVA は，米国穀物化学会でも公定法に採用され，食総研など 7 研究機関の共同研究によって近縁の日本型米の品質評価のための測定方法も開発された（豊島ら 1997）．筆者らは，RVA による糊化特性測定値の多変量解析に基づいて米飯物性や米飯老化性を推定できることを示し，RVA のソフトウエアに加えるとともに，RI（レトロインデックス：老化性指標）などを表示できる簡易型 RVA（ライスマスター）をフォス・ジャパンと共同で開発した（大坪ら 2007）（図 5-4）．

⑤ 米飯物性

わが国では，粘りが強く，軟らかい飯が好まれる傾向にある．谷ら（1969）は，平行板プラストメーターによる米飯物性の測定を報告し，岡部（1977）は，テクスチュロメーター等の物性試験機を用いて，米飯の硬さ，粘りを測定し，バランス度（粘り／硬さ）が米飯の食味や新古の評価指標として適してい

第5章 米の食味の生物的，物理的，化学的評価方法の探索

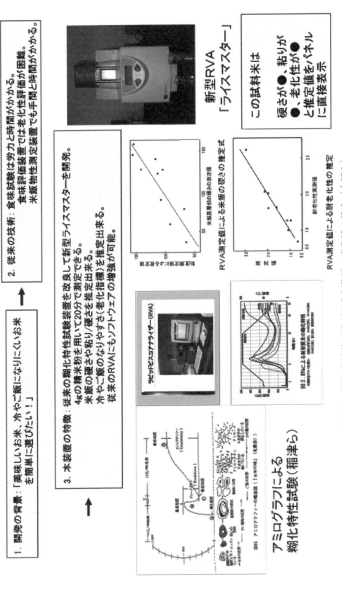

図5-4 糊化特性値に基づく米飯物性，老化性の推定（大坪ら）

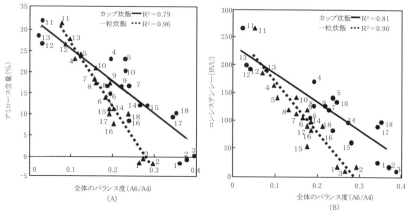

図 5-5 一粒炊飯法とカップ炊飯による米飯物性測定結果と他の特性との相関

ることを提案した．岡留ら（1996）は，テンシプレッサーによる低圧縮試験，高圧縮試験，連続圧縮試験により，品種・栽培による米飯物性の相違を検出できることを報告している．中村・大坪（2007）は，DNA判別に使用されるPCR装置とチューブを用いて米試料を一粒ずつ炊飯し，テンシプレッサーによって物性を測定すると，米飯相互の付着やプリンカップ内の炊飯部位による誤差が減少し，8粒の測定によって試料米の特徴を推定できることを報告した（図5-5）．また，米飯粒試料の振動伝達状態から動的弾性率等を求める新しい物性測定装置（微小体用動的粘弾性測定装置）が杉山ら（1990）によって開発され，吉井ら（1993）によって損失正接が米飯物性（粘り）の良い指標となることが報告されている．

⑥ 物理化学的測定結果の総合解析

稲津（1988）は，北海道産米の食味改善を目的に，タンパク質とアミロースの両方を低くする良食味育種を提唱した．

竹生ら（1985）は，全国産米の理化学測定値（精米タンパク質，炊飯液ヨード呈色，糊化特性値）の重回帰分析により，次年度産の未知試料米に対しても高精度の食味推定式を作成した（図5-6）．筆者ら（1993）も北陸農試育成米の官能検査に対して，理化学測定値（タンパク質，膨張容積，加熱吸水率，糊化ブレークダウン，動的弾性率，動的損失）を用いた推定式を作成した．また，小西ら（1996）は，米の食味を外層部スクロース，L値，アミロース比の3変数でよく説明できる（R=0.85）ことを報告している．

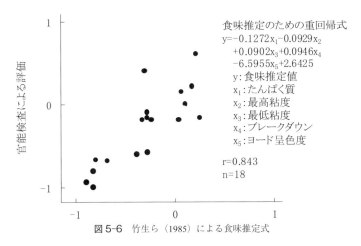

図5-6 竹生ら(1985)による食味推定式

良食味米の選抜や市場における食味ランク分けにはこれらの重回帰分析が有用であるが，一方で，それぞれの米の理化学的特徴に基づいた用途適性の推定や類縁関係の分類等を行う場合にはクラスター分析が有用である．北陸農試の小林ら(1998)は北陸地域の新形質米の各種理化学測定を行い，外国産米と比較しながらクラスター分析による分類を行っている．

⑦ 近赤外分光分析と食味評価装置

近年，測定対象に近赤外線領域の光を照射し，水分やタンパク質等の成分を非破壊的に測定する方法が開発され，米国等では，麦のタンパク質測定の公定法とされている．近赤外分光法によるアミロース含量の定量は，比較的困難とされてきた．最近では，この原理を米の成分や食味の測定に応用した例が増加しており，複数の成分や特性値を同時に測定し，官能検査結果に対する較正式を作成した，いわゆる「食味計」が登場し，その使用例が増加している．

日本精米工業会は，昭和62年以来数年にわたって，全国流通米を対象に「食味評価装置」の測定，食味官能検査および化学分析を行い，結果を報告している(山縣ら1990)．

1) 官能検査結果(総合評価値)と食味評価装置の測定値の重相関係数は0.53〜0.64であり，統計的に有意(危険率1%)ではあるものの，精度の点で一層の向上が必要である．

2) 成分の測定では，水分，タンパク質は各社とも化学分析値と良く一致する結果が得られるが，アミロース含量やヨード呈色度との相関は十分に高いとは

言えず，改良の必要がある．
3）水分やとう精度がわずかではあるが食味評価値に影響することが報告されており，精米歩留まりの低下と水分含量の増加が食味評価値の上昇につながり，食味の実態とはやや異なってくる．
4）貯蔵中の古米化による食味低下が顕著に示されない．米国農務省の南部研究所が日本製の食味評価装置を用いて日本型米の評価試験を行った研究例においても，とう精の程度による測定値の相違が報告されている（Champagne ら 1996）．

　その後，食味評価装置の製造や販売は，平成9年時点で8社に増加し，安価な装置も導入されて急速に普及している．また，近赤外分光法以外の原理に基づく食味評価装置（味度メーター：炊飯後の米粒表層の「保水膜」の測定）も開発され（雑賀 1997），新潟県農総研や韓国農村振興庁作物研などで良食味系統の選抜に利用されている．最近，各社ともハードウエア，ソフトウエアの改良に積極的に取り組んでいる．たとえば，測定の簡易迅速化を図るために粉砕型が減少して全粒型が増加しており，光源や分光・受光システムの改善，新規解析ソフトの開発が行われている．生の米ではなく，米飯を試料とする食味計も登場している．（株）サタケの三上ら（2000）は，炊飯米を可視光および近赤外光で評価する炊飯食味計を開発し，食味総合評価と外観，米飯物性の推定を可能にしている．

　新潟県農総研では，従来から官能検査および炊飯米光沢検定（藤巻・櫛淵 1975）を重視して良食味米育成に取り組んできたが，最近では各種の食味評価装置も加えて食味評価を行っており，官能検査や炊飯米光沢に加えて，味度値，タンパク質含量，アミロース含量なども食味指標として挙げられている（東ら 1994）．

　農水省では平成8年度に「米の食味の改良に関する検討会」，平成9年度に「食味関連測定装置の基準統一に向けた検討会」を開催し，食味関連測定装置に関する全国のアンケート調査を行うとともに，生産，流通利用，装置メーカー，研究，行政等の各分野の意見を反映しながら，検討を重ねてきた．その結果，食味関連装置による成分測定値の統一化，高精度化を図る（タンパク質，水分等），装置利用者に十分情報提供する，食味推定のための調査・研究を行う等の点が合意され，報告書が作成された（農水省 1997，春日井ら 1997）．

⑧ その他の物理化学的測定

　細胞壁や澱粉分解酵素活性の影響，収穫乾燥の食味への影響等の研究報告がある．茨城大の松田（1989）は，電子顕微鏡により，良食味米の場合は米飯粒表層に網目状構造が発達することを明らかにしている．

　最近，米飯の味やにおいも重要な品質要素と考えられており，電気的手法によって客観的に測定する装置が開発された．九州大学の都甲ら（Tokoh 2000）が開発した「味センサー」や各社のにおいセンサーがこれにあたる．前者は，生体膜の脂質膜構造を模した人工脂質膜に各種の呈味成分が吸着すると膜電位が変化することに着目して味センサーを開発した．筆者らのグループでは味センサーの適用について検討し，物性も含む米の食味全体を味センサー単独で総合的に評価することは困難であるが，重回帰分析による米飯の甘味に影響するグルコースやうまみに影響するグルタミン酸の推定が可能であり（Tran ら 2004），食味の総合評価の向上にも有益であるということを報告した（大坪 2002）．

　また，においセンサーも，ヘッドスペース法や SPME 法で捕集したにおい成分を，導電性ポリマーや金属酸化物の半導体センサー等で検出し，コンピューターで解析するものであり，今後の米品質評価への適用が期待されている（Grimm ら 2002）．

　平成 10 年から 3 年間行われた農水省の「流通食味評価」研究プロジェクトにおいて，筆者ら（大坪 2002）は，テンシプレッサーやテクスチュロメーターによる米飯物性測定，RVA による米粉糊化特性測定，味センサーによる呈味性評価，においセンサーによるにおい評価，味度メーターによる外観光沢の測定値に基づく多面的理化学評価による食味推定を提案した．報告書においては 4 変数による食味推定式を提案したが，その後，独立性の高い 5 変数（米飯付着量，糊化コンシステンシー，味度値，ニオイセンサー測定値，味センサー測定値）を選択し，検量線では約 0.93，次年度の未知試料による検定では，官能検査結果（総合評価）との間に約 0.82 の相関を示すことを報告した（図 5-7）．

❸ 生物的測定による新しい食味推定の試み

　これまで，米の食味には，澱粉を断片化する α-アミラーゼや麦芽糖を生成

第Ⅱ部　外観品質・食味の評価方法と育種法

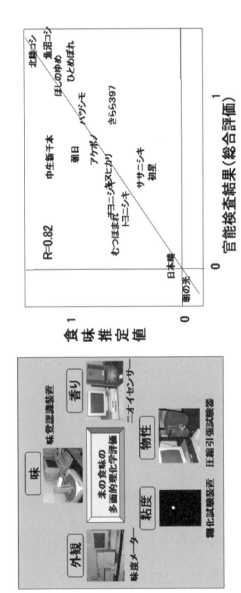

食味＝0.256-0.051(T170)+0.0813(Mido)+0.692(A6)+0.00214(Cons)-0.0295(Mo102)

ここで、T170:味センサー測定値、Mido:味度値、A6:米飯付着量
Cons:米粉コンシステンシー、Mo102:ニオイセンサー値

検量線のRは0.93、次年度の未知試料への適用の結果、Rは0.82を示した。

図5-7　多面的理化学測定値に基づく食味の推定例

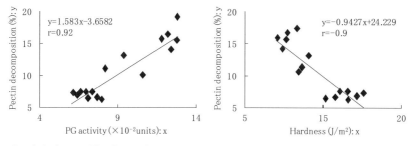

Correlation between PG and pectin decomposition　　Correlation between hardness and pectin decomposition
図 5-8　高野らによるペクチンおよびペクチナーゼの食味への影響の解明

する β-アミラーゼの関与が研究されてきた（Barber 1972）．炊飯過程で生成されるグルコースは米飯の甘味に影響すると考えられ，小西らの報告における食味推定の指標にも用いられている（小西ら 1996）．お茶の水女子大の AWAZU-HARA ら（2000）はグルコアミラーゼが米粒の内部にも存在して米飯食味に影響する可能性を示し，酒類総研の岩田ら（2001）はグルコアミラーゼ活性が品種や栽培過程で変動し，米の食味に影響している可能性について報告した．馬橋ら（2010）は，炊飯過程におけるグルコースの生成とグルコアミラーゼ活性の関係について詳細な報告を行っている．また，米の細胞壁を分解するセルラーゼが米飯物性に強く影響することが斎藤・馬場（1964）によって報告され，Shibuya ら（1984）はキシラナーゼ処理によって米飯物性が変化することを報告している．東京農大の高野（2002）は，細胞壁接着成分であるペクチンとその分解酵素が米の食味に影響することを報告し（図 5-8），Tsujii ら（2010）は，各種の細胞壁分解酵素が米の食味に影響することを明らかにした．これらの各種の酵素活性の米食味への関与は，今後，さらに詳細な検討が加えられ，新しい食味指標となることが期待されている．

　さらに，コシヒカリ，ひとめぼれ等の品種を DNA の構造に基づいて判別する技術が開発され，育種・栽培段階での品種確認や農産物検査，委託精米等の流通・利用段階での品種判別に利用できるようになってきた（大坪 2002）．筆者ら（2003）は，試料米から抽出 DNA を鋳型とする PCR 法による増幅 DNA バンドの有無を 0 と 1 に 2 値化して重回帰分析することによって食味推定を試みた．また，中村ら（2004）は，さらに PCR 用のプライマーを改良し，世界の広範な米を試料として，米飯物性や糊化特性の推定がある程度可能であり，未知試料においても高い相関の得られることを報告した（図 5-9）．韓国ソウ

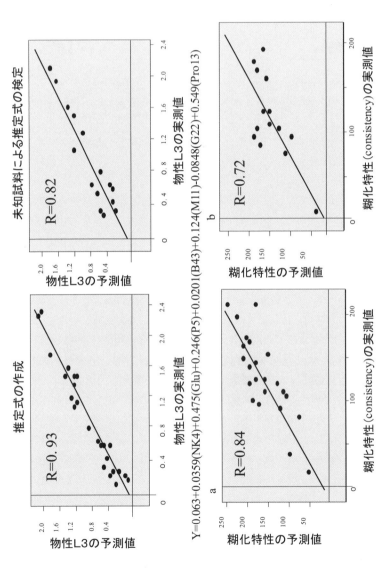

図5-9 DNA判別による世界の米の物性値と糊化特性値の推定

ル大の Lestari ら（2009）は，筆者らの報告した PCR プライマーに独自に開発したプライマーを併用し，PCR 結果から味度メーター測定値を推定する重回帰分析について報告している．胚芽を含まない半粒から鋳型 DNA を抽出して PCR を行うことにより，有望系統の濃縮や新潟コシヒカリの判別で開発されたいもち病抵抗性マーカー（中村ら 2006）との複合利用による食味と耐病性の並行選抜なども可能と考えられる．生物資源研の Fukuoka ら（2009）はすでにいもち病抵抗性と良食味性との遺伝子の近接性を DNA レベルで明らかにしており，農研機構作物研の Takeuchi ら（2008）は，QTL によるコシヒカリ等の良食味性の解明に取り組んでおり，遺伝子の面からの食味評価の解明や新技術の開発も急速に進展しつつある．

❹ 食味研究の今後の課題

近年，米の品質や食味への関心は世界的に高まりを見せている．本稿で述べた米の品質評価についての報告以外にも，アメリカ穀物化学会発行の Rice における総説（Bergman ら 2004），国際稲研究所の Fitzgerald ら（2009）の総説，フィリピン稲研究所から出版された総説（Juliano 2003）などが参考になると思われる．韓国（Choi 2002）や中国（李 2008，崔 2011）においても米の品質・食味に関する研究が進んでいる．こうした世界的な食味研究の進展の中で，わが国の米の品質・食味における新しい品質・食味評価技術の開発がますます必要とされている．

わが国では，消費者の良食味志向に対応して，全国でコシヒカリレベルの良食味米系統が育成されてきた．今後は，こうした近縁の良食味米同士の微妙な相違を検出できる高精度の評価手法の開発が求められるとともに，多様化する調理や用途に応じた多面的な手法も必要となる．

また，2010 年の猛暑による稲作への影響に見られるように，品質・食味の向上と，稲の収量性，高温耐性，耐病性などとの両立が不可欠になるものと考えられる．すでに，「てんたかく」，「にこまる」，「元気つくし」，「くまさんのちから」，「さがびより」，「ふさおとめ」，「ゆきんこまい」などの高温に強い稲が全国で育成されている．炭酸ガスの増加による米の品質・食味に対する影響についても研究が行われている（Terao ら 2005）．加工用も含め，収量性の高い品種の育成も必要である．農水省の「超多収米」研究以来，「ハバタキ」，

「タカナリ」,「ふくひびき」,「ミズホチカラ」などの多収品種が育成されてきた.中国では Yuan ら (2010) によって,「スーパーハイブリッドライス」として,13 t/ha の多収品種も育成されつつある.今後はこうした栽培特性に優れた稲と,コシヒカリ,つやひめ,ゆめぴりかなどの良食味とを兼ね備えた品種の育成が加速していくものと期待される.

今後,官能検査及びその結果の解析手法に関する研究,食味関連成分や物理特性,米粒細胞の構造等に関する研究,生産流通段階における栽培条件や貯蔵履歴といった諸要因と食味との関係についての研究,米の調理方法や加工方法に見合った評価手法の研究,物理化学的な分析・計測方法の基礎的研究,酵素や遺伝子などの新しい視点からの米食味研究などが必要とされている.

謝辞

本稿の執筆の機会を与えていただきました,日本水稲品質食味研究会の松江勇次会長に深謝いたします.

参考文献

Awazuhara M., Nakagawa A., Yamaguchi J., Fujiwara T., Hayashi H., Hatae K., Chino M., Shimada A. 2000 Distribution and characterization of enzymes causing starch degradation in rice. J. Agric. Food Chem. 48: 245-252.

東 聡志・佐々木行雄・石崎和彦・近藤 敬・星 豊一 1994.新潟県における水稲品種の品質・食味の向上—第7報 効率的食味選抜のための各種測定法の比較—.北陸作物学会報 29: 35〜36.

Barber S. 1972 Milled rice and changes during aging. Rice, Amer. Assoc. Cereal Chem. pp. 215-263.

Bergman C. J., Battacharya K. R., Ohtsubo K. 2004 Rice end-use quality analysis. Rice. AACC. pp. 415-472.

Bett-Garber K. L., Champagne E. T., Ingram D. A., Mcclung, A. M. 2007 Influence of water to rice ratio on cooked rice flavor and texture. Cereal Chemistry 84 (6): 614-619.

Champagne E. T., Richard O. A., Bett K. L., Grimm C. C., Vinyard B. T., Webb B. D., McClung A. M., Barton F. E. II., Lyon B. G., Moldenhauer K. 1996 Quality evaluation of U.S. medium-grain rice using a Japanese taste analyzer. Cereal Chemistry 73 (2): 290-294.

竹生新治郎 1963.米の炊飯嗜好特性に関する研究(第1報)—日本米と輸入米との比較—.栄養と食糧 13: 137-140.

竹生新治郎・渡辺正造・杉本貞三・真部尚武・酒井藤敏・谷口嘉廣 1985. 多重回帰分析による米の食味の判定式の設定. 澱粉科学 32：51-60.

竹生新治郎 1988. 米の食味. 稲と米. 農研センター・生研機構. pp. 130-154.

Choi, Hae-Chune 2002. Current status and perspectives in varietal improvement of rice cultivars for high-quality and value-added products. Korean J. Crop Sci. 47 (S): 15-32.

江川和徳 1989. 新潟県産米の品質向上について. 新潟アグロノミー 25：33-42.

Fitzgerald M., McCouch S. R., Hall R. D. 2009. Not just a grain of rice: the quest for quality. Trends in Plant Science 14 (3): 133-139.

藤巻　宏・櫛淵欽也 1975. 炊飯米の光沢による食味選抜の可能性. 農業および園芸 50：253-257.

Fukuoka S., Saka N., Koga H., Ono K., Shimizu T., Ebana K., Hayashi N., Takahashi A., Hirochika H., Okuno K., Yano M. 2009. Loss of function of a proline-containing protein confers durable disease resistance in rice. Science 325: 998-1001.

Grimm C. C., Champagne E. T., Ohtsubo K. 2002 Electromyographic study on cooked rice with different amylase contents, in Flavor, fragrance, and odor analysis. MarcelDekker Inc. pp. 101-113.

堀末　登・丸山幸夫 1996. 品種・産地・栽培法と食味. 美味しい米第 2 巻—米の美味しさの科学—. 農林水産技術情報協会. pp. 127-173.

堀野俊郎 1989. 米のミネラル成分と食味　稲と米. 農研センター・生研機構. pp. 67-86.

五十嵐俊成 2006. 北海道における食味変動要因の解明と新食味評価法の開発. 農業技術 61 (9)：22-27.

稲津　脩 1988. 北海道産米の食味向上による品質改善に関する研究. 北海道立中央農試報 66：1-89.

Inouchi N., Hibui H., Li T., Horibata T., Fuwa H., Itani T. 2005. Structure and properties of endosperm starches from cultivated rice of Asia and other countries. J. Appl. Glycosciences 52: 239-246.

岩田　博・岩瀬新吾・高浜圭誠・松浦宏行・猪谷富雄・荒巻　功 2001. 米 α グルコシダーゼ活性と理化学特性値との関係. 食科工 48 (7)：482-490.

崔晶 2011. 中国における米の生産と品質の現状. 食と花の世界フォーラムにいがた 2010 報告書：39.

Juliano B. O. Rice 2003. Chemistry and quality. Philippine Rice Research Institute.

春日井治ら編集：米の食味評価最前線（全国食糧検査協会）(1997).

小林明晴・鈴木保宏・小林　陽・三浦清之・大坪研一 1998. 北陸地域の新形質米の品質特性. 食科工 45：484-493.

小西雅子・井出邦康・吉村理恵子・畑江敬子・島田淳子 1996. 米飯の食味評価報の

検討―呈味成分を含めた客観的評価法―．調理科学 29：264-274．

香西みどり・石黒恭子・京田比奈子・浜薗貴子・畑江敬子・島田淳子 2000．米の炊飯過程における還元糖および遊離アミノ酸量の変化．日本家政学会誌 51（7）：579-585．

Lestari P. H., Lee H. H., Woo M. O., Jiang W., Chu S. H., Kwon S. W., Ma K., Lee J. H., Cho Y. C., Koh H. J. 2009. PCR marker-based evaluation of the eating quality of Japonica rice. J Agric Food Chem. 57: 2754-2762.

李里特 2008．中国におけるコメ利用の現状と将来．食と花の世界フォーラムにいがた 2008 報告集：46-57．

馬橋由佳・矢吹理美・大倉哲也・香西みどり 2010．搗精度合の異なる米における米内在性酵素の米飯成分への影響．日調科誌 43：237-245．

益重博・平井信行・増財威宏・田中国介 1995．プロテインボディ I，II の分布・含量と米の食味との関係について．日本農芸化学会誌 69（臨時増刊）：155．

松田智明 1989．稲から米までの微細構造．稲と米．農研センター・生研機構．pp. 31-48．

松江勇次・佐藤大和・尾形武文 2005．低アミロース米品種における米の食味評価とブレンド適性．日作紀 74（4）：422-426．

三上隆司 2000．可視光および近赤外光による米飯の官能値評価．食科工 47（10）：787-792．

内藤成弘・小川紀男 1994．米飯評価のための新しい評価用語による「新形質米」の食味特性プロファイルおよび用途適性．日作紀 63：569-575．

中村澄子・岡留博司・與座宏一・原口和朋・奥西智哉・鈴木啓太郎・佐藤　光・大坪研一 2004．PCR 法による世界の広範な特性の米の識別および食味要因の探索．日本農芸化学会誌 78（8）：764-779．

中村澄子・鈴木啓太郎・伴　義之・西川恒夫・徳永國男・大坪研一 2006．いもち病抵抗性に関する同質遺伝子系統「コシヒカリ新潟 BL」の DNA マーカーによる品種判別．育種学研究 8（3）：79-87．

中村澄子・大坪研一 2007．物性測定のための米一粒による炊飯方法の開発．育種学研究 9（2）：63-66．

米の食味の改良に関する検討会報告書（農林水産省）（1997）．

岡部元雄 1977．米飯の食味に関する研究．ニューフードインダストリー 19：65-71．

岡留博司・豊島英親・大坪研一 1996．単一装置による米飯物性の多面的評価　米飯 1 粒による高度米飯物性測定方法の開発（第 1 報）．食科工 43：1004-1011．

大坪研一・中川原捷洋・岩崎哲也 1988．新規育成米の利用特性．日本食品工業学会誌 35（9）：587-594．

大坪研一・小林明晴・清水　恒 1993．米食味評価のための理化学測定とその解析．

北陸農業の新技術. No. 6: 19-23.
大坪研一 2002. 味覚センサーによる電気生理学的食味測定技術の開発. 農林水産省農林水産技術会議事務局研究成果シリーズ 384: 54-59.
大坪研一 2002. 多面的理化学測定による食味の総合評価技術の開発. 農林水産省農林水産技術会議事務局研究成果シリーズ 384: 60-64.
大坪研一・中村澄子・今村太郎 2002. 米の PCR 品種判別におけるコシヒカリ用判別プライマーセットの開発. 日本農芸化学会誌 76 (4): 388-397.
大坪研一・中村澄子・岡留博司 2003. DNA 判別による米の食味推定. 食科工 50 (3): 122-132.
大坪研一・岡留博司・井上 茂 2007. 穀類の食品物性値を表示する糊化特性測定装置. 日本特許第 3908227 号: 1-22.
雑賀慶二 1997. トーヨー味度メーターの紹介. 米の食味評価最前線. 全国食糧検査協会. pp. 181-187.
齋藤昭三・馬場 操 1964. 米飯の物理性に関する研究 (第7報) ―市販セルラーゼ剤処理米飯の性状について―. 新潟県食品研究所研究報告: 85-91.
坂口 昇 1991. 品質評価基準に関する研究会報告書. 農林水産技術会議事務局. 米 98-118.
Shibuya N and Iwasaki T. 1984 Effect of cell wall degrading enzymes on the cooking properties of milled rice and the texture of cooked rice. Nippon Shokuhin Kogyo Gakkaishi 31: 656-660.
島田淳子 1997. 生活の中のご飯の科学. 米の食味評価最前線. 全国食糧検査協会. pp. 136-146.
杉山純一・黒河内邦夫・堀内久弥 1990. 微小体用粘弾性測定システムの開発. 日食工誌 37: 61-67.
鈴木啓太郎・岡留博司・中村澄子・大坪研一 2006. 茨城県産米「ゆめひたち」の品質特性および低アミロース米とのブレンド効果. 食科工 53 (5): 296-304.
田島 眞・加藤万里子・飯塚敏恵 1994. 炊飯米に含まれるオリゴ糖. 日食工誌 41: 339-340.
高野克己 2002. 細胞壁組成等が食味・用途適性に及ぼす影響の解明. 農林水産省農林水産技術会議事務局研究成果シリーズ 384: 8-16.
Takeda Y., Hizukuri S., Juliano B. O. 1987. Structures of rice amylopectins with low and high affinities for iodine. Carbohydrate Research 168: 79-89.
Takeuci Y., Hori K., Suzuki K., Nonoue Y., Takemoto-Kuno Y., Maeda H., Sato H., Hirabayashi H., Ohta H., Ishii T., Kato H., Nemoto H., Imbe T., Ohtsubo K., Yano M., Ando I. 2008 Major QTLs for eating quality of an elite Japanese rice cultivar, Koshihikari, on the short arm of chromosome 3. Breeding Science 58: 437-445.

谷　達雄・吉川誠次・竹生新治郎・柳瀬　肇・堀内久弥 1969. 米の品質と貯蔵, 利用. 農林省食糧研究所：7-56.
Terao T., Miura S., Yanagihara T., Hirose T., Nagata K., Tabuchi H., Kim H.-Y., Liffering M., Okada M., Kobayashi K. 2005 Influence of free-air CO2 enrichment (FACE) on the eating quality of rice. J. Sci. Food Agric. 85：1861-1868.
Kiyoshi Tokoh 2000. Biomimetic Sensor Technology. Cambridge University Press.
豊島英親ら 1997. ラピッド・ビスコ・アナライザーによる米粉粘度特性の微量迅速測定方法に関する共同試験. 食科工 44：579-584.
Tran T. U., Suzuki K., Okadome H., Homma S., Ohtsubo K. 2004 Analysis of the taste of brown rice and milled rice with different milling yields using a taste sensing system. Food Technology 88：557-566.
Tsujii Y., Uwaya M., Uchino M., Takano K. 2010 Effect of pectin contents and polygalacturonase activity on cooked rice texture. Food Preservation Science 36 (4)：177-182.
山下鏡一・藤本尭夫 1974. 肥料と米の品質に関する研究（第2報）窒素肥料が米の食味, 炊飯特性, デンプンの理化学的性質等に及ぼす影響. 東北農試報 48：65-79.
柳原哲司 2002. 北海道米の食味向上と用途別品質の高度化に関する研究. 北海道立中央農試報 101：1-93.
吉井洋一・乙部和紀・杉山純一・有坂將美・菊池佑二 1993. 動的粘弾性測定による米飯の品種特性の解明. 日食工誌 40：236-243.
Yuan Longping 2011. 世界の食糧安全保障に向けたハイブリッド米の開発. 食と花の世界フォーラムにいがた 2010 報告書：23.

第6章
CE-MS で測定した炊飯米に含まれる成分と食味との関係

佐野智義・後藤　元

1　メタボロームプロファイルによる食味評価

　米の食味に関連する理化学的要因の解析が行われ，タンパク質含有率やアミロース含有率の二大要因が食味に大きく関与することが知られており（山下・藤本 1974，石間ら 1974，稲津 1988），米の食味を客観的に評価する場合，タンパク質含有率（主として硬さに影響）およびアミロース含有率（粘りに影響）が低いほど良いとされてきた．こうした背景のもと，水稲の品種開発においては，より低い方向へと選抜・育成を図ってきたが，近年育成される主食用の良食味品種においては，タンパク質含有率・アミロース含有率の差が小さく，この二大要因を用いた食味の比較は極めて難しくなっている．

　このような状況下において，我々はキャピラリー電気泳動―質量分析計（CE-MS）を用いた「メタボローム解析技術」という新しい手法により，これまで測定されてこなかった成分も含めて，炊飯米中の代謝物質を一斉定量し，全国の銘柄品種間における差異を調査した．こうした網羅的な解析をすることにより，これまで見過ごされていた物質などが見つかることも期待され，それぞれの品種の炊飯米中に含まれる"代謝物質の含有率の特徴（メタボロームプロファイル）"が，良食味性を捉えるひとつの指標として新たな食味評価法の確立へつながる可能性があるほか，遺伝解析を進めることにより，育種への応用の可能性があると考えている．

　本稿では，食味の異なる米を材料として，食味が優れる米に特徴的なメタボロームプロファイルを明らかにした研究結果を報告する．

2 CE-MS によるメタボローム解析技術について

　生体内には核酸（DNA）やタンパク質のほかに，アミノ酸，有機酸，糖類など多くの代謝物質が存在し，その種類は数千種に及ぶ．これらの物質の多くは，酵素などの代謝活動によって作り出された代謝物質（メタボライト）であり，代謝物質全体をメタボロームと総称している．キャピラリー電気泳動（CE）は，キャピラリー（毛細管）内に泳動液を満たし，試料溶液を注入した後，両端に電圧をかけて，物質を電荷・分子サイズの違いに基づく移動度の差異で分離する手法であるが，高い分離能をもつものの，高感度ですべてのアミノ酸を一斉に分析するには，UV 吸収物質や蛍光物質を加えて，アミノ酸を UV 吸収物質や蛍光物質に誘導体化する必要があった（Soga 2000）．Soga ら（2003）は，CE に検出のための質量分析計（MS）を接続することで CE の分離能と MS の分解能・感度を併せ持つ CE-MS を開発（特許第 3341765 号）し，枯草菌から合計で 1,692 成分の代謝物質（イオン性低分子物質）の検出に成功した．この手法は細胞内のほとんどのイオン性低分子物質を網羅的に測定，定量できる点で画期的である．本研究には，より精密な質量まで検出可能な CE-TOFMS（キャピラリー電気泳動—飛行時間型質量分析計）を使用した．

3 代謝物質の測定方法と解析結果

(1) 炊飯米に含まれる代謝物質含有率の品種間差

　供試材料には，表 6-1 に示したように場内産および県外産（市販）など計 78 点（いずれも 2008 年産，「コシヒカリ」23 点，「つや姫」7 点，「はえぬき」6 点，その他の品種 42 点）を用いた．炊飯米から水：メタノール：クロロホルム = 1 : 1 : 0.4 とした溶媒で代謝物質を抽出後，水画分を限外濾過したものを試料とし，CE-TOFMS に供したほか，液体クロマトグラフィー—タンデム質量分析装置（LC-MS/MS）を用い，グルコース，スクロース，フルクトース，マルトースの 4 つの糖類を定量した．同時に，これら分析に用いた炊飯米については，当場の職員 20 名をパネラーとし，炊飯光沢・外観・白さ・香り・味・粘り・硬さ・総合評価の各項目について，基準品種の「はえぬき」に対してそれぞれ −3 〜（0：基準品種）〜 +3 の 7 段階で官能評価する食味試験を

第6章 CE-MSで測定した炊飯米に含まれる成分と食味との関係　99

表6-1 解析に用いた供試材料一覧

No.	品種名 系統名	産地	備考	No.	品種名 系統名	産地	備考
1	はえぬき	場内	食味試験基準	41	まっしぐら	青森県	
2	はえぬき	場内	生産力検定試験	42	ひとめぼれ	宮城県	
3	山形106号	場内	生産力検定試験	43	ササニシキ	宮城県	
4	はなの舞	場内	生産力検定試験	44	あきたこまち	秋田県	
5	山形99号	場内	生産力検定試験	45	はえぬき	場内	作況解析試験
6	あきたこまち	場内	生産力検定試験	46	コシヒカリ	場内	作況解析試験
7	どまんなか	場内	生産力検定試験	47	つや姫	場内	作況解析試験
8	ササニシキ	場内	生産力検定試験	48	コシヒカリつくばSD1号	山形県	
9	ひとめぼれ	場内	生産力検定試験	49	コシヒカリ	福島県	
10	山形96号	場内	生産力検定試験	50	コシヒカリ	茨城県	
11	山形107号	場内	生産力検定試験	51	キヌヒカリ	埼玉県	
12	山形102号	場内	生産力検定試験	52	コシヒカリ	新潟県	U地区1
13	山形103号	場内	生産力検定試験	53	コシヒカリ	新潟県	U地区2
14	はえぬき	場内	生産力検定試験	54	コシヒカリ	新潟県	一般
15	山形95号	場内	生産力検定試験	55	こしいぶき	新潟県	
16	山形100号	場内	生産力検定試験	56	てんたかく	富山県	
17	山形108号	場内	生産力検定試験	57	コシヒカリ	長野県	S地区
18	つや姫	場内	生産力検定試験	58	コシヒカリ	長野県	K地区
19	コシヒカリ	場内	生産力検定試験	59	ハツシモ	岐阜県	
20	はえぬき	場内	生産力検定試験	60	コシヒカリ	滋賀県	
21	つや姫	場内	有望系統食味解析	61	コシヒカリ	京都府	
22	コシヒカリ	場内	有望系統食味解析	62	コシヒカリ	兵庫県	
23	はえぬき	場内	有望系統食味解析	63	キヌヒカリ	兵庫県	
24	キヌヒカリ	場内	有望系統食味解析	64	コシヒカリ	島根県	
25	トヨニシキ	場内	有望系統食味解析	65	きぬむすめ	島根県	
26	キヨニシキ	場内	有望系統食味解析	66	夢つくし	福岡県	
27	ササニシキ	場内	有望系統食味解析	67	ヒノヒカリ	福岡県	
28	どまんなか	場内	有望系統食味解析	68	天使の詩	佐賀県	
29	ササシグレ	場内	有望系統食味解析	69	にこまる	佐賀県	
30	さわのはな	場内	有望系統食味解析	70	コシヒカリ	熊本県	
31	国宝ローズ	場内	有望系統食味解析	71	つや姫	山形県	有機栽培 K地区
32	陸羽132号	場内	有望系統食味解析	72	コシヒカリ	山形県	有機栽培 K地区
33	中部32号	場内	有望系統食味解析	73	コシヒカリ	山形県	慣行栽培
34	庄2958	場内	有望系統食味解析	74	つや姫	山形県	慣行栽培
35	コシヒカリ	山形県	有機栽培A農法	75	コシヒカリ	山形県	特別栽培（堆肥無）
36	コシヒカリ	山形県	有機栽培T農法	76	つや姫	山形県	特別栽培（堆肥無）
37	コシヒカリ	山形県	有機栽培S地区	77	コシヒカリ	山形県	特別栽培（堆肥有）
38	コシヒカリ	山形県	有機栽培H地区	78	つや姫	山形県	特別栽培（堆肥有）
39	ななつぼし	北海道					
40	おぼろづき	北海道					

実施した.

　CE-TOFMS と LC-MS/MS とで検出された合計 163 ピークグループのうち，全サンプルに共通に認められた 46 代謝物質（上記の 4 糖類含む）を解析に使用した．各物質の含有率をサンプル 78 点の平均値でみると，糖類では，グルコースがもっとも多く含まれており，次いで，スクロース，フルクトース，マルトースの順であった．糖類以外の 42 物質の中では，チアミン（ビタミン B_1）がもっとも多く，次いで，アラントイン，アスパラギン酸，グルタミン酸，クエン酸，リンゴ酸，アラニン，アスパラギンの順であった．

　次に，サンプル 78 点ごとの 46 代謝物質の含有率を Z-スコアに変換後，Saeed ら（2003）のソフトウェア MeV TM4 を使用して，ユークリッド距離に基づいてクラスタリングし，ヒートマップ表示として可視化した．得られた 78×46 のヒートマップに加えて，代謝物質別に食味評価 8 項目との相関をみた結果が図 6-1 である．図に示したように，S-アデノシル-L-ホモシステイン（SAH），リジン，ヒシチジン，α-アミノアジピン酸，グルタミン，5-オキソプロリン，アスパラギン酸，グルタミン酸，トランスアコニット酸，アデニン，リンゴ酸の 11 物質が 1 つのクラスターとなり，かつ，これら 11 物質についてはいずれも，その含有率と，食味評価項目のうち炊飯光沢・外観・味・総合評価の 4 項目と正の相関が認められた．上記の 11 物質のクラスターを「ラベル I 群」とすると，供試した 78 点は，①代謝物質含有率が全体的に少ないもの（グループ A），②代謝物質含有率が全体的に多いもの（グループ B），③ラベル I 群が特異的に多く，それ以外が少ないもの（グループ C），④ラベル I 群が少なく，それ以外が多いもの（グループ D）の 4 つに分けられた（図 6-1 中の No. 1～78 は表 6-1 のサンプル番号に対応）．

　食味評価が良かったサンプルは，おおむねグループ C としてクラスタリングされたが，グループ B には，ラベル I 群がグループ C 並みに含まれているにも関わらず，食味評価はグループ C に及ばないものが多く含まれた．グループ B についてはラベル I 群以外の物質も多く含むことから，I 群／非 I 群の比率がグループ C とは異なり，メタボロームプロファイルに差異が認められた．つまり，食味試験で良い評価を得られたグループ C のサンプルは，ラベル I 群が特異的に多いという，代謝物質の面から特徴的なメタボロームプロファイルを有することが明らかとなった．

第6章 CE-MSで測定した炊飯米に含まれる成分と食味との関係　101

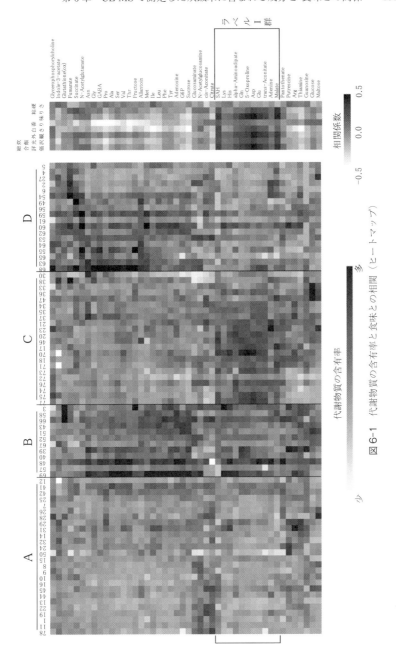

図6-1　代謝物質の含有率と食味との相関(ヒートマップ)

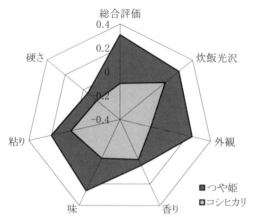

図6-2 つや姫とコシヒカリの食味特性比較
育成地生産力検定試験 2002〜2010年.
基準：育成地産「はえぬき」（目盛り：0.0）．

表6-2 食味関連理化学特性値（育成地 2002〜2010年）

品種名	精米粗タンパク質含有率 (d.b.%)	精米アミロース含有率 (d.b.%)	味度
つや姫	6.2±0.3	20.0±1.4	81±4.3
コシヒカリ	6.0±0.3	20.6±1.9	79±3.5
はえぬき	6.5±0.3	19.6±1.5	78±4.4

注1）精米粗タンパク質含有率：S社食味計によるd.b.%．
注2）精米アミロース含有率：B社自動アミロース分析装置によるd.b.%．
注3）味度：T社味度メータMA-30による値．

（2）味が異なる品種間のアミノ酸・有機酸・糖類の含有率の比較

本県で育成した水稲品種「つや姫」は，これまでの当場の食味試験において，対照品種の「コシヒカリ」とは異なる食味特性をもつことが明らかとなっており，特に味の項目における評価が高い（図6-2）．ただし，これまでの調査で，「つや姫」と「コシヒカリ」には，玄米粗タンパク質含有率・精米アミロース含有率・味度にほとんど差がない（表6-2）ことから，味の違いを客観的に調べるため，アミノ酸・有機酸・糖類について，この二品種を比較した．その結果，「つや姫」の方が多かった成分は，アミノ酸ではアスパラギン酸・アスパラギン・グルタミン酸・グルタミン・アラニンなど，有機酸ではリンゴ酸・フマル酸など，糖類ではグルコース・スクロース・フルクトースなどであった．特に，アスパラギン酸・グルタミン酸の含有率の差が顕著で，「コシヒカリ」に比べて，「つや姫」に多く含まれていることが明らかとなった（図

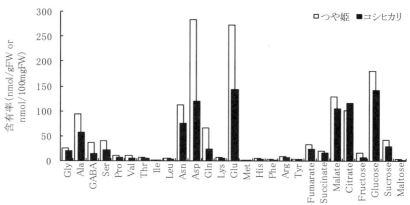

図6-3 つや姫とコシヒカリのアミノ酸・有機酸・糖類の含有率比較
(アミノ酸・有機酸:nmol/g FW, 糖類:nmol/100 mg FW).

6-3). また,糖類でもグルコース・スクロースがつや姫にやや多く含まれていた.

精米中に含まれるアミノ酸と食味との研究は古くから行なわれており,岡崎・沖(1961)は,食味の良い米は特にグルタミン酸,アスパラギン酸が多いことを示したほか,富田ら(1974)は,品種間差をみるために精米の遊離アミノ酸を分析したところ,「コシヒカリ」は抜群にグルタミン酸,アスパラギン酸を多く含んでいたと報告している.また,炊飯米を分析したものでは,良食味品種において米飯付着遊離アミノ酸が多く,良食味米は炊飯時に遊離アミノ酸,特にグルタミン酸が米飯から溶出しやすかったとの報告(Tamakiら 1989)のほか,炊飯米のアミノ酸を分析したところ,日本型の良食味品種では,グルタミン酸,アスパラギン酸等の割合が高く,重回帰分析の結果,この2つは食味にプラスに働くとの報告がある(松崎ら 1992).今回,我々の研究においても,これまでの知見と矛盾しない結果が得られ,グルタミン酸とアスパラギン酸は,日本国内の良食味品種の必要条件ということができ,食味評価の指標のひとつになりうると考えている.

また,糖類については,建部ら(1994)が,玄米中のスクロース含有率は,「日本晴」よりも「コシヒカリ」の方が高く,また,施肥量や登熟期間の気象が良好で,良食味となる条件下でより高まることを報告しており,食味との関連を示唆しているほか,Konishiら(1996)は,炊飯米の総合的な好ましさと相関が高い甘味の好ましさを,全粒部全糖・外層部スクロース・全粒部フェニ

ルアラニンで表すことができるとした．阿部ら（2008）は，精米に含まれる糖類の含有率を調べ，これが多いことと良食味であることとの関係は判然としなかったものの，全糖に対して約85％を占めるスクロースと，残りを占めるグルコースとフルクトースの3種の糖の割合は，品種によって異なることを明らかにした．

　今回，我々が炊飯米を分析した結果では，炊飯米にはグルコースがスクロースより多く含まれており，上記の玄米・精米の結果と異なっていたが，これは，洗米によってスクロースが流出する一方で，炊飯過程でグルコースなどの還元糖が増加することによる（香西ら2000）と考えられる．同時に香西らは，いずれの糖類も遊離アミノ酸も単独で閾値に達するものはなく，これらを含む炊飯液が炊飯米表面に吸収されて，成分全体として炊飯米の食味に影響を与えている可能性が高いとしている．さらに，糖類と食味との関連については，炊飯過程で溶出された糖成分の大部分は加熱中に吸収されるが，一部は炊飯米表面に残存することで，炊飯米表面のつやと粘りに影響を与えているとの報告もある（池田 2001）．

　我々が行った試験では，炊飯米中に含まれる糖類の含有率について78点の幅を表すと，最小値〜最大値は次のようであった．グルコース含有率：262.94〜629.80 nmol/100 mg FW，スクロース含有率：30.95〜132.01 nmol/100 mg FW，フルクトース含有率：8.74〜49.87 nmol/100 mg FW，マルトース含有率：3.46〜15.71 nmol/100 mg FW と，それぞれの含有率に幅は認められたものの，図6-1のラベルⅠ群に4つの糖類がいずれも含まれなかったように，糖類の多少と食味の良否の関係については判然としなかった．

(3)「つや姫」のメタボロームプロファイルの遺伝

　「つや姫」と「コシヒカリ」には明らかなプロファイルの差が認められたことから，系譜上2世代まで遡って，この特性の遺伝を調査した．供試品種・系統は，「つや姫」と，系譜上の山形70号（母），東北164号（父），山形48号（母の母），「キヌヒカリ」（母の父），「味こだま」（父の母），「ひとめぼれ」（父の父），および比較として「コシヒカリ」，「はえぬき」の計9品種・系統である．分析結果はメタボロームプロファイルとして，遊離アミノ酸総量，旨みアミノ酸，アスパラギン酸，有機酸，糖類の5つの軸を用いて表示した．図6-4に示したとおり，糖類に関する特長は「キヌヒカリ」（母の父）から山形70号

第6章　CE-MS で測定した炊飯米に含まれる成分と食味との関係　　105

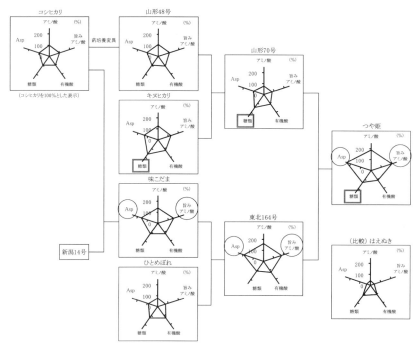

図6-4　つや姫の系譜にみるメタボロームプロファイルの遺伝

(母) へ，アスパラギン酸などの旨みアミノ酸に関する特長は「味こだま」(父の母) から東北164号 (父) へ，それぞれ遺伝していた．特に，新潟県で育成された「味こだま」(交配組合せ：コシヒカリ／新潟14号) は，アスパラギン酸と，これを含む旨みアミノ酸などが「コシヒカリ」より多いプロファイルを有しており，これが，「つや姫」に受け継がれていた．一方で，「はえぬき」には，遊離アミノ酸が少なく，アスパラギン酸などの旨みアミノ酸が少ないことも明らかとなった．

「つや姫」のゲノム構成については，水田・吉田 (1994) の方法で「つや姫」と「コシヒカリ」の近縁係数を計算すると，70％以上が「コシヒカリ」と相同であり，食味特性などの，「コシヒカリ」と異なる諸特性は，残りの30％に由来すると考えられる．「コシヒカリ」と「はえぬき」と「つや姫」の三品種間においてプロファイルに差異が認められたことと，さらに，プロファイルは，後代に遺伝することが確認できたことから，今後，「コシヒカリ」とは異なる食味特性を受け継いだ，"つや姫系" の良食味系統を選抜していくことが

可能と考えられる.

参考文献

阿部利徳・高橋新也・野田真紀子 2008. 精白米における糖組成・含量の品種間差異および年次間変動. 育種学研究 10:57-61.

池田ひろ 2001. 炊飯過程中に溶出する糖成分の動向と米飯の食味について. 日本家政学会誌 52:401-409.

稲津 脩 1988. 北海道産米の食味向上による品質改善に関する研究. 北海道立農業試験場報告 66:1-89.

石間紀男・平 宏和・平 春枝・御子柴穆・吉川誠次 1974. 米の食味に及ぼす窒素施肥および精米中のタンパク質含有率の影響. 食品総合研究所研究報告 29:9-15.

香西みどり・石黒恭子・京田比奈子・浜薗貴子・畑江敬子・島田淳子 2000. 米の炊飯過程における還元糖および遊離アミノ酸量の変化. 日本家政学会誌 51:579-585.

Konishi, M., K. Ide, R. Yoshimura, K. Hatae and A. Shimada 1996. Eating quality evaluation for cooked rice (2), Objective measurement including taste-active-components. The Japan Society of Cookery Science 29:264-274.

松崎昭夫・高野哲夫・坂本晴一・久保山勉 1992. 食味と穀粒成分および炊飯米のアミノ酸との関係. 日本作物学会紀事 61:561-567.

水田一枝・吉田智彦 1994. ビール大麦交配両親名データベースの構築と解析. 農業情報研究 3:65-78.

岡崎正一・沖 佳子 1961. 精白米中の遊離アミノ酸について. 日本農芸化学会誌 35:194-199.

Saeed, A. I., V. Sharov, J. White, J. Li, W. Liang, N. Bhagabati, J. Braisted, M. Klapa, T. Currier, M. Thiagarajan, A. Sturn, M. Snuffin, A. Rezantsev, D. Popov, A. Ryltsov, E. Kostukovich, I. Borisovsky, Z. Liu, A. Vinsavich, V. Trush and J. Quackenbush 2003. TM4: a free, open-source system for microarray data management and analysis. Biotechniques 34:374-378.

Soga, T. 2000. Amino acid analysis by capillary electrophoresis electrospray ionization mass spectrometry. Analytical Chemistry 72:1236-1241.

Soga, T., Y. Ohashi, Y. Ueno, H. Naraoka, M. Tomita and T. Nishioka 2003. Quantitative metabolome analysis using capillary electrophoresis mass spectrometry. Journal of Proteome Research 2:488-494.

建部雅子・宮部邦夫・金村徳夫・米山忠克 1994. 登熟にともなう玄米の糖・アミノ

酸含有率の推移および窒素栄養条件の影響. 日本土壌肥料学雑誌 65：503-513.
Tamaki, M., M. Ebata, T. Tashiro and M. Ishikawa 1989. Physico-ecological studies on quality formation of rice kernel. Japanese Journal of Crop Science 58: 695-703.
富田豊雄・浪岡実・長尾学禧 1974. 作物の診断学的研究とその応用—米の化学的特質と食味向上に関する研究—. 日本作物学会紀事 43：469-474.
山下鏡一・藤本堯夫 1974. 肥料と米の品質に関する研究—2 窒素肥料が米の食味, 炊飯特性, デンプンの理化学的性質に及ぼす影響—. 東北農業試験場研究報告 48：65-79.

第7章
北海道米の澱粉の分子構造と新食味評価手法

五十嵐俊成

　米の消費量は年々減少し，その消費形態は多様化している．米の消費形態には，外食（飲食店など），中食（弁当など），内食（家庭内）の3つの形態がある．業務用米には主に外食と中食用途があり，これらに求められる米の品質は利用形態により実に多様である．最近は，食の安全・安心の高まりから，有機栽培米や特別栽培米で商品の差別化を図る一方，商品の食味や品質のバラツキを少なくするため，原料米の品質基準が明確に示されている．

　具体的には，一般的な食味計の食味値で73.6～81.0，アミロース含量18.6～19.9％，タンパク質含量6.8～7.4％，白米白度39.5～42.3％，整粒歩合93.9～100％，水分14.0～15.1％である．特に，中食などの実需者からは炊飯後冷めても硬くなりにくい性質の米（老化しにくい米）が求められている（五十嵐2004a）．

　稲津ら（1974, 1976, 1982, 1983, 1988）は，北海道米のアミロース含量とタンパク質含量が本州産米に比べて高いことを明らかにし，北海道米の食味向上には，これらの含量を低下させることの重要性を指摘し，全国に先駆けた成分育種手法を確立した．

　今後さらに成分育種手法の高度化を図り，中食の実需者ニーズである「冷めても硬くならない米」を選抜するためには，老化性を評価することが必要である．老化性を評価するためには澱粉の分子構造に基づいた食味検定法の開発が必要である．

　現在の北海道で進めている水稲良食味品種の開発において採用している食味検定法については丹野（2011）が紹介しているが，それらの検定法では老化に深く関与する澱粉の分子構造の解析までは困難で，これに着目した評価はこれまでに行われていない．しかし，梅本（2009）は育種や作物生理研究におけるアミロペクチン鎖長分布に基づく澱粉特性の解析方法について紹介しており，

さらなる良食味米を育成する上で胚乳澱粉の分子構造を解析することの重要性を指摘している．とくに，アミロペクチンはイネ胚乳澱粉の約 80% を占める主成分であり，その分子構造の差異はアミロース以上に米飯の老化など物理性に大きく影響すると考えられている（五十嵐 2010）．ここでは，今後の北海道米の食味向上を目的に著者が開発した育種選抜のための澱粉評価と新食味評価法について概要を説明する．

❶ 米の品質向上における澱粉科学の意義

(1) 澱粉の構造

粳米の澱粉は，およそ 20% のアミロースと 80% のアミロペクチンから構成されている．アミロースは基本的にグルコースが α-1,4-結合で結合した直鎖の多糖であるが，少ないながらも分岐をもつ分子と直鎖の分子の混合物である．米のアミロースは平均重合度が約 1,000 程度，1 分子あたり平均 1～3 本の分岐をもち，分岐分子の割合（モル%）は 25～50% である（檜作 2003）．アミロペクチンは α-1,4-結合で結合したグルコース鎖に別の糖鎖が α-1,6-結合で結合した分岐構造をもち，単位鎖が房状（クラスター構造）に集まり，この房と房をつなぐ別の単位鎖によりいくつも繋がって大きな構造をしている（図 7-1）．アミロペクチンは 3 タイプの α-1,4- グルコシド鎖を持っている．A 鎖は最も外側の鎖で鎖の中に分岐結合を持たない鎖である．B 鎖は 1 つの鎖あたり 1 つ以上の鎖が分岐結合している鎖である．B 鎖は 1 つのクラスターにとどまる B1 鎖，2 つのクラスターに及んでいる B2 鎖，3 つのクラスターに及ぶ B3 鎖などがある．C 鎖は還元末端を持っている鎖であり，アミロペクチン 1 分子あたり 1 つの C 鎖を持っている（Hizukuri 1986）．

(2) 澱粉の構造と食味特性

近年，澱粉と米の食味特性に関する研究は澱粉の分子構造解析手法（Hizukuri 1985, Koizumi ら 1991, Hanashiro ら 2002）の発達により，澱粉の分子構造と食味特性（朝岡ら 1994，高橋ら 1998），熱糊化特性（Fizgerald ら 2003, Noda ら 2003），登熟温度（Inouchi ら 2000，五十嵐ら 2010）との関係についての解析が行われている．

これまでに，アミロース含量が低く，アミロペクチンの B2 + B3 画分の全炭

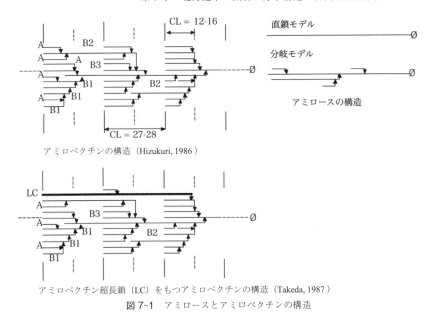

図7-1 アミロースとアミロペクチンの構造

水化物に占める割合が多く，平均単位鎖長の小さい品種ほど，軟らかく，粘りのあるご飯となること（高橋ら 1998）が明らかにされている．この他にも，アミロペクチンの鎖長分布が米の食味や餅生地の硬化性（五十嵐ら 2008）などに関わる重要な特性であることが明らかになっている．

(3) 澱粉の糊化と老化

炊飯後の米飯は糊化直後から老化が始まり，時間が経つに伴い老化による物理的性質の変化が著しく，硬さの増加や粘りの減少など物理的性質の変化として現れ，食味は低下する．澱粉の糊化と老化は，アミロース含量とアミロペクチン単位鎖長分布が関連している．澱粉の老化度の測定は，一般的には澱粉分解酵素を使った BAP 法（β アミラーゼ—プルラナーゼ法，貝沼ら 1981）で行われているが，試料を脱水乾燥後粉末化させる必要があること，手法が煩雑であること，再現性を得るには熟練を要するなどの問題点があり，総じて面倒である．井川ら（2002）は冷蔵 24 時間後までの初期老化について，白濁程度の評価，X 線回折，示差走査熱量測定（DSC 測定），BAP 法による糊化度測定の4つの測定法で評価し，いずれの測定法間においても高い相関関係があること

を示した．ただし，白濁程度は正確さに問題があること，X線回折はデータの定量化と使用する装置から簡便とは言えないため，冷蔵期間の早期から試料の差を検出でき，直接測定が可能である点から米飯の初期老化の評価にはDSC測定が適するとしている．DSCによる老化度の測定の場合にも脱水乾燥後粉末化させた試料が必要となる．これらに対し，佐原ら（1999）は伝導型微少熱量計を用いて炊飯米の熱測定を試みた結果，老化に起因すると考えられる吸熱ピークを観察している．伝導型微少熱量計による熱測定においては，実験操作が簡便であり，炊きあげた米飯に何ら手を加えることなくそのままの状態で，等温条件下における熱収支の経時変化を直接測定して，老化に関わるエンタルピー変化（老化熱）を取り出すことが可能であるため，老化の程度およびその経時変化の直接測定が期待されている．

　最近では，これら老化性の評価値を育種選抜に利用できるように簡易な解析方法が開発されている．大坪ら（2007）は，RVA（ラピッド・ビスコ・アナライザー）による糊化特性測定値を多変量解析し，RI（レトロインデックス：老化性指標）を測定できる簡易型RVA（ライスマスター）をフォス・ジャパンと共同で開発した．北海道立総合研究機構の柳原ら（2009）は，多点数一括処理が可能なBAP変法を開発し，前処理方法およびプレートリーダーを活用した還元糖測定法を考案した（図7-2）．これらの測定手順により，90点／日の測定が可能になり，米飯の食味劣化程度の指標となる老化性を用いた育種材料の選抜や，実需評価における老化進行程度のモニタリング，最適炊飯・保温条件の解析に活用している．

(4) アミロース含量低減化遺伝子とDNAマーカー選抜

　北海道米は府県産の良食味米に比べてアミロース含量が高いが，この要因はアミロース含量が登熟温度により大きく影響するためである．アミロース含量の温度反応性は，日本型品種が保有する粳性遺伝子，*Wxb*において大きい（Sano 1987）．

　これらのことから，寒冷地における低アミロース化には国内外の低アミロース系統品種や*Wxb*とは異なるアミロース突然変異遺伝子の利用が提唱されている（菊地 1988，菊地・国広 1991）．従来は，交配後代系統について実際にアミロース含量を測定し選抜を行なってきたが，低アミロース遺伝子が明らかになってきたことからDNAマーカーにより選抜を効率化する試みが始まってい

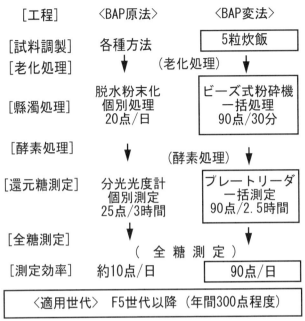

図 7-2　BAP 変法の測定手順（柳原ら 2009）

る．

近年，松葉ら（2010）は新たに北海道向け低アミロース米に由来するアミロース含量低減化遺伝子 *Wx1-1*（座乗染色体 6S）と *qLAC6h*（座乗染色体 6L）および *qAC9.3*（座乗染色体 9S）を同定し，これらを DNA マーカーによって効率的に選抜し，低アミロース遺伝子を集積した系統を得ている．とくに，*qAC9.3* を持つ系統は登熟温度反応性が小さく，安定したやや低いアミロース含量を示すことからアミロース含量の低位安定化への活用が期待されている．また，育種初期世代に各アミロース含量低減化遺伝子を DNA マーカーによって検出することにより，アミロース含量低減化遺伝子の単独および相加効果を利用し，アミロース含量の異なる品種・系統の育成が効率化できることが示唆された（品田ら 2007，図 7-3）．

(5) アミロペクチン超長鎖（LC）と物性の関係

これまで，良食味米育種においてアミロース含量を選抜指標としてきたが，同一アミロース含量であっても物性や食味特性が異なる事例が散見されていた．

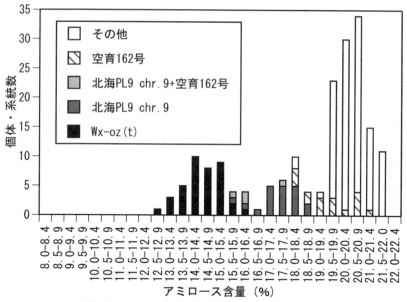

図7-3 アミロース含量の遺伝子型別の分布（品田ら 2007）

　ヨウ素親和力の高いアミロペクチンはアミロペクチンの側鎖にアミロース様の長い鎖（アミロペクチンLC）を有していることが知られている（図7-1, Takedaら, 1987). アミロペクチンLCが多い品種ほど米飯は硬く、付着性と粘着力が弱くなり，RVAにおけるブレイクダウンと負の相関関係が認められ，澱粉粒の崩壊性にアミロペクチンLCが関与していることが指摘されている（水上と竹田 2000). さらに, Inouchiら（2005）はRVAのセットバック（最終粘度—最低粘度）とアミロペクチンLC含量の間には高い正の相関関係があることを明らかにした．このように，アミロース含量だけでなく，アミロペクチンの分子構造と物性の関係が明らかになってきた．

　国外においても最近の米品質の研究は，アミロースからアミロペクチンへの転換が図られており，炊飯米のテクスチャーはアミロペクチンの分子構造と関係があると考えられている（Reddyら 1993). HanとHamaker（2001）は，RVAのブレイクダウンとアミロペクチン長鎖画分の間には負の相関関係，アミロペクチン短鎖画分とは正の相関関係があることを明らかにしている．さらに，糊化温度や老化程度とアミロペクチン鎖長分布との相関関係が明らかにされている（Vandeputteら 2003a, 2003b).

アミロペクチン LC の生合成には *Wx* タンパク質が関与していると考えられている (Inouchi 2005, Aoki ら 2006, Hanashiro ら 2008). Aoki ら (2006) は, 粳米をアミロペクチンに含まれる重合度 300 以上の長鎖の含量で, 多い (12% 以上), 中程度 (4～8%), 少ない (3% 以下) の 3 系統群に分類し, アミロペクチン LC の多い系統と少ない系統との交配後代について QTL 解析を行った結果, アミロペクチン LC の合成はアミロースを合成する *Wxa* 遺伝子によって制御されることを明らかにした. 米の澱粉顆粒結合型アミロース合成酵素 (*Wx*) 遺伝子はインディカ品種に分布する *Wxa* 対立遺伝子とジャポニカ品種に分布する *Wxb* 対立遺伝子が知られているが, 伊藤ら (2006) はインディカ型 *Wxa* 対立遺伝子中に, アミロペクチン LC を付加する対立遺伝子 *Wxa-LC* が存在し, 2 か所のアミノ酸配列が点突然変異を起こしていることを明らかにしている. さらに, Hanshiro ら (2008) は, *Wxa* 遺伝子をもち品種に導入し, 胚乳澱粉にアミロースとアミロペクチン LC が合成されることを確認し, アミロペクチン LC の生合成に GBSS I が関与していることを明らかにした.

五十嵐ら (2009) は北海道米の「ほしのゆめ」と「きらら 397」のアミロペクチン LC 含量は,「あきたこまち」に比べて約 3.5 倍多く, 物性や食味特性が劣る要因の一つとしてアミロペクチン LC の影響を示唆した (図 7-4). また, アミロペクチン単位鎖長分布とアミロペクチン LC 含量に及ぼす登熟温度の影響を調べた.「きらら 397」のアミロペクチン LC 含量は, 登熟温度が低いほど多くなることを明らかにした. さらに, 近年育成された北海道米 5 品種と 4 系統およびミルキークイーンを供試してアミロペクチン LC 含量の平均登熟期間温度 1℃ 当たりの変動量を検討した結果, 登熟温度が 19～23℃ の範囲では 0.542%, 23～27℃ では 0.152%, 27～31℃ では 0.037% で, 低温ほど変動量が大きいことを明らかにした.

米粒の 80% は澱粉で構成されていることから, 米の食味に及ぼす澱粉の影響は無視できない. とくに, 澱粉の糊化と老化は米飯の物性を左右する重要な特性である. 従来, ヨウ素呈色法でアミロース含量が高く食味が劣ると推定された品種には, アミロペクチン LC の影響を受けている可能性がある. したがって, 今後, 北海道における良食味米育種を推進するためには, アミロース含量低減化遺伝子の温度依存性に関与する遺伝的制御機構の究明とアミロース含量だけでなくアミロペクチンも含めた澱粉の分子構造に及ぼす登熟温度の影響, さらに, それに伴う熱糊化特性の変異を明らかにすることが重要である.

116　第Ⅱ部　外観品質・食味の評価方法と育種法

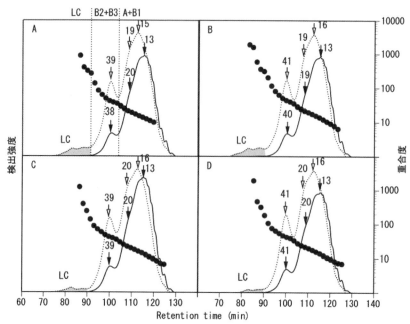

図7-4　北海道3品種とあきたこまちのアミロペクチン鎖長分布（五十嵐ら2008）
A：ほしのゆめ，B：きらら397，C：彩，D：あきたこまち．実線：蛍光検出器，点線：示唆屈折計．矢印で示した数字は溶出ポイントにおける重合度を示す．LC：アミロペクチン超長鎖，B2＋B3：アミロペクチン長鎖，A＋B1：アミロペクチン短鎖を示す．アミロペクチン単位鎖長分布の測定は，Hanashiroら（2002）の蛍光標識ゲル濾過HPLC法に準じた．

❷ 育種選抜のための澱粉評価と新食味評価法

　著者らは良食味米の選抜における成分育種手法の高度化を図るため，育種現場で利用できる澱粉の分子構造に基づいた選抜指標の策定と新規食味評価法の開発を試みた．

(1) アミロースオートアナライザーを活用したヨウ素吸収曲線の自動分析法

　オートアナライザーによるアミロース含量の測定は，Williamsら（1958）の方法をRobyt and Bemis（1967），Juliano（1971）が改良し，稲津（1982）が水稲良食味品種の育種における簡易迅速な分析方法として確立し，現在では育種

現場で広く活用されている．この方法では，ヨウ素呈色反応を利用して米粉に含まれる胚乳澱粉のアミロースとヨウ素の複合体量を単一波長（620 nm）の吸光値により測定している．しかし，この方法で測定されるアミロース含量は見かけのアミロース含量であることに注意する必要がある．すなわち，これらの値を用いて食味に及ぼす影響を解析した場合，前述したアミロペクチンLCも含めた値であることから，真のアミロースの影響かアミロペクチンLCの影響か区別できない．

これまでにも，ヨウ素呈色法によるアミロース含量の測定ではアミロペクチンによるヨウ素呈色の影響を受けることが指摘されている（Banks ら 1974，Juliano ら 1981）．そのため，白石（1994）は測定波長をアミロペクチンの影響を受けない 770 nm に設定することが望ましいと提唱している．しかし，770 nm の吸光度は低いため試料濃度を高める必要があり，実際にはアミロペクチンの吸収を除去することには限界があるとしている．

ヨウ素呈色法を用いた簡易なアミロース含量の分析については多くの報告があり，山下ら（1994）は2波長測定法によりアミロースおよびアミロペクチンの定量を試み，米のアミロースとアミロペクチン含量が正確に分別定量できることを示した．しかし，米の品種が異なる場合，品種固有の等吸収点波長（試料の濃度を変えても吸光度が等しい波長）を測定に用いる必要があることを指摘している．深堀ら（1996）は，米のアミロースとアミロペクチンの等吸収点波長は，品種だけでなく生産年度によっても異なることを明らかにした．また，アミロースの分子量が小さいほど最大吸収波長，等吸収点波長ともに低くなることから，分子量によって呈色度が異なるアミロース含量を正確に測定することは，2波長測定法でも不可能であるとしている．

Chinnaswamy and Bhattacharya（1986）は，最大吸収波長はアミロースとアミロペクチンの混合比率と相関があり，アミロペクチンの濃度が高いほど最大吸収波長は短いことを明らかにしている．ヨウ素呈色反応の色調は α-1, 4-グルカンの鎖長と関係があり，鎖長が長いほど青く呈色する（Swanson 1948）．つまり，アミロペクチン分子のヨウ素呈色反応の色調がアミロースと異なるのは，アミロースに比べて α-1, 4-グルカンの直鎖状分子が短く最大吸収波長が短いため，アミロペクチンの含量が高いほど最大吸収波長が短く，また，同時にアミロース含量が低くなるため，α-1, 4-グルカンとヨウ素の結合量が少なくなり長波長側へシフトする力が弱いと推察される．これを応用すれば，最大

吸収波長を測定することにより，アミロース含量とアミロペクチン含量の推定が可能と考えられる．

井ノ内ら（1996）はヨウ素吸収曲線の青価（680 nm の吸光度）と酵素—クロマト法によるアミロース含量の関係から，amylose extender（ae）遺伝子を有する試料では，回帰直線から大きく外れることを報告し，ヨウ素吸収曲線の最大吸収波長と酵素—クロマト法によるアミロース含量より求めた回帰式によりアミロース含量を簡易に測定できることを提唱している．これらの方法を水稲育種において効率的に活用するためには，ヨウ素吸収曲線の分析を自動化する必要がある．そこで，五十嵐と上野（2004b）は，従来のアミロースオートアナライザーにヨウ素吸収曲線を自動測定できるマルチチャンネル検出器を備えた新たなオートアナライザーを開発した（図7-5）．

(2) ヨウ素吸収曲線のマルチスペクトル解析による老化性の推定法

一方，府県米よりもアミロース含量が高く，老化し易い北海道米のアミログラムの特徴は，最高粘度が低い，糊化開始温度が高い，セットバック（最終粘度—最低粘度）が高いことがあげられる（瀬戸・岡部1963）．RVAの熱糊化曲線は澱粉の糊化と糊の粘度を示し，加熱時の糊化性と冷却時の糊の物性が測定できる．一般に良食味米ほど最高粘度，ブレイクダウンが大きく，セットバックは小さいことが知られている．

そこで，老化しにくい米の育種を図るため，マルチチャンネル検出器を備えた新たなオートアナライザーを用いて得られたマルチスペクトルを解析し，育種選抜に活用できる簡易な老化性指標（RI）の推定法を開発した（五十嵐ら2009）．以下にその概要を示す．

ヨウ素吸収曲線は，600 nm 付近をピークとする曲線であることから，便宜的に600 nm で区分し，ピーク面積（Σ400〜900 nm），最大吸収波長（λmax），400 nm〜600 nm の吸光度の積算値（Fr. I）と 600 nm〜900 nm の吸光度の積算値（Fr. II）の比率（ピーク面積比，Fr. I/II）を求め（図7-6），これらの値と熱糊化特性値との相関分析を行った．セットバック（最終粘度—最低粘度）はピーク面積比 Fr. I/II が1.25 未満では急激に増加するが，1.25 以上ではほぼ一定であった．また，ピーク面積比 Fr. I/II とセットバックの関係から，$Y = (29.7X - 27.1)/(0.73X - 0.72)$（$R^2 = 0.799$）の回帰式を得た．これにより，ピーク面積比 Fr. I/II を測定するだけで，セットバックの推定が可能となった．また，セ

第7章 北海道米の澱粉の分子構造と新食味評価手法　119

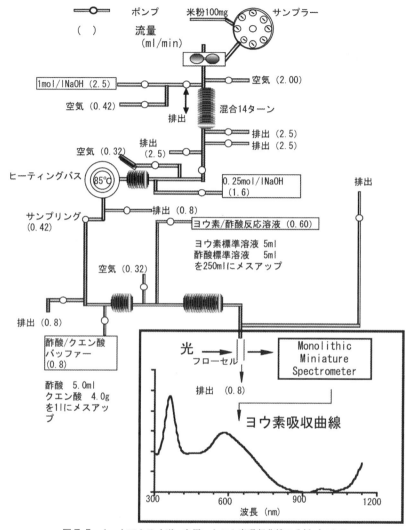

図7-5　オートアナライザーを用いたヨウ素吸収曲線の分析プロセス

ットバックと大坪ら（2007）の老化性指標（RI）との間には高い正の相関（r＝0.973***，n＝21）があることを認めた（図7-7）．さらに，ピーク面積比 Fr. I/II と老化性指標（RI）の関係から，$Y = (221.5X - 180)/(126.0X - 120.4)$ （$R^2 = 0.905$）の回帰式を得た（図7-7）．

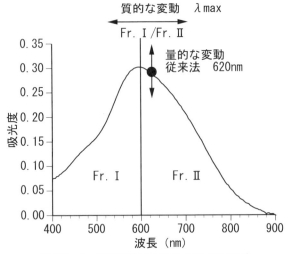

図7-6 ヨウ素吸収曲線の概念図（五十嵐ら 2009）

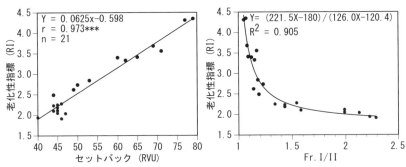

図7-7 セットバックおよびFr. I/IIと老化性指標の関係（五十嵐ら 2009）
老化性指標（RI）=（-0.105-0.0081×最高粘度）-（0.0025×最低粘度）+（0.035×最終粘度）（大坪ら 2007）

(3) マルチスペクトルオートアナライザーによる良食味米の選抜指標

　育成材料および府県産良食味品種を供試してFr. I/IIとセットバックの関係を調べた結果，負の双曲線を示した（図7-8左）．この関係に食味官能総合評価値を加えた等高線図を図7-8右に示した．食味官能総合評価値は-0.690～1.167であった．Fr. I/IIは1.22～1.33，セットバックは85.0～111の範囲であった．食味官能総合評価値は，Fr. I/IIが小さくセットバックが高いほど，低い傾向が認められた．食味官能総合評価値が最も高い領域は，Fr. I/IIが1.25～1.30

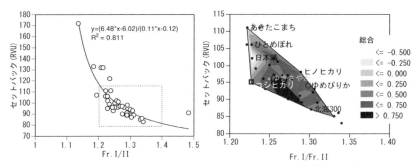

図7-8 Fr. I/II とコンシステンシーおよび食味官能総合評価値の関係
右図は左図の点線部分を拡大し，食味官能総合評価値を等高線図で示した．

でセットバックが95以下の範囲であった．この範囲は双曲線の焦点付近と一致した．

図7-9にアミロペクチン短鎖の割合とFr. I/IIの関係を示した．アミロペクチン短鎖の割合とFr. I/IIの間には0.1％水準で有意な正の相関関係があった．Fr. I/IIは，アミロペクチン短鎖の割合が多い程，大きいことが明らかとなった．アミロペクチン短鎖は，アミロペクチンクラスターを構成する鎖に相当し，炊飯後の水分保持機能と密接な関係があり，アミロペクチン短鎖が多い程，柔らかい食味となると考えられる．図7-8からFr. I/IIの最適な範囲を1.25～1.30と設定すると，アミロペクチン短鎖の割合の適正範囲は64～67％と推定された（図7-9）．また，最大吸収波長とアミロペクチン短鎖の割合には負の相関関係が認められ，ヨウ素吸収曲線の最大吸収波長は580～590 nmが最適範囲と考えられた（図7-10）．図7-11にアミロペクチン短鎖の割合と食味官能評価値の「柔らかさ」と「総合」の関係を示したが，有意な相関は認められなかった．しかし，アミロペクチン短鎖の割合が64％以上ではコシヒカリと同等以上の値を示した．一方，過度にアミロペクチン短鎖が多いと柔らか過ぎる場面も懸念され，67％前後が適正と考えられた．

これらのことから，アミロペクチン短鎖の割合は「冷めても柔らかく粘りのある米」の選抜指標として有効であるが，測定方法に手間がかかること，簡易迅速に分析が可能なマルチチャンネルオートアナライザーのヨウ素吸収特性値Fr. I/IIとアミロペクチン短鎖の割合は高い相関関係が認められることから，読み替えが可能であり，Fr. I/II値で1.25～1.30が良食味米の目標値として妥当と考えられる．なお，最大吸収波長では580～590 nmが目標値と考えられる

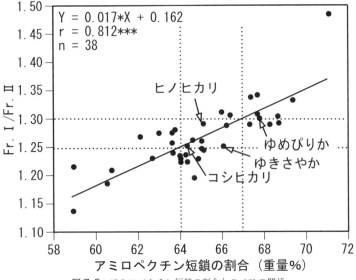

図7-9 アミロペクチン短鎖の割合と Fr. I/II の関係

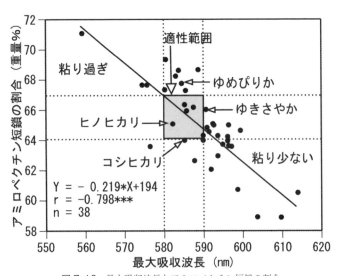

図7-10 最大吸収波長とアミロペクチン短鎖の割合

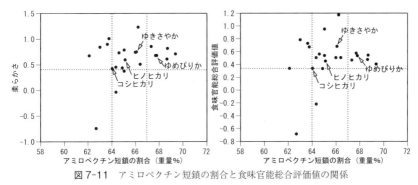

図7-11 アミロペクチン短鎖の割合と食味官能総合評価値の関係

が,最大吸収波長を解析するためにはピーク解析ソフトウエアが必要であり,吸光度の積算値の比である Fr. I/II の方が計算は簡単である.

以上のことから,マルチスペクトルオートアナライザーによる良食味米の選抜指標は Fr. I/II が 1.25〜1.30 と推定される.なお,最近育成された極良食味品種である「ゆきさやか」,「ゆめぴりか」はいずれも概ねこの範囲であった.本方法は従来のオートアナライザーによるアミロース含量の分析方法と全く同じ操作でヨウ素吸収曲線を自動測定できる初めての方法であり,アミロース含量,井ノ内ら(1996)の最大吸収波長,山下ら(1994)の二波長測定法に加え,ヨウ素吸収曲線のピーク面積,ピーク面積比 Fr. I/II をすべて同時に行うことによって,老化性指標(RI)やアミロペクチン短鎖の割合の推定など多次元解析が可能となった.今後,新たな加工適性を備えた素材の探索などにおいてヨウ素吸収曲線を解析する場合,マルチスペクトル解析が可能な本装置は有効と考えられる.

❸ 良食味米育種における成分育種手法の高度化

我が国の米産地においては,消費形態の多様化に伴い,実需者ニーズに対応した米の生産と流通を図ることが重要である.つまり,生産者は栽培地帯にあった適正品種を栽培し,基本技術の励行に努め食味や品質の向上を図ること,農協と流通業者は仕分の徹底,出荷時の品質管理,流通体制と貯蔵改善による品質劣化の防止対策を講ずることが必要である.また,農業技術開発では,気候変動に対応した品質・食味変動を平準化させる栽培管理技術の確立とさらなる良食味米の育種が必要である.

現在の良食味米の育種事業を支えた基盤技術として，品種の食味を理化学的特性として客観的に推定し得る機器分析手法があげられる．さらなる良食味米育種における成分育種手法の高度化を図るためには，澱粉の分子構造に着目し，その変動要因を明らかにするとともに，アミロース含量のみならずアミロペクチンの物理化学的特性と分子構造の側面からも育種を進め選抜することが重要と考えられる．特に，アミロペクチンLCを含まない品種や真のアミロース含量が低く，登熟温度で鎖長分布が変動しにくい米の選抜が必要である．育種の選抜過程で実際に米澱粉の構造を調べるには関連する分析装置の導入が必要不可欠であるが，これらは高価であり導入するには困難である．しかし，米の食味分析事業所においては，アミロースオートアナライザーやRVAなど既に導入されている機器が多くある．これらの装置を活用して澱粉分子構造を推定することは可能である．近年は良食味米の食味水準が向上しており，従来の手法では微細な食味の違いを見いだすことは困難となっている．新たな視点を持った評価方法の開発が必要である．

参考文献

Aoki, N., T. Umemoto, S. Yoshida, T. Ishii, O. Kamijima, U. Matsukura, N. Inouchi 2006. Genetic analysis of long chain synthesis in rice amylopectin. Euphytica 151: 225-234.

Banks, W., C. T. Greenwood and D. D. Muir (1974). Studies on starches of high amylose content. Starch 26: 289-300.

Chinnaswamy, R. and R. K. Bhattacharya 1986. Characteristics of gel chromatographic fractions of starch in relation to rice and expanded rice product qualities. Starch/Stärke 38: 51-57.

Fitzgerald M. A., M. Martin, R. M. Ward, W. D. Park and H. J. Shead 2003. Viscosity of rice flour: A rheological and biological study. J. Agric. Food Chem. 51: 2295-2299.

Han, X. and B. R. Hamaker 2001. Amylopectin fine structure and rice starch paste breakdown. J. Cereal Sci. 34: 279-284.

Hanashiro, I., M. Tagawa, S. Shibahara, K. Iwata and Y. Takeda 2002. Examination of molar-based distribution of A, B and C chains of amylopectin by fluorescent labeling with 2-aminopyridine. Carbohydr. Res. 337: 1208-1212.

Hanashiro, I., K. Itoh, Y. Kuratomi, M. Yamazaki, T. Igarashi, J. Matsugasako and Y. Takeda 2008. Granule-bound starch synthase I is responsible for biosynthesis of extra-long unit chains of amylopectin in rice. Plant Cell Physiol. 49: 925-933.

Hizukuri, S. 1985. Relationship between the distribution of the chain length of amylopectin

第7章　北海道米の澱粉の分子構造と新食味評価手法　125

and the crystalline structure of starch granules. Carbohydr. Res. 141: 295-306.
Hizukuri, S. 1986. Polymodal distribution of the chain lengths of amylopectins, and its significance. Carbohydr. Res. 147: 342-347.
Inouchi, N., H. Ando, M. Asaoka 2000. The effect of environmental temperature on distribution of unit chains of rice amylopectin. Starch 52: 8-12.
Inouchi, N., H. Hibiu, T. Li, T. Horibata, H. Fuwa and T. Itani 2005. Structure and properties of endosperm starches from cultivated rice of Asia and other countries. J. Appl. Glycosci. 52: 239-246.
Juliano, B. O. 1971. A simplified assay for milled-rice amylose. Cereal Sci. Today 16: 334-338.
Juliano, B. O., C. M. Perez, A. B. Blakeney, T. Castillo, N. Kongseree, B. Laignelet, E. T. Lapis, V. V. S. Murty, C. M. Paule and B. D. Webb 1981. International cooperative testing on the amylose content of milled rice. Starch/Stärke, 33, 157-162.
Koizumi, K., M. Fukuda and S. Hizukuri 1991. Estimation of the distributions of chain length of amylopectins by high-performance liquid chromatography with pulsed amperometric detection. J. Chromatogr. 585: 233-268.
Noda, T., Y. Nishiba, T. Sato and I. Suda 2003. Properties of starches from several low-amylose rice cultivars. Cereal Chem. 80: 193-197.
Reddy, K. R., S. Z. Ali and K. R. Bhattacharya 1993. The fine structure of rice-starch amylopectin and its relation to the texture of cooked rice. Carbohydr. Polym. 22: 267-275.
Robyt, J. F., and S. Bemis 1967. Use of the autoanalyzer for determining the blue value of the amylose-iodine complex and total carbohydrate by phenol-sulfuric acid. Anal. Biochem. 19: 56-60.
Sano, Y. 1987. Gene regulation at the waxy locus in rice. Gamma-Field Symp. 24: 63-79.
Swanson, M. A. 1948. Studies on the structure of polysaccharides IV. Relation of the iodine color to the structure. J. Biol. Chem. 172: 825-837.
Takeda, C., Y. Takeda and S. Hizukuri 1983. Physicochemical properties of lily starch. Cereal Chem. 60: 212-216.
Takeda, Y., S. Hizukuri and B. O. Juliano 1987. Structures of rice amylopectins with low and high affinities for iodine. Carbohydr. Res. 168: 79-89.
Williams, V. R., W. T. Wu, H. Y. Tsai and H. G. Bates 1958. Varietal differences in amylose content of rice starch. J. Agric. Food Chem. 6: 47-48.
Vandeputte, G. E., R. Vermeylen, J Geeroms and J. A. Delcour 2003a. Rice starches. I. Structural aspects provide insight into crystallinity characteristics and gelatinization behavior of granular starch. J. Cereal Sci. 38: 43-52.
Vandeputte, G. E., R. Vermeylen, J Geeroms and J. A. Delcour 2003b. Rice starches. III. Struc-

tural aspects provide insight into amylopectin retorogradation properties and gel texture. J. Cereal Sci. 38: 61-68.

朝岡正子・高橋慶一・中平　健・井ノ内直良・不破英次 1994. 新形質米胚乳澱粉の構造特性—1990, 91年産うるち米について—. 応用糖質科学 41: 17-23.

五十嵐俊成 2004a. 業務用米の実需者ニーズと産地対応—北海道産米を中心に—. フードシステム研究 11: 16-27.

五十嵐俊成・上野真吾 2004b. ヨウ素吸収マルチスペクトル測定による澱粉の物理的特性及び食味の推定方法. 特願 2004-168795.

五十嵐俊成・柳原哲司・神田英毅・川本和信・政木一央 2009. 米の食味評価のためのケモメトリックス手法による澱粉のヨウ素吸収曲線の解析. 日作紀 78: 66-73.

五十嵐俊成・花城　勲・竹田靖史 2008. 北海道産米の澱粉の分子構造と性質. J. Appl. Glycosci. 55: 5-12.

五十嵐俊成・木下雅文・神田英毅・中森朋子・楠目俊三 2008. アミロペクチン単位鎖長分布による水稲糯品種の餅硬化性評価. J. Appl. Glycosci. 55: 13-19.

五十嵐俊成・花城　勲・竹田靖史 2008. 北海道産米の澱粉の分子構造と性質. J. Appl. Glycosci. 55: 5-12.

五十嵐俊成 2010. 北海道米の澱粉分子構造に及ぼす登熟温度の影響と新食味評価法に関する研究. 北海道立農業試験場報告 127: 1-63.

井川佳子・菊池智恵美・兼平咲江・村川由起子・井尻哲 2002. 米飯における初期老化の評価方法. 応用糖質科学 49: 29-33.

伊藤紀美子 2004. アミロライスの開発. 飯島記念食品科学振興財団年報 2004: 211-215.

稲津脩・渡辺公吉・前田　巌・長内俊一 1974. 北海道米の品質改善に関する研究（第1報）米澱粉アミロース含有率の差異. 澱粉科学 21: 115-119.

稲津　脩・渡辺公吉・前田　巌 1976. 北海道米の品質改善に関する研究（第2報）米澱粉アミロース含有率の差異. 澱粉科学 23: 175-178.

稲津　脩 1982. 北海道における水稲, 小麦の良質品種早期開発—プロジェクト研究合同セミナー集録—. 北海道立農業試験場資料 15: 49-64.

稲津　脩・新井利直 1983. 育種・栽培法における近赤外分光法の利用と今後の課題. 食品工業 10: 36-39.

稲津　脩 1988. 北海道米の食味向上による品質改善に関する研究. 北海道立農業試験場報告 66: 1-89.

井ノ内直良・池内南美・高美　正・朝岡正子・不破英次 1996. 米のアミロース含量簡易測定法の検討. 応用糖質科学 43: 1-5.

梅本貴之 2009. アミロペクチン鎖長分布に基づくデンプン特性解析法. 日作紀 78:

107-112.
大坪研一・岡留博司・井上　茂 2007. 穀類の食品物性値を表示する糊化特性測定装置. 日本特許第 3908227 号：1-22.
貝沼圭二・松永暁子・板川正秀・小林昭一 1981. β-アミラーゼープルラナーゼ（BAP）系を用いた澱粉の糊化度・老化度の新測定法. 28：235-240.
菊地治己 1988. イネの胚乳成分に関する育種学的研究. 北海道立農業試験場報告 68：1-68.
菊地治己・国広泰史 1991. 水稲新品種「彩」. 農業技術 46：472.
木戸三夫・梁取昭二 1968. 腹白，基白，心白状乳白，乳白米の穂上における着粒位置と不透明部のかたちに関する研究. 日作紀 37：534-538.
佐原秀子・貝沼やす子・原田茂治 1999. 炊飯米の老化熱測定の試み. 静岡県立大学短期大学部研究紀要 13：1-4.
品田博史・竹内善信・安藤郁男・佐藤　毅・沼尾吉則・粕谷雅志・木下雅文 2007. 北海道水稲育種における低アミロース関連 DNA マーカー利用の有効性. 日本育種学会・日本作物学会北海道談話会会報 48：21-22.
白石真貴夫 1994. イネ胚乳澱粉のアミロース含有率に関する育種学的研究. 大分県農業技術センター研究報告 24：91-134.
瀬戸良一・岡部　勇 1963. 北海道産米の品質に関する研究　第 1 報　北海道産米の理化学的性状について. 北海道立農試集報 11：59-67.
高橋節子・杉浦智子・内藤文子・渋谷直人・貝沼圭二 1998. 米の食味と米澱粉の構造. 応用糖質科学 45：99-106.
丹野　久 2011. 米の外観品質・食味研究の最前線 ［12］北海道における水稲良食味品種の開発. 農業および園芸 86（9）：930-937.
竹生新治郎 1971. コメの味. 食の科学 1. pp. 79-86.
檜作　進 2003.「澱粉の分子構造」. 不破英次・小巻利章・檜作進・貝沼圭二編「澱粉科学の事典」. 朝倉書店. pp. 13-14.
深堀奈保子・山下純隆・馬場紀子 1996. 2 波長測定法の等吸収点波長に及ぼす米の品種及びアミロース分子量の影響. 福岡農総試研報 15：15-20.
松葉修一・船附稚子・清水博之・横上晴郁・黒木　慎 2010. 水稲のアミロース含有率を低減化する 3 つの遺伝子間の相加効果. 北海道農業研究成果情報. http://cryo.naro.affrc.go.jp/seika/h22/HOKUNOUKEN/H22seika-003.pdf
水上浩之・竹田靖史 2000. 新形質米米飯の咀嚼特性と澱粉の分子構造との関係. J. Appl. Glycosci. 47：61-65.
山下純隆・馬場紀子・森山弘信 1994. 2 波長測定法による米のアミロース及びアミロペクチンの定量. 福岡農総試研報 A-13：13-16.
柳原哲司・木下雅文・長田　亨・五十嵐俊成 2009. 老化性および簡易アミロース含

量測定による高品位米選抜のための食味検定法. 北海道農業研究成果情報. http://www.naro.affrc.go.jp/org/harc/seika/h20/09.06/004/main.htm

第8章
いもち病圃場抵抗性と良食味特性を結合する育種法

坂　紀邦・福岡修一

1 はじめに

　いもち病は，最も重要なイネの病害である．全国水稲作付面積のうち，葉いもちは19％，穂いもちは14％で発生し，実防除面積はそれぞれ58％，56％となっている（図8-1）．このような広範囲にいもち病防除薬剤が使用されている背景には，現在作付けされている「コシヒカリ」を始めとする大部分の良食味品種は，いもち病に対する抵抗性を持たないことがある．これは長年，全国の水稲育成地が，いもち病抵抗性を陸稲あるいは外国稲等の遺伝資源から日本型水稲に導入する試みを継続してきたが，作用力の強い，いもち病圃場抵抗性と「コシヒカリ」並の良食味特性の結合が困難（山崎・高坂1980, Saka 2006）であったため，近年まで両形質を結合した品種を育成できなかったことによる．
　しかし近年では，長年の研究蓄積により，*Pb1*（藤井ら1999b），*Pi39*（Terashima *et al.* 2008）等のいもち病圃場抵抗性遺伝子を導入した良食味品種が育成され，普及に移されている．2009年には，著しい研究進展を見せているゲノム研究を活用して，いもち病圃場抵抗性遺伝子*pi21*（Fukuoka and Okuno 2001）と良食味特性の結合に成功した「ともほなみ（中部125号）」（坂ら2010）が育成された．
　長年の懸案事項をブレイクスルーした，これらの品種群は生産現場での作付けのみならず，間接的に母本として広範囲に利用されている．本稿では，主に愛知県農業総合試験場（愛知農総試）及び農業生物資源研究所，農業・食品産業技術総合研究機構北海道農業研究センター，作物研究所との間で行われた，いもち病圃場抵抗性の解析と良食味特性の結合を目標とした共同研究を振り返

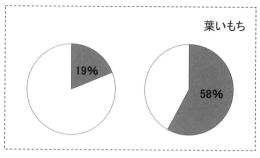

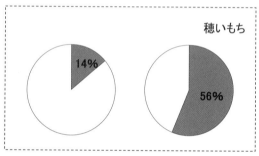

　　　　発生面積　　　　実防除面積

図8-1　全国のいもち病発生面積と実防除面積（2003-2012年平均）
出典：農林水産省作物統計，植物防疫年報及び病害虫防除関係資料．2012年データのうち，一部地域は未集計であったため，その地域は2011年までの平均とした．2003-2012年平均の全国水稲作付面積：1,655,500 ha．

ることで，今後の遺伝資源を利用した有用形質を導入する育種法への参考としたい．

② いもち病抵抗性

　いもち病の品種抵抗性は，真性抵抗性と圃場抵抗性に区分される（Ezuka 1979）．真性抵抗性は，イネがいもち病に侵されるか否かの質的な抵抗性で，いもち病菌のレースに対して特異的に働く．真性抵抗性の体系的な遺伝子分析は清沢ら（1979）を参照されたい．多くの場合，優性の単一遺伝子（R gene）に支配されている．過去の経験から，真性抵抗性遺伝子を導入した品種群は，栽培後数年間は抵抗性を発揮するが，やがてその抵抗性に病原性を示す菌系が

選択的に増殖し，ブレイクダウンを起こす（Kiyosawa 1982）．さらに，真性抵抗性品種は育成過程で圃場抵抗性を欠落する Vertifolia 効果により在来品種よりも罹病化が著しい（Vanderplank 1984）．

このような理由から，日本では真性抵抗性の単独利用は避け，マルチラインが利用されている（Kojima *et al.* 2004, Sasahara *et al.* 2004, Ishizaki *et al.* 2005）．しかし，マルチラインは，レース分布の調査，採種体系の煩雑さ等から効率的とはいえない（Saka 2006）．

一方，圃場抵抗性は真性抵抗性が働かない品種の間で，圃場条件でみられる抵抗性の量的な差であり（Ezuka 1979），特殊な例を除き明確な菌系特異性は認められていない．通常，複数の遺伝子座に支配されるとされ，病原菌の変異に安定的であると考えられているが，その実態はよくわかっていなかった．

このため，現在まで多くの育種家が，いもち病圃場抵抗性の導入を育種目標としてきたが（Takita and Solis 2002, Saka 2006），安定的にいもち病圃場抵抗性の検定を行うことも困難であり，育種利用も思うように進まなかった．

③ イネ縞葉枯病抵抗性育種から幸運に恵まれて見出された *Pb1*

1960 年代，関東から九州に至る地域でヒメトビウンカが媒介するイネ縞葉枯病が大発生した．本病の病原はウイルスであり，当時，日本で作付けられている品種はすべて感受性であったため，その被害は甚大であった．このため，農林水産省中国農業試験場では抵抗性品種の大規模な検索が行われ，パキスタン品種「Modan」に抵抗性を由来する日本型系統「St No. 1」が選抜された（鷲尾ら 1968）．これを母本として 1972 年には初の縞葉枯病抵抗性日本型品種「ミネユタカ」（鳥山 1972）が育成された．しかし，「St No. 1」を用いた抵抗性育種には，登熟不揃い，穂首の褐変，品質不良等の不良形質が随伴するため，この問題を克服した「月の光」（香村ら 1985）の育成まで，育種開始から 22 年の年月が必要であった．不良形質の随伴がない抵抗性品種群は 1980〜90 年代に再び関東東海地域において激発した縞葉枯病を沈静化させる（朱宮 2002）とともに，これらを母本として更に改良された抵抗性品種群は，2014 年現在でも全国の縞葉枯病の発生を抑制している（図 8-2）．

1980 年代前半，愛知農総試の朱宮（2002）は，縞葉枯病抵抗性系統が穂い

132　第Ⅱ部　外観品質・食味の評価方法と育種法

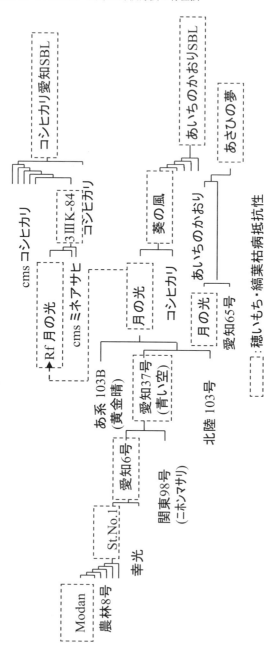

図8-2　穂いもち・縞葉枯病抵抗性品種の系譜

──── ：穂いもち・縞葉枯病抵抗性

[あいちのかおりSBL]：1987-1992年まで世代促進温室を利用して、戻し交配と縞葉枯病検定を行い、B.F₆まで縞葉枯病検定を行った。1996年から世代促進温室を利用した戻し交配とDNAマーカー検定を行い、2002年に育成を完了した。「あさひの夢」：2014年度全国品種別作付面積第9位、「あいちのかおりSBL]：14位。

[あさひの夢]：2000年に育成された。「コシヒカリ愛知SBL]：1992-1996年、以後系統育種法により2000年に育成された。

第8章 いもち病圃場抵抗性と良食味特性を結合する育種法　133

図8-3　縞葉枯病大量検定法
左：温室の中で，「かや」を張って保毒ヒメトビウンカを大量に飼育する．
右：「かや」の中（育苗箱を40枚まで設置できる）で縞葉枯病抵抗性検定（育苗箱1枚当たり74系統の検定が可能）を行う．三系交配F_1（ヘテロ個体）についても，健苗に育てることで$Stv\text{-}bi$の選抜が可能であるため，連続戻し交配や圃場移植前の雑種集団の検定も行った．

もちに強いことを見出した．このため愛知農総試では，安定的に発病させることが難しい，穂いもち検定に代えて労力がかからず正確に判定できる縞葉枯病大量検定法（坂ら2000）によって縞葉枯病抵抗性系統を選抜することで，間接的に穂いもち抵抗性系統を得る育種法を行った（図8-3）．

　当時は良食味品種の要望が強く出始めた頃であり，縞葉枯病抵抗性と良食味特性を結合させるための交配後代を毎年，3,000～4,000系統程度展開していた．

　このような多数系統に加え，三系交配F_1等の初期世代を大量にスクリーニングすることで「コシヒカリ」由来の粘りを持つ「葵の風」（伊藤ら1989），「旭」由来の良食味特性を持つ「あいちのかおりSBL」（井澤ら2001）等の良食味特性と穂いもち抵抗性を併せ持つ縞葉枯病抵抗性品種が育成された（坂ら2000，朱宮2002）．その穂いもち抵抗性は，長期間の栽培でも崩壊せず，安定的な抵抗性であることがわかってきた（藤井ら1999a，Hayashi et al. 2010）．しかしながら，1980年代中頃～2000年代中頃にかけては，一因子が想定され，その安定性がわからなかったことや葉いもちに強くないこと，他に利用できるいもち病抵抗性遺伝子がなかったこと等から，穂いもち抵抗性を持つ縞葉枯病抵抗性品種群はいもち病の常発地への導入は避け，平坦地限定として奨励し，それでも育成者は毎年ブレイクダウンを恐れながらその栽培を見守っていた．

　その後，この穂いもち抵抗性（藤井ら1999a）は優性の主働遺伝子$Pb1$（藤井ら1999b）と付名され，第11番染色体上の縞葉枯病抵抗性遺伝子$Stv\text{-}bi$と

5.8cM で連鎖する（Fujii *et al.* 2000）ことが明らかにされた．更に DNA マーカーを用いた Marker assisted selection（MAS）により，「コシヒカリ」に *Pb1* 及び *Stv-bi* を導入した準同質遺伝子系統（NIL）である「コシヒカリ愛知 SBL」が育成された（杉浦ら 2004）．

2010 年には *Pb1* 遺伝子が単離され，*Pib*（Wang *et al.* 1999）等，多くの真性抵抗性遺伝子と同様に CC-NBS-LRR 型の構造をもつが，活性に関わる P-loop の欠如等，真性抵抗性遺伝子と明らかに異なる特徴を有すること，更に *Pb1* の発現解析から，*Pb1* を持つイネ品種の成体抵抗性は *Pb1* の発現量の増加で説明されることが明らかにされた（Hayashi *et al.* 2010）．また，*Pb1* は特定の生育時期でのみ強く発現することから，抵抗性の崩壊の原因となるいもち病菌の変異を誘発する淘汰圧が低く，これが *Pb1* の長期安定化の一因であると推察されている（藤井ら 2005，林 2011）．

このように幸運に恵まれて利用されている *Pb1* であるが，抵抗性の発現が出穂期以降に限定されるなど，陸稲の圃場抵抗性に比べ効果が劣っている．このため，いもち病防除薬剤を使わなくても栽培できるほどの作用力を持つ圃場抵抗性と良食味特性の結合は次項以降の品種が誕生するまで，叶わぬ夢であった．

❹ 陸稲「戦捷」活用―ゲノム時代の再チャレンジ―

1990 年代以降，ゲノム情報が利用できるようになり，陸稲等のいもち病抵抗性の量的形質遺伝子座（QTL）解析が積極的に行われている．陸稲「オワリハタモチ」では，4 個の QTL が検出され，そのうちの第 4 染色体の作用力の強い圃場抵抗性遺伝子は *pi21* と付名された（Fukuoka and Okuno 2001）．また，陸稲「嘉平」では 2 個の QTL が第 4 染色体に（Miyamoto *et al.* 2001），「中部 32 号」では第 11 染色体の作用力の強い QTL に *Pi34* が付名される（Zenbayashi *et al.* 2002）等，現在までに真性抵抗性を含む 80 以上の抵抗性遺伝子が解析・付名されている（Koide *et al.* 2009）．

1924 年から愛知県農事試験場（現愛知農総試）では主に陸稲「戦捷」のいもち病圃場抵抗性を水稲に導入する育種が開始され，後に育成された「戦捷」由来の品種群は第 2 次世界大戦後の食糧増産に多大な貢献をしてきた．しかし，育成初期には品質不良や枯稿性（ここうせい：登熟後期に稈が脆く枯上が

ること）等の不良形質が随伴したことから育種は困難を極め，育成された品種群は「戦捷」のいもち病圃場抵抗性のうち，ごく一部の作用力が中程度以下のものを導入できたのみであった（岩槻 1942，Saka 2006）．更に，これらの「戦捷」由来品種は，安定・多収を主目標に育成されたため，食味特性が不十分なものが多く，流通業者からは「陸稲戦捷の血が入ったものは食味が不良」との流言（櫛淵・山本 1989）まで出る始末であった．このため，著者らは「戦捷」のいもち病圃場抵抗性を水稲に導入し，良食味特性と結合させるために，ゲノム育種法を用いて再チャレンジを試みた．

加藤ら（2002）は，「戦捷」の葉いもち圃場抵抗性を QTL 解析し，4 つの領域を見出した．著者らは，この QTL 領域を独立に保有するように MAS を用いて「戦捷」に，いもち病に弱い良食味品種「ミネアサヒ」を戻し交配して準同質遺伝子系統群（NILs）を作出した（Saka and Fukuoka 2005）．

これらを葉及び穂いもち検定に供試した結果，「戦捷」の QTL 領域のいもち病抵抗性強度には大きな差異が認められ，第 4 染色体の *pi21* を含む G271 領域＞第 11 染色体の RM209 領域＞第 12 染色体の S13752 領域の順となった（Saka and Fukuoka 2005）（図 8-4，8-5）．このことは，よくわからなかった「戦捷」の圃場抵抗性について，QTL 領域だけを各々独立に導入し，それ以外の染色体領域をいもち病に弱い「ミネアサヒ」に同一化することで，その実態の一部を明らかにできたといえる．

しかし，これらの NILs の食味官能検査結果は，いずれも極めて劣っていた．このため，いもち病常発地でも，いもち病防除薬剤を省略できるほどの抵抗性作用力を持つ *pi21* 領域を最優先のターゲットとして，更に解析を継続した．

⑤ *pi21* の利用を阻んだ食味不良形質

前述のように，水稲品種に *pi21* を導入した NIL は，陸稲から持ち込まれた染色体の割合が 5% 未満であるにもかかわらず食味が劣っていた．そこで，陸稲の *pi21* の近傍に着目して解析を行い，これと密接に連鎖する不良形質，つまり食味を低下させる遺伝子を発見し，取り除いた（Fukuoka et al. 2009）．この成果をもとに，いもち病に強い良食味品種「ともほなみ（中部 125 号）」の育成に成功し，育種素材化における不良形質の排除の重要性を示した（福岡・

136　第Ⅱ部　外観品質・食味の評価方法と育種法

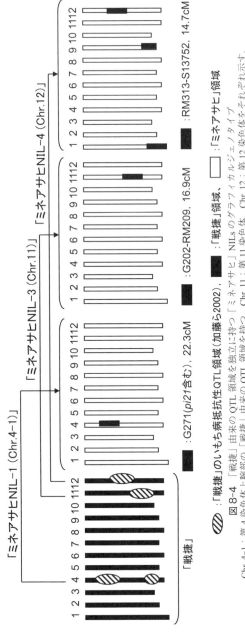

図 8-4　「戦捷」由来の QTL 領域を独立に持つ「ミネアサヒ」NILs のグラフィカルジェノタイプ
Chr. 4-1：第 4 染色体上腕部の「戦捷」由来の QTL 領域を持つ，Chr. 11：第 11 染色体，Chr. 12：第 12 染色体をそれぞれ示す．

第 8 章 いもち病圃場抵抗性と良食味特性を結合する育種法　137

図 8-5　「戦捷」の QTL 領域を導入した「ミネアサヒ」NILs の葉いもち圃場抵抗性
比較品種 1：「ひとめぼれ」(圃場抵抗性弱)，2：「戦捷」(ごく強)，3：「ミネアサヒ NIL-1 (Chr. 4-1)」(ごく強)，4：「ミネアサヒ NIL-3 (Chr. 11)」(強)，5：「ミネアサヒ NIL-4 (Chr. 12)」(中)．略号等は図 8-4 参照．

坂 2010，坂ら 2010)．ゲノム中に多数存在する不良形質に関与する遺伝子のうちの一つでも残れば実用化が遠のく．野生種や遠縁の遺伝資源を交配に使用する場合，雑種不稔等の生殖的隔離遺伝子座の近傍で遺伝子供与親の微細な染色体断片が残存し，問題を引き起こす可能性がある．また，近縁の品種であっても交配した後代では様々な遺伝子型の組合せが出現するため，望ましい組合せを持つ個体を選ぶことは容易でなかった．SNP タイピングアレイや次世代シークエンサーの普及に伴い，高密度の DNA マーカーを活用して，遺伝子供与親の微細な染色体断片を検出し，望ましい遺伝子の組合せを持つ個体を効率的に選抜するなどの対策をとることができる時代となった (図 8-6)．一方で，形質評価には，細心の注意を払わねばならない．作用力の大きい不良形質遺伝子は表現型の選抜で除去できるが，作用力の小さい遺伝子は選抜の過程で見過ごされる可能性が高い．このことが，有用形質が品種の育成に利用されない大きな原因と考えられる．pi21 の場合，密接連鎖する食味不良形質に関与する遺伝子を持つ系統では，食味総合評価値が 1.0 ポイント劣った (図 8-7)．同じ遺伝子型でも 0.5 ポイント程度の変動があるため，遺伝子の情報なしに表現型のみによって的確に選抜することは難しい．この実例からも，DNA マーカーによって出現頻度の低い組換え型を選抜し，固定系統を用いた複数年にわたる

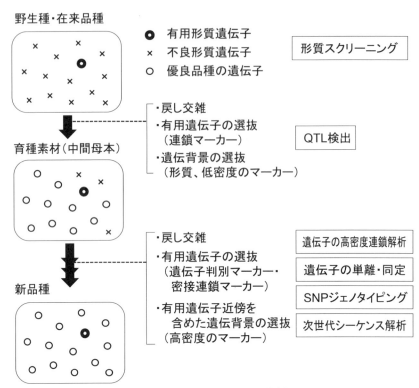

図 8-6　ゲノム情報を利用した育種素材化
野生種や在来品種には有用形質遺伝子が含まれるが，実用化には向かない不良形質遺伝子を多く含む．育種素材では有用形質遺伝子と連鎖するために取り除くことが困難な不良形質遺伝子が残る．これらを除くために様々な技術を駆使して得られるゲノム情報が役立つ．

検定によって導き出した結論と，不良形質を除去した品種には大きな価値があるといえる．

6　日中のシャトル育種が生んだ高度圃場抵抗性品種

　この他，従来育種でも「戦捷」以外の遺伝資源を利用して，いもち病圃場抵抗性と良食味特性を兼ね備えた品種が誕生してきている．1982〜1997 年にかけて，農林水産省国際農林水産業研究センターと中国雲南省農業科学院との間で日中共同研究が行われた．この共同研究の成果を活用して 2007 年に，いもち病圃場抵抗性遺伝子 *Pi39*（Terashima *et al.* 2008）と良食味特性の結合に成功

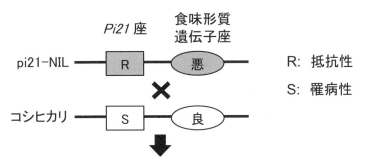
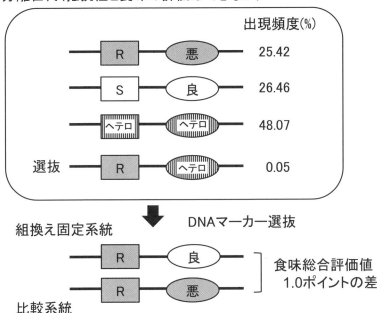

図 8-7 ゲノム情報を利用した *pi21* 遺伝子の育種利用
抵抗性と食味を低下させる遺伝子が密接に連鎖するため,望ましい遺伝子(抵抗性,良食味)の組合せが出現する確率は低い.また,いもち病抵抗性や食味はヘテロを含む世代では判定できないので,DNA マーカーによって望ましい組合せの個体を探す.

した日本型水稲「みねはるか(中部 111 号)」が育成された(坂ら 2007b).

雲南省農業科学院において,1983 年に「81Y4-5(奥羽 316 号)」と「Kunming217(昆明 217)」が交配され,1984 年に「Dianyu 1(滇楡 1 号)」と「Haonaihuan(豪乃煥)」の交配が行われた(中国雲南省農業科学院 1987).これら

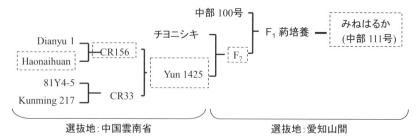

[......]：いもち病抵抗性遺伝子*Pi39*を持つ．

図8-8 「みねはるか」の系譜
愛知山間：愛知農総試山間農業研究所．「Haonaihuan」：ごく長稈, 品質ごく劣る陸稲．「チヨニシキ／Yun1425」：やや長稈, 品質中程度の日本型水稲．「中部100号」：「あいちのかおり」由来のごく良食味, いもち病抵抗性はやや弱．「みねはるか」：2013年に民間団体の米・食味分析鑑定コンクール都道府県代表において金賞を受賞する等, 食味評価は高い．

の後代系統同士を交配した「Yun1425（雲1425）」を交配母本に用いた後代が「みねはるか」である（図8-8）．

「みねはるか」は雲南陸稲品種「Haonaihuan」に由来する, 第4染色体に位置する*Pi39*を持つ．「みねはるか」はいもち病圃場抵抗性と良食味特性の結合のために幅広い遺伝資源の検索・導入を行い, 成功した一事例である．一般的に日本水稲が持たない優れた形質を外国稲から導入する際には, 不良形質の除去のため戻し交配等を行い, 組換えを促進させるために長い年月を必要とする．

今回の「みねはるか」の育成過程では, 1983年に日本型水稲「81Y4-5」に雲南品種を交配した後代系統「CR33」を母本に用いているが, 実質的にいもち病抵抗性を日本型水稲に導入する目的では, 1991年に「チヨニシキ／Yun1425」の交配を行ったことが出発点である．その後, 本組合せはF_7世代までいもち病検定のみで選抜され, 後の「みねはるか」の交配が行われている．「みねはるか」までの日本水稲交配回数はわずかに3回と前述の縞葉枯病抵抗性品種等に比べ極めて少ない．これは, 選抜の場が中国雲南省と日本という環境の大きく異なる二カ所で行われたことや, 葯培養による早期固定が不良形質の除去に役立ったものと考えられる．実際に, DNAマーカーを用いた解析によって「Haonaihuan」由来の染色体断片が短いことが確認されている（Terashima *et al*. 2008）．

第 8 章　いもち病圃場抵抗性と良食味特性を結合する育種法　　141

図 8-9　いもち病激発条件での「みねはるか」
左:「みねはるか」(いもち病圃場抵抗性ごく強), 右:「ミネアサヒ」(やや弱).
「みねはるか」はいもち病圃場抵抗性の三つの遺伝子 (本文参照) のうち, *Pi39* を持つ. その抵抗性作用力は, *pi21* や *Pb1* よりも強い.

⑦ いもち病圃場抵抗性を導入した品種の効果

　Terashima *et al*. (2008) はいもち病が激発する条件下で, いもち病無防除栽培における「みねはるか」の収量調査を行った. 穂いもちの発生が多くなるに従い,「ミネアサヒ」では精玄米収量の低下が著しく, それに伴い整粒歩合も低下した. しかし,「みねはるか」では精玄米収量の低下は極少なく, 整粒歩合や品質の低下はほとんど認められなかった.
　「ミネアサヒ」が葉いもちにより, ほとんど枯死する (ずりこみ) 通常の試験よりも厳しい発病条件下においても「みねはるか」は, 出穂・登熟するなど *Pi39* の効果は極めて大きかった (坂ら 2007b) (図 8-9). 奨励品種に採用した愛知県の試算では, いもち病無防除栽培を行うことにより, いもち病防除薬剤が不要となるために通常の栽培体系よりも, 10 a 当たり約 2,400 円の低コスト生産が可能となる. そして, 農薬の削減は消費者に対するわかりやすい安全・安心な指標となる. 更には, 稲作従事者は高齢者が多いため, 農薬散布回数の低減は, 省力生産に直結する.
　この他, いもち病に対する農薬防除を省略できる品種の先駆けとして「中部

32 号」由来の圃場抵抗性を導入した農業・食品産業技術総合研究機構東北農業研究センターで育成された「ちゅらひかり」(山口ら 2005) がある．「ちゅらひかり」は，圃場抵抗性と良食味特性を結合させるために，いもち病検定と初期世代から炊飯光沢による選抜を繰り返して育成された．「ちゅらひかり」は沖縄県で栽培され，いもち病圃場抵抗性に優れ，そのいもち病抑制効果は，いもち病農薬散布 3 回に匹敵する (山口ら 2005)．

8 持続的抵抗性を獲得するための「三本の矢の教え」

圃場抵抗性と菌株特異性については，菌株検索の結果，「中部 32 号」の持つ $Pi34$ 遺伝子を特異的に冒す菌株が発見され，圃場抵抗性の安定性について疑問を投げかける結果が示されている (Zenbayashi-Sawata et al. 2005)．また，「嘉平」で見出された最も作用力の大きい $Pi63$ 遺伝子にも，まれではあるものの，これを侵す菌株の存在が報告されている (Xu et al. 2014)．2014 年現在，育成地である愛知農総試山間農業研究所の小規模ないもち病検定圃場では「中部 32 号 (1976 年地方系統番号付名)」は 39 年，「みねはるか (2002 年地方系統番号付名)」は 13 年にわたり，いもち病抵抗性のブレイクダウンは見られていない．

しかし，「みねはるか」や「ともほなみ」のような作用力のごく強い圃場抵抗性を単独利用した品種の生産現場への導入は，初めての事例である．導入後のいもち病発生状況の追跡調査及び圃場抵抗性遺伝子の集積 (阿部ら 2007，坂ら 2007a) による安定化等，いもち病克服に向けての努力が必要である．

我々は，陸稲がいもち病の発生に好適な畑条件で長年栽培を続けても圃場抵抗性が安定していることを経験している．陸稲がいもち病から，その身を守るために多くの作用力の異なる抵抗性遺伝子を身につけていることが抵抗性を安定させている理由であろう．実際に，陸稲「オワリハタモチ」で見出された 4 個の QTL を罹病性の水稲品種に導入すると，「オワリハタモチ」並みの抵抗性を示し，また，7 ヶ年のべ 8 環境にわたる評価では，$pi21$ 以外の遺伝子は単独での効果は小さいものの，これらを $pi21$ と組み合わせた場合に，より安定した抵抗性を示すことがわかっている (Fukuoka et al. 2015)．このように，複数の QTL を組み合わせることの重要性を忘れてはならない．

現在は，本稿で紹介した $Pb1$，$pi21$，$Pi39$ をそれぞれ単独で保有する水稲品

種群が生産現場の最前線でいもち病との攻防を繰り返している．今後は，「三本の矢の教え」に従い，これらの圃場抵抗性遺伝子を束ねる必要がある．水稲に陸稲のいもち病圃場抵抗性を集積させ，陸稲が持つ いもち病と対抗するための全てのノウハウを水稲に導入しながら，品質・食味はごく良を維持する「陸稲からいもち病抵抗性だけをいいとこ取りする」ことで持続的な抵抗性を得ることができるものと信じている．

2012年に品種登録出願された「たちはるか」（坂井ら2013），2013年に出願された「中部134号」（吉田ら2014）は $Pb1$ と $Pi39$ を併せ持つ，良質・良食味のいもち病圃場抵抗性集積品種である．これらの品種が先駆けとなり，今後はより一層の「陸稲からのいいとこ取り」による持続的抵抗性の獲得が進むものと期待している．

⑨ ゲノム研究の進展といもち病圃場抵抗性育種

長年解明が難しかった圃場抵抗性をゲノムレベルで捉えることが可能になりつつある．今後は，DNAマーカーを使うことにより，遺伝子の異同の確認，集積等を効率的に行うことで，圃場抵抗性を利用した育種が急速に発展するものと考えられる．ゲノムのツールが無く，ヒメトビウンカ保毒虫を電気泳動がわりにイネ苗に放飼し，発病した縞葉枯病をマーカーにして $Pb1$ を選抜していた20数年前とは隔世の感がある．

また，劣性の圃場抵抗性遺伝子 $pi21$ は清沢（1997）が示す，植物体に負の効果を与える優性罹病性遺伝子の可能性があった．このため，坂ら（2012）は複数の $pi21$ を導入した育成材料を栽培環境・年次を変えて栽培することで「ともほなみ」の持つ $pi21$ が重要な特性である収量性に影響を与えないことを明らかにした．

不良形質の随伴しない圃場抵抗性遺伝子と良食味特性を併せ持つ品種は直接，生産現場でいもち病の猛威から稲体を守るだけではなく，抵抗性遺伝子から作成したDNAマーカーとセットで母本として幅広く利用されていくであろう．

遺伝子を組み合わせて安定性を高める観点から，本稿の三つの遺伝子だけでなく，他の圃場抵抗性遺伝子の解析も加速化しなければならない．本稿で示した圃場抵抗性の解析は，前述の研究機関がお互いの得意分野を持ち寄り，多く

の努力によって実現した.それによって,稲作最大の病害である,いもち病の克服に向け大きく前進した.今後も,ゲノム研究基盤及び特性検定体制を充実させ,オールジャパンの体制を維持し,ゴールに到達できることを願っている.

参考文献

阿部　陽・田村和彦・高草木雅人・中野央子・福岡修一・林　長生・山本敏央・矢野昌裕・木内　豊 2007. イネいもち病圃場抵抗性遺伝子 *Pb1* および *pi21* の集積によるいもち病抵抗性の向上. 育種学研究 9 (別 1)：172.

中国云南省農業科学院 1987. 日本熱帯農業中心. 培育耐寒抗病伏質高産水稲品種試験研究単結（1985-1987）. 雲南. pp. 1-201.

Ezuka A. 1979. Breeding for and genetics of resistance in Japan. In: Proceedings of Rice Blast Workshop. IRRI. Manila, Philippines. pp. 27-28.

藤井　潔・遠山孝通・杉浦直樹・坂　紀邦・井澤敏彦・井上正勝・朱宮昭男 1999a. イネ縞葉枯ウイルス抵抗性の日本型イネ品種月の光と姉妹系統に見いだされた穂いもち抵抗性の性質と家系分析. 育種学研究 1：69-76.

藤井　潔・早野由里子・杉浦直樹・林　長生・坂　紀邦・遠山孝通・井澤敏彦・朱宮昭男 1999b. イネ縞葉枯病抵抗性品種が有する穂いもち抵抗性の遺伝子分析. 育種学研究 1：203-210.

Fujii K., Hayano-Saito Y., Saito K., Sugiura N., Hayashi N., Tsuji T., Izawa T., Iwasaki M. 2000. Identification of a RFLP marker tightly linked to the panicle blast resistance gene *Pb1*, in rice. Breed. Sci. 50：183-188.

藤井　潔・早野由里子・杉浦直樹・林　長生・井澤敏彦・岩崎眞人 2005. イネ準同質遺伝子系統を用いた穂いもち圃場抵抗性遺伝子 *Pb1* による穂いもち発病抑制効果の定量的評価. 育種学研究 7：75-85.

Fukuoka S., Okuno K. 2001. QTL analysis and mapping of *pi21*, a recessive gene for field resistance to rice blast in Japanese upland rice. Theor. Appl. Genet 103：185-190.

Fukuoka S., Saka N., Koga H., Ono K., Shimizu T., Ebana K., Hayashi N., Takahashi A., Hirochika H., Okuno K., Yano M 2009. Loss of function of a proline-containing protein confers durable disease resistance in rice. Science 325：998-1001.

Fukuoka S., Saka N., Mizukami Y., Koga H., Yamanouchi U., Yoshioka Y., Hayashi N., Ebana K., Mizobuchi R., Yano M. 2015. Gene pyramiding enhances durable blast disease resistance in rice. Scientific Reports. doi：10.1038/srep07773.

福岡修一・坂　紀邦 2010. いもち病圃場抵抗性遺伝子の発見と育種利用. 農業および園芸 85（1）：15-19.

Hayashi N., Inoue H., Kato T., Funao T., Shirota M., Shimizu T., Kanamori H., Yamane H.,

Hayano-Saito Y., Matsumoto T., Yano M., Takatsuji H. 2010. Durable panicle blast-resistance gene *Pb1* encodes an atypical CC-NBS-LRR protein and was generated by acquiring a promoter through local genome duplication. Plant J. 64（3）: 498-510.

林　長生 2011. 効果の高い穂いもち抵抗性遺伝子を単離. 米麦改良 7月号：7-12.

Ishizaki K., Hoshi T., Abe S., Sasaki Y., Kobayashi K., Kasaneyama H., Matsui T., Azuma S. 2005. Breeding of blast resistant isogenic lines in rice variety "Koshihikari" and evaluation of their characters. Breeding Sci. 55: 371-377.

伊藤俊雄・朱宮昭男・加藤恭宏・藤井　潔・坂　紀邦・釈　一郎・工藤　悟・香村敏郎 1989. イネ縞葉枯病抵抗性の新品種「葵の風」. 愛知農総試研報 21：1-17.

井澤敏彦・朱宮昭男・工藤　悟・坂　紀邦・加藤恭宏・杉浦直樹・藤井　潔・遠山孝通・中嶋泰則・辻　孝子・小島　元・伊藤俊雄・濱田千裕 2001. イネ縞葉枯病・穂いもち抵抗性を導入した水稲準同質遺伝子系統「あいちのかおり SBL」. 愛知農総試研報 33：33-40.

岩槻信治 1942. 稲熱病高度耐病性を有する水稲品種育成の顛末. 育種研究 1：25-41.

加藤恭宏・遠藤征馬・矢野昌裕・佐々木卓治・井上正勝・工藤　悟 2002. 陸稲戦捷の葉いもち圃場抵抗性に関与する量的遺伝子座の連鎖解析. 育種学研究 4：119-124.

清沢茂久・相原次郎・井上正勝・松本節裕 1979. イネ品種のいもち病真性抵抗性に関する分類　第 I 報. 育雑 29：77-83.

Kiyosawa S. 1982. Genetic and epidamiological modelling of breakdown of plant disease. Annual Review of Phytopathology 20: 93-117.

清沢茂久 1997. イネのいもち病抵抗性の遺伝. "分子レベルからみた植物の耐病性　植物細胞工学シリーズ 8". 山田哲治・島本　功・渡辺雄一郎監修. 秀潤社. 東京. pp. 56-64.

Koide Y., Kobayashi N., Donghe X. U., Fukuta Y. 2009. Resistance Genes and Selection DNA Markers for Blast Disease in Rice（*Oryza sativa* L.）. JARQ. 43（4）: 255-280.

Kojima Y., Ebitani T., Yamamoto Y., Nagamine T. 2004. Development and utilization of isogenic lines Koshihikari Toyama BL. In: Kawasaki S（ed）Rice Blast: Interaction with Rice and Control. Kluwer Academic Publishers. Netherlands. pp. 209-214.

香村敏郎・朱宮昭男・釋　一郎・高松美智則・伊藤俊雄・工藤　悟・加藤恭宏・坂　紀邦 1985. イネ縞葉枯病抵抗性の新品種「月の光」の育成. 愛知農総試研報 17：1-16.

櫛渕欽也・山本隆一 1989. 稲の育種・時代を追って. 図説・米の品種. 日本穀物検定協会. 東京. pp. 227-249.

Miyamoto M., Yano M., Hirasawa H. 2001. Mapping of quantitative trait loci conferring blast field resistance in the japanese upland rice variety Kahei. Breed. Sci. 51（4）: 257-261.

坂　紀邦・大谷和彦・朱宮昭男 2000. イネ縞葉枯病抵抗性品種育成のための大量検定法. 育種学研究 2：141-145.

Saka N., Fukuoka S. 2005. Evaluating near-isogenic lines with QTLs for field resistance to rice blast from upland rice cultivar Sensho through marker-aided selection. In: Toriyama K, Heong KL, Hardy B（Eds）Rice is life: scientific perspectives for 21st century. IRRI. Manila, Philippines. pp. 487-489.

Saka N. 2006. A rice（*Oryza sativa* L.）breeding for field resistance to blast disease（*Pyricularia oryzae*）in Mountainous Region Agricultural Research Institute, Aichi Agricultural Research Center of Japan. Plant Prod. Sci. 9: 3-9.

坂　紀邦・福岡修一・寺島竹彦・城田雅毅・工藤　悟・安東郁男 2007a. いもち病圃場抵抗性遺伝子 *Pb1, pi21, Pi39*（t）の作用力と集積効果. 育種学研究 9（別 1）：171.

坂　紀邦・寺島竹彦・工藤　悟・加藤恭宏・杉浦和彦・遠藤征馬・城田雅毅・井上正勝・大竹敏也 2007b. いもち病高度圃場抵抗性を有する水稲新品種「みねはるか」. 愛知農総試研報 39：95-109.

坂　紀邦・福岡修一・寺島竹彦・工藤　悟・城田雅毅・安東郁男・杉浦和彦・佐藤宏之・前田英郎・遠藤征馬・加藤博美・井上正勝 2010. いもち病高度圃場抵抗性と極良食味特性を併せ持つ水稲新品種「中部 125 号」の育成. 愛知農総試研報 42：171-183.

坂　紀邦・冨田　桂・永野邦明・片岡知守・安東郁男・永吉嘉文・中込弘二・山口誠之・前田英郎・佐藤宏之・石井卓郎・寺島竹彦・水上優子・福岡修一 2012. 複数の栽培環境におけるイネいもち病圃場抵抗性遺伝子 *pi21* の収量性に対する影響. 育種学研究 14：77-82.

坂井　真・田村克徳・田村泰章・片岡知守・梶　亮太 2013. 強稈で直播栽培に適し，いもち病，縞葉枯病に強い良食味多収性イネ品種「たちはるか」の育成. 日作紀 82（別 2）：4-5.

Sasahara M., Koizumi S. 2004. Rice blast control with Sasanishiki multilines in Miyagi prefecture. In: Kawasaki S（ed）Rice Blast: Interaction with Rice and Control. Kluwer Academic Publishers. Netherlands. pp. 201-207.

杉浦直樹・辻　孝子・藤井　潔・加藤恭宏・坂　紀邦・遠山孝通・早野由里子・井澤敏彦 2004. 水稲病害虫抵抗性付与のための連続戻し交雑育種における DNA マーカー選抜の有効性の実証. 育種学研究 6：143-148.

朱宮昭男 2002. 水稲品種の育成と病害虫抵抗性育種法の開発. 農業技術 57（3）：102-105.

Takita T., Solis O. 2002. Rice breeding at the National Agricultural Research Center for the Tohoku Region（NARCT）and rice varietal recommendation process in Japan. Bull.

Natl. Agric. Res. Cent. Tohoku Reg. 100: 93-117.

Terashima T., Fukuoka S., Saka N., Kudo S. 2008. Mapping of a blast field resistance gene *Pi39*（t）of elite rice strain Chubu 111. Plant Breed. 127: 485-489.

鳥山國士 1972. イネ縞葉枯病抵抗性水稲新品種「ミネユタカ」の育成について. 中国農試報 A-21：1-18.

Vanderplank J. E. 1984. Disease resistance in Plants（2nd Edn）. Academic Press. Orland. pp. 194.

Xu X., Hayashi N., Wang C-T., Fukuoka S., Kawasaki S., Takatsuji H., Jiang C-J. 2014. Rice blast resistance gene *Pikahei-1*（t）, a member of a resistance gene cluster on chromosome 4, encodes a nucleotide-binding site and leucine-rich repeat protein. Molecular Breeding 34: 691-700.

山崎義人・高坂淖爾 1980. イネのいもち病と抵抗性育種. 博友社. 東京. pp. 607.

山口誠之・横上晴郁・片岡知守・中込弘二・滝田正・東 正昭・加藤 浩・田村泰章・小綿寿志・小山田善三・春原嘉弘 2005. いもち病に強い良食味水稲品種「ちゅらひかり」の育成. 東北農研報 104：1-16.

吉田朋史・坂 紀邦・中村 充・寺島竹彦・水上優子・加藤博美・中嶋泰則・野々山利博・工藤 悟・城田雅毅・黒柳 悟・池田彰弘 2014. いもち病圃場抵抗性遺伝子を複数集積した極早生で良食味の水稲新品種「中部134号」の育成. 愛知農総試研報 46: 113-120.

Zenbayashi K., Ashizawa T., Tani T., Koizumi S. 2002. Mapping of the QTL（quantitative trait locus）conferring partial resistance to leaf blast in rice cultivar Chubu 32. Theor. Appl. Genet 104: 547-552.

Zenbayashi-Sawata K., Ashizawa T., Koizumi S. 2005. *Pi34-AVRPi34*: a new gene-for-gene interaction for partial resistance in rice to blast caused by *Magnaportha grisea*. Journal of General Plant Pathology 71: 395-401.

Wang Z. X., Yano M., Yamanouchi U., Iwamoto M., Monna L., Hayasaka H., Katayose Y., Sasaki T. 1999. The *Pib* gene for rice blast resistance belongs to the nucleotide binding and leucine-rich repeat class of plant disease resistance genes. Plant J. 19（1）: 55-64.

鷲尾 養・江塚昭典・鳥山國士・桜井義郎 1968. イネ縞葉枯病抵抗性の簡易検定法ならびに抵抗性品種の育成に関する研究. 中国農試報 A16：39-179.

第9章
米の食味と食味に関連する形質の遺伝解析とその育種的利用

竹内善信

1 はじめに

　米の価格は，品種，栽培地域などにより異なっている．この米の価格を決める大きな要素の一つは炊飯米の食味である．この炊飯米の食味は食味官能試験により，外観，うま味，粘り，硬さ（柔らかさ）および総合評価値などの項目で評価されている（竹生1987，山本ら1996）．イネの育種でも育成系統の評価は，食味官能試験が基本である．しかし，この食味官能評価値に関係する遺伝解析は，意外にもあまり進んでいない．それは，これらの食味官能試験の評価項目が複雑な遺伝的支配を受ける形質であり，これまで詳細な解析が困難であったことによる．この25年でイネのゲノム塩基配列の解読とその情報を活用したゲノム研究が著しく進展した（IRGSP 2005）．これにともない食味のような複雑な遺伝的支配を受ける形質の遺伝的要因が徐々に解明されつつある．本稿では，ゲノム情報を利用した炊飯米の食味の遺伝解析の現状を紹介する．さらにこうした成果を活用したDNAマーカー選抜による効率的な良食味品種の育成についても述べたい．

2 アミロースとタンパク質含有率を制御する遺伝子の解析と育種的利用

　日本において最も広く栽培されている品種は，1956年に新潟県で栽培が始まったコシヒカリである（平野ら1956）．コシヒカリは今日まで50年以上にわたって栽培され，2009年の総栽培面積は60.1万ha，粳米に占める割合は36.5%となり，最も広く普及している品種である（農林水産省大臣官房統計部

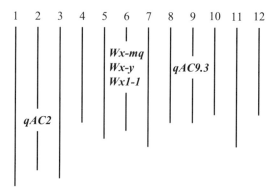

図9-1 アミロース含有率に関与する遺伝子座の染色体上の位置

表9-1 ミルキークイーンのアミロース含有率と食味官能評価

品種名	遺伝子名	アミロース含有率(%)	タンパク質含有率(%)	食味官能評価値				文献
				光沢	粘り	柔らかさ	総合	
ミルキークイーン	Wx-mq	10.2	7.1	1.22	1.35	0.91	1.11	伊勢ら (2001)
コシヒカリ		17.4	7.4	0.76	0.76	0.45	0.81	

日本晴を基準品種として評価.

2011).コシヒカリが広く栽培されている理由としては,その炊飯米の食味が消費市場で高く評価されていることがあげられる.コシヒカリの栽培が始まって以来,日本ではコシヒカリの食味を維持しつつ,その他の栽培特性を改良する育種が進められてきた.また他方で,コシヒカリの食味を超える品種の育種も試みられてきた.コシヒカリの食味を改良する一つの方向性としてアミロース含有率を低くする育種がある.アミロースは,米の胚乳に含まれるデンプンを形成している多糖である.このアミロースの含有率は,炊飯米の粘りと光沢に極めて強く関係していることが知られている(国広 1989).米デンプン中のアミロース含有率が高くなると炊飯米が硬く,粘りが少なくなるとともに光沢も減少する.反対にアミロース含有率が低くなると柔らかく,粘りが強まり,光沢が良くなる.コシヒカリのアミロース含有率は17%程度であり,日本型品種のなかではやや低い部類に属する(奥野 1988).アミロース含有率は,主に第6染色体短腕上の Wx 遺伝子に制御されている(図9-1).この wx 座の突然変異から良食味米として,低アミロース性品種のミルキークイーンとミルキーサマー(Wx-mq)(表9-1)(伊勢ら 2001,竹内ら 2013),里のゆき(ゆきの

舞)(Wx-y)(中場ら 2006),おぼろづき($Wx1$-1)(安東ら 2007)が育成されている.これらの品種では一般的な品種と比較して,10%程度アミロース含有率を下げることによって粘りが強まり,光沢が良くなる.また,wx 座以外の低アミロース性遺伝子では,突然変異体由来の彩(du(t))(国広ら 1993),中間母本として農林 PL13($du1$)と農林 PL14($du2$)(Okuno ら 1993)が報告されている.最近では,これらの低アミロース性品種よりも少し粘りが弱い品種の開発も進められている.一般的な日本型品種よりもアミロース含有率を 1～3% 下げることができれば,少し粘りが強い品種を育成できると考えられる.この素材として国宝ローズ由来の北海道品種からアミロース含有率を数%下げる第 2 染色体上の遺伝子($qAC2$)(Takemoto ら 2015)と北海 PL9 からアミロース含有率を 3% 程度下げる第 9 染色体上の遺伝子($qAC9.3$)(Ando ら 2010)が見出され,実用性の検証が進められている.

　タンパク質の含有率も炊飯米の硬さと関係があり(石間ら 1974,太田ら 1994),タンパク質含有率が低い品種ほど炊飯米が柔らかくなり,食味が優れることが知られている.コシヒカリのタンパク質含有率は 7% 程度である(堀内 2009).タンパク質の含有率に関して,その遺伝的要因はアミロース含有率ほど明らかではない.これは,タンパク質含有率が遺伝的な要因よりも,むしろ土壌や施肥条件に大きく影響されるため,これまで解析が進んでいなかったことに起因する.しかしながら,遺伝的にはタンパク質の含有率に関与する遺伝子は多いと推定されることから(東ら 1974),炊飯米の食味を改善するためにはタンパク質含有率に関する遺伝的な情報の蓄積が望まれる.これまでに北海 PL9 からタンパク質含有率を 1% 程度下げる第 1 および第 8 染色体上の遺伝子が見出されているが(安東 2007),他にタンパク質含有率に関する遺伝解析の報告が少なく,詳細な解明に至っていない.今後,解析が進むことでタンパク質含有率を低下した良食味品種の育成が可能になると考えている.

❸ 食味官能評価値に関する遺伝解析と育種的利用

　アミロースやタンパク質などの理化学特性のみで,うま味なども含めた食味の全てを説明することは難しい(石間ら 1974,竹生 1987).食味の遺伝的要因を解析する場合も,理化学特性の測定だけでは不十分であり,多大な労力は要するが,食味官能試験により総合的に評価するのが妥当と考えられる.山本・

小川（1992）は，官能試験によりコシヒカリの食味の解析を試みたが，交雑後代における総合評価値の変異が連続的になり，遺伝解析が困難であった．しかし，近年イネの DNA マーカーの開発が進み，食味のような複雑な量的形質の遺伝解析が可能になりつつある．

まず日本型品種のコシヒカリとインド型品種の交雑後代を DNA マーカーを用いて遺伝解析することにより，食味に関与する複数の遺伝子座が見出され，これらの染色体上の位置が決定された（Takeuchi ら 2007）．そして，日本型品種とインド型品種間の食味の違いが遺伝的に明らかにされてきた．その一方，日本型品種間の交雑後代でも利用可能な DNA マーカーの開発が進み（河野ら 2000），コシヒカリと他の日本型品種の組合せの後代を用いて解析が行われた．コシヒカリとアキヒカリの交雑後代を用いた解析により，第 2，第 3 および第 6 染色体上に食味に関与する遺伝子座が見出された（田中ら 2006）．しかし，この解析では，DNA マーカーがない染色体領域が複数箇所あり，コシヒカリの食味解析が不十分であった．その後，イネのゲノムの塩基配列が解読され（IRGSP 2005），約 18,000 個の DNA マーカーが開発されたことにより，コシヒカリの食味解析が飛躍的に進むこととなった．コシヒカリと食味の劣る日本晴との交雑後代から，光沢，うま味，粘り，硬さおよび総合評価値に関与する 10 個の遺伝子座が，第 3（短腕末端と長腕），第 6 および第 11 染色体上の 4 領域に見出された（図 9-2A, B）（Takeuchi ら 2008）．さらに日本晴にコシヒカリの第 3 染色体の短腕末端上の遺伝子座領域を導入した系統（図 9-3A）を用いて官能試験を行ったところ，この系統の食味は日本晴に比べて改善され，この遺伝子座が日本晴とコシヒカリの食味の違いの半分を説明することが明らかにされた（図 9-3B）．また，同様に，食味の劣る森多早生とコシヒカリの交雑後代を用いた遺伝解析が行われ，第 3 染色体の短腕末端を含む 16 領域に 43 個の食味に関与する遺伝子座が見出された（Wada ら 2008）．コシヒカリと日本晴の解析，および森多早生とコシヒカリの解析において共通に見出された第 3 染色体の短腕末端上の遺伝子座では，コシヒカリの遺伝子が食味の外観・うま味・粘り・硬さ・総合評価値を良くしていた．この遺伝子座は，比較的効果が大きく，異なる解析材料で共通に見出されたことから，この遺伝子座の DNA マーカーはイネの育種現場で良食味系統を効率的に選抜するためのツールとして有望である．この第 3 染色体の短腕末端の領域にはアミロースおよびタンパク質含有率に関与する遺伝子座が見出されていないことから，これらでは説明

第9章 米の食味と食味に関連する形質の遺伝解析とその育種的利用　153

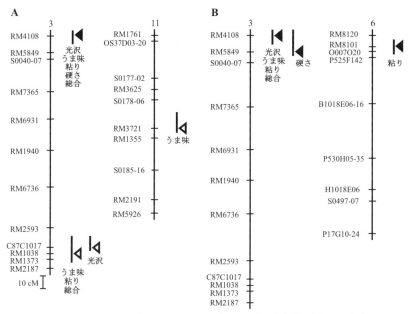

図9-2　コシヒカリと日本晴の交雑に由来する日本晴の戻し交雑自殖系統群（BILs；A）と，コシヒカリのBILs（B）を用いて見出した食味官能評価値に関与する遺伝子座の染色体上の位置　DNAマーカー地図の右側に食味官能評価値の遺伝子座を示す．▲と△は食味官能評価値の遺伝子座を示し，日本晴に対してコシヒカリの遺伝子が評価値を各々向上および低下することを示す．総合：総合評価値．

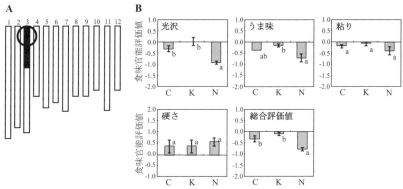

図9-3　日本晴を遺伝的背景とし第3染色体短腕にコシヒカリ型のゲノムを有する染色体断片置換系統（CSSL）のグラフ遺伝子型と食味官能評価
A：CSSLのグラフ遺伝子型（黒および白の領域は，各々コシヒカリ型と日本晴型の染色体領域を示す．丸は，BILsを用いて見出した食味官能評価値の遺伝子座を示す）．
B：CSSLの食味官能評価（C：CSSL，K：コシヒカリ，N：日本晴．コシヒカリを基準品種とし，CSSL，コシヒカリおよび日本晴を評価した．図中のバーは，標準偏差を示す）．

表 9-2 あきだわらの食味官能評価

品種名	食味官能評価値					文献
	外観	うま味	粘り	硬さ	総合	
あきだわら	−0.08	−0.14	−0.16	0.07	−0.19	安東ら（2011）
日本晴	−1.19	−1.11	−1.22	0.87	−1.52	

コシヒカリを基準品種として評価．

できないコシヒカリの良食味を支配する重要な遺伝子が存在している可能性が高い．現在，この食味遺伝子のマップベースクローニング法による単離・同定と遺伝子の構造と機能の解明を進めている．

また，これらの DNA マーカー情報を活用してコシヒカリに近い食味を持つ多収品種を効率的に選抜育成する試みが進められている．コシヒカリの食味遺伝子を継承する良食味品種として，さきひかりが育成されているが（堀内ら 2004），さきひかりには第 3 染色体短腕の末端上にコシヒカリの食味遺伝子が導入されている（Kobayashi and Tomita 2008）．さらに多収性と良食味を兼ね揃えた品種として，あきだわらが育成されている（安東ら 2011）．あきだわらの食味はコシヒカリに近く（表 9-2），あきだわらにも第 3 染色体の短腕末端上にコシヒカリの食味遺伝子が導入されていることが DNA マーカーで確認されている．今後，コシヒカリの交雑後代を用いて食味遺伝子の情報を蓄積することにより，DNA マーカーによる良食味品種育成の実用性が証明されてくるとともに，良食味品種の育成の効率化が図られるものと考えている．

4 おわりに

コシヒカリは，1956 年に登場して以来，今日まで広く栽培されている．その後，コシヒカリの倒伏性などの栽培特性を改良した品種として，あきたこまち，ヒノヒカリ，ひとめぼれなどの品種が育成されてきた．これらの品種は，いずれも片親がコシヒカリであり，コシヒカリの食味を官能試験により選抜導入している．コシヒカリの食味の遺伝解析から得られる情報や，開発される DNA マーカーを活用することにより，今後低コスト生産のための多収性，直播適性や高温障害に対して耐性などの特性を持つ良食味品種の育成の促進が期待される．

コシヒカリが登場して以来，本稿で述べたようにコシヒカリの食味を持つ品

種育成やコシヒカリの食味の解析が進められているが，その他方で果たしてコシヒカリの食味のみでよいのだろうかと思う時がある．本来，食味は個々の嗜好性や食習慣に関係するものであり，色々な食味品種の嗜好があってもよいと思う．ササニシキは，コシヒカリに比べて炊飯米の粘りが弱いが，うま味のある品種として知られている．また，ゆめぴりか，つや姫（結城ら 2010）は，炊飯米の粘りとつやが良い品種として育成されている．このような品種の食味について遺伝解析を進めることも今後の品種育成において大切と考えている．

参考文献

安東郁男 2007. イネにおける最近の成分育種の成果と展望．育種学研究 9（別 2）：4（講演要旨）．

安東郁男・荒木　均・清水博之・黒木　慎・三浦清之・永野邦明・今野一男 2007. 極良食味の低アミロース米水稲品種「おぼろづき」．北海道農業研究センター研究報告 186：31-46.

安東郁男・根本　博・加藤　浩・太田久稔・平林秀介・竹内善信・佐藤宏之・石井卓朗・前田英郎・井辺時雄・平山正賢・出田　収・坂井　真・田村和彦・青木法明 2011. 多収・良質・良食味の水稲新品種「あきだわら」の育成．育種学研究 13：35-41.

Ando, I., H. Sato, N. Aoki, Y. Suzuki, H. Hirabayashi, M. Kuroki, H. Shimizu, T. Ando and Y. Takeuchi 2010. Genetic analysis of the low-amylose characteristics of rice cultivars Oborozuki and Hokkai-PL9. Breeding Science 60：187-194.

竹生新治郎 1987. 米の食味．全国米穀協会．pp. 1-79.

中場　勝・櫻田　博・結城和博・佐野智義・中場理恵子・佐藤久実・横尾信彦・本間猛俊・佐藤晨一・宮野　斉・水戸部昌樹・佐藤久喜・渡部幸一郎 2006. 低アミロース米新品種「ゆきの舞」（山形 84 号）の育成．山形県農事研究報告 38：1-23.

東　正昭・櫛淵欽也・伊藤隆二 1974. 高蛋白米品種の育種に関する基礎的研究．I. 玄米蛋白含有率の品種間差異および諸形質とくに収量との関係について．育種学雑誌 24：88-96.

平野寿助・国武正彦・白倉治一・内藤徳男・山口政栄 1956. 水稲品種「越南 17 号」．新潟県農業試験場研究報告 7：1-4.

堀内久満 2009. コシヒカリ登場半世紀〜回顧と今後の課題〜［1］─コシヒカリのもたらした課題─．農業および園芸 84（2）：310-313.

堀内久満・富田　桂・寺田和弘・田中　勲・小林麻子・見延敏幸・古田秀雄・山本明志，篠山治恵・池田郁美・田野井真 2004. 極良食味水稲品種「さきひかり」の

育成. 育種学研究6 (別1): 308 (講演要旨).
IRGSP (International Rice Genome Sequencing Project) 2005. The map-based sequence of the rice genome. Nature 436: 793-800.
伊勢一男・赤間芳洋・掘末　登・中根　晃・横尾政雄・安東郁男・羽田丈夫・須藤　充・沼口賢治・根本　博・古舘　宏・井辺時雄 2001. 低アミロース良食味水稲品種「ミルキークイーン」の育成. 作物研究所研究報告 2: 39-61.
石間紀男・平　宏和・平　春江・御子柴穆・吉川誠次 1974. 米の食味に及ぼす窒素施肥および精米中のタンパク質含有率の影響. 食品総合研究所研究報告 29: 9-15.
Kobayashi, A. and K. Tomita 2008. QTL detection for stickiness of cooked rice using recombinant inbred lines derived from crosses between japonica rice cultivars. Breeding Science 58: 419-426.
河野いづみ・竹内善信・島野公利・佐々木卓治・矢野昌裕 2000. DNAマーカーによるイネ日本型品種間の多型検出頻度の比較. 育種学研究 2: 197-203.
国広泰史 1989. 稲良食味育種とアミロース. 農業技術 44: 40-44.
国広泰史・江部康成・新橋　登・菊地治己・丹野　久・菅原圭一 1993. 葯培養による低アミロース良食味水稲品種「彩」の育成. 育種学雑誌 43: 155-163.
農林水産省大臣官房統計部 2011. 平成21年度産水稲の品種別及び主要産地品種別収穫量. (http://www.e-stat.go.jp/SG1/estat/List.do)
奥野員敏 1988. コメ澱粉の遺伝変異とその利用. 農林水産技術研究ジャーナル 11 (6): 3-9.
Okuno, K., T. Nagamine, M. Oka, M. Kawase, M. Katsuta, Y. Egawa and M. Nakagahra 1993. New lines harboring du genes for low amylose content in endosperm starch of rice. Japan Agricultural Research Quarterly 27: 102-105.
太田久稔・清水博之・三浦清之・福井清美・小林　陽 1994. 水稲品種・系統における食味とタンパク質含量の関係について. 北陸作物学会報 29: 9-11.
Takemoto-Kuno, Yoko., H. Mitsueda, K. Suzuki, H. Hirabayashi, O. Ideta, N. Aoki, T. Umemoto, T. Ishii, I. Ando, H. Kato, H. Nemoto, T. Imbe, Y. Takeuchi 2015. qAC2, a novel QTL that interacts with Wx and controls the low amylose content in rice (Oryza sativa L.). Theoretical and Applied Genetics 128: 563-573.
竹内善信・安東郁男・根本　博・加藤　浩・平林秀介・太田久稔・石井卓朗・前田英郎・竹本陽子・井辺時雄・佐藤宏之・平山正賢・出田　収 2013. ミルキークイーンの出穂性を改変した水稲品種「ミルキーサマー」の育成. 作物研究所研究報告 14: 77-95.
Takeuchi, Y., K. Hori, K. Suzuki, Y. Nonoue, Y. Takemoto-Kuno, H. Maeda, H. Sato, H. Hirabayashi, H. Ohta, T. Ishii, H. Kato, H. Nemoto, T. Imbe, K. Ohtsubo, M. Yano and I.

Ando 2008. Major QTLs for eating quality of an elite Japanese rice cultivar, Koshihikari, on the short arm of chromosome 3. Breeding Science 58: 437-445.

Takeuchi, Y., Y. Nonoue, T. Ebitani, K. Suzuki, N. Aoki, H. Sato, O. Ideta, H. Hirabayashi, M. Hirayama, H. Ohta, H. Nemoto, H. Kato, I. Ando, K. Ohtsubo, M. Yano and T. Imbe 2007. QTL detection for eating quality including glossiness, stickiness, taste and hardness of cooked rice. Breeding Science 57: 231-242.

田中　勲・小林麻子・冨田　桂・竹内善信・山岸真澄・矢野昌裕・佐々木卓治・堀内久満 2006. イネ日本型品種における食味の粘りおよび外観に関与する量的形質遺伝子座の検出. 育種学研究 8：39-47.

山本隆一・堀末　登・池田良一 1996. 食味官能検査. イネ育種マニュアル. 養賢堂. pp. 74-76.

山本良孝・小川紹文 1992. わが国のイネ栽培品種における食味官能試験結果――一事例――. 育種学雑誌 42：177-183.

結城和博・佐藤久実・中場　勝・櫻田　博・佐野智義・本間猛俊・渡部幸一郎・水戸部昌樹・宮野　斉・中場理恵子・横尾信彦・森谷真紀子・後藤　元・齋藤信弥・齋藤久美 2010. 水稲新品種「つや姫」（山形 97 号）の育成. 山形県農業研究報告 2：19-40.

Wada, T., T. Ogata, M. Tsubone, Y. Uchimura and Y. Matsue 2008. Mapping of QTLs for eating quality and physicochemical properties of the japonica rice 'Koshihikari'. Breeding Science 58: 427-435.

第10章
高温耐性品種の育成とその遺伝的要因の解明
―外観品質を主にして―

小林麻子

1 はじめに

近年,登熟期間の高温による水稲の玄米外観品質の劣化が大きな問題となっている.特に2010年の猛暑では,北日本を除く各地で一等米比率が大幅に低下した.農林水産省の「平成22年度高温適応技術レポート」(http://www.maff.go.jp/j/seisan/kankyo/ondanka/index.html)では,高温遭遇を避けるための作期移動と高温耐性品種の育成および耐性品種への転換が課題として挙げられている.

本項では高温耐性を持つ水稲品種育成の現状を示すとともに,その遺伝的要因についてまとめる.

なお,本項での高温耐性については,登熟期が高温条件でも白未熟粒の発生が少ないことに絞って話を進める.白未熟粒は,白濁が生じた部位により腹白,心白,乳白,基白,背白に分類される.これまでに,背白および基白は登熟期間の高温の影響が大きいこと,また高温耐性についての最も適切な指標であることが示された(長戸・江幡 1965,飯田ら 2002).乳白も高温条件下で発生するが,背白・基白よりも気温との相関が低く(若松ら 2004),その発生率は日射条件(小谷ら 2006),一籾あたりの炭水化物供給能(中川ら 2006)および土壌窒素条件(若松ら 2008)などによっても変動する.腹白および心白については高温による影響は不明である.

2 高温耐性品種の育成

(1) 品種育成の経緯

高温耐性という概念が登場したのはいつごろであろうか.長戸ら(1961)は

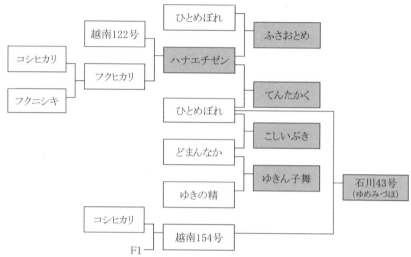

図 10-1 北陸地域で育成された主な高温耐性をもつ早生品種の系譜図
耐性品種は網掛けで示した．ふさおとめは千葉県育成品種である．

背白・基白の品種間差について明らかにし，高温との関連を示した（長戸・江幡 1965）．鹿児島県においては 1954 年の早期栽培用の水稲育種事業の開始とともに，高温登熟に対する問題意識が持たれ，1965 年頃には高温耐性の品種間差を見出して育成事業へ利用していた（岩下 1978）．その後，2000 年頃より日本各地で玄米の外観品質の劣化が問題となり，その原因が登熟期間の高温によるものであると認識されはじめた（今野ら 1991，森田 2000，有坂 2001，寺島ら 2001，表野ら 2003，河津ら 2007）．現在，高温耐性に関する品種育成は，北海道を除く全国の育種現場で喫緊の課題として取り組まれている．

　福井県では 1998 年までは一等米比率 80〜95% を保っていたが，1999 年以降，一等米比率の変動が大きくなり，しばしば 70% を下回った．北陸地域ではどこでも同様な状況であり，2000 年頃より各県で高温耐性に関する選抜が本格的に開始された．北陸地域で育成されたのが，こしいぶき（新潟県 2000，以下品種名に対しては育成地と育成年を示す），てんたかく（富山県 2003），ゆめみづほ（石川県 2003），ゆきん子舞（新潟県 2005），てんこもり（富山県 2007），あきさかり（福井県 2008），笑みの絆（農研機構中央農業総合研究センター北陸研究センター 2011）等である（図 10-1）．九州地域でも高温耐性品種育成に力が入れられ，にこまる（農研機構九州沖縄農業研究センター

2005），元気つくし（福岡県 2008），くまさんの力（熊本県 2008），あきほなみ（鹿児島県 2008），さがびより（佐賀県 2009），おてんとそだち（宮崎県 2010），はるもに（農研機構九州沖縄農業研究センター 2011），夏の笑み（宮崎県 2012）などが育成された．その他の地域でも彩のきずな（埼玉県 2012），三重 23 号（三重県 2012），おいでまい（香川県 2012），愛知 123 号（愛知県 2014），恋の予感（農研機構近畿中国四国農業研究センター 2014）などが育成された．まさに 2000 年初頭からの高温耐性品種育成の取り組みが結実している実感がある．

2010 年の猛暑を受けて，2011 年より農林水産省のプロジェクト研究「気候変動に対応した循環型食料生産等の確立のための技術開発」が拡充され，「気候変動に適応したイネ科作物品種・系統の開発」において高温耐性品種の開発が加速されている．このプロジェクトでは野生稲やインド型品種の有用遺伝子の導入が積極的に行われている．さらに，日本在来イネと世界のイネコアコレクションの評価も行われており，いくつかの高温耐性品種が見出されている（園田ら 2011）．

(2) 高温耐性の選抜方法

白未熟粒は出穂後 20 日間の平均気温が 26～27℃ を超えると顕著に発生し始める（森田 2005，坪根 2008，近藤ら 2006）ため，それ以上の高温条件で選抜を行う必要がある．福井県，高知県や鹿児島県などでは，自然条件下で高温ストレスがかかる立地条件を活かして高温耐性の特性検定が行われており，高温耐性品種の育成に多大な貢献をしている．

西村ら（2000）は，北陸地域で育成されたコシヒカリやその類縁関係にある品種の中には高温耐性の高い品種が多いこと，その理由は北陸地域における品種の登熟期が高温期にあたり，その中で高温耐性の高い遺伝子型が選抜されてきたことであると述べている．このように，北陸地方は育種の圃場そのものが，高温耐性の選抜の場であるといえる．

各地でも，その地域で最も高温となる時期に出穂させる作期移動による選抜や検定が行われている．しかし，冷夏の年など，圃場では高温ストレスがかからない場合への保険的意味，また将来予想される異常高温に対応できる品種を育成するために，自然環境以上の高温ストレスをかけた上で選抜を行う必要がある．

図10-2　福井農試の高温検定ハウス

高温ストレスのかけ方については，各地でさまざまな方法がとられている．福井県では，高温検定ハウスを利用している（図10-2）．これは水田圃場を覆うように建てたH鋼ビニルハウスであり，出穂期以降閉め切って，内部が35℃を超えると換気することによって気温を調節している．ハウス内部の平均気温は，天候にもよるが外気温 +1〜+4℃となる．水田に移植するため，ポット栽培のような根環境の制限がなく，より圃場に近い条件で検定できる．このような高温検定ハウスは滋賀県でも使用されている．ハウス内部では換気による風の通り道によって，場所によるムラがわずかにあること，気温が上昇しすぎると不稔が発生する可能性があることが問題である．福井県では天窓の微調整や，地下水の掛け流し等によって対応している．

その他の方法として，ガラス室，簡易ビニルハウス，高温水かんがい，隔壁型温度勾配チャンバー（中川ら 2009）などが用いられており，それぞれ一長一短がある．イネの穂に透明な筒を被せ昼の穂温を約2℃上昇させる簡易加温検定装置も考案されている（寺尾ら 2008）．九州地方では登熟期の高温に加え日照不足が品質低下の要因として考えられるため（森田 2008），遮光フィルムトンネルにより光量子密度を 80% 程度に制限した遮光処理条件下での高温検定法が開発された（坂井ら 2011）．

2010年の猛暑では，白未熟粒のうち背白・基白の発生が顕著であった．このような背白・基白の発生は窒素の施用で低減させることが可能である（若松ら 2008）．そこで，逆に窒素の施用を減らすことで背白・基白の発生を増加させることができるため，福井県では窒素無施用で高温耐性試験を行っている．

高温ストレスをかけた上での選抜を行うためには，その施設的制約も考慮する必要がある．福井農試の高温検定ハウスで検定できる系統数は100程度である．従って個体選抜，系統選抜段階では，圃場における自然の高温登熟条件を利用して選抜を行い，生産力検定まで上がった有望系統について検定ハウスを

用いた選抜を行っている．また高温ストレスの代替として，根群の一部切除による背白の発生（田畑ら2008），止葉切除による乳白の発生（中川ら2010）も試みられており，高温検定施設が限定される場合には有効な方法であろう．

高温耐性に関する選抜は，どの世代で行うことが効率的であろうか．腹白および心白については初期世代からの選抜が可能である（井上1996）．一方，背白・基白は初期世代での遺伝率が小さく，後期世代での選抜が有効である（田畑ら2005）．ハナエチゼンと新潟早生の交雑後代では，F_2個体とF_3系統の世代間相関は0.46であったのに対し，F_7系統とF_8系統間では0.80に上昇した（図10-3）．

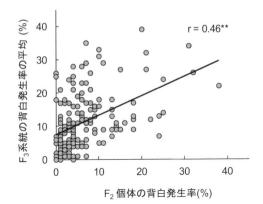
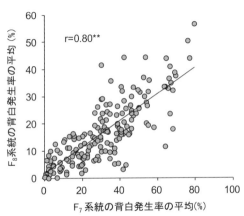

図10-3　ハナエチゼンと新潟早生の交雑集団における背白発生率の世代間相
Kobayashi *et al.*（2007）より追加作図．

（3）高温耐性の基準品種

選抜の際には安定した基準品種を用いることも重要である．北陸地域では2002〜2004年，北陸研究センターを中心に各県の育種機関が連携して，共通の基準品種の選定が取り組まれた（平成16年度北陸研究センター研究成果情報）．その他，各県でも基準品種が設定されている（表10-1）．また九州沖縄地域では2009〜2011年，近畿中国四国地域および東北地域でも2011年から，高温耐性に関する連絡試験が行われており，共通の基準品種選定が取り組まれている．

表10-1 高温耐性基準品種

地域	北陸4県	福井	新潟	茨城	埼玉	三重	滋賀	鹿児島
引用文献	H16研究成果情報		石崎 (2006)	飯田ら (2002)		山川ら (2003)	中川 (2011)	若松ら (2005)
判定基準	整粒歩合	整粒歩合	整粒歩合	背白+基白	白未熟粒	整粒歩合	整粒歩合・白未熟粒歩合	背白+基白
検定方法	温度制御	圃場・ハウス	掛流し、ハウス、ブール等の総合	ガラス室	圃場	ハウススポット栽培	ハウス	圃場
熟期	早生	早生	早生	早生	中生	極早生	早生	普通期早生 普通期中晩
強	てんたかく	ハナエチゼン てんたかく	ふさおとめ	越路早生	越南222号 朝の光	ふさおとめ		越路早生 金南風 ミズホ
やや強	ハナエチゼン	てんたかく 越路早 はなひかり					てんたかく ハナエチゼン 越路早生	越南222号 山形70号 ふさおとめ こしいぶき レーク65	まなむすめ コガネマサリ どんとこい	ニシヒカリ 十石
中	あきたこまち ひとめぼれ	あきたこまち はえぬき ひとめぼれ	ひとめぼれ みえのえみ	こころまち ひとめぼれ	コシヒカリ	ひとめぼれ みえのえみ	あきたこまち ひとめぼれ	あきたこまち ひとめぼれ コシヒカリ 黄金錦	シンレイ
やや弱	(コシヒカリ)	味こだま 加賀ひかり 扇早生		あきたこまち	キヌヒカリ	アキヒカリ コシヒカリ	キヌヒカリ	黄金晴 大地の風	かりの舞
弱	新潟早生	初星 新潟早生	トドロキワセ 越の華	初星	さとじまん 彩のみのり	初星 ふ系186号	初星 トドロキワセ	初星 ミネアサヒ	ヒノヒカリ あきさやか ミナミヒカリ

育種の選抜現場では非常に多くの個体を扱うため，個々の調査に時間をかけすぎることは現実的ではない．そこで，穀粒判別器や品質判定機などの機械を用いて測定した整粒歩合や良質粒率を判定基準として高温耐性の選抜が行われることが多い．

(4) 育種の方向性

高温耐性品種育成の方向性としては，品種そのものに耐性を付与する方向とは別に，晩生化することで高温登熟を回避する方法もある．高温登熟を回避できる晩生種として，あきさやか（農研機構九州沖縄農業研究センター 2002），あきまさり（同 2005），まいひかり（宮崎県 2008），はなさつま（鹿児島県 2000）等が育成された．

しかし，2010 年の猛暑では高温期間が長期にわたったため，それまで高温を回避してきて品質の良好であった晩生品種にも大きな被害が発生した．福井農試でも，育成中の晩生の品種・系統の外観品質が軒並み大きく劣化した．このようなことから，農水省の「平成22年度高温適応技術レポート」でも，育種の課題として晩生品種への高温耐性の付与が挙げられている．従って，高温を回避した晩生熟期においても，確実に高温耐性の選抜をかけることができるような工夫が必要であろう．

高温登熟性が優れる品種は，登熟中期における2次枝梗籾の粒重に関わらず乳白粒の発生割合は低いが，高温登熟性が劣る品種は登熟中期の2次枝梗籾の粒重増加にともなって乳白粒の割合が高まり，両者の傾向は全く異なった（平成22年度近畿中国四国農業研究センター研究成果情報）．また，吉野ら（2006）によると，2次枝梗籾では未熟粒が多く，2次枝梗籾割合が増加すると穂全体の未熟粒も増加する．このように，2次枝梗籾の少ないまたは2次枝梗籾の登熟が良好であるような特徴をもつ穂構造は，高温登熟に有利であることが考えられる．高温耐性品種育成の方向性の一つであろう．

③ 遺伝的要因

(1) 背白・基白と乳白

高温によって発生する白未熟粒に関して最も遺伝解析が進んでいるのは，背白・基白についてである．一方，乳白については，前述のように高温以外に関

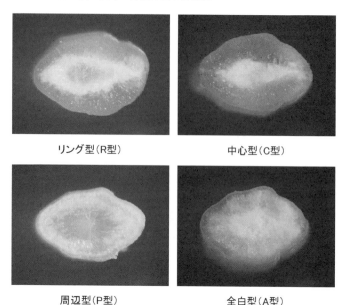

図 10-4　乳白粒の割断面による分類
写真：岩澤紀生氏.

係する要因が多いことが遺伝解析を困難にしていると考えられる．乳白の発生と温度との関係は複雑であり，登熟気温 28℃ では止葉葉身切除で乳白の発生が高まるが，30℃ 以上での乳白の発生は品種によって異なり，一定の傾向がない（中川ら 2010）．また，最近，玄米の割断面における白濁部の形状パターンにより，乳白をリング型（R 型），中心型（C 型），周辺型（P 型），全白型（A 型）に類別することも提案されている（岩澤ら 2011，図 10-4）．これらの発生要因をみると，C 型乳白は高温（井上ら 2011），R 型乳白は低日射（岩澤ら 2011）であり，このような複数のタイプの乳白が混在することが，乳白という形質に対する理解を妨げているのかもしれない．

これまで，背白・基白と乳白は，その発生メカニズムや原因が全く異なると考えられていた．しかし，岩澤ら（2011）は，強勢穎果における不完全粒は，高温の強度に伴って，背白→複合型背白（背白＋心白＋腹白が併発）→ C 型乳白へと発生が移行すること，これらの不完全粒は連続変異であることを示唆した．この結果から高温が原因の C 型乳白については，遺伝解析が背白・基白と同様に行えると考えられる．

第10章　高温耐性品種の育成とその遺伝的要因の解明　　167

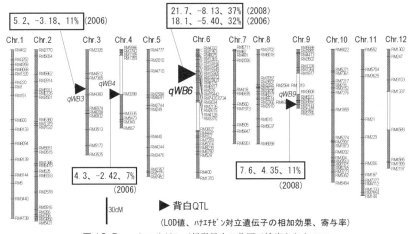

図10-5　ハナエチゼン／新潟早生の集団で検出されたQTL
小林ら（2008）より作図.

(2) 高温耐性に関する遺伝解析

ハナエチゼンと新潟早生の交雑後代を用いた遺伝解析により，第6染色体短腕に背白に関与する作用力の大きいQTL（qWB6）が検出され（Kobayashi et al. 2007，図10-5），NILを用いた形質評価により，その効果が確認された（Kobayashi et al. 2013）．在来イネコアコレクション34品種および改良品種20品種についてqWB6の遺伝子型と白未熟粒発生率を調査したところ，それらの間には，有意な相関があった（水永ら 2011）．なお同じく第6染色体短腕には，こころまちと東北168号の交雑集団においても背白に関するQTLが検出された（白澤ら 2006）．このQTLについては，NILによる領域の絞り込みも試みられた（白澤ら 2008）．

このハナエチゼンと新潟早生の集団では，第3，第4染色体にもハナエチゼンの対立遺伝子が背白を減少させるQTLが検出され，第9染色体には新潟早生の対立遺伝子が背白を減少させるQTL（qWB9）も単年度であるが検出され（小林ら 2008），qWB6との集積効果が確認された（Kobayashi et al. 2013）．このQTLを利用すればハナエチゼンの外観品質をさらに向上させることができるため，注目して研究を進めている．

ところで，qWB6の背白減少作用についてNILを用いた試験では，31℃の登熟気温までは作用力が確認されたが（Kobayashi et al. 2013），32℃の登熟気温

下では効果的ではない可能性も示唆された（水永ら 2011）．今後一層の高温化も予想されている中で，現在得られている高温耐性遺伝子や QTL の作用力が有効な温度範囲を把握しておくとともに，より高温条件に対応できる遺伝資源の探索と育種的準備も必要であろう．

この他に現在明らかになっている QTL は次の通りである．越路早生とチヨニシキの交雑集団により第 1 染色体に 2 カ所，第 2，8 染色体に背白に関する QTL が検出された（Tabata et al. 2007）．ハバタキとササニシキの染色体断片置換系統では，第 3 染色体にハバタキ型で高温耐性が向上する QTL が検出された（寺尾ら 2011）．32℃の登熟気温でも耐性を示す越南 221 号由来の QTL が第 3，4，6 染色体に検出された（水永ら 2013）．

乳白に関する遺伝解析の例としては，ちくし 52 号とつくしろまんの交雑集団を用いた研究があり，C 型乳白に関する QTL が第 2，4，9 染色体に検出され，その中でも第 4 染色体短腕の QTL は 2 ヵ年で検出された（坪根ら 2011）．なお，現在のところ，R 型乳白に関する遺伝解析の報告はない．

農林水産省の気候変動プロジェクトにおいて，ふさおとめとヒノヒカリの交雑集団，野生イネの CSSL，インド型イネの CSSL を用いた高温耐性に関する QTL 解析も行われ，これらのもつ有用遺伝子の利用に向けて，解析の進展が期待される．

(3) 形質評価の精度

前述のように，育種における高温耐性検定では，機器を用いて測定した整粒歩合を指標として選抜が行われることが多い．しかし遺伝解析を行う場合，育種の選抜で用いられる手法では精度が不足する場合がある．$qWB6$ のマップベースクローニングを行うにあたっては，数千個体のサンプルについて目視で背白粒を数え，背白発生率のデータを得ている．遺伝解析の加速のためには，機器による測定法や画像解析等を用いた解析技術の向上が必要であり，玄米品質精密判別装置（RN-330，株式会社ケット科学研究所）や画像解析による背白の判定技術（小林ら 2013）の開発が取り組まれている．このような形質評価の精度や処理速度の向上は，育種家のみではなし得ない．それぞれの形質評価の専門家と連携して形質への理解を深め，遺伝解析に最適な評価方法を検討する必要がある．地道な様であるが，遺伝子単離への近道である．

背白に関しては，穂のどこに着生した粒であるかによって，その発生率が品

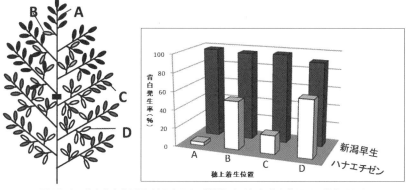

図 10-6 穂上着生位置別分類（原図：岩澤紀生氏）と着生位置別の背白発生率

表 10-2 ハナエチゼンおよび新潟早生の生産力検定結果（2008 年）

調査項目 品　種　名	出穂期 (月日)	成熟期 (月日)	玄米重 (kg/a)	比　率 (%)	千粒重 (g)	品　質 (1〜9)	NSC		穂乾物重	
							穂揃期 (%)	成熟期 (%)	穂揃期 (g)	成熟期 (g)
ハナエチゼン	7.20	8.19	61.3	100	23.8	3.4	25.1	6.0	5.1	32.4
新潟早生	7.21	8.20	58.5	95	23.0	3.8	26.4	18.7	4.9	28.5

播種日：4月15日，移植日：5月12日．
施肥成分量：0.96 kg N/a

種間で大きく異なる（図 10-6）．新潟早生は穂全体にわたって背白粒発生率がほぼ 100% 近くある．一方，ハナエチゼンは，2 次枝梗に着生した弱勢穎花（B と D）では，背白粒発生率のばらつきが大きいのに対し，1 次枝梗に着生した強勢穎花（A と C）の背白粒発生率は安定して低い．このことから，$qWB6$ の単離に向けた解析では，穂の上半分の強勢穎花（A）のみの背白粒発生率を調査することで，品種間差を明確にする工夫をしている．

乳白については，前述の C 型と R 型を区別するためには，粒を割断する必要がある．この点については，玄米横断面の白濁部の画像解析による白未熟粒発生予測器 RN-850（株式会社ケット科学研究所）も強力なツールとなるであろう．

（4）高温登熟に関与する形質

ハナエチゼンは福井農試における高温耐性の遺伝解析に使われている品種で，多収・高品質であることが特徴である（表 10-2）．またハナエチゼンは出

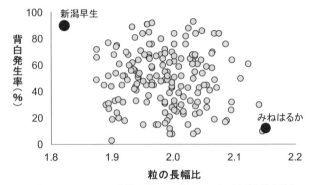

図10-7 みねはるか／新潟早生のF$_2$集団における粒形と背白発生率との関係
冨田・小林 (2009).

穂後の転流がよく登熟が非常に良好である特徴も持つ (井上 1999). ハナエチゼンと新潟早生の穂揃期における稈＋葉鞘の非構造性炭水化物 (NSC) 含量はほぼ同程度であるが, 成熟期ではハナエチゼンの NSC は新潟早生よりかなり少ない (表10-2). このこともハナエチゼンの転流能の高さを示唆している. 一方, にこまるは穂揃期の NSC 含量が高いことが玄米品質の向上に寄与している (森田ら 2008).

また近年, 高温耐性の親品種として頻繁に用いられているのがみねはるか (愛知県 2007) である. みねはるかは粒がやや細長く, そのことが耐性を示す要因の一つと考えられたため, 新潟早生との遺伝解析を行った. その結果, みねはるかと新潟早生の交雑後代 F$_2$ および F$_3$ 世代では, 粒形と背白の発生率の間には相関はなかった (冨田・小林 2009, 冨田・小林 2010, 図10-7). しかし, この集団以外の白未熟粒に関しては, 粒形の影響の有無を確認する必要がある.

(5) 遺伝子単離の意義

高温耐性の QTL を検出すれば, その近傍マーカーを育種の選抜に利用することはもちろん可能であり, 積極的に利用していく必要がある. しかし, QTL の検出と選抜マーカーの選定だけにとどまらず, 遺伝子の単離を進めていく必要がある.

その一つ目の理由は, 連鎖の引きずりの解消である. 陸稲のいもち病圃場抵抗性遺伝子 *pi21* を持つともほなみ (愛知県, 農研機構, 農業生物資源研究所

2009）では，*pi21* と不良食味との連鎖が解消されている．品種になった個体は，DNAマーカーを用いて6,000個体以上の集団から選抜された1個体に由来するものであった（矢野・山本2010）．高温耐性に関する効果の大きいQTLが見つかっても，近傍に不良形質が連鎖していれば育種上効率的な利用は難しい．従って，高温耐性のマーカー選抜を確実に行うためには，QTL遺伝子のマップベースクローニングを進めていく必要がある．

もう一つの理由は，遺伝子を単離することによって，遺伝子の機能が解明あるいは推定され，白濁化防止のメカニズムを考察することができるからである．これにより，施肥や水管理等の栽培法によるより効率的な白濁化防止の手法が見出されるかもしれない．

さらに，遺伝子が単離されれば，そこから得られる知見を基に，遺伝子の集積や自然変異を超越した耐性の実現への可能性が開かれる．もちろんより耐性が強くなるような方向への遺伝子の改変も考えられるだろう．しかし，遺伝子組換えに頼らずとも，TILLINGなどの手法を利用して突然変異の中からより耐性の強い個体を選抜することも考えられる．また，遺伝子を単離し，野生イネやインド型イネのゲノム上に同様の機能をもつ遺伝子を探索してそれらの集積が可能かどうかを明らかにすることで，表現型からは見えないそれらのイネの有用遺伝子を利用していく育種戦略が開けるものと考える．

このように，高温耐性遺伝子を単離することは，高温耐性育種に対してさまざまな道を拓く可能性を示すものであり，今後の研究の進展が大きく期待される．

④ 高温耐性品種と良食味性

コシヒカリは26℃以上の高温では食味が大きく低下する（浅野目ら2011）．また，福岡県での食味からみた登熟適温は25～26℃であると考えられた（佐藤ら2005）．遮光や高温により白未熟粒や死米の混入が大きくなり，食味値が低下する（石突ら2011）ことも一つの要因であろう．また，アミロース含有率やアミロペクチンの鎖長分布などのデンプン特性も登熟気温によって変動することが知られている．2013年度に穀物検定協会米の食味ランキングによる特A評価を得たコシヒカリは16産地であったのに対し，猛暑であった2010年度に特A評価を得たコシヒカリは，山形県，福島県会津，新潟県岩船・魚

沼・佐渡の5産地のみであった．従って，過酷な高温登熟下のコシヒカリが特A評価を得られるような良食味となるために，栽培的にどのような工夫が必要なのか，今後明らかにする必要がある．

一方，近年育成された高温耐性品種をみると，にこまる，つや姫，おいでまい，さがびより，元気つくしは2013年度特Aと評価されており，良食味性と高品質の両立が達成されている．これらの品種の中にはコシヒカリのような強い粘りを特徴とする食味とは少し異なる食味特性をもつものもある．にこまるはヒノヒカリよりアミロース含有率が1.3～2.5ポイント高い（坂井ら2007）．また，つや姫の炊飯米は表層の硬さ及び粘りがコシヒカリとは異なる（平成21年度東北農業研究センター研究成果情報）．このようなコシヒカリとは異なる食味特性をもつ品種によって，福井県のような過酷な高温登熟下においても高温耐性と良食味性の両立が達成できるのか，今後見極めていきたい．

コシヒカリの良食味性に関する遺伝解析も進んでおり（Kobayashi and Tomita 2008, Takeuchi et al. 2008, Wada et al. 2008），高温耐性と食味の両方の遺伝子が明らかになることで，両者の関係についても何か分かってくるかもしれない．解明が待たれる．

5 おわりに

これまで述べてきたように，日本の水稲育種において重要課題となっている高温耐性については，いくつもの品種が育成されるとともに，遺伝的な要因についても明らかになりつつある．今後予想されているような一層の高温化に備えて，耐性遺伝子の単離と機能解明，耐性の集積，インド型イネや在来種，野生イネ等の有用遺伝子の利用などがますます重要となるだろう．そのために育種家は，遺伝学，栽培学，生理学，形態学等の研究者と，これまで以上に連携を広げ，かつ深めていく必要がある．そして，高温登熟下でも安定して良質で良食味の品種を育成し，日本農業に貢献することが期待されている．

参考文献

有坂通展 2001．新潟県における水稲の品質低下の実態と今後の課題．北陸作物学会報 36：103-105．

浅野目謙之・後藤　元・西村真紀子・鈴木啓太郎 2011．水稲新品種「つや姫」の食

味特性評価　第5報　登熟温度条件が「つや姫」の食味と炊飯米物性に及ぼす影響. 日作紀 80 (別1): 232-233.

河津俊作・本間香貴・堀江　武・白岩立彦 2007. 近年の日本における稲作気象の変化とその水稲収量・外観品質への影響. 日作紀 76: 423-432.

Kobayashi A., G. Bao, S. Ye and K. Tomita 2007. Detection of quantitative trait loci for whiteback and basal-white kernels under high temperature stress in *japonica* rice varieties. Breed. Sci. 57: 107-116.

小林麻子・矢野昌裕・冨田　桂・林　猛・安藤　露・水林達実・田野井真 2008. イネの高温登熟耐性に関する QTL 解析. 育種学研究 10 (別2): 153.

Kobayashi A. and T. Tomita 2008. QTL detection for stickiness of cooked rice using recombinant inbred lines derived from crosses between *japonica* rice cultivars. Breed. Sci. 58: 419-426.

Kobayashi A., J. Sonoda, K. Sugimoto, M. Kondo, N. Iwasawa, T. Hayashi, K. Tomita, M. Yano and T. Shimizu 2013. Detection and verification of QTLs associated with heat-induced quality decline of rice (*Oryza sativa* L.) using recombinant inbred lines and near-isogenic lines. Breed. Sci. 63: 339-346.

小林麻子・七夕高也・冨田　桂 2013. 画像解析によるイネの高温耐性評価の試み. 育種学研究 15 (別2): 250.

小谷俊之・松村洋一・黒田　晃 2006. 出穂前後の遮光処理が水稲品種「ゆめみづほ」の収量および品質に及ぼす影響. 石川県農業試験場研究報告 27: 1-9.

近藤始彦・森田　敏・長田健二・小山　豊・上野直也・細井　淳・石田義樹・山川智大・中山幸則・吉岡ゆう・大橋善之・岩井正志・大平陽一・中津紗弥香・勝場善之助・羽嶋正恭・森　芳史・木村　浩・坂田雅正 2006. 水稲の乳白粒・基白粒発生と登熟気温および玄米タンパク含有率との関係. 日作紀 75 (別2): 14-15.

今野　周・今田孝弘・中山芳明・宮野　斉・三浦　浩・高取　寛・早坂　剛 1991. 登熟期の環境要因及び生育条件が水稲の登熟, 収量及び品質に及ぼす影響. 山形県立農業試験場研究報告 25: 7-22.

平成 16 年度北陸農業研究センター研究成果情報 2004. 北陸地域を対象とした早生水稲の高温登熟性検定基準品種の選定.

平成 21 年度東北農業研究センター研究成果情報 2009. 炊飯米の多面的物性評価による水稲新品種「つや姫」の食味解析.

平成 22 年度近畿中国四国農業研究センター研究成果情報 2010. 高温登熟下における 3 次籾の粒重増加程度と整粒および乳白粒割合との関係.

飯田幸彦・横田国夫・桐原俊明・須賀立夫 2002. 温室と高温年の圃場で栽培した水稲における玄米品質低下程度の比較. 日作紀 71: 174-177.

井上正勝 1996. 玄米外観品質. イネ育種マニュアル. 山本隆一・堀末　登・池田良

一（共編）．養賢堂．東京．pp. 115-118.
井上健一 1999．水稲早生品種の登熟期間の物質生産と品質食味要因の関係の解析 II．粒重増加および窒素吸収と収量，品質食味要因の関係．北陸作物学会報 34：27-29.
井上裕紀・北恵利佳・山村達也・長田あゆみ・塚口直史 2011．水稲における C 型乳白粒と背白粒発生の品種比較．日作紀 80（別 2）：22-23.
石突裕樹・松江勇次・尾形武文・齊藤邦行 2011．水稲玄米の粒厚と外観品質が米飯の食味と理化学的特性に及ぼす影響．日作紀 80（別 1）：20-21.
石崎和彦 2006．水稲の高温登熟性に関する検定方法の評価と基準品種の選定．日作紀 75：502-506.
岩澤紀生・梅本貴之・若松謙一・近藤始彦 2011．高温・低日射環境で登熟した水稲の玄米品質を評価する新たな分類方法．日作紀 80（別 1）：226-227.
岩下友記 1978．研究業績（18）鹿児島県農業試験場試験地．"指定試験事業 50 年史"．農林水産省技術会議事務局（編）．pp. 67-69.
水永美紀・小林麻子・奥野員敏 2011．32℃の高温条件下における登熟期高温耐性の品種間差異．育種学研究 13（別 2）：223.
水永美紀・小林麻子・奥野員敏 2013．32℃の高温条件下におけるイネの登熟期高温耐性に関する QTL 解析．育種学研究 15（別 2）：124.
森田　敏 2000．高温が水稲の登熟に及ぼす影響—作期移動実験と標高の異なる地点へのポット移動実験による解析—．日作紀 69：400-405.
森田　敏 2005．水稲の登熟期の高温によって発生する白未熟粒，充実不足および粒重低下．農業技術 60：442-446.
森田　敏 2008．2007 年を含む最近の九州産水稲の作柄・収量低下の実態と要因．日作紀 77（別 1）：376-377.
森田　敏・田村克徳・中野　洋・北川　壽・坂井　真・高橋　幹 2008．高温耐性水稲品種「にこまる」の良好な登熟には穂揃期の茎の NSC が多いことが貢献している．日作紀 77（別 2）：198-199.
長戸一雄・江幡守衛・河野泰広 1961．米の品質からみた早期栽培に対する適応性の品種間差異．日作紀 29：337-340.
長戸一雄・江幡守衛 1965．登熟期の高温が穎果の発育ならびに米質に及ぼす影響．日作紀 34：59-66.
中川博視・田中大克・田野信博・永畠秀樹 2006．炭水化物供給能がイネの各種白未熟粒の発生に及ぼす影響．北陸作物学会報 41：32-34.
中川博視・塚口直史・山田浩史・山村達也 2009．隔壁型温度勾配温室の開発．日作紀 78（別 1）：180-181.
中川博視・中村史也・塚口直史・長田あゆみ・梅本貴之・岩澤紀生・近藤始彦

2010. 隔壁型温度勾配温室を用いて明らかにされた水稲の白未熟粒発生に関する耐性の品種間差. 日作紀 79（別 2）：138-139.

中川淳也・森　茂之 2012. 滋賀県における水稲の高温登熟性基準品種の選定. 作物研究 57：27-31.

西村　実・梶　亮太・小川紹文 2000. 水稲の玄米品質に関する登熟期高温ストレス耐性の品種間差異. 育種学研究 2：17-22.

表野元保・小島洋一朗・蛯谷武志・山口琢也・向野尚幸・山本良孝 2003. 2001 年の気象経過に基づく基白粒および背白粒の発生要因の解析. 北陸作物学会報 38：15-17.

坂井　真・岡本正弘・田村克徳・梶　亮太・溝淵律子・平林秀介・深浦壮一・西村　実・八木忠之 2007. 玄米品質に優れる暖地向き良食味水稲品種「にこまる」の育成について. 育種学研究 9：67-73.

坂井　真・田村克徳・森田　敏・片岡知守・田村泰章 2011. 早植えとフィルム被覆処理による水稲の高温寡照耐性の評価法. 日作紀 80（別 1）：250-251.

佐藤大和・陣内陽明・尾形武文・内川　修・田中浩平 2005. 水稲の高温登熟条件下における食味評価指標形質. 九州農業研究 67：10.

白澤健太・佐々木都彦・永野邦明・岸谷幸枝・西尾　剛 2006. 玄米外観品質に基づく登熟期高温ストレス耐性の QTL 解析. 育種学研究 8（別 1）：155.

白澤健太・山田哲平・永野邦明・岸谷幸枝・西尾　剛 2008. 高温登熟条件下での背白米発生率を制御する QTL に関する準同質遺伝子系統群の育成と評価. 育種学研究 10（別 1）：131.

園田純也・近藤始彦・梅本貴之 2011. 農業生物資源ジーンバンク由来イネコアコレクションの高温登熟特性. 育種学研究 13（別 2）：125.

田畑美奈子・飯田幸彦・大澤　良 2005. 水稲の登熟期の高温条件下における背白米および基白米発生率の遺伝解析. 育種学研究 7：9-15.

Tabata, M., H. Hirabayashi, Y. Takeuchi, I. Ando, Y. Iida and R. Ohsawa 2007. Mapping of quantitative trait loci for the occurrence of white-back kernels associated with high temperatures during the ripening period of rice (*Oryza sativa* L.). Breed. Sci. 57: 47-52.

田畑美奈子・飯田幸彦・奥野員敏 2008. 根群の一部切除が水稲の玄米外観品質に及ぼす影響. 日作紀 77：198-203.

Takeuchi, Y., K. Hori, K. Suzuki, Y. Nonoue, Y. Takemoto-Kuno, H. Maeda, H. Sato, H. Hirabayashi, H. Ohta, T. Ishii, H. Kato, H. Nemoto, T. Imbe, K. Ohtsubo, M. Yano and I. Ando 2008. Major QTLs for eating quality of an elite Japanese rice cultivar, Koshihikari, on the short arm of chromosome 3. Breed. Sci. 58: 437-445.

寺尾富夫・千葉雅大・廣瀬竜郎 2008. イネ高温登熟耐性選抜のための装置とそれによる高温登熟耐性に関与する遺伝子領域の選抜. 日作紀 77（別 1）：184-185.

寺尾富夫・千葉雅大・廣瀬竜郎 2011. インド型イネ品種ハバタキが持つ高温登熟耐性 QTL. 日作紀 80（別1）: 216-217.

寺島一男・齋籐祐幸・酒井長雄・渡部富男・尾形武文・秋田重誠 2001. 1999 年の夏期高温が水稲の登熟と米品質に及ぼした影響. 日作紀 70: 449-458.

冨田　桂・小林麻子 2009. 高温下で登熟した水稲玄米の背白粒発生率と粒形の関係. 育種学研究 11（別1）: 63.

冨田　桂・小林麻子 2010. 水稲玄米の粒形と背白米発生率との関係. 育種学研究 12（別1）: 262.

坪根正雄・尾形武文・和田卓也 2008. 登熟期間中の温水処理による高温登熟性に優れる水稲品種の選抜方法. 日作九支報 74: 21-23.

坪根正雄・和田卓也・井上　敬 2011. 高温登熟により発生するイネ玄米の乳白粒に関する QTL 解析. 育種学研究 13（別2）: 122.

Wada, T., T. Ogata, M. Tsubone, Y. Uchimura and Y. Matsue 2008. Mapping of QTLs for eating quality and physicochemical properties of the *japonica* rice 'Koshihikari'. Breed. Sci. 58: 427-435.

若松謙一・田之頭拓・竹牟禮穣・森　清文 2004. 鹿児島県における水稲登熟期間の高温が玄米品質に及ぼす影響. 日作九支報 70: 10-12.

若松謙一・田之頭拓・小牧有三・東　孝之 2005. 暖地における水稲登熟期間の高温が玄米品質に及ぼす影響と品種間差異. 日作九支報 71: 6-9.

若松謙一・佐々木修・上薗一郎・田中明男 2008. 水稲登熟期の高温条件下における背白米の発生に及ぼす窒素施肥量の影響. 日作紀 77: 424-433.

山川智大・神田幸英 2003. 水稲高温耐性検定法の改良と基準品種選定. 日作紀 72（別1）: 100-101.

矢野昌裕・山本敏央 2010. DNA マーカー選抜から学んだこと―イネを例として―. 農林水産技術研究ジャーナル 33: 5-11.

吉野裕一・太田和也・在原克之・小山　豊 2006. 水稲品種「ふさおとめ」と「コシヒカリ」における玄米品質及び粗タンパク質含有率に及ぼす穂肥の影響の差異. 日作紀 75（別2）: 102-103.

第Ⅲ部
外観品質・食味形成のメカニズム

第11章
良食味米と低食味米の微細構造的特徴

新田洋司

　わが国における水稲品種の作付面積は，社会情勢の変化と品種にたいする消費者ならびに生産者の要請を反映して大きく推移してきた（後藤ら2000）．戦後および1950年代は多収性品種が多用され，1965年ごろからは移植ならびに収穫機械に対応した品種が栽培面積を増やした．1970年代以降になると，消費者が高品質・良食味米を求める声が一層強くなった．とくに，1990年前後は，コシヒカリとササニシキの栽培面積が顕著に増加し，今日の「高品質・良食味ブーム」の第1のピークをむかえた．

　その後，ササニシキは耐冷性や耐病性が弱いこと，登熟期の高温で玄米品質が低下しやすいことなどから，栽培地が宮城県などに限られた．一方，コシヒカリは，耐病性はやや弱いが，耐冷性が強いうえに栽培適応範囲が広く，暖地でも栽培が可能で，収量が比較的安定していることから，栽培面積を著しく拡大した．2013年現在，全国の水稲作付面積1,597,000 haの36.7%（およそ58万ha）で栽培されている（公益社団法人 米穀安定供給確保支援機構2015）．また，コシヒカリ系の味と粘りを有するひとめぼれ（2013年の作付面積割合：9.6%），ヒノヒカリ（9.5%），あきたこまち（7.5%）などの栽培面積も増加した．さらに近年は，北海道のななつぼし（3.0%），きらら397（1.5%）などの栽培面積が多いのも特徴的である．ほかには，キヌヒカリ（2.9%），はえぬき（2.7%），まっしぐら（1.9%），あさひの夢（1.5%）などの栽培面積も多い．

　本稿では，コシヒカリをおもな材料として，走査電子顕微鏡を用いた観察結果から，食味を左右する微細構造的特徴に関する基礎的知見を，著者が所属する研究室の成果を中心に概説する．

1 子房における光合成産物の転流・転送経路

本論に入るまえに，登熟期の子房における光合成産物の転流・転送経路についてまとめておきたい（新田 2007）．

登熟期において，光合成産物は茎葉からおもにショ糖の形で穂に転流される．光合成産物は，穂首節間から穂軸，小穂軸を経て子房基部に達し，そこで4本の維管束に分かれて果皮内を頂部側に向かう（図11-1）．このときの主経路は背部維管束である．背部維管束は，子房の基部でもっとも太く，頂部側で管の数が減って細くなる．光合成産物は，①背部維管束から珠心突起を経て胚乳を取り囲む珠心表皮に入り，胚乳の全周囲から糊粉層を経て胚乳に入るルートと，②背部維管束から珠心突起，糊粉層を経て直接胚乳に入るルートとで移動する（星川1975，川原1979）．量的には，登熟初期には①が多く，登熟中期以降は珠心表皮細胞が退化するために②が多い（星川1975，後藤ら2000）．

一方，イネの子房には，細胞壁内部突起を有し溶質を効率的に転送する転送細胞のような組織は存在しない（川原1979，松田2002）．したがって，光合成産物の転送機能は，珠心突起，珠心表皮，糊粉層の3組織が担っていると考えられている（川原1979）．

デンプンの貯蔵は，胚乳内のデンプン貯蔵組織で行われる．胚乳中心近くの細胞の細胞質中に，直径1μmほどのプラスチドが形成され，順次，周囲の細胞でも形成される．その後の数日間，プラスチドは大型化し，分裂・増殖を重ねて，1細胞中で200～数100個形成される（図11-2）．デンプン粒が蓄積されたプラスチドは，アミロプラストとよばれる．イネでは1

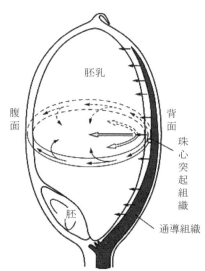

図11-1 イネ子房における光合成産物の転流・転送経路（新田 2007）．
登熟初期には→が多く，登熟中期以降は⇒が多い．

個のアミロプラスト内に複数のデンプン粒が形成されるため，デンプンの蓄積形態は複粒である．アミロプラストの表面は2重膜構造で，最終的な長径は通常10〜15μmである．1個のアミロプラスト内に長径3〜5μmのデンプン粒が数個〜数10個程度含まれる．

図11-2 イネ子房のデンプン貯蔵細胞内のアミロプラスト（コシヒカリ）（新田 2007）．
アミロプラスト1個には，長径3〜5μmのデンプン粒が数個〜数10個程度含まれる．
Bar：10μm．

アミロプラストとアミロプラストとの間，あるいはアミロプラストと細胞壁との間に，直径0.5〜1μmほどのタンパク顆粒が蓄積する．タンパク顆粒は，胚乳の外周に近い細胞で多い．

② 良食味米と低食味米の微細構造的特徴

松田ら（1993）は，「急速凍結—真空凍結乾燥法」（松田 2002，Zakariaら 2002，川崎・松田 2006）で炊飯米試料を調整し，走査電子顕微鏡で観察して，良食味米および低食味米の表面および内部の微細骨格構造を明確にした．この「急速凍結—真空凍結乾燥法」は，植物細胞をできるだけ生に近い状態で固定し，微細構造が変化しないように非含水化する方法である．試料を固体（−210℃）と液体（−196℃）の窒素が混在するスラッシュ窒素の中に直接浸漬し，氷晶成長を抑えながら生細胞に近い状態で物理的に固定する．固定後，高真空・低温下（−60℃，10^{-3}Pa）で微細構造が変化しないように脱水するものである．

松田（1997）・後藤ら（2000）によると，炊飯後の良食味米の表面構造は，糊が広く進展して「網目状構造」および「細繊維状構造」となり，しばしば太さが0.1μmほどの糊の糸の進展が認められる（図11-3）．表面からやや内側に入った表層部分では，「海綿状」の多孔質構造が広がっている．これらの構造は，食べたときに柔らかく，なめらかさを感じる要因となっている．一方，低食味米の飯の表面では，無構造あるいは溶岩の表面に似た固い構造が認められ，構造発達が不十分であることが明確である（図11-4）．これらの構造は，

182　第Ⅲ部　外観品質・食味形成のメカニズム

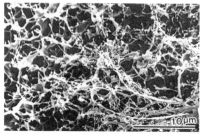

図11-3　炊飯した良食味米の表面構造（コシヒカリ）（後藤ら2000）．
糊が進展して網目状構造を呈している．細い糊の糸の進展も認められる．内側部分では海綿状の多孔質構造が広がっている．
Bar：10 μm．

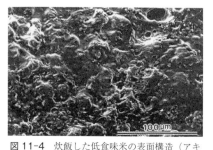

図11-4　炊飯した低食味米の表面構造（アキヒカリ）（後藤ら2000）．
固い無構造あるいは溶岩の表面に似た構造が認められ，構造発達が不十分である．
Bar：100 μm．

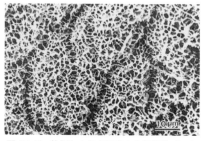

図11-5　炊飯した良食味米の内部構造（コシヒカリ）（後藤ら2000）．
海綿状の多孔質構造が広がっている．
Bar：10 μm．

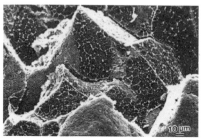

図11-6　炊飯した低食味米の内部構造（アキヒカリ）（後藤ら2000）．
細胞壁やアミロプラストの膜が分解されずに残り，組織が緻密である．
Bar：10 μm．

食べたときに硬く，粘りがない原因となっている．

　飯の内部は，良食味米では海綿状の多孔質構造が広がっており，柔らかさと弾力性をもたらす要因となっている（図11-5）．一方，低食味米では，細胞壁やアミロプラストの膜が分解されずに残り，組織が緻密であり，孔は形成されても大きさは小さい（図11-6）．

　このように，表面の「網目状構造」および「細繊維状構造」，内部の「海綿状構造」の発達程度が，食味判断の構造的指標になることが知られている．

❸ 粒厚と食味関連形質および炊飯米の微細骨格構造

　水稲玄米の粒重・粒厚と食味関連形質との関係については，いくつかの報告

がある.

　Matsue ら（2001）は，玄米を粒厚で分け，食味関連形質と理化学的特性を調査した結果，粒厚の厚い玄米は官能検査による食味値が高いことを明らかにした．また，粒厚が 2.0 mm を越える玄米では官能検査による食味値は変わらないことも報告している．一方，2.0 mm よりも薄い玄米では玄米が薄いほど官能検査による食味値が低く，1.9 mm よりも薄い玄米では最低であることも示した.

　新田ら（2008，2009b）および玉置ら（2007）は，粒厚ならびに食味評価の異なる玄米について，粒重・粒厚と食味関連形質との関係を調査した．まず，新田ら（2008）は，コシヒカリの作付面積が新潟県についで全国第2位（2004年）である茨城県産コシヒカリ（2005年産）について，化学肥料を使って一般的に栽培している 20 箇所の水田を対象として，粒重・粒厚と食味関連形質との関係を調査した．その結果，玄米の粒厚（1.93〜2.02 mm）と千粒重（20.3〜22.7 g）との間に有意な相関関係は認められなかった．また，精米のタンパク質含有率（乾物重換算で 5.3〜7.4％），アミロース含有率（18.3〜19.8％），食味値（参考）と玄米千粒重または粒厚との間にも，有意な相関関係は認められなかった．したがって，この実験で供試したような，比較的千粒重が大きく粒厚が厚い玄米では，精米のタンパク質含有率やアミロース含有率が玄米の大きさに規定されないことが明らかになった.

　一方，玉置ら（2007）は，2006 年茨城県産コシヒカリにおける粒重・粒厚と食味関連形質との関係を調査した．その結果，タンパク質含有率，アミロース含有率，食味値などの食味関連形質は，玄米の千粒重よりも粒厚と強く関わっていることを報告した．

　加えて新田ら（2009b）は，玄米の粒厚と食味関連形質との関係や，これらの形質と炊飯米の表面および内部の微細構造との関係を検討した．本稿ではこれをやや詳しく紹介する．

　食味評価の高い茨城県奥久慈地域の 7 箇所の水田で，2007 年に栽培された品種コシヒカリの玄米を供試した．供試した玄米は，粒厚が 1.99〜2.02 mm，精米のタンパク質含有率が 5.4〜6.3％，同アミロース含有率が 18.0〜18.6％ の範囲にあり，良食味であることが確認された（図 11-7）．玄米の粒厚と精米のタンパク質含有率との間には有意な負の相関関係が認められた（図 11-7a）．また，玄米の粒厚とアミロース含有率および食味値との間には，それぞ

184   第Ⅲ部　外観品質・食味形成のメカニズム

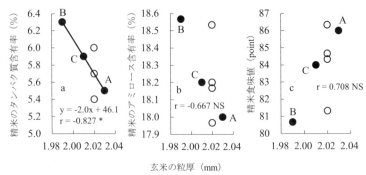

図 11-7 玄米の粒厚と食味関連形質との関係（コシヒカリ）（新田ら 2009b）．
a：精米のタンパク質含有率，b：同アミロース含有率，c：同食味値．A〜C：微細構造観察をした米．
*：5％水準で有意．NS：有意性なし．

れ負，正の相関傾向が認められた（図 11-7b, c）．

　粒厚が厚く，精米のタンパク質およびアミロース含有率が低い米の炊飯米（A）と，粒厚が薄く，精米のタンパク質およびアミロース含有率が高い米の炊飯米（B）（図 11-7）の表面および内部の微細構造を観察した．表面では，Aで良食味米の特徴である「海綿状構造」とその上に伸展した「細繊維状構造」が認められたが（図 11-8），Bでは認められなかった（図 11-9）．内部では，Aで「海綿状構造」が認められたが（図 11-10），Bでは細胞壁，タンパク顆粒を含む糊化が進んでいない部分が認められた（図 11-11）．

　炊飯米の表面構造を数 10 倍程度の低倍率で観察した場合，明るい部分（明部）と暗い部分（暗部）とが認められる．このうち明部には，「細繊維状構造」や「海綿状構造」が認められ，良食味米ではこれらの面積の割合が大きい．すなわち，明部の面積割合が大きいことが，良食味米であるかどうかの 1 つの判断材料となることが考えられる．

　図 11-7 で示された供試米 A，B，C の明部の面積割合を表 11-1 に示した．その結果，粒厚の薄い米（C）では，他の米（A，B）よりも，明部の面積割合が有意に低かった．

　以上の結果より，粒厚と食味関連形質および炊飯米の微細骨格構造との関係について，以下の諸点が明示された．(a) 比較的千粒重が大きく粒厚が厚い玄米では，精米のタンパク質含有率やアミロース含有率が玄米の大きさに規定されないこと．(b) タンパク質含有率，アミロース含有率，食味値などの食味関

第 11 章　良食味米と低食味米の微細構造的特徴　　185

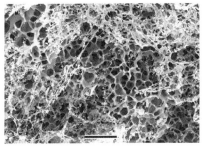

図 11-8　粒厚が厚く（2.03 mm），精米のタンパク質およびアミロース含有率が低い米（A）の炊飯米の表面構造（コシヒカリ）（新田ら 2009b）．
糊の糸が分散した「細繊維状構造」と，その直下に発達した「海綿状構造」が認められる．
Bar：10 μm．

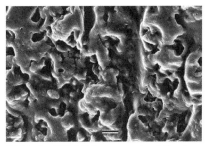

図 11-9　粒厚が薄く（1.99 mm），精米のタンパク質およびアミロース含有率が低い米（B）の炊飯米の表面構造（コシヒカリ）（新田ら 2009b）．
糊化は進んでいるが，「細繊維状構造」などは認められない．
Bar：10 μm．

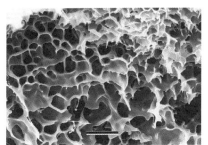

図 11-10　粒厚が厚く（2.03 mm），精米のタンパク質およびアミロース含有率が低い米（A）の炊飯米の内部構造（コシヒカリ）（新田ら 2009b）．
「海綿状構造」の発達が認められる．
Bar：10 μm．

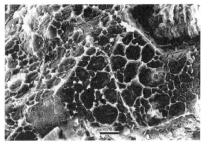

図 11-11　粒厚が薄く（1.99 mm），精米のタンパク質およびアミロース含有率が低い米（B）の炊飯米の内部構造（コシヒカリ）（新田ら 2009b）．
個々のアミロプラストが判別でき，細胞壁とタンパク顆粒の残存物が多く認められる．
Bar：10 μm．

表 11-1　コシヒカリ炊飯米の表面に認められた明部の面積割合

粒厚（mm）	2.03	2.01	1.99
明部面積割合[注]	6.1a	5.3a	1.5b

注：炊飯米の表面の明部の面積割合を目視により 21 段階（0〜10 まで 0.5 間隔，数値が大きいほうが明るい）で評価した．同一アルファベットを含む間では，フィッシャーの LSD 法による 5% 水準での有意差がないことを示す．

連形質は，玄米の千粒重よりも粒厚と強く関わっていること，(c) 食味関連形質のなかでは，タンパク質含有率が玄米の粒厚と強くかかわっていること．

④ 高温登熟と炊飯米の微細骨格構造

山形県で育成された品種つや姫（山形97号）は，炊飯米表面には糊の糸が分散した細繊維状構造が，そのすぐ内側の層には多孔質の海綿状構造が発達しており，粘りや弾力性，柔らかさが良好である（大川ら 2008）．

新田ら（2009a）は，移植日の違いや高温登熟条件が，つや姫炊飯米の微細骨格構造におよぼす影響を検討した．山形県農業総合研究センター（山形市）において，2008年5月1, 10, 20, 30日，6月20日に稚苗（葉齢2.8）を移植したつや姫と，対照としてコシヒカリを栽培した．5月20日移植区では，穂揃い期（8月16日）に水田をビニールでおおい高温処理した．収穫した玄米を搗精し，表面および表層を走査電子顕微鏡で観察した．

その結果，つや姫およびコシヒカリ炊飯米の表面および表層の微細骨格構造に，移植日の違いによる顕著な差異は認められなかった．

表面では，コシヒカリが糊の糸が伸展した細繊維状構造の発達が認められたのにたいして，つや姫では細繊維状構造に加えて膜状構造が認められた（図11-12）．この膜状構造は，つや姫の良好な光沢（白度）の一因と考えられた．表層では，両品種とも発達した海綿状構造が認められた（図11-13）．

一方，高温下で登熟したつや姫の表面では，細繊維状構造はあまり発達していなかった（図11-14）．また，表層では，海綿状構造の発達が認められたが，孔の大きさは通常の登熟温度下のものよりも小さかった（図11-15）．

以上より，(a) つや姫およびコシヒカリ炊飯米の表面および表層の微細骨格構造に，移植日の違いによる顕著な差異は認められず，食味に与える影響は小さいこと，(b) 高温登熟のつや姫では，コシヒカリと同様，炊飯米表面で糊が十分に発達せず，表層の海綿状構造の発達も十分ではないこと，が明らかになった．なお，つや姫の表面の良好な光沢（白度）は，糊の膜状構造が一因であると考えられた．

第 11 章　良食味米と低食味米の微細構造的特徴　　187

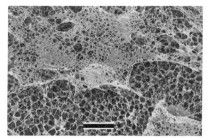

図 11-12　つや姫の炊飯米の表面構造（6 月 20 日移植）（新田ら 2009a）．糊の糸が進展した細繊維状構造に加えて，膜状構造が認められる．
Bar：10 μm．

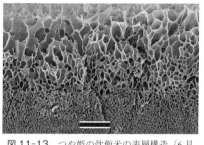

図 11-13　つや姫の炊飯米の表層構造（6 月 20 日移植）（新田ら 2009a）．発達した海綿状構造が認められる．
Bar：10 μm．

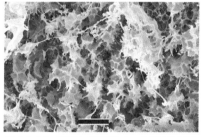

図 11-14　高温下で登熟したつや姫の炊飯米の表面構造（5 月 20 日移植）（新田ら 2009a）．細繊維状構造の発達が不十分．
Bar：10 μm．

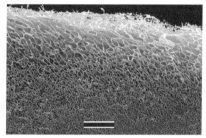

図 11-15　高温下で登熟したつや姫の炊飯米の表層構造（5 月 20 日移植）（新田ら 2009a）．海綿状構造の孔が小さく，発達が不十分．
Bar：10 μm．

5　炊飯米の微細骨格構造におよぼす品種および環境の影響

　Zakaria ら（2002）は，水稲 13 品種を供試して出穂後 4 日目以降に高温処理を行い，子房中のアミロプラストおよび転流・転送系の形態を調査し，珠心表皮細胞が高温下では早期（早ければ開花後 1 週間目ごろ）に退化することを明確にした．岩澤ら（2003）は，登熟初期の高温が胚乳の組織形成におよぼす影響について，高温ストレスを受けやすい品種アルボリオ J-1 を供試して検討した．その結果，登熟期間のごく初期（開花後 3 日目）に，珠心突起細胞では発達が遅れて転送機能が抑制され，大型の液胞が認められることを，また，胚乳

を構成する細胞は大きさと形態が不均一で，胚乳の中心点は認められないことを明らかにした．

これらの結果は，高温が，登熟初期の珠心突起の発達を遅らせ，登熟がすすむと珠心表皮を早期に退化させることを明示している．このように，良食味米および低食味米の炊飯米が有する構造的特徴の研究は，登熟機構の解明とともにすすめられてきた．

Tanaka ら（2009）は，近年，西日本で広く栽培されている品種ヒノヒカリと，新品種にこまるおよびちくし64号を供試して，登熟期における高温処理の影響を比較した．その結果，高温耐性が劣るヒノヒカリは，他品種に比べて，白色不透明部を有する米（いわゆる「白未熟粒」）の発生割合が高く，子房の珠心表皮の早期退化が認められるうえ，乳熟期から糊熟期までの間の籾における ^{1}H-NMR 緩和時間の減少程度が大きいことを明らかにした．本論文は，近年，登熟期の異常高温による米生産への影響が危惧されているなかで，高温登熟下では子房の形態学的特性ばかりではなく籾の水分動態が玄米品質の向上に重要であることを指摘した初めての論文である．

一方，近年では2003年に被害を受けた冷害も，栽培上克服すべき大きな課題である．しかし，冷害被害下でのデンプン蓄積特性および炊飯米の微細構造を明確にした報告は多くはない．

今後は，米の食味ならびに品質の研究が，栽培管理技術の開発，新品種の育成とともに，温度，日射，風，雨，水分，湿度などの環境影響の視点を含めて深化することがまたれる．

参考文献

後藤雄佐・新田洋司・中村　聡 2000. 作物I〔稲作〕．全国農業改良普及協会．東京．pp. 1-212.

星川清親 1975. 解剖図説イネの生長．農文協，東京．pp. 216-243.

岩澤紀生・松田智明・荻原義邦・新田洋司 2003．水稲登熟初期の高温ストレスによる胚乳組織形成の異常．日本作物学会紀事 72（別2）：212-213.

川原治之助 1979. 登熟と転送細胞．農業技術 34：534-539.

川崎通夫・松田智明 2006．走査型電子顕微鏡の特徴と試料作製法．日本作物学会紀事 75：586-589.

公益社団法人　米穀安定供給確保支援機構 2015．米の生産関連情報．http://www.komenet.jp/jukyuudb/826.html（2015年1月3日閲覧）

松田智明・原 弘道・長南信雄 1993. 炊飯米の微細構造と食味. 日作紀 62（別 2）: 253-254.

松田智明 1997. 食味と米粒および炊飯米の構造. 米の食味評価最前線.（財）全国食糧検査協会. 東京. pp. 90-101.

松田智明 2002. 作物の形態. 日本作物学会編, 作物学事典. 朝倉書店. 東京. pp. 97-109.

Matsue, Y., H. Sato and Y. Uchimura 2001. The palatability and physicochemical properties of milled rice for each grain-thickness group. Plant Production Science 4: 71-76.

新田洋司 2007. 登熟期の高温が子房の転流・転送系およびアミロプラストの構造におよぼす影響. 日本作物学会北陸支部・北陸育種談話会編, 高温障害に強いイネ. 養賢堂, 東京. 24-30.

新田洋司・伊能康彦・松田智明・飯田幸彦・塚本心一郎 2008. 水稲玄米の粒重・粒厚と食味関連形質との関係—2005 年茨城県産コシヒカリの事例から—. 日本作物学会紀事 77: 315-320.

新田洋司・齋藤敦実・浅野目謙之・森谷真紀子・松田智明 2009a. 移植日の違いおよび高温登熟条件が水稲良食味品種つや姫（山形 97 号）の炊飯米微細骨格構造におよぼす影響. 日本作物学会紀事 78（別 2）: 58-59.

新田洋司・新槇実広・浅木直美・松田智明・伊藤常雄 2009b. 2007 年茨城県奥久慈産コシヒカリにおける食味関連形質と炊飯米の微細構造. 日本作物学会関東支部会報 24: 52-53.

大川 峻・松田智明・中場 勝・新田洋司 2008. 良食味水稲新系統「山形 97 号」の炊飯米における微細骨格構造の特徴. 日本作物学会紀事 77（別 1）: 156-157.

玉置あゆみ・新田洋司・八巻圭蔵・松田智明・飯田幸彦・塚本心一郎・池羽正晴・田中研一 2007.2006 年茨城県産コシヒカリにおける粒重・粒厚と食味関連形質との関係. 日本作物学会紀事 76（別 2）: 140-141.

Tanaka, K., R. Onishi, M. Miyazaki, Y. Ishibashi, T. Yuasa and M. Iwaya-Inoue 2009. Changes in NMR relaxation of rice grains, kernel quality and physicochemical properties in response to a high temperature after flowering in heat-tolerant and heat-sensitive rice cultivars. Plant Production Science 12: 185-192.

Zakaria, S., T. Matsuda, S. Tajima and Y. Nitta 2002. Effect of high temperature at ripening stage on the reserve accumulation in seed in some rice cultivars. Plant Production Science 5: 160-168.

第12章
米の食味に関わる可溶性低分子物質

阿部利徳

　米の食味では，かねてから，低タンパク質および低アミロースの白米が良食味であることが指摘されてきた（石間ら 1974，竹生 1985）．また，米の食味にはタンパク質やアミロースなどの成分の他に，マグネシウムが重要であり，Mg/K 比や Mg/N 比の高いことが良食味に関わるという報告がある（堀野ら 1983，玉置ら 1995）．そして，これらの成分の含有率が米飯のテクスチャーや粘弾性に影響することが知られている．しかしながら，タンパク質含量やアミロース含量が同一で，さらにアミログラフィーのブレークダウンやテクスチャー特性値のバランス度などが類似していても，食味に違いが認められる．この違いを説明できるものとして，糖や遊離アミノ酸などの可溶性低分子物質の関与が考えられる．ところがこれまで，糖や遊離アミノ酸などの可溶性低分子物質の食味への関与については，十分なデータが得られていない．我々は，複数年にわたり米の糖や遊離アミノ酸などの低分子物質の分析を行い，イネ品種の特徴を明らかにしたので，その要約について報告し，これから良食味米の品種改良の方向性を探求するものである．

1 精白米における糖含量の品種間差異

　精白米中の可溶性糖に関して，これまで含量が微量であることから影響しないとして重要視されてこなかった．我々は，米の食味に糖が影響していると考え，日本型品種だけでなく，インド型品種やジャワ型品種を含む 49 品種を用いて，2008 年産の精白米の糖組成・含量について分析した．本研究で用いた米の材料は，山形大学農学部，フィールド科学センターの水田圃場にて慣行栽培したものである．糖は 80％ エタノールで熱還流抽出を行い，糖分析カラム（Sugar SP1810）で分離し RI 検出器を接続した HPLC により測定している．そ

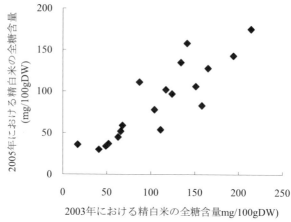

図12-1　2003年産および2005年産精白米の全糖含量の関係

の結果，精白米の糖は品種の平均で，全糖に対してスクロースが約85％を占め，その他にグルコースとフルクトースが合わせて約15％含まれていた．複数年にわたる調査の結果，全糖含量は乾燥重100g当たり21.4〜292.8mgにわたり，品種間差異が大きいことが明らかになった．品種群間では日本型品種群で多く，インド型およびジャワ型品種群で少ない傾向が認められたが，日本型品種間でも大きな品種間差異が存在していた．コシヒカリは全糖を約200mg含有し，現在栽培されている品種のうちで多い方であり，その他に，ミルキークイーン，ササシグレ，クジュウ，農林22号，陸羽132号，古城錦，染分，上州，亀治および銀坊主など，在来種や育成年次の古い品種の中にも150mg以上含み多い品種があった．コシヒカリの系譜でみてみると，コシヒカリの先祖になっている品種のうち，農林22号，陸羽132号，銀坊主および上州などは150mg以上含有しており，コシヒカリの高糖含量の形質が片方の親の農林22号や系譜をさかのぼった親品種に由来する可能性が考えられる（阿部ら2008）．ただし，コシヒカリの姉妹品種であるハツニシキの糖含量は対照的に少なかった．一方，インド型品種群の全糖含量は一般的に少なかったが，インド型品種の中で，Gaiya Dhan Tosar（GDT）という品種の全糖含量は100g当たり約290mgで，供試した品種の中で最も多かった．このような品種は糖含量を高めるための遺伝資源として利用され得ると考えられる．

　2003年産米と2005年産米，20品種の精白米の全糖含量の関係を図12-1に示した．品種間差異および年次間変動が有意であり，高い相関が認められた．

測定年の登熟期の気温からみて，糖含量は登熟期の気温によって影響を受け，2005年の高温の年は少ない傾向が認められた．3年にわたる糖含量のデータの分析から，広義の遺伝率は0.74であり，糖含量に関する形質は遺伝形質であると推測された．他方，これとは別の研究で，sugary突然変異の品種である，あゆのひかりにおいては全糖含量は3.5%（このうちスクロース含量は2.8%）とコシヒカリのさらに15倍含有することが明らかとなった（Kamaraら2007）．あゆのひかり自体は，極めて米粒が薄く低収であるなど，主食用品種としては大きな欠点を有している．しかし，米の品質や利用の面で糖含量を高めるための育種素材として有用であることが考えられる．

❷ 精白米における遊離アミノ酸組成・含量の品種間差異

精白米のアミノ酸組成は，80%エタノールで抽出後，アミノ酸はC18カラムを通して精製し，イソチオシアン酸フェニル（PITC）を処理して，フェニルチオカルバミル（PTC）化したPTC-アミノ酸をPico-tagカラムを用いて分離し，UV検出器を接続したHPLCを用いて分析している．本研究では，イネ49品種を用いて2008年産の精白米における遊離アミノ酸含量の差異を比較した．精白米の遊離アミノ酸として，グルタミン酸，アスパラギン，グルタミン，アスパラギン酸，アラニンおよびセリンが多く含まれ，全遊離アミノ酸の40%を占めた．また，全遊離アミノ酸含量は糖含量と同様に大きな品種間差異が認められた．特に，ある特定の遊離アミノ酸の蓄積に着目したとき，日本型品種群およびインド型品種群間で，顕著な差異が認められた．図12-2に，日本型品種とインド型品種について，アスパラギン酸由来の全遊離アミノ酸（ASP, ASN, Thr, Lys, Ile, Met）含量とグルタミン酸由来の全遊離アミノ酸（Glu, Gln, His, Arg, Pro, GABA）含量の関係を示した．この比（A/G比）が日本型品種およびインド型品種の米を分ける有用な指標となることが示唆された（Kamara et al 2010）．品種の平均で，日本型米のA/G比は低く（0.68），インド型米のA/G比は高かった（1.02），これは日本型品種の米ではアスパラギン酸由来のアミノ酸よりよりグルタミン酸由来のアミノ酸を多く蓄積する傾向にあるということを示している．このように遊離アミノ酸の蓄積，特にA/G比から日本型品種群およびインド型品種群を特徴づけられることが示唆された．

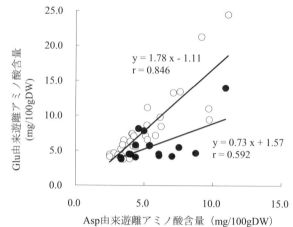

図 12-2　精白米における Glu 由来アミノ酸含量と Asp 由来アミノ酸含量との関係
○：日本型品種，●：インド型品種

　アミノ酸の生合成においては，細胞内で解糖系，TCA 回路およびペントースリン酸経路より炭素骨格が供給され，アミノ基転移反応等により個々のアミノ酸が合成されていく（図 12-3）．このうち，TCA 回路の 2-オキソグルタル酸よりグルタミン酸が合成され，さらに，グルタミン酸よりグルタミン，アルギニン，ヒスチジン，プロリンおよび BAGA などのアミノ酸が合成されていく．一方，TCA 回路のオキサロ酢酸よりアスパラギン酸が合成され，さらにアスパラギン酸よりアスパラギン，スレオニン，イソロイシン，メチオニンおよびリジンなどのアミノ酸が合成されていく．日本型品種の米はインド型品種の米と比較して，グルタミン酸系列のアミノ酸の割合が高いということが明らかになった．このことは，米中でのアミノ酸の生合成に関して，日本型品種は，2-オキソグルタル酸からグルタミン酸系列のアミノ酸を合成する活性が活発であることを意味している．

❸ 慣行栽培および有機栽培による遊離アミノ酸含量の比較

　コシヒカリを用いて慣行栽培および有機栽培を行い，窒素や遊離アミノ酸および加水分解アミノ酸など成分を比較した．有機栽培は酒田市平田町の農家に

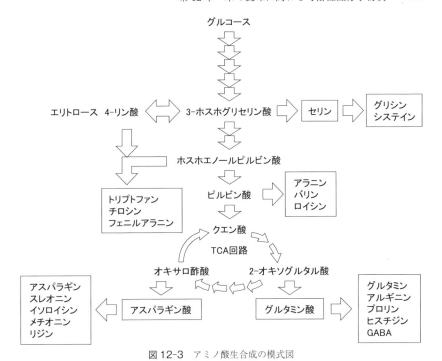

図 12-3　アミノ酸生合成の模式図

おいて，生ゴミ，雑草および籾殻を醗酵させた"ボカシ"肥を 10 a 当たり 150 kg 施用し，無農薬・無化学肥料栽培を行ったものであり，4 年目の圃場を用いた．慣行栽培は山形大学農学部フィールド科学センター（附属農場）において，基肥として N, P_2O_5, K_2O を各 10 kg 施用した水田において，収穫調整後精白米を分析に用いた．以上の精白米試料を用いて，全窒素含量およびアミノ酸（遊離アミノ酸および加水分解アミノ酸）分析した．その結果，全窒素含量は慣行栽培の方が有機栽培より有意に多く，また加水分解アミノ酸は全窒素含量を反映して，ほとんどのアミノ酸は慣行栽培で多かった．しかし，遊離アミノ酸含量は有機栽培で有意に多く，全遊離アミノ酸を比較すると 2.1 倍に増加していた．特に，食味に関係すると考えられるグルタミン酸，アスパラギン酸，アスパラギン，は有機栽培で顕著に多かった（図 12-4）．このことから，有機栽培では，窒素含量（タンパク質含量）は少ないが，遊離アミノ酸含量が多いことが，良食味をもたらしているということが示唆された（王ら 1998）．以上の様に，有機栽培の場合に米中のタンパク質含量や加水分解アミノ酸含量

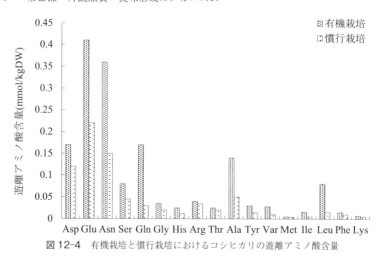

図12-4　有機栽培と慣行栽培におけるコシヒカリの遊離アミノ酸含量

が少なく，遊離アミノ酸含量が多くなるということは，矛盾しているようにもみえる．これは，胚乳細胞中ではタンパク質顆粒に貯蔵タンパク質としての量は減少するが，遊離の状態で存在しているアミノ酸が多くなるということを示している．同様の結果は，荒木ら（1999）の窒素施肥量を変えて栽培した玄米のアミノ酸分析において，玄米中の遊離アミノ酸含量は窒素含有量に対して負の相関があり，全遊離アミノ酸含有量は無窒素区において最も高かったという結果と一致するものである．

❹ 米の糖および遊離アミノ酸など低分子物質の込みにした特徴

図12-5に，イネ品種49品種の米の全糖および全遊離アミノ酸含量を示した．図から，全糖が乾物重100g当たり200mg以上と多かったのは，コシヒカリ，ミルキークイーン，亀治，古城錦，それにインド型のGDTであり，全遊離アミノ酸を50mg以上含む品種は旭，山田錦およびインド型のGDTであった．DGTという品種は赤米のインド型品種であるが，糖および遊離アミノ酸含量の両方とも多いことから，米中のこれら低分子物質を高める遺伝資源として，興味が持たれる．また，旭や山田錦には遊離アミノ酸が一般的な日本型品種の約2倍含まれており，旭の食味や酒米品種である山田錦の酒質に関係し

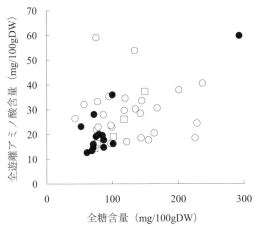

図 12-5 精白米における全糖含量と遊離アミノ酸含量との関係
○：日本型品種，□：ジャワ型，●：インド型品種

ている可能性がある．また，コシヒカリとミルキークイーンは全糖含量が多いが，ミルキークイーンはコシヒカリから生じた低アミロース変異の品種であり，いずれも良食味品種として認知されている．コシヒカリは，糖および遊離アミノ酸のいずれも比較的多く含むが，コシヒカリ，農林22号，上州など系統的に近い関係の品種は糖や遊離アミノ酸のパターンが類似していた．このことから，糖だけでなく，米中の遊離アミノ酸含量に関しても遺伝する形質であることが考えられる．また，コシヒカリよりもさらに良食味品種を育種する場合には，低タンパク質や低アミロースなどこれまで知られた形質以外に，糖および遊離アミノ酸などの呈味性成分の含量を高めるというのも一つの方向かも知れない．

5 おわりに

これまで精白米における糖および遊離アミノ酸含量の特徴について述べてきたが，精白米の糖や遊離アミノ酸含量の差異が炊飯米の食味とどのような関係にあるかという問題が残る．我々は，炊飯米における可溶性の糖および遊離アミノ酸をについても分析しており，さらに，食味官能検査も実施している．炊飯するとスクロースは減少し，グルコースが増加する．精白米の全糖やスクロ

ース含量と炊飯米のグルコース含量との間には有意な相関が認められた．さらに炊飯米中のグルコース含量と食味総合評価値との間にも，有意な相関が認められた（未発表）．一方，炊飯米の遊離アミノ酸に関しては，特にグルタミン酸含量と食味官能検査の値との間に有意な相関があるという報告がある（松崎ら 1992）．以上のことから，炊飯米の食味における甘味や旨味などの味に関して，精白米の糖や遊離アミノ酸を分析することにより，推定できることが示唆された．精白米中の糖や遊離アミノ酸など可溶性低分子物質は合わせても 0.5 ％以下であり含量は少ないが，炊飯米の微妙な味に影響していることが考えられる．そして，食味評価の際の「味」は甘味と旨味に分解でき，糖および遊離アミノ酸の組成や含量が呈味性成分として重要であることを指摘したい．

　我々の最近の研究で，精白米を 60℃で 30 分温水処理した時のグルコースの蓄積に明らかな生態種間差異が認められた．平均のグルコース含量は，日本型品種の場合，100 g あたり 8.9 mg から 123 mg に増加したのに対し，インド型品種は 4.6 mg から 54 mg の増加にとどまった．デンプンの分解に関わる内在性酵素の活性（アミロペクチンを基質にして可溶性デンプンの分解活性）を測定した結果，インド型品種と比較して日本型品種の方が有意に高かった．また，温水処理した精白米におけるグルコースの含量とグルコースを生成する内在性酵素の活性との間に有意な相関が認められた（Otake et al. 2014）．以上のことは，炊飯前に精白米が温水浸漬の状態を経過することによりグルコースが酵素反応により生成することを示している．

　一方で，炊飯したときに米飯の周りに付着するオネバの糖質が食味を考えるときに重要であることが指摘されており，精白米の熱処理による溶出デンプン量が食味と相関があるという報告がある（Wada et al. 2011）．さらに，我々の研究では炊飯米における溶出アミロペクチン量が日本型品種とインド型品種の間で差異のあることが明らかとなり，溶出アミロペクチン量と食味との関係が推測されている（阿部ら 2014）．

　以上のことから，食味を成分の特徴から捕らえるときに甘味や旨味をもたらす低分子の糖や遊離アミノ酸が重要であるが，高分子の溶出アミロペクチンは米飯表面のつやや米飯のテクスチャーに影響していると考えられるので，食味を論ずるときに，味に関わる低分子物質および高分子物質の両方が重要である．

　本研究は，山形大学農学部，遺伝・育種学分野において長年にわたり研究してきた，米の成分育種に関する研究の一端をまとめたものである．関係した多

くの方々に謝意を表する．

参考文献

阿部利徳・高橋新也・野田真紀子 2008．精白米における糖組成・含量の品種間差異および年次間変動．育種学研究 10：57-61．

荒木雅登・松江勇次・兼子　明 1999．窒素栄養条件が玄米中の遊離アミノ酸含有率とその組成に及ぼす影響．日本土壌肥料学雑誌 70：19-24．

堀野俊郎・岡本雅弘 1992．玄米の窒素ならびにミネラル含量と米飯の食味との総合的関連．中国農研報 10：1-15．

石間紀男・平　宏和・平　春枝・御子柴穆・吉川誠治 1974．米の食味に及ぼす窒素施肥および精米中のタンパク質含有率の影響．食総研報 29：5-15．

Kamara J. S.・N. Nayar・阿部利徳 2007．水稲品種「あゆのひかり」の糖含量および特異的タンパク質．育種学研究 9（別 2）：90．

Kamara J. S., S. Konishi, T. Sasanuma and T. Abe 2010. Variation in free amino acid profile among some rice（Oryza sativa L.）cultivars. Breeding Science 60：46-54.

王桂云・阿部利徳・笹原健夫 1998．慣行および有機栽培法で栽培した水稲白米の全窒素・アミロース含量およびアミノ酸含量・組成．日作紀 67：307-311．

竹生新治郎・渡邊正造・杉本貞三・酒井藤敏・谷口嘉廣 1983．米の食味と理化学的性質との関連．澱粉科学 30：333-341．

玉置雅彦・吉田敬祐・堀野俊郎 1995．水稲有機農法実施年数と米のアミログラム特性値およびミネラル含量との関係．日作紀 64：677-681．

松崎昭夫・高野哲夫・坂本晴一・久保山勉 1992．食味と穀粒成分および炊飯米のアミノ酸との関係．日作紀 61：561-567．

Otake, R., T. Sasanuma and T. Abe 2014. Effect of endogenous hydrolytic enzymes on glucose liberation and ecotypical difference in hot-water-treatment rice grain（Oryza sativa L.）. Food Science and Technology Research 20：161-165.

Wada, T., T. Umemoto, N. N. Aoki, M. Tsubane, T. Ogata, and M. Kondo 2011. Starch eluted from polished rice during soaking in hot water is related to the eating quality of cooked rice. J. Appl. Glycosci 58：13-18.

阿部利徳・内田晋作・Kamara Joseph Sherman・笹沼恒男 2014．炊飯米における溶出の糖質，アミロペクチンの分析と品種・生態種館差異．日作紀 83（別 2）．

第13章
米の食味に関与する貯蔵タンパク質の米粒内分布の解析

増村威宏・斉藤雄飛

　イネ完熟種子，即ち米が含むタンパク質の量と質は，炊飯米の食味に深く関与すると共に，日本酒，米菓，米粉パンなどの米加工食品の品質にも大きな影響を与える．イネ種子貯蔵タンパク質に関する研究については，既に幾つか報告しているが，本節では米の貯蔵タンパク質と米粒内分布を中心に記載することにした．

　米に含まれる栄養成分のうち，デンプンに次いで多く含まれる成分がタンパク質であり，コシヒカリ，つや姫などの品種を標準的な条件で栽培すると，玄米重量の6〜8%程度となる．米タンパク質は，タンパク質の栄養価の指標であるアミノ酸スコアでみると，穀類タンパク質中でアミノ酸組成バランスが良いことが知られている．また，米タンパク質の種類と含有量は，炊飯米の食味と関係が深く，食味計の重要なパラメーターになっている．炊飯米の食味は，タンパク質含量が低いほど良いと指摘されており，栽培現場では施肥管理により米のタンパク質含量が高くならないような指導がされ，それに基づき各地で良食味米の生産が活発に行われている（増村・田中 2007）．

　近年，気候変動による夏期の高温化が進み，登熟期に稲穂が高温にさらされると玄米の外観品質が低下するという現象（高温登熟による米粒の白濁化）が多発することが問題視されている．その対策として，移植時期を遅らせる手法や，中・晩生品種を導入することが有効と考えられているが，穂が出てからの窒素管理の重要性も指摘されており，米の品質を維持するための栽培管理が非常に難しくなってきている．

　上記の様に，炊飯米の良食味を保つためには米粒中のタンパク質を増やさない施肥技術が必要だが，一方，高温で玄米の外観品質を低下させないためは，追肥の重要性が指摘されている．今後は，栽培管理技術のバランスを保つために，米に含まれるタンパク質を科学的に評価することが重要になるであろう．

202　第Ⅲ部　外観品質・食味形成のメカニズム

　筆者等は，これまでに国内の農業研究機関などで育成された，様々な品種に対する米粒中のタンパク質の分析を行ってきた．その分析技術として，電気泳動分析，免疫蛍光顕微鏡観察，電子顕微鏡観察に力を入れてきた．これらの分析法を組み合わせることで，より深く米タンパク質の特性が理解できるようになると考えられる．

1　電気泳動法による米タンパク質の分析

(1) 米タンパク質の分類

　玄米の最外層は，表皮細胞などの数層の細胞からなる果皮で覆われ，果皮の内側には一層の種皮がある．その内側は胚乳組織であり，胚乳はアリューロン層とデンプン性胚乳から構成されている．デンプン性胚乳部分にはデンプン以外に，複数種類のタンパク質が存在する．イネ種子のタンパク質は，古典的な溶媒分画法の定義に従って命名されており，水溶性タンパク質はアルブミン，塩溶液可溶性タンパク質はグロブリン，アルコール可溶性タンパク質はプロラミン，希酸または希アルカリ可溶性タンパク質はグルテリンと呼ばれている．

　タンパク質の組成分析には電気泳動法を利用する場合が多い．その中でも，ドデシル硫酸ナトリウム—ポリアクリルアミドゲル電気泳動（SDS-PAGE）法は，タンパク質の種類，量，分子量を簡便に分析する手法として広く用いられている．米粒からタンパク質を抽出しSDS-PAGE法により分析すると，タンパク質が複数のバンドとして観察される（図13-1）．

(2) 貯蔵タンパク質の種類とその性質

　米タンパク質の主要な成分は，グルテリンとプロラミンである．グルテリンは，57 kDaグルテリン前駆体，前駆体がプロセシングされて生じる37〜39 kDaの酸性サブユニット，21〜23 kDaの塩基性サブユニットから構成される．一方，プロラミンは，16，13，10 kDaのプロラミン分子種から構成される．その他に，26 kDaのα-グロブリンが存在するが，これらはタンパク質顆粒（Protein Body；PB）に蓄積し，次世代の窒素源となることから貯蔵タンパク質と呼ばれている．米に含まれるグルテリン，プロラミン，グロブリンの存在割合は，品種によって若干異なる．コシヒカリなどの一般的な品種では，グルテリンが60〜65％，プロラミンが20〜25％，アルブミンやグロブリンが10

第 13 章　米の食味に関与する貯蔵タンパク質の米粒内分布の解析　203

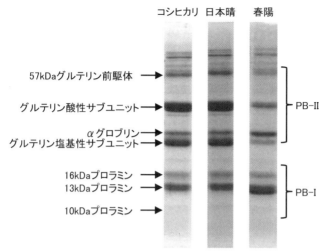

図 13-1　米タンパク質の電気泳動像
米タンパク質の SDS-PAGE 分析を行った．左側の矢印は，それぞれの貯蔵タンパク質のバンド位置を示す．電気泳動像は，左：コシヒカリ，中：日本晴，右：春陽を示す．

〜15% である（Ogawa ら 1987）．

貯蔵タンパク質の中で，プロラミンは人体内では消化吸収されにくく，大部分は体外へ排泄されることが明らかとなっている（Tanaka ら 1975）．一方，グルテリンは排泄物中にはみられず，易消化性であると考えられる（Tanaka ら 1975）．Iida ら（1993）は，ニホンマサリに化学的突然変異剤を処理して得られた変異系統の種子について SDS-PAGE 分析を行い，易消化性グルテリンの含量が低下した系統を選抜した．この変異系統と，原品種であるニホンマサリを交配して得られた低グルテリン米「LGC1」およびその交配系統は，タンパク質の摂取を制限されている方の病態食用としての利用が期待されている（望月・原 2000）．

図 13-1 には，3 種類の品種の玄米からタンパク質を抽出し SDS-PAGE 法により分析した結果を示している．良食味品種である「コシヒカリ」ではプロラミンのバンドが薄く，ゲノム解析のモデルとなった「日本晴」は，多くの品種でみられる標準的なバンドパターンを示す．ところが，低グルテリン品種である「春陽」では，グルテリンが減少しているが，総タンパク質量は減少せず，プロラミンが増加している．この様なバンドパターンを画像解析ソフトにより

数値化することで，各タンパク質の割合は算出可能である．しかしながら，米の食味や加工品の適性に関わるプロラミンやグルテリンが米粒中のどの部位に存在しているのかについては，電気泳動の結果からは判らなかった．そこで，米粒中の存在部位を明らかにするために顕微鏡観察が必要になってきた．

❷ 米を対象とする顕微鏡観察

(1) 米を対象とする顕微鏡観察用切片の作製

　完熟種子（米）は，乾燥が進み硬くてもろいために，顕微鏡観察用の破損の少ない薄い切片の作製は極めて困難だった．米を割断し，樹脂中に浸漬させても，樹脂が米粒中へ容易に浸透しないため，樹脂切片の作製も不可能と思われた．しかし，動物の骨組織用に開発された「凍結フィルム法」(Kawamoto and Shimizu 2000)を米粒に試してみたところ，免疫観察にも使える良好な組織切片が得られることが判った（❸で詳述）．その手法で得られたノウハウを，完熟米の樹脂包埋法に応用し，更に電子顕微鏡用の超薄切片作製法にまで適用することが出来た（Saitoら 2010）．これまでは，登熟過程の種子（開花後14日目まで）を用いてのみ電子顕微鏡用切片の作製が可能だったのであるが，本改良方法を用いることで，登熟後期（開花後15日目以降）から完熟種子に至るまでの種子形成の全過程における電子顕微鏡観察が可能となった．

(2) 米の光学顕微鏡観察

　これまでに行ってきたイネ登熟種子の形態観察の結果から，胚乳細胞内における貯蔵タンパク質の蓄積形態に関する数多くの知見が得られている．穀類種子の貯蔵タンパク質は，細胞内の粗面小胞体（rER）や貯蔵液胞（PSV）に蓄積し，プロテインボディ（PB）と呼ばれる膜に囲まれたタンパク質顆粒を形成する．貯蔵タンパク質が不溶性の会合体を形成してPBに蓄積することの生理的意義は，乾燥種子中での貯蔵タンパク質の安定化とプロテアーゼによる分解を防ぐためであると考えられる．

　完熟種子を用いて樹脂切片を作製し，タンパク質を染色する色素（クマジーブリリアントブルー；CBB）を用いて観察すると，米粒中のデンプンは染色されず白いままだが，タンパク質だけが青色に染色される（Saitoら 2010）．この手法を用いると，デンプンは米粒の中心部に多く存在し，外周部分には少な

第13章 米の食味に関与する貯蔵タンパク質の米粒内分布の解析　205

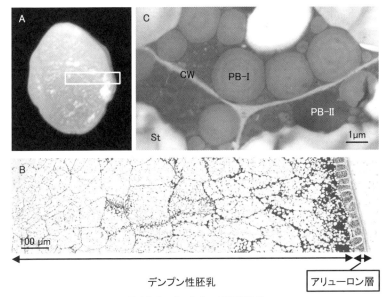

図13-2　米の切片の形態観察像
A：完熟種子（横断面）の実体顕微鏡像．白四角は，Bの顕微鏡観察像に相当する部位を表している．B：完熟種子より調製した樹脂切片にタンパク質染色（CBB染色）を行った光学顕微鏡像．濃く染色されている部分にタンパク質が局在しており，染色されなかった白色部分はデンプン粒を示す．C：完熟種子由来のデンプン性胚乳における透過型電子顕微鏡像．St：デンプン粒，CW：細胞壁，PB-I：プロラミンが局在するタンパク質顆粒，PB-II：グルテリンおよびグロブリンが局在するタンパク質顆粒．

くなるが，一方，タンパク質は外周部分に多く存在することが判る（図13-2B）．この様に米を薄切し，光学顕微鏡で観察することにより，米タンパク質は米粒の中心部よりも外周部に多く含まれることが理解できる．しかしながら，この方法では，タンパク質の部分的な分布を観察することは可能だが，PBの種類については判らない．そこで，胚乳細胞中のPBの形態を明らかにするために透過型電子顕微鏡観察を行った．

(3) 米の電子顕微鏡観察

　完熟種子（米）より電子顕微鏡観察用の超薄切片を作製し，透過型電子顕微鏡（TEM）を用いてデンプン性胚乳を観察すると，形態が異なる2種類のPBが観察される．I型PB（PB-I）は直径2-3 μm の球状構造で内部が年輪のような同心円状に染色される．一方，II型PB（PB-II）はPB-Iよりも大型の楕円形ないし不定形構造の顆粒である（図13-2C）．PB-Iは，トウモロコシ種子の

PB に，PB-II は豆科植物種子の PB にそれぞれ形態や染色性が類似している．発達過程の PB-I の膜にはポリゾームが多数付着している場合があり，この膜は rER と連続していることから PB-I は rER から生じたものだと考えられている．一方，PB-II の膜には，ポリゾームの付着や rER との連絡が認められず，近くに電子密度の高い顆粒（デンスベシクル）を分泌するゴルジ体が観察される（Takahashi ら 2005）．また，液胞膜に特徴的な水チャネルタンパク質の局在が観察されることから（Takahashi ら 2004），PB-II は貯蔵液胞であると考えられている．PB-I と PB-II には，それぞれ異なる貯蔵タンパク質が特異的に集積する（Ogawa ら 1987，Tanaka ら 1980，Yamagata ら 1982）．プロラミン前駆体は rER 膜上で合成され，その後シグナル配列が除去され，成熟プロラミンは rER 内腔に蓄積し，PB-I を形成する．一方，グルテリンは前駆体として rER 膜上で合成されるが，rER から小胞輸送によりゴルジ体を経由し貯蔵液胞へ輸送され，プロセッシング酵素による消化を受け，酸性サブユニット，塩基性サブユニットに切断され PB-II に蓄積する．完熟米の電子顕微鏡観察により開花後 15 日目以降の登熟後期にも PB が発達し続けることが明らかとなった．しかしながら，電子顕微鏡観察では，胚乳細胞内部を拡大して観察することは可能だが，プロラミンが含まれる PB-I や，グルテリンが含まれる PB-II が米粒全体のどの部位に存在しているのかについては判らない．そこで，米粒全体における PB-I, PB-II の存在部位を簡便に明らかにするために，免疫染色法による顕微鏡観察が必要になる．

3 免疫染色法による貯蔵タンパク質の米粒内分布の観察

(1) 米を対象とする免疫染色法

免疫染色法とは，特異抗体による抗原—抗体反応を利用し，組織切片中の特定のタンパク質（エピトープ）を，抗体を介して間接的に検出する方法である．ここでは，蛍光色素で標識した抗体を用い，米粒中の貯蔵タンパク質の分布を蛍光顕微鏡下で観察した手法について紹介する．

一般的にタンパク質含量の高い米は，炊飯時の吸水性が低くなり，炊飯後の飯米が硬くなり，粘りが低下するため，食味官能検査値が低下する傾向がある（増村・田中 2007）．しかし，米タンパク質成分中の何が米の食味に影響を与

第13章 米の食味に関与する貯蔵タンパク質の米粒内分布の解析　207

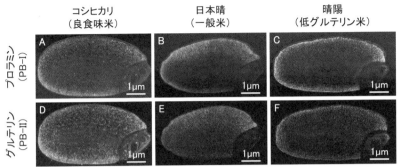

図 13-3 免疫染色法による貯蔵タンパク質の米粒内分布の観察像
完熟種子の縦断面について凍結切片を作製し，赤色蛍光色素で標識した 13 kDa プロラミン抗体，および緑色蛍光色素で標識したグルテリン抗体を用いて免疫抗体反応を行い，蛍光顕微鏡で観察した．A-C：白色（本来は赤色）の蛍光シグナルは 13 kDa プロラミン（PB-I）の局在部位を示す．D-F：白色（本来は緑色）の蛍光シグナルはグルテリン（PB-II）の局在部位を示す．
パネルは，A, D：コシヒカリ，B, E：日本晴，C, F：春陽を示す．

えているのか，その詳細なメカニズムについては判っていなかった．そこで，筆者等はタンパク質の存在割合と分布に着目し，形態的な面からのアプローチとして，貯蔵タンパク質の米粒全体における分布を視覚化することを試みた．手法を確立する上で重要な課題は，米粒の薄切法と免疫染色法にあった．薄切法については，❷で記載した様に，完熟米向けに技術的な改良を加えた凍結フィルム法を用いる事にした．免疫染色法に使用するため，切断した米粒は，凍結包埋する前に，包埋剤であるカルボキシメチルセルロースゲル（CMC）を組織中に吸引により浸透させた．その後，CMC で包埋した組織を凍結し，凍結状態のままクライオミクロトームを用いて切断することで，厚さが一定に保たれた薄切片（厚さ 3 μm 以下）を作製した．この凍結包埋法により作製した切片は，組織の大きな脱離はみられず，デンプン粒やタンパク質顆粒などの細胞内構造が保たれた状態で観察された（Saito ら 2007）．上記の様に薄切した米組織は，赤色蛍光色素で標識したプロラミン抗体を切片上で反応させ，蛍光顕微鏡下で観察を行うことで，プロラミンの米粒内分布を視覚化することに成功した（図 13-3, A-C）．本法を用いて，プロラミンがデンプン性胚乳組織の外周部に多く存在していることが明らかになった．また，グルテリンについても同様に緑色蛍光色素で標識したグルテリン抗体を反応させて観察を行ったところ，グルテリンも種子の外周部に多く分布していた（図 13-3, D-F）．しかし，プロラミンの分布と比較すると，グルテリンは種子の中心部にかけても広

く分布することが明らかになった．

(2) 異なる品種の米を対象にした免疫組織観察

それでは，品種が異なる場合には，米粒におけるタンパク質の分布に差があるのだろうか．図13-3は，図13-1で用いた3種類の品種について，免疫組織観察を行った結果を示している．良食味品種である「コシヒカリ」ではプロラミンの蛍光シグナルが全体的に薄く（A），「日本晴」では，「コシヒカリ」よりも米粒周辺部，特に背側外周部で蛍光シグナルが濃く（B），低グルテリン品種である「春陽」では，米粒の外周部を蛍光シグナルが厚い層で覆っている像が得られた（C）．一方，グルテリンについては，プロラミンで観察された蛍光シグナルの偏りは緩和されていた（D-F）．これらの結果より，グルテリンよりもプロラミンの方が，米粒外周部における分布の局在性に差が大きいことが判った．こうして得た米粒上の蛍光シグナルの画像データについては，画像解析ソフトにより数値化することが可能であり，プロラミンやグルテリンの米粒内分布についてより詳細な解析を行えば，米粒におけるタンパク質の分布と食味との関係性が明確になると考えられる．

❹ おわりに

最近の我々の研究によると，貯蔵タンパク質の量や割合（グルテリンとプロラミンの比率）が飯米の粘りや硬さ，酒質などに微妙な影響を与えていることが判ってきた．プロラミンとグルテリンをそれぞれ抽出し，米に一定量を混ぜて炊飯すると，プロラミンを添加した炊飯米の物性測定で，硬さが増すことが判った（Furukawaら2006）．PB-Iにはプロラミン分子種がジスルフィド結合，疎水結合などを介して集合し，消化酵素が容易に侵入できない構造を形成していると考えられる．本稿で紹介したタンパク質の分析による結果も加えて，これまでに得られた知見を総合すると，タンパク質含量の高い米で食味が低下する主要因は，疎水性タンパク質であるプロラミンの集合体（PB-I）が米粒の外周部を取り囲むことで，米の吸水性を低下させ，物性的に硬さを増すと共に，デンプン同士の粘着を妨げることで粘りが低下するものと考察した．

筆者等は現在，栽培条件の異なる環境下で生育させたイネについても，米粒中の貯蔵タンパク質の組成分析および米粒内分布の解析を進めている．本稿の

❶で指摘したように，良食味を保つために米粒中のタンパク質を増やさない施肥技術と，玄米の外観品質を低下させないための栽培管理技術のバランスを保つためには，米に含まれるタンパク質を科学的に評価することが非常に重要である．今後，タンパク質の更なる分析技術の進展により，タンパク質の米粒内分布と米の品質や食味との関係が，より明確になることが期待される．

参考文献

Furukawa S., Tanaka K., Masumura T., Ogihara Y., Kiyokawa Y., Wakai Y. 2006. Influence of Rice Proteins on Eating Quality of Cooked Rice and Taste, Flavor of Sake. Cereal Chemistry 83: 439-446.

Iida S., Amano E., Nishio T. 1993. A rice (*Oryza sativa* L.) mutant having a low content of glutelin and a high content of prolamine. Theoretical Applied Genetics 87: 374-378.

Kawamoto T., Shimizu M. 2000. A method for preparing 2 to 50 um-thick fresh-frozen sections of large samples and undecalcified hard tissues. Histochemical Cell Biology 113: 331-339.

Ogawa M., Kumamaru T., Satoh H. Iwata N., Kasai Z., Tanaka K. 1987. Purification of protein body-I of rice seed and its polypeptide composition. Plant & Cell Physiology 28: 1517-1527.

増村威宏・田中國介 2007．コメの品質，食味向上のための窒素管理技術〔3〕―イネ種子タンパク質の合成・集積と米粒内分布に関する分子機構―．農業および園芸 82（1）：43-48．

望月隆弘・原　茂子 2000．保存期慢性腎不全の食事療法における低蛋白米の有用性．日本腎臓学会誌 42：24-29．

Saito Y., Nakatsuka N., Shigemitsu T., Tanaka K., Morita S., Satoh S., Masumura T. 2008. Thin frozen film method for visualization of storage proteins in mature rice grains. Bioscience, Biotechnology, and Biochemistry 72: 2779-2781.

Saito Y., Shigemitsu T., Tanaka K., Morita S., Satoh S., Masumura T. 2010. Ultrastructure of Mature Protein Body in the Starchy Endosperm of Dry Cereal Grain. Bioscience, Biotechnology, and Biochemistry 74: 1485-1487.

Takahashi H., Rai M., Kitagawa T., Morita S., Masumura T., Tanaka K. 2004. Differential localization of tonoplast intrinsic proteins on the membrane of protein body type II and aleurone grain in rice seeds. Bioscience, Biotechnology, and Biochemistry 68: 1728-1736.

Takahashi H., Saito Y., Kitagawa T., Morita S., Masumura T., Tanaka K. 2005. A novel vesicle derived directly from endoplasmic reticulum is involved in the transport of vacuolar storage proteins in rice endosperm. Plant & Cell Physiology 46: 245-249

Tanaka K., Sugimoto T., Ogawa M., Kasai Z. 1980. Isolation and characterization of two types of protein bodies in the rice endosperm. Agricultural Biological Chemistry 44: 1633-1639.

Tanaka Y., Hayashida S., Hongo M. 1975. The relationship of the feces protein particles to protein body. Agricultural Biological Chemistry 39: 515-518.

Yamagata H., Sugimoto T., Tanaka K., Kasai Z. 1982. Biosynthesis of storage proteins in developing rice seeds. Plant Physiology 70: 1094-1100

第14章
登熟期の高温が種子遺伝子発現および登熟代謝に及ぼす影響

山川博幹・羽方　誠・中田　克・宮下朋美・山口武志

1　イネの高温登熟障害発生メカニズムの分子生理研究

　温暖化の影響でイネの登熟期が高温となり，それに伴う玄米品質の低下が近年問題となっている．イネの登熟適温は20〜25℃程度であるが，北日本を除く多くの地域において，主要銘柄品種が登熟前期にそれを1〜3℃上回る温度に遭遇している．日本稲の登熟は26℃以上の高温で阻害され，玄米品質や粒重の低下を引き起こす．特に，私たちがご飯として食べる胚乳デンプンの蓄積が阻害され，デンプン粒の隙間に空気が残り（Zakaria et al. 2002），光が乱反射するため白濁してみえる乳白粒（図14-1）が多く発生する（Tashiro and Wardlaw 1991）．乳白粒は精米の過程で割れやすいため，それを多く含む米は等級が下がり（被害のない整粒が70％以下となると2等米となる），安価で取引され，また産地のイメージが低下することから，乳白粒の低減は生産者にとって喫緊の課題である．2010年は未曾有の猛暑に見舞われ，西日本を中心に1等米比率が低下し，2011年1月末時点の全国比率で61.7％となった．さらに，消費者にとっても，高温条件で登熟した米飯は粘りが少なく（図14-1）（Yamakawa et al. 2007），我が国では好まれない傾向がある．特に，日本酒醸造においては，高温年の酒米は蒸し上げた後に急速に硬くなるため，麹菌による糖化が進まず，酒生産効率が低いことが知られる．この原因も胚乳デンプンを構成するアミロペクチンの質的変化によりデンプンの老化が早まったためと考えられている（Okuda 2007）．

　イネはアジア地域を中心に主要な穀類作物で，ゲノムサイズが比較的小さいため，モデル作物となっており，我が国もそのゲノム解析に大いに貢献している．近年のゲノム解析の進展によって，イネの生理反応を包括的に理解するこ

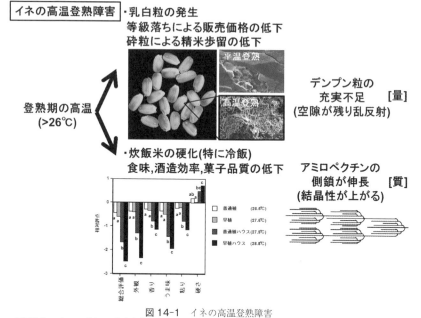

図14-1 イネの高温登熟障害
高温登熟によって生じる乳白部位では，デンプン粒の充実が不足し間隙に空間が残り，光が乱反射するため白濁してみえる．高温登熟米では，アミロペクチンの側鎖伸長によって，冷飯の硬化が早まる．

とが可能となりつつある．すなわち，3万個程度存在する遺伝子の発現を同時に解析できるマイクロアレイや様々な遺伝子の機能が失われた変異系統など豊富な遺伝解析材料が利用可能となっている．筆者らのグループでは，これらのイネゲノムツールを活用しながら，登熟期の高温が米の品質を低下させる要因について，遺伝子レベルでの解析を行っている．本稿では，高温登熟障害が発生する生理メカニズムについて，近年明らかとなった知見を述べる．

❷ 乳白粒の発生―デンプンの蓄積量の不足―

登熟温度の上昇にともない発生が増加する乳白粒は，胚乳に蓄積されるデンプン粒の形態変化をともなう．常温で登熟した透明な整粒では胚乳デンプン粒は隣接する粒どうしが密着し多角形の複粒構造をなすが，高温で発生する乳白粒の白濁部分では，デンプン粒の発達が不充分で隙間に空間が残り，球形の単

第14章 登熟期の高温が種子遺伝子発現および登熟代謝に及ぼす影響 213

粒構造をとる（図14-1）．このためデンプンの蓄積が阻害されていると考えられるため，高温がデンプン合成に及ぼす影響が調べられた．米の60～70%を占めるデンプンはグルコースが連結した高分子炭水化物であるが，主に直鎖からなるアミロースと枝分かれ構造を含むアミロペクチンで構成される．登熟期の高温によって，アミロースの合成を担うデンプン粒結合型デンプン合成酵素（GBSS）およびアミロペクチンの枝分かれを作るデンプン分枝酵素（BE）等のデンプン合成に関わる酵素の活性が低下し（Umemoto and Terashima 2002, Jiang et al. 2003），実際にアミロース含量が低下し（Asaoka et al. 1989, Umemoto and Terashima 2002, Yamakawa et al. 2007），アミロペクチンの分枝構造が変化することが明らかとなった（Asaoka et al. 1984, Umemoto et al. 1999, Yamakawa et al. 2007）．

（1）マイクロアレイを用いたトランスクリプトーム解析

マイクロアレイは，イネの3万個の遺伝子配列が固定されたDNAチップに対して，目的の組織より抽出したRNAを蛍光標識した後に相補的にハイブリダイゼーションをさせることによって，すべての遺伝子について同時に発現量を高精度に測定できるツールである．高温に対する感受性が部位別，登熟時期別に調べられたところ，デンプンを盛んに合成している登熟前半の乳熟期の穂が高温に曝されたときに乳白粒が多く発生することが明らかとなったので（Sato and Inaba 1973, Morita et al. 2004），この時期の登熟途中の米粒において高温が全遺伝子の発現に及ぼす影響についてマイクロアレイで網羅的に解析され（トランスクリプトーム解析という），いくつかの遺伝子については定量的RT-PCR法によって発現の経時的な変化が詳細に調べられた（Yamakawa et al. 2007）．高温条件（昼温33℃/夜温28℃）では平温条件（同25℃/20℃）と比較して種子の登熟自体が早く進行するが，それにともなって多くの遺伝子の発現のタイミングが前倒しになるだけでなく，種子に貯蔵されるデンプンおよびタンパク質の合成・代謝に関わる多くの遺伝子の発現レベルが変化した．また，熱ストレスに応答するシャペロンタンパク質や酸化還元酵素の遺伝子発現が上昇した．特徴的なこととして，デンプン粒結合型デンプン合成酵素I（*GBSSI*）やデンプン分枝酵素IIb（*BEIIb*）等のデンプン合成関連酵素，デンプン合成のための材料ADP-グルコースを産生するADP-グルコースピロホスホリラーゼ（*AGPase*; *AGPS2b*, *AGPS1*, *AGPL2*），およびADP-グルコースをデンプン合成・

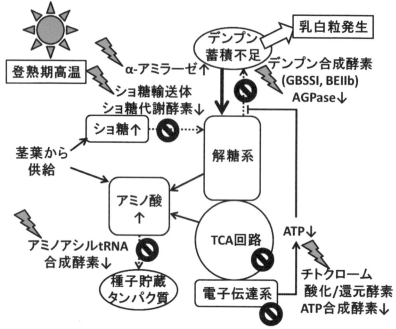

図14-2 高温が種子登熟代謝に及ぼす影響
高温によって阻害されるステップを点線矢印で，促進されるステップを太矢印で示す．

蓄積の場となるアミロプラストへ運び入れる輸送体（BT1-2）の遺伝子の発現が高温条件で50-70％程度に低下した（図14-2）．これに対して，デンプンを加水分解する酵素，α-アミラーゼ（Amy1A, Amy3D, Amy3E）の遺伝子の発現が高温によって2.2-2.5倍に上昇した．実際に，高温登熟によって発生した乳白粒の白濁部位に含まれるデンプン粒の表面には小孔が確認されており（Zakaria et al. 2002, Tsutsui et al. 2013），デンプンの後発的な分解が示唆される．以上のことから，遺伝子の発現レベルでも，高温によってデンプンの合成が抑制され，分解消費が促進されることが明らかとなり，これらが合わさりデンプンの蓄積不足を引き起こしていると推察される．

(2) プロテオーム解析

一方，二次元電気泳動を用いてタンパク質レベルでの網羅的解析（プロテオーム解析）も行われており，登熟期の高温によって，GBSSI，アレルゲン様タ

ンパク質，タンパク質合成に関わる翻訳伸長因子が減少し，熱ショックタンパク質が増加した（Lin et al. 2005）．熱ショックタンパク質は酵素等が熱によって変性し失活するのを防ぐと考えられている．また，玄米に蓄積される種子貯蔵タンパク質では，分子量が 13 kD のプロラミンが高温条件下で減少することが明らかとなった（Yamakawa et al. 2007, Lin et al. 2010）．

(3) メタボローム解析

さらに，高温に曝された登熟途中米および完熟玄米について，デンプン合成の前駆物質の糖代謝関連物質の網羅的定量解析（メタボローム解析）が行われた．糖代謝物質の大部分はイオン性であるため，イオン性物質の分解能に優れるキャピラリー電気泳動に質量分析計を接続した CE-MS システムを用いることによって，解糖系や TCA 回路を構成する大部分の糖リン酸および有機酸の他に，アミノ酸やヌクレオチドについても高感度にかつ再現性よく同時定量することが可能である（Sato et al. 2004）．すなわち，キャピラリーの出口が陰極となるように電圧を印加することで，酸性領域で陽イオンとなるアミノ酸を電気泳動によって分離し，TOF-MS により検出・定量し，電圧を逆転することによって，弱塩基性領域で陰イオンとなる糖リン酸，有機酸を電気泳動し TOF-MS による定量を行う．本システムによる分析から，高温に曝された登熟途中米および完熟玄米でショ糖（スクロース）やアミノ酸が増加すること，登熟途中米で高温によって糖リン酸，有機酸等の解糖系／TCA 回路構成物質が減少することが明らかとなった（図 3-25）（Yamakawa and Hakata 2010）．

イネの主要な代謝経路については，KEGG（http://www.genome.jp/kegg/pathway.html）や RiceCyc（http://www.gramene.org/pathway/ricecyc.html）のようなデータベースにおいて，各代謝反応を触媒する酵素をコードする遺伝子の情報が公開されている．CE-MS 解析で明らかとなった代謝物質量の変動と，上述のマイクロアレイ解析において明らかとなった関連代謝酵素の遺伝子の発現の変化を統合することによって，次のような代謝的な特徴が明らかとなった（図 14-2）．登熟期の高温によって，茎葉より転流されてくるスクロースの胚乳細胞への取り込みおよびその後の単糖への変換が阻害され（スクロース輸送体，スクロースシンターゼ，インベルターゼ遺伝子の発現が低下），また，デンプン合成が抑制される（*GBSSI*, *BEIIb*, *AGPase* 等のデンプン合成関連遺伝子の発現低下）．これに対して，デンプン分解が促進される（*α*-アミラーゼ遺伝子

の発現が上昇).安定同位体標識された $^{13}CO_2$ を用いた代謝フラックス解析からも,高温によって出穂後の茎葉から登熟途中穎果への同化炭素の転流が阻害され,デンプン蓄積が低下し,スクロースが蓄積することが示された(Ito et al. 2009).AGPase やスクロース輸送体遺伝子が欠損したイネでは,デンプン合成が著しく阻害されることからも(Scofield et al. 2002, Kawagoe et al. 2005),これらの遺伝子の機能が登熟に必要であることが示唆される.

さらに,エネルギー生産に関わる電子伝達系において,エネルギー物質 ATP の生産能力が低下する(チトクローム c 酸化／還元酵素,H＋輸送共役 ATP アーゼ等のチトクローム呼吸鎖構成要素の遺伝子の発現低下).実際に高温条件では,登熟途中米に含まれる ATP の量が減少することが示されている(She et al. 2010).デンプンの合成は大量の ATP を必要とするので,上記の変化が複合的に作用して,デンプンの蓄積が阻害され,乳白粒を生じると考えられる.

一方窒素代謝については,アミノアシル tRNA 合成酵素遺伝子群の発現が高温によって低下し,アミノ酸からタンパク質への合成が阻害されており,このことが高温条件で遊離アミノ酸が増加する一因と考えられる(Yamakawa and Hakata 2010).

(4) 遺伝解析から予想される乳白粒発生関連遺伝子

それでは,どの遺伝子が高温登熟条件における乳白粒の発生の原因なのだろうか.これまでに行われた変異系統の解析や量的形質遺伝子座(QTL)解析等の遺伝解析の結果から,いくつかの候補遺伝子が示唆される.高温で発現が低下する種々の遺伝子のうち,デンプン合成に関わる *GBSSI* および *BEIIb*,糖代謝に関わるピルビン酸オルソリン酸ジキナーゼ(*PPDKB*)については,その遺伝子の機能が欠失した変異イネは,登熟温度に関わらず,胚乳が糯あるいは粉質状になった乳白粒を生じる(Nishi et al. 2001, Kang et al. 2005).これに対して,高温条件で発現が上昇する遺伝子のうち,デンプン分解酵素 α-アミラーゼ遺伝子(*Amy1A, Amy3D*)は,組換え技術を用いて米粒で強発現させると,高温に曝されなくても,乳白粒となる(Asatsuma et al. 2006).高温条件で起きるこれらの遺伝子の発現の変動が協調的に作用して,乳白粒の発生を促していると考えられる.しかしながら,*BEIIb* や *PPDKB* の機能欠損が胚乳デンプン粒の形態変化を引き起こし乳白粒を生じる分子メカニズムについては不明

第 14 章 登熟期の高温が種子遺伝子発現および登熟代謝に及ぼす影響　217

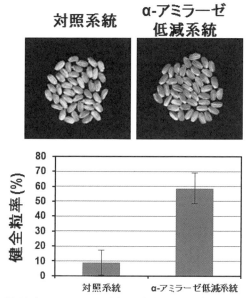

図 14-3　α-アミラーゼ遺伝子の抑制による乳白粒の低減
α-アミラーゼ遺伝子の発現を抑制し，登熟途中段階で働く
ことができなくすると，高温で発生する乳白粒が減少する．

であり，形態・分子レベルを統合した解析が今後望まれる．また，乳白粒の発生程度にはイネの品種間で明確な違いがあるが，その違いを決めているゲノム染色体領域を明らかにする QTL 解析が行われており，実際に *GBSSI*，*BEIIb*，*PPDKB*，*Amy3D* をそれぞれ含む領域に，乳白粒の発生程度を決める QTL が存在することが明らかとなっている（Yamakawa et al. 2008）．

(5) 遺伝子改変による乳白粒発生メカニズムの解析

　上述した遺伝子発現や代謝産物の解析から，デンプン代謝に関連する遺伝子の変動が乳白粒の発生に関与することが予想された．そこで，遺伝子組換え技術によって種々のデンプン代謝関連酵素の遺伝子発現が改変されたイネの高温登熟性が調べられた．それらのうち，デンプン分解酵素の α-アミラーゼ遺伝子が抑制されたイネにおいて，乳白粒発生の低減が認められた（図 14-3）（Hakata et al. 2012）．また，登熟期の胚乳において，高温による α-アミラーゼ遺伝子の発現上昇が明らかとなっている（図 14-4）．このことから，登熟期に

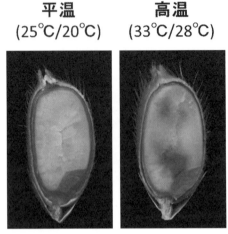

図14-4 登熟期種子の胚乳における α-アミラーゼ遺伝子の発現
登熟期の高温によって，胚乳組織で α-アミラーゼ遺伝子の発現の上昇が認められる．遺伝子が発現した部分が，青色に染色される．

高温に遭遇した米粒において，α-アミラーゼが活性化され，胚乳へのデンプンの蓄積が阻害されることが，乳白粒が発生する要因であるということが示唆された．

3 米飯の硬化―デンプンの質的変化―

高温条件で登熟した米は，炊飯後に硬くなるのが早いことが知られている．炊飯後しばらく放冷した冷飯の硬さは，デンプンを構成する，枝分かれ構造をもつアミロペクチンの枝（側鎖という）の長さと関係がある．すなわち，短い枝（短鎖）が少なく長い枝（長鎖）が多いアミロペクチンからなる米は，デンプンの糊化温度が高く老化が早く（Inouchi 2010），冷飯が硬くなる（Umemoto et al. 2003）．高温で登熟した米に含まれるアミロペクチンは長鎖が多く（Asaoka et al. 1984, Umemoto et al. 1999, Yamakawa et al. 2007），筆者らの解析でも登熟温度を昼温25℃/夜温20℃から33℃/28℃へ上昇することによって，グルコースの重合個数（DP）が21以上の長鎖の割合が増加しDP10-19の短鎖が減少する（図14-5）．このことが米飯硬化による食味の低下を引き起こす要因と考えられる．

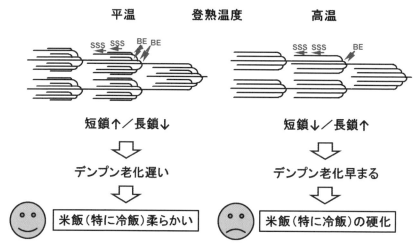

図 14-5　登熟温度によるアミロペクチン分枝構造の変化と米飯物性の関係
高温条件では，新しい枝分かれ（側鎖）をつくるデンプン分枝酵素（BE）の発現・活性が低下するが，側鎖を伸長する可溶型デンプン合成酵素（SSS）の発現・活性は比較的安定して存在するため，アミロペクチンの長鎖が相対的に増え，このことが米飯の物性に影響を及ぼしている．

　アミロペクチンの側鎖の構造は，新しい側鎖をつくるデンプン分枝酵素（BE）の働きと，作られた側鎖を伸長する可溶性デンプン合成酵素（SS）の働きのバランスによって決定される（Nakamura 2002）．登熟期の高温によって，BE 遺伝子，特に短鎖をつくるタイプの *BEIIb* の発現が顕著に低下するが，側鎖の伸長を担う SS 遺伝子（*SSI, SSIIa, SSIIIa*）の発現は登熟温度による影響を比較的受けにくい（図 14-5）．また，*BEIIb* は反応至適温度が低く，30℃ 以上の高温領域で活性が半減する（Takeda et al. 1993, Ohdan et al. 2011）．このことからも高温で *BEIIb* 機能が低下すると思われる．このため，相対的に長鎖の多いアミロペクチンとなると考えられる．実際に *BEIIb* 遺伝子の機能を欠失する変異イネの玄米は，DP>19 の長鎖に富み DP6-16 の短鎖が極めて少ないアミロペクチンを蓄積し，糊化温度が高い（Nishi et al. 2001）．したがって，*BEIIb* の発現の低下が，高温登熟米の飯の硬化の要因であると考えられる．

❹ 今後の展望

　上述のように，イネゲノム解析の進展によって，温暖化による玄米品質の低下の生理メカニズムが遺伝子レベルで明らかとなりつつある．乳白粒の発生は

茎葉からの同化産物の供給の不足によっても助長されるなど，その生理メカニズムは極めて複雑と考えられるが，登熟期米粒で働くデンプン分解酵素 α-アミラーゼの抑制によって乳白粒の発生が低減することが明らかとなった．近年，TILLINGという手法を用いて，任意の遺伝子が働かなくなった欠損変異イネを選抜することが可能となっている（Colbert et al. 2001, Suzuki et al. 2008）．加えて，わが国には多数の変異イネの大規模ライブラリーが存在している．現在，遺伝変異を用いて，α-アミラーゼ遺伝子等の高温登熟性に関与する遺伝子を改変することによって，温暖化でも米の品質が低下しないイネの開発が試みられている．乳白粒発生メカニズムの全貌解明に向けて，これまで以上に徹底的な解析が望まれている．

謝辞

本稿に示した研究成果は，農林水産省新農業展開ゲノムプロジェクト（IPG0020）および次世代ゲノム基盤プロジェクト（IVG3001）の支援によって得られたものである．

参考文献

Asaoka M., Okuno K., Hara K., Oba M., Fuwa H. 1989. Effects of environmental temperature at the early developmental stage of seeds on the characteristics of endosperm starches of rice（Oryza sativa L.）. Denpun Kagaku 36: 1-8.

Asaoka M., Okuno K., Sugimoto Y., Kawakami J., Fuwa H. 1984. Effect of environmental temperature during development of rice plants on some properties of endosperm starch. Starch 36: 189-193.

Asatsuma S., Sawada C., Kitajima A., Asakura T., Mitsui T. 2006. α-Amylase affects starch accumulation in rice grains. J. Appl. Glycosci. 53: 187-192.

Colbert T., Till B. J., Tompa R., Reynolds S., Steine M. N., Yeung A. T., McCallum C. M., Comai L., Henikoff S. 2001. High-throughput screening for induced point mutations. Plant Physiol. 126: 480-484.

Hakata M., Kuroda M., Miyashita T., Yamaguchi T., Kojima M., Sakakibara H., Mitsui T., Yamakawa H. 2012. Suppression of α-amylase genes improves quality of rice grain ripened under high temperature. Plant Biotechnol. J. 10: 1110-1117.

Inouchi N. 2010. Study on structures and physical properties of endosperm starches of rice and other cereals. J. Appl. Glycosci. 57: 13-23.

第14章 登熟期の高温が種子遺伝子発現および登熟代謝に及ぼす影響

Ito S., Hara T., Kawanami Y., Watanabe T., Thiraporn K., Ohtake N., Sueyoshi K., Mitsui T., Fukuyama T., Takahashi Y., Sato T., Sato A., Ohyama T. 2009. Carbon and nitrogen transport during grain filling in rice under high-temperature conditions. J. Agron. Crop Sci. 195 : 368-376.

Jiang H., Dian W., Wu P. 2003. Effect of high temperature on fine structure of amylopectin in rice endosperm by reducing the activity of the starch branching enzyme. Phytochemistry 63 : 53-59.

Kang H. G., Park S., Matsuoka M., An G. 2005. White-core endosperm floury endosperm-4 in rice is generated by knockout mutations in the C4-type pyruvate orthophosphate dikinase gene (OsPPDKB). Plant J. 42 : 901-911

Kawagoe Y., Kubo A., Satoh H., Takaiwa F., Nakamura Y. 2005. Roles of isoamylase and ADP-glucose pyrophosphorylase in starch granule synthesis in rice endosperm. Plant J. 42 : 164-174.

Lin S. K., Chang M. C., Tsai Y. G., Lur H. S. 2005. Proteomic analysis of the expression of proteins related to rice quality during caryopsis development and the effect of high temperature on expression. Proteomics 5 : 2140-2156.

Lin C. J., Li C. Y., Lin S. K., Yang F. H., Huang J. J., Liu Y. H., Lur H. S. 2010. Influence of high temperature during grain filling on the accumulation of storage proteins and grain quality in rice (Oryza sativa L.). J. Agric. Food Chem. 58 : 10545-10552.

Morita S., Shiratsuchi H., Takanashi J., Fujita K. 2004. Effect of high temperature on grain ripening in rice plants : analysis of the effects of high night and high day temperatures applied to the panicle and other parts of the plant. Jpn. J. Crop Sci. 73 : 77-83.

Nakamura Y. 2002. Towards a better understanding of the metabolic system for amylopectin biosynthesis in plants : rice endosperm as a model tissue. Plant Cell Physiol. 43 : 718-725.

Nishi A., Nakamura Y., Tanaka N., Satoh H. 2001. Biochemical and genetic analysis of the effects of amylose-extender mutation in rice endosperm. Plant Physiol. 127 : 459-472.

Ohdan T, Sawada T, Nakamura Y 2011. Effects of temperature on starch branching enzyme properties of rice. J. Appl. Glycosci. 58 : 19-26.

Okuda M 2007. Structural characteristics of rice starch and sake making properties. J. Brew. Soc. Jpn. 102 : 510-519.

Sato K, Inaba K 1973. High temperature injury of ripening in rice plant. II. Ripening of rice grains when the panicle and straw were separately treated under different temperature. Proc. Crop Sci. Soc. Jpn. 42 : 214-219.

Sato S., Soga T., Nishioka T., Tomita M. 2004. Simultaneous determination of the main metabolites in rice leaves using capillary electrophoresis mass spectrometry and capillary elec-

trophoresis diode array detection. Plant J. 40: 151-163.
Scofield G. N., Hirose T., Gaudron J. A., Furbank R. T., Upadhyaya N. M., Ohsugi R. 2002. Antisense suppression of the rice transporter gene, OsSUT1, leads to impaired grain filling and germination but does not affect photosynthesis. Funct. Plant Biol. 29: 815-826.
She K. C., Kusano H., Yaeshima M., Sasaki T., Satoh H., Shimada H. 2010 Reduced rice grain production under high-temperature stress closely correlates with ATP shortage during seed development. Plant Biotechnol. 27: 67-73.
Suzuki T., Eiguchi M., Kumamaru T., Satoh H., Matsusaka H., Moriguchi K., Nagato Y., Kurata N. 2008. MNU-induced mutant pools and high performance TILLING enable finding of any gene mutation in rice. Mol. Genet. Genomics 279: 213-223.
Takeda Y., Guan H. P., Preiss J. 1993. Branching of amylose by the branching isoenzymes of maize endosperm. Carbohydr Res. 240: 253-263.
Tashiro T., Wardlaw I. F. 1991. The effect of high temperature on kernel dimensions and the type and occurrence of kernel damage in rice. Aust. J. Agric. Res. 42: 485-496.
Tsutsui K., Kaneko K., Hanashiro I., Nishinari K., Mitsui T. 2013. Characteristics of opaque and translucent parts of high temperature stressed grains of rice. J. Appl. Glycosci. 60: 61-67.
Umemoto T., Aoki N., Ebitani T. 2003. Naturally occurring variations in starch synthase isoforms in rice endosperm. J. Appl. Glycosci. 50: 213-216.
Umemoto T., Nakamura Y., Satoh H., Terashima K. 1999. Differences in amylopectin structure between two rice varieties in relation to the effects of temperature during grain-filling. Starch 51: 58-62.
Umemoto T., Terashima K. 2002. Activity of granule-bound starch synthase is an important determinant of amylose content in rice endosperm. Funct. Plant Biol. 29: 1121-1124.
Yamakawa H., Ebitani T., Terao T. 2008. Comparison between locations of QTLs for grain chalkiness and genes responsive to high temperature during grain filling on the rice chromosome map. Breed. Sci. 58: 337-343.
Yamakawa H., Hakata M. 2010. Atlas of rice grain filling-related metabolism under high temperature: Joint analysis of metabolome and transcriptome demonstrated inhibition of starch accumulation and induction of amino acid accumulation. Plant Cell Physiol. 51: 795-809.
Yamakawa H., Hirose T., Kuroda M., Yamaguchi T. 2007. Comprehensive expression profiling of rice grain filling-related genes under high temperature using DNA microarray. Plant Physiol. 144: 258-277.
Zakaria S., Matsuda T., Tajima S., Nitta Y. 2002. Effect of high temperature at ripening stage on the reserve accumulation in seed in some rice cultivar. Plant Prod. Sci. 5: 160-168.

第15章
高温耐性イネの開発戦略
―澱粉代謝関連酵素の細胞分子生物学の視点から―

三ツ井敏明・金古堅太郎・白矢武士

　気候温暖化は，我が国においても深刻な環境問題の1つとなっている．最も主要な温室効果ガスである CO_2 の大気中濃度は工業化が始まる前の1760年代頃は280 ppmであったが，それ以降増加し始め，20世紀後半から増加傾向が急速に高まり，2005年には379 ppmに上昇した．IPCC（気候変動に関する政府間パネル）は環境重視・国際協調主義から経済重視・地域主義まで地球規模での様々な CO_2 の排出シナリオを想定し，大気中 CO_2 濃度は2100年には500～1,000 ppmに達するものと予測している．大気中の CO_2 濃度上昇にともなって世界平均気温は過去100年に0.74℃温暖化し，我が国においても約1℃上昇したと報告されている．さらに，21世紀中に工業化以前と比べて2℃から4℃温暖化が進むと推測されている．気候温暖化は我が国の作物生産にも大きな影響を及ぼしている．ここ30年間の夏期の平均気温を調査したところ2℃以上上昇している地域も見られる．イネ登熟期の異常高温は玄米に白濁，充実不足や胴割れを多発させ，玄米品質の低下そして一等米比率を低下させる．生産現場ではこれは極めて深刻な問題である．温暖化はさらに進行すると予測されていることから，高温登熟しても玄米品質が低下しない高温耐性品種の開発が強く求められている．高温登熟障害による白未熟粒（玄米の全体あるいは一部が白く濁った未熟粒）の発生の要因として，1）高夜温による呼吸量の増加による光合成産物の減少，2）穂への輸送機能の低下，3）高温下での穂における同化産物受入れ能力の低下，4）穂における貯蔵組織の細胞成長や澱粉集積プログラムの乱れなどが考えられている．これらの要因が複雑に絡み合って白未熟粒が生ずるものと思われるが，明確な答えはいまだ得られていない．本稿では，澱粉代謝に関連する酵素の細胞分子生物学に関する新しい知見，米品質に及ぼす高温・高 CO_2 環境の影響，そして澱粉集積抑制酵素が米品質に影響を与えることを紹介し，高温登熟による米品質低下軽減のための戦略について考

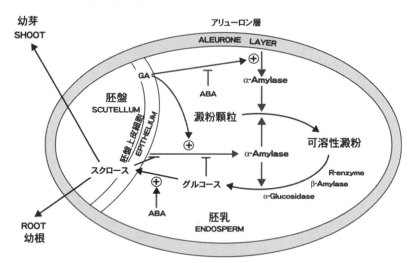

図 15-1 発芽イネ種子における澱粉代謝
澱粉は α-アミラーゼ,枝切り酵素,β-アミラーゼおよび α-グルコシダーゼの協調的な作用によってグルコースまで分解される.
GA：ジベレリン,ABA：アブシジン酸.

察したい.

① 澱粉代謝関連酵素の細胞分子生物学に関する新しい知見

植物における澱粉分解の研究は古くから発芽穀類種子を用いて行われてきた (Akazawa ら 1988).種子が吸水すると,澱粉加水分解酵素は胚盤上皮細胞およびアリューロン層細胞で合成され,澱粉貯蔵組織である胚乳に分泌される.α-アミラーゼ,β-アミラーゼ,枝切り酵素や α-グルコシダーゼ等の加水分解酵素が協調的に澱粉に作用し,グルコースまで分解する.生じたグルコースは胚盤に吸収され,ショ糖に転換され,成長する幼芽および幼根に炭素骨格源・エネルギー源として供給される.これらの加水分解酵素の合成,分泌は植物ホルモンであるジベレリンやアブシジン酸,加えてグルコースなどの低分子糖によって調節されることも明らかにされている（図 15-1,三ツ井 1999).しかし,植物細胞における澱粉の生合成・分解の場はプラスチド（葉緑体やアミロプラスト）である.発芽穀類種子の胚乳組織における澱粉分解は,死組織であ

る胚乳において剝き出しになった澱粉顆粒に加水分解酵素が作用するという植物全体の澱粉代謝から見るとある特殊な出来事と言える．

　イネα-アミラーゼの中で最も主要なアイソフォームである AmyI-1 は N-結合型糖鎖を持つ分泌性糖タンパク質であり，その糖鎖構造や糖鎖結合部位そして結晶構造も決定されている（Mitsui ら 1997，Ochiai ら 2014）．AmyI-1 の生理機能を調べるため，AmyI-1 の発現抑制および過剰発現する形質転換イネ植物を解析したところ，驚いたことに発芽イネ種子の胚乳だけでなく，緑葉などの生細胞でも AmyI-1 が澱粉分解に関わっていることを示す結果が得られた．そこで細胞分画，抗 AmyI-1 抗体を用いた免疫電子顕微鏡観察，並びに AmyI-1 に緑色蛍光タンパク質（GFP）を連結した融合タンパク質遺伝子 AmyI-1-GFP を導入したイネ細胞の共焦点レーザー蛍光顕微鏡観察により AmyI-1 の細胞内局在性を調べたところ，分泌性糖タンパク質 AmyI-1 が確かに葉緑体やアミロプラストに局在することがわかった（Asatsuma ら 2005）．さらに，タマネギ表皮細胞に AmyI-1-GFP とプラスチドマーカーとして澱粉合成酵素 Wx のトランジットペプチド領域（WxTP）と赤色蛍光タンパク質（DsRed）の融合遺伝子 WxTP-DsRed とをパーティクルガンを用いて導入し，一過的に共発現させて観察した．その結果，WxTP-DsRed で可視化されたプラスチドに AmyI-1 の局在を示す GFP 蛍光が一致し，イネ細胞と同じくタマネギ細胞においても AmyI-1 がプラスチドに局在化することがわかった．これらの結果は，イネとタマネギにおいて共通する AmyI-1 のプラスチド局在化メカニズムが存在することを示唆した．AmyI-1 は分泌性糖タンパク質として知られていることから，AmyI-1 が分泌経路からプラスチドに輸送されるのか否かを調べるため，小胞体―ゴルジ体間の小胞輸送に必要な G タンパク質である ARF1 および SAR1 のドミナント変異遺伝子を用いて解析した．AmyI-1-GFP，WxTP-DsRed と共にドミナント変異遺伝子を導入して小胞体―ゴルジ体間の輸送を抑えたところ，AmyI-1-GFP のプラスチド局在は観察されなくなり，AmyI-1-GFP 蛍光は小胞体ネットワーク状の分布を示した．このことにより AmyI-1 のプラスチド局在化には小胞体―ゴルジ体間の輸送が不可欠であることが明らかになった．さらにゴルジ体からプラスチドへの輸送経路の存在について調べた．ゴルジ体マーカーとしてトランスゴルジ膜局在のラットシアリルトランスフェラーゼの膜貫通ドメイン（ST）と赤色蛍光タンパク質（mRFP）との融合遺伝子 ST-mRFP を用い，WxTP-GFP と共発現させて観察した．これら 2 つの蛍光は全く別々の挙動を示

226　第Ⅲ部　外観品質・食味形成のメカニズム

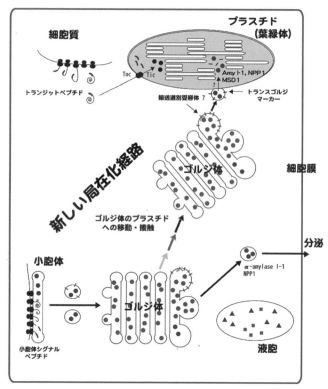

図 15-2　糖タンパク質のプラスチド局在化機構
AmyI-1, NPP1 および MSD1 は分泌経路からプラスチドに輸送，局在化し，機能する．

すと思われていたが，*AmyI-1* を発現させたタマネギ細胞においては高頻度に *ST-mRFP* 蛍光がプラスチドに検出された．我々はこの結果から，高等植物細胞においてゴルジ体からプラスチドへの膜交通が存在すると結論した（Kitajima ら 2009）．これまでプラスチドと分泌経路である細胞内膜系との間のタンパク質輸送についてはほとんど議論されてこなかった（三ツ井 2007）．しかし，糖タンパク質のプラスチドへの局在化はイネヌクレオチドピロホスファターゼ／ホスホジエステラーゼ1（*NPP1*；Nanjo ら 2006），Mn スーパーオキシドジスムターゼ1（*MSD1*；Shiraya ら 2014）並びにシロイヌナズナのカーボニックアンヒドラーゼ（Villarejo ら 2005；Burén ら 2011）でも確認されており，その存在は植物細胞分子生物学の分野で受け入れられつつある．図 15-2 に *AmyI-*

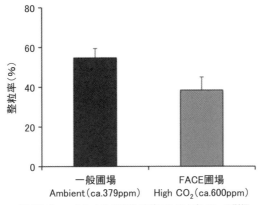

図 15-3 コシヒカリの玄米品質に及ぼす高 CO_2 の影響（独）農業環境技術研究所 FACE 実験施設（茨城県つくばみらい市）における調査．登熟期平均気温，25.9℃．

1，NPP1 および MSD1 糖タンパク質のプラスチド局在化機構の概要を示した．

② 米品質に及ぼす高温・高 CO_2 濃度環境の影響

うるち玄米の整粒（正常粒）は豊満で左右・上下均整の取れた形で，側面の縦溝が浅く全体が透明で表面が光沢を持つ．澱粉顆粒は複粒構造を示し，空隙は殆ど見られない．登熟期に高温ストレスを受けると白濁粒や胴割れ粒が多発する．高温ストレスは玄米の一部に澱粉集積の不良な箇所を生じさせ，顆粒間にできた隙間と澱粉顆粒表面の小さな凹み等により光が複雑に屈折そして乱反射することによって，玄米のその部分が白く濁り不透明になる．白濁の部位によって，それぞれ腹白，背白，基白，乳白，心白粒と呼ばれる．

出穂後 20 日間の日平均気温が 26℃ を超えると白未熟粒の発生が著しく増加することが知られている（小葉田ら 2004）．様々な品種の高温登熟性が，人工気象室，ビニールハウス，プールや温水掛流し実験施設などを用いて評価されている（石崎 2005）．さらに最近，FACE（Free Air CO_2 Enrichment；開放系大気二酸化炭素増加）施設を用いた実験から CO_2 濃度上昇も玄米品質を低下させることが明らかになりつつある．我々は，茨城県みらい市にある（独）農業環境技術研究所 FACE 実験施設（Nakamura ら 2012）においてコシヒカリの玄米品質に及ぼす高 CO_2 濃度の影響について追試を行った．図 15-3 の結果に見

られるように，FACE 圃場（CO_2 濃度：約 600 ppm）において栽培したコシヒカリの整粒率は一般圃場（CO_2 濃度：379 ppm）のそれと比較して大きく減少した．一般に，高 CO_2 濃度環境は植物にとって好条件として働く．イネにおいても CO_2 濃度が高くなると光合成が促進され澱粉蓄積が増加し，玄米収量が増す．しかし，高 CO_2 濃度環境下では気孔が閉じられ蒸散が低下することから穂の温度が上昇する．したがって，高 CO_2 環境が高温障害を助長する可能性は十分考え得る．今後も大気 CO_2 濃度の上昇は避けられないことから，将来の稲作農業を見据えた高温・高 CO_2 濃度の影響に関する研究は必要不可欠である．

③ 澱粉集積抑制酵素は米品質に影響を与える

α-アミラーゼや NPP などの澱粉集積に対して抑制的に働く糖タンパク質がプラスチドに輸送・局在化し，機能する．また，α-アミラーゼや NPP などの加水分解酵素が熱に比較的強いことに加え，酵素反応における温度係数 Q_{10} を計算したところ，それぞれの Q_{10} は 2.74 と 3.21 であり一般的な酵素の値（Q_{10} ≒2）より高い（三ツ井ら 2005）．これは，他の酵素と比べて温度上昇によって本活性がより強くなることを意味する．そこで，高温ストレス下における登熟種子の α-アミラーゼの発現変動およびその品種間差異について調べた．イネ品種としては，出穂期がほぼ同じである早生品種，ゆきん子舞，ゆきの精とトドロキワセが用いられ，高温処理は新潟県農業総合研究所（長岡市）の温水掛け流し圃場（温水 35℃，水深 15 cm，水量 80 L/min）において行われた．温水掛け流し処理により，登熟期の平均気温は一般圃場（24.5℃）に比べて 1.9℃上昇した．ゆきん子舞は高温登熟性優良品種の一つで温水掛け流し処理では全く高温障害は発生しなかった．一方，トドロキワセは高温登熟性が悪く，温水掛け流し処理により整粒率の顕著な低下が見られた．ゆきの精の高温登熟性についてはその中間であった．開花後 4, 9 および 13 日目の果皮を取り除いた子実から酵素を抽出し，37℃で活性測定を行い，温度係数 Q_{10} を考慮，補正し，α-アミラーゼの活性量を算出した．ゆきん子舞では，α-アミラーゼの活性量は温水掛け流し処理で殆ど変動しなかった．ところが，トドロキワセでは酵素活性量は高温処理により大きく上昇することが分かった．ゆきの精におけるこれらの酵素の変動はやはり中間的であった．（図 15-4）

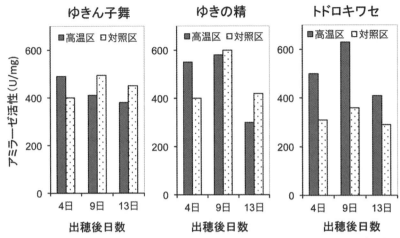

図15-4 高温ストレス下における登熟種子のα-アミラーゼの発現変動およびその品種間差異
高温区,温水掛け流し圃場：対照区,一般圃場.

　Yamakawaら（2007）は，高温ストレスが玄米成分の形成に及ぼす影響を遺伝子レベルで包括的に解明するためにトランスクリプトーム解析を行っている．高温（33/28℃：昼／夜温）にさらした登熟途中の胚乳と無処理（25/20℃）のものについてmRNAの発現量を比較したところ，澱粉代謝，種子貯蔵タンパク質の合成およびストレス応答に関与する遺伝子において違いが見られた．高温によってα-アミラーゼ遺伝子（AmyI-1, AmyII-3, AmyII-4）の発現が上昇するという知見は特記に値する．しかし石丸ら（2009）は，登熟種子胚乳の中心部分ではこれらα-アミラーゼのmRNAを検出することはできなかったと報じ，高温登熟性とα-アミラーゼとの関わりを疑問視した．一方，玄米の澱粉分解酵素については食品化学的な観点からの解析が行われている．特異抗体を用いたウェスタンブロット実験で得られた結果から，玄米の精米過程における90-80％画分にAmyI-1とAmyII-4が見いだされ，加えて80-0％画分にα-グルコシダーゼONG2および抗AmyII-3抗体（Mitsuiら1996）によって認識されるα-アミラーゼが検出された（Tsuyukuboら2010, 2012）．さらに我々は，高温登熟によって生じた乳白部位のショットガンプロテオミクス解析を行ったところ，α-アミラーゼAmyII-3タンパク質の存在を確認した（図15-5）．実際，α-アミラーゼ遺伝子の働きを強めた形質転換イネを作製し，その玄米形質を調査したところ高頻度に乳白や死米の発生が起こることが分かった

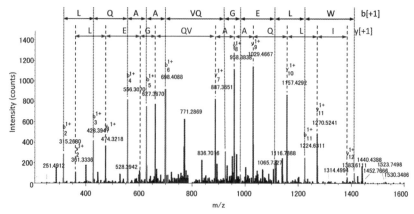

図 15-5 高温登熟によって生じた乳白部位のショットガンプロテオミクス解析によって検出された代表的な AmyII-3 ペプチドの MS/MS スペクトル
質量分析装置:LTQ Orbitrap XL, 検出ペプチド数:14, 配列カバー率:18.31%, スコア:51.37.

(Asatsuma ら 2006). 一方, α-アミラーゼ遺伝子の働きを弱めた形質転換イネにおいては, 33/28℃ (昼／夜) の高温ストレスを与えたところ野生型イネに比べ顕著な整粒率の改善が認められた (Hakata ら 2012). これらの結果から, イネにおける高温登熟障害発生の 1 つの要因として, 澱粉集積に対して抑制的に作用する酵素の活性上昇が重要であることは間違いない. 新潟県で 2009 年度 (登熟平均温度:24.4℃) と 2010 年度 (28.0℃) に収穫されたコシヒカリを用いて玄米白濁部位とそれと同じ整粒の部位の澱粉鎖長分布を調べたところ, アミロペクチンの鎖長分布には殆ど違いが見られなかった (Tsutsui ら 2013). このことは澱粉分子構造が変わらなくても澱粉顆粒の形成不全が生ずることを意味する. 一方, 遊離グルコース量を定量したところ, 整粒と比較して白濁部位のグルコースの顕著な蓄積が見られた (Tsutsui ら 2013). α-アミラーゼは, 澱粉顆粒の最外殻に作用するため澱粉全体の鎖長分布には影響せず, グルコースを遊離させるものと推察される.

❹ 高温登熟による米品質低下軽減のための戦略

澱粉集積に対して抑制的に作用する酵素が米品質の低下をもたらす要因の 1 つであることは上述の通りであるが, 様々な要因が複雑に絡み合って高温被害米が発生するという見解も広く認められているところである. 高温登熟におい

ても光合成産物の受給バランスや登熟種子の組織・細胞成長および澱粉集積プログラムを崩さない方策はないのか？高温登熟性が異なる品種の登熟種子を用いたプロテオーム解析が行われた．高温区および対照区から採取した登熟種子より抽出したタンパク質を2次元ゲル電気泳動法を用いて分離し，品種特異的および高温処理により変動するタンパク質スポットが検出された．高温登熟性の悪いトドロキワセにおいては，高温ストレスによってDnaK型熱ショックタンパク質HSP70やスーパーオキシドジスムターゼ（SOD）の発現が誘導された．一方，高温登熟性の良いゆきん子舞の特徴としてはSODが恒常的に比較的強く発現していることが見いだされた．このSODの詳細が調べられ，これまでに報告がないゴルジ体／プラスチド局在型のMn型SOD（*MSD1*）であることがわかった．さらに，*MSD1*の発現を恒常的に強くすると高温登熟性が改善され，登熟種子胚乳特異的に*MSD1*発現を弱めると高温ストレスの感受性が増すことが示された（Shirayaら2014）．予備的な実験結果ではあるが，*MSD1*の発現が高まると高温ストレスによるα-アミラーゼ発現の誘導を抑えることが観察された．無論，高温登熟性に対する*MSD1*の詳細な作用機作についてはさらなる研究が必要であることは言うまでもない．

我々は澱粉集積抑制酵素の遺伝子機能を減ずれば高温登熟による澱粉蓄積能力の低下すなわち米品質低下を軽減できると考えおり，したがって高温登熟耐性を有する遺伝子機能変異体を探索している．イネ変異体ソースとしては，1）放射線誘発突然変異体，2）化学変異原誘発突然変異体（エチルメタソスルフォネー（EMS），メチルニトロソウレア（MNU）誘発突然変異体等），3）培養変異体（レトロトランスポゾン挿入変異体等）などがあげられる．

1）については，理化学研究所仁科加速器研究センターリングサイクロトロンから発生する重イオンビームを使った突然変異誘発法が注目される（阿部ら2010）．ヘリウムイオンより重いイオンを加速器を用いて高速（光の半分の速度）に加速したものが重イオンビームと呼ばれている．重イオンビームを照射した日本晴種子から，耐塩性が1.5倍に高まり，塩害水田において良好な品質を示した耐塩性系統6-99Lの選抜がなされている（竹久ら2009）．

公益財団法人岩手生物工学研究センターでは，EMS処理によって得られたひとめぼれ突然変異系統から耐冷性が向上した系統が選抜され，次世代シークエンサーを活用したMutMap法（Abeら2012）による突然変異遺伝子の同定が進んでいる．イネにおける内在性転移因子，レトロトランスポゾンTos17は

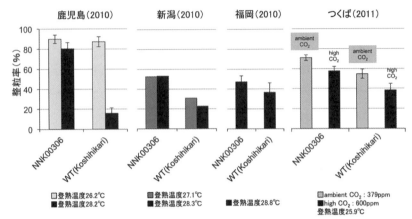

図15-6 コシヒカリ原種（WT）とNNK00306系統の高温および高CO_2環境下における登熟性

カルス細胞培養によって活性化され，そのコピーが転移先の遺伝子を破壊し，突然変異を引き起こす（Hirochikaら1996）．

イネの培養変異系統の特性解析は日本晴，あきたこまち，ひとめぼれにおいて行われ，早生化，短稈化，短穂・穂数型化，小粒化，品質低下，味度値の低下といった変異が認められている（館山ら1998，重宗ら2003）．我々は，DNK培地を用いた細胞培養法（Daigenら2000，大源2001）によって高温登熟性が向上したコシヒカリ変異体が出現することを見いだした．また，他の改良培地（Ogawaら1996）によるコシヒカリ培養変異系統においても高温登熟性の向上が確認された．平成22年度に，鹿児島県農業開発総合センター，新潟県総合農業研究所作物研究センター並びに福岡県農業総合試験場の協力の下に，我々が開発したコシヒカリ培養変異系統NNK00306の高温登熟性を調査した．鹿児島県農業開発総合センターの圃場においては，コシヒカリ培養変異系統を5月上旬および7月上旬に苗を移植，栽培し，整粒率を調査した．登熟期の平均気温はそれぞれ28.2℃，26.2℃であった．新潟県総合農業研究所作物研究センターでは温水掛け流し圃場（登熟期平均気温28.3℃）および一般圃場（27.1℃）においてコシヒカリ培養変異系統を栽培，調査した．福岡県農業総合試験場においては温水掛け流し圃場でコシヒカリ培養変異系統を栽培，調査した．圃場の登熟期平均気温は28.8℃であった．NNK00306系統は3カ所の圃場調査でコシヒカリ原種より高温登熟耐性を示した（図15-6）．さらに，NNK00306系統については，平成23年度に（独）農業環境技術研究所FACE実験

施設（登熟期平均気温 25.9℃）において調査した．興味深いことに，NNK003 06 系統は高温のみならず高 CO_2 環境にも耐性を示すことが明らかになった（図 15-6）．このコシヒカリ変異体の登熟初期の遺伝子発現をリアルタイム PCR 法を用いて解析したところ，やはり *MSD1* 発現がコシヒカリ原種に比べて高く，高温ストレス下における α-アミラーゼ遺伝子の異常発現が抑制されていることが確認された．このように，登熟初期の α-アミラーゼ遺伝子や活性酸素種消去系遺伝子の発現挙動は高温登熟耐性の指標になるものと考えられる．

Kobata ら（2011）は高温による登熟初期の子実成長の促進と白未熟粒発生との間の関連性を指摘している．種子胚乳細胞形成・登熟初期における高温ストレスは細胞成長プログラムを乱し，胴割れや玄米の白濁化を誘発するものと考えられる．玄米の白濁化は澱粉代謝系ではない酵素・タンパク質の発現異常によって平温下でも起こる．例えば，FLOURY ENDOSPERM2（FLO2；She ら 2010），GLUTELIN PRECURSOR MUTANT6（GLUP6；Fukuda ら 2013）や GLUTELIN PRECURSOR ACCUMULATION3（GAP3；Ren ら 2013）などが挙げられる．FLO2 は後期胚発生に関与するタンパク質，また GLUP6 や GAP3 はゴルジ体から液胞への貯蔵タンパク質の輸送に関わる因子である．私達は，一見，澱粉顆粒形成に関係がないように思われるタンパク質因子の発現異常が最終的に澱粉合成・分解のバランスを壊し，澱粉顆粒の異常形成につながるのではないかと推察している．このように玄米の白濁化は極めて複雑であり，今後さらなる詳細解析が求められている．

参考文献

阿部知子・風間裕介・平野智也 2010．重イオンビーム育種技術の実用化 10 年．植物の生長調節 45：58-63.

Abe, A., Kosugi, S., Yoshida, K., Natsume, S., Takagi, H., Kanzaki, H., Matsumura, H., Yoshida, K., Mitsuoka, C., Tamiru, M., Innan, H., Cano, L., Kamoun, S., Terauchi, R. 2012. Genome sequencing reveals agronomically important loci in rice using MutMap. Nature Biotechnology 30: 174-179.

Akazawa, T., Mitsui, T., Hayashi, M. 1988. Recent progress in α-amylase biosynthesis. The Biochemistry of Plants Vol. 14. Academic Press, New York. pp. 465-492.

Asatsuma, S., Sawada, C., Kitajima, A., Asakura, T., Mitsui, T. 2006. α-Amylase affects starch accumulation in rice grain. Journal of Applied Glycoscience 53: 187-192.

Asatsuma, S., Sawada, C., Itoh, K., Okito, M., Kitajima, A., Mitsui, T. 2005. Involvement of α-amylase I-1 in starch degradation in rice chloroplasts. Plant and Cell Physiology 46: 858-869.

Burén, S., Ortega-Villasante, C., Blanco-Rivero, A., Martínez-Bernardini, A., Shutova, T., Shevela, D., Messinger, J., Bako, L., Villarejo, A., Samuelsson, G. 2011. Importance of post-translational modifications for functionality of a chloroplast-localized carbonic anhydrase (CAH1) in Arabidopsis thaliana. PLoS ONE 6: 1-15.

Daigen, M., Kawakami, O., Nagasawa, Y. 2000. Efficient anther cluture method of the japonica ricecultivar Koshihikari. Breeding Science 50: 197-202.

大源正明 2001. コシヒカリの効率的なプロトプラスト培養系の確立. 新潟県農業総合研究所研究報告第3：1.

Fukuda, M., Wen, L., Satoh-Cruz, M., Kawagoe, Y., Nagamura, Y., Okita, T. W., Washida, H., Sugino, A., Ishino, S., Ishino, Y., Ogawa, M., Sunada, M., Ueda, T., Kumamaru, T. 2013. A guanine nucleotide exchange factor for Rab5 proteins is essential for intracellular transport of the proglutelin from the Golgi apparatus to the protein storage vacuole in rice endosperm. Plant Physiology 162: 663-674.

Hakata, M., Kuroda, M., Miyashita, T., Yamaguchi, T., Kojima, M., Sakakibara, H., Mitsui, T., Yamakawa, H. 2012. Suppression of α-amylase genes improves quality of rice grain ripened under high temperature. Plant Biotechnology Journal 10: 1110-1117.

Hirochika, H., Sugimoto, K. Otsuki, Y., Tsugawa, H., Kanda, M. 1996. Retrotransposons of rice involved in mutations induced by tissue culture. Proceedings of the National Academy of Sciences 93: 7783-7788.

石崎和彦 2005. 水稲の高温登熟性の評価法と品種間差異. 農業技術 60：458-461.

Kitajima, A., Asatsuma, S., Okada, H., Hamada, Y., Kaneko, K., Nanjo, Y., Kawagoe, Y., Toyooka, K., Matsuoka, K., Takeuchi, M., Nakano, A., Mitsui, T. 2009. The rice α-amylase glycoprotein is targeted from the Golgi apparatus through the secretory pathway to the plastids. The Plant Cell 21: 2844-2858.

小葉田亨・植向直哉・稲村達也・加賀田恒 2004. 子実への同化産物供給不足による高温下の乳白米発生. 日作紀 73：315-322.

Kobata, T., Miya, N., Anh, N. T. 2011. High risk of the formation of milky white rice kernels in cultivars with higher potential grain growth rate under elevated temperatures. Plant Production Science 12: 359-364.

Ishimaru, T., Horigane, A. K., Ida, M., Iwasawa, N., San-oh, A. Y., Nakazono, M., Nishizawa, K. N., Masumura, T., Kondo, M., Yoshida M. 2009. Formation of grain chalkiness and changes in water distribution in developing rice caryopses grown under high-temperature stress. Journal of Cereal Science 50: 166-174.

三ツ井敏明 1999. イネ種子発芽制御の分子メカニズム. 日本農芸化学会誌 73：1273-1281.

三ツ井敏明 2007. タンパク質のプラスチドターゲティング. 化学と生物 45：461-467.

三ツ井敏明・福山利範 2005. デンプン代謝からみた白未熟粒発生メカニズム（研究の現状）. 農業技術 60：447-452.

Mitsui, T., Itoh, K. 1997. The α-amylase multigene family. Trends in Plant Science 2: 255-261.

Mitsui, T., Yamaguchi, J., Akazawa, T. 1996. Physicochemical and serological characterization of rice α-amylase isoforms and identification of their corresponding genes. Plant Physiology 110: 1395-1404.

Nakamura, H., Tokida, T., Yoshimoto, M., Sakai, H., Fukuoka, M., Hasegawa, T. 2012. Performance of the enlarged Rice-FACE system using pure CO_2 installed in Tsukuba, Japan. Journal of Agricultural Meteorology 68: 15-23.

Nanjo, Y., Oka, H., Ikarashi, N., Kaneko, K., Kitajima, A., Mitsui, T., Muñoz, M. Rodríguez-López, E. Baroja-Fernández, E., Pozueta-Romero, J. 2006. Rice plastidial N-glycosylated nucleotide pyrophosphatase/phosphodiesterase is transported from the ER-Golgi to the chloroplast through the secretory pathway. The Plant Cell 18: 2582-2592.

重宗明子・田村泰章・青木秀之・梁　正偉・宮尾安藝雄・廣近洋彦・矢頭　治 2003. Tos17 ミュータントパネルからの玄米形質突然変異の選抜. 北陸作物学会報 38：50-52.

Ochiai, A., Sugai, H., Harada, K., Tanaka, S., Ishiyama, Y., Ito, K., Tanaka, T., Uchiumi, T., Taniguchi, M., Mitsui, T. 2014. Crystal structure of α-amylase from Oryza sativa: Molecular insights into enzyme activity and thermostability." Bioscience, Biotechnology and Biochemistry 78: 989-997.

Ogawa, T., Fukuoka, H., Ohkawa, Y. 1996. Effect of reduce nitrogen source and sucrose concentration on varietal differences in rice cell culture. Breeding Science 46: 179-184.

Ren, Y. Wang, Y., Liu, F., Zhou, K., Ding, Y., Zhou, F., Wang, Y., Liu, K., Gan, L., Ma, W., Han, X., Zhang, X., Guo, X., Wu, F., Cheng, Z., Wang, J., Lei, C., Lin, Q., Jiang, L., Wu, C., Bao, Y., Wang, H., Wan, J. 2014. GLUTELIN PRECURSOR ACCUMULATION3 encodes a regulator of post-Golgi vesicular traffic essential for vacuolar protein sorting in rice endosperm. The Plant Cell 26: 410-425.

She, K. C., Kusano, H., Koizumi, K., Yamakawa, H., Hakata, M., Imamura, T., Fukuda, M., Naito, N., Tsurumaki, Y., Yaeshima, M., Tsuge, T., Matsumoto, K., Kudoh, M., Itoh, E., Kikuchi, S., Kishimoto, N., Yazaki, J., Ando, T., Yano, M., Aoyama, T., Sasaki, T., Satoh, H., Shimada, H. 2010. A novel factor FLOURY ENDOSPERM2 is involved in regulation of rice grain size and starch quality. The Plant Cell 22: 3280-3294.

Shiraya, T., Mori, T., Maruyama, T., Sasaki, M., Takamatsu, T., Oikawa, K., Kaneko, K., Itoh, K., Ichikawa, H., Mitsui, T. 2015. Golgi/plastid-type manganese superoxide dismutase involved in heat-stress tolerance during grain filling of rice. Plant Biotechnology Journal 13: 1251-1263.

竹久妃奈子・林 依子・阿部知子・佐藤雅志 2009. 重イオンビーム育種技術による耐塩性イネ育成. 放射線と産業 121：22-26.

舘山元春・小林 渡・三上泰正・中堀登示光・津川秀仁 1998. イネの懸濁培養細胞より作出された系統の特性. 東北農業研究 51：7-8.

Tsutsui, K., Kaneko, K., Hanashiro, I., Nishinari, K., Mitsui, T. 2013. Characteristics of opaque and translucent parts of high temperature stressed grains of rice. Journal of Applied Glycoscience 60: 61-67.

Tsuyukubo, M., Ookura, T., Mabashi, Y., Kasai, M. 2010. Different distributions of α-glucosidases and amylases in milling fractions of rice grains. Food Science and Technology Research 16: 523-530.

Tsuyukubo, M., Ookura, T., Tsukui, S., Mistui, T., Kasai, M. 2012. Elution behavior analysis of starch degrading enzymes during rice cooking with specific antibodies. Food Science and Technology Research 18: 659-666.

Villarejo, A., Burén, S., Larsson, S., Déjardin, A., Monné, M., Rudhe, C., Karlsson, J., Jansson, S., Lerouge, P., Rolland, N., von Heijne, G., Grebe, M., Bako, L., Samuelsson, G. 2005. Evidence for a protein transported through the secretory pathway en route to the higher plant chloroplast. Nature Cell Biology 7: 1224-1231.

Yamakawa, H., Hirose, T., Kuroda, M., Yamaguchi, T. 2007. Comprehensive expression profiling of rice grain filling-related genes under high temperature using DNA microarray. Plant Physiology 144: 258-277.

第16章
胴割れ米の発生に関わる諸要因

長田健二

　胴割れは米粒の胚乳部に亀裂を生じる現象で，精米品質や食味に大きく影響する．胴割れによる品質低下は現在に限らず，過去においてもしばしば問題となってきた．しかし，近年の夏期の高温条件による米品質低下が大きな問題となるなか，胴割れの発生にも登熟期の高温が強く関与することが2000年代になって再認識されたことにより，新たな視点に立った研究が展開されてきている．ここでは胴割れ米の発生に関わる諸要因について，近年の発生状況や研究動向も踏まえつつ，これまでの研究を作物学的な視点を中心に概観したい．

1 品位検査場面における近年の発生動向

　米の品位検査において，「胴割粒」は被害粒として扱われ，その他の被害粒（発芽粒，奇形粒，等）や死米異種穀粒および異物の合計値で15%以上になると2等以下に格付けされる（全国食糧検査協会2002）．「胴割粒」の判定基準として，①横1条の亀裂がすっきり通っている粒，②完全に通っていない亀裂が片面横に2条，他面からみて横2条の粒であって発生部位の異なる粒，③完全に通っていない亀裂が片面横に3条以上生じている粒，④縦に亀裂を生じている粒，⑤亀甲型の亀裂を生じている粒，とされている．

　うるち玄米の米穀品位等検査において2等以下格付け理由に占める「胴割粒」の割合は，全国平均では10%未満で近年は推移している．地域別では関東および北陸地域で例年高い傾向にあり，その要因として，8月上旬に出穂する作型が主流であるため登熟期に高温条件となりやすいこと，地域的にフェーンによる異常高温や乾燥の影響を受けやすいこと，等が考えられる．栽培年次では，平成16年には北陸，平成18年は東北，北陸および近畿，平成22年は関東，平成24年は東北，北陸および関東で胴割れによる落等が例年と比較し

て多かった．特に平成24年産は全国平均では過去10年間で最も高い被害水準となり，精米段階での砕米発生が大きな問題となった．この年は夏～秋の高温条件に加え，少雨による用水不足や9月に発生したフェーンが影響したと推察される．

一方，農林水産省が都道府県を対象として行った「地球温暖化影響調査レポート」によると，平成19年は東北～中国・四国にかけての9県，平成20年は北海道・東北～中国・四国の7県，平成21年は関東・北陸～九州・沖縄の7県から胴割れ発生による品質低下の報告が挙げられていた．平成23～25年においても北日本～西日本にかけての8～10県から報告が挙げられており，個別の生産地域や品種単位でみれば胴割れ発生が問題となった地域は全国規模で広がっていると推察される．

❷ 品質・食味への影響

胴割れした玄米は精米時に砕粒が発生しやすく，精米歩留まりや精米品質，および食味に影響する．精米品位検査では，完全精米（ぬか層と胚芽が全部除かれたもの）における砕粒混入率の最高限界は1等が5%，2等が10%と基準が定められている．また，水浸・炊飯時に精米外縁部に裂け口状の亀裂が生じる水浸裂傷粒は形の崩れた炊飯崩壊粒になりやすく，食味に悪影響を及ぼすことが知られているが（柳瀬1985），胴割れを生じた米は，精米過程で米粒表面に傷を生じたひび割れ米と同様に水浸裂傷を生じやすいとされている（村田ら1992，小出ら2001）．砕粒や水浸裂傷粒の混入が食味に及ぼす影響について，砕米混入率は古米では10%以上，新米では30%以上で，水浸裂傷粒は20%以上でそれぞれ食味への影響が生じたとの調査事例がある（柳瀬ら1985，柳瀬1989）．一方，上野・石井（2008）は胴割れ率の異なる試料を用いた食味官能試験を行い，胴割れ率20%（軽微な胴割れを含む）を超えると「外観（割れ）」，「食感」への影響が大きく，食味総合評価値も有意に低下した事例を報告している．近年の主食用品種を用いた同様の報告は少なく，今後さらに調査検討を進めておきたい研究課題である．

3 発生メカニズム

　胴割れの発生には，米粒内の水分動態が大きく関係している．米粒は外界の湿度に敏感に反応して水分を吸収・放出するが，玄米における水分変動は米粒組織全体で均一ではなく，特に胚と胚乳の境界付近にある「胚盤」と呼ばれる部分で最も早く行われる．そのため，水分変動による胚盤付近の胚乳の膨張や収縮は他の部分より早く進む．完熟した米粒は硬いため，そのような膨縮が急激に生じると米粒内部の圧力不均衡が生じ，それに耐えきれなくなった米粒に内部亀裂が生じてしまう，という過程が考えられている（近藤・岡村 1932，長戸ら 1964，佐藤 1964）．

　米粒の胴割れは，細胞壁を界面にして粒の中心部を起点として横（背腹・粒厚）方向に広がるように生じる場合が多い．長戸ら（1964）は，吸水や放湿時には米粒の腹側部と中心部との間の水分分布の不均衡が最も著しく，かつ早く発生すること，横方向は細胞配列上最も抵抗の少ない配列面であることをその要因として考察している．最近の研究では，横方向の亀裂面は細胞間の中葉が境界ではなく，細胞膜の付いた細胞壁とそれに面するアミロプラスト外表面の間に開離が認められることが明らかになった（川崎ら 2011）．一方，縦方向の亀裂は，細胞を破壊しアミロプラストの断裂を伴う形で生じる場合が多いと考えられる（岩澤ら 2006）．

4 発生程度に関わる要因

　以上のような発生メカニズムを念頭に胴割れの発生程度に関わる要因を考えると，
・登熟の進行による籾含水率の減少と米粒の可塑性の低下
・米粒内の急激な水分変動
・水分変動に対する米粒の耐性
の3つに主に集約され，これらの要因に対して，乾燥調製条件，気象および栽培条件，品種特性等が関係し，胴割れの発生程度が変動すると考えられる．以下，このような視点をもとに諸条件の影響について整理する．

(1) 乾燥調製条件と胴割れ

　米の貯蔵性を確保するには米粒内の水分を減少させることが重要であるため，収穫直後の籾を乾燥する作業が必要になる．しかし，乾燥過程では米粒の急激な水分変動が生じやすく，胴割れ発生の危険度が高まる．従来行われていた架干しによる自然乾燥においては，外側に面した籾は天日による乾燥が進みやすい一方で，降雨等による吸湿も生じやすく，胴割れの発生も多いことが知られていた（近藤・岡村 1930）．1950 年代以降は人工乾燥機が普及しているが，乾燥前の籾含水率が高く，乾燥温度が高いほど，また乾燥速度が大きいほど胴割れが発生しやすい（伴 1971）．そのため，乾燥による米粒内の急速な水分低下と水分分布の不均一化を緩和するために，熱風乾燥を断続的に行い，休止期間を設けることで米粒内の水分分布をより均一な条件に保ちながら乾燥を進め，胴割れを生じにくくする方法がとられている．

(2) 気象条件と胴割れ

　圃場に立毛した状態でも，籾水分の急激な変化を助長する気象条件に晒されると胴割れが発生しやすい．主な発生助長要因として，籾含水率の過度の低下と急激な水分変動が挙げられる．前者に関与する気象条件としては，登熟全般の高温や低湿度条件（中村・原城 1966，石倉・升尾 1967，高松ら 1983，Jodari and Linscombe 1996），後者に関しては収穫時期の降雨（長戸ら 1964，石倉・升尾 1967）等が挙げられる．

　一方，出穂後 10 日間程度という登熟初期の限られた期間における高温条件も胴割れ発生に大きく影響することが近年明らかになった（高橋ら 2002，長田ら 2004，上野・石井 2008）．胴割れに特に強く影響する開花後 6～10 日頃の時期（長田ら 2004，大西ら 2012）は，穎果の内部は胚乳部の細胞分裂が続いているのと同時に，米粒中心部のデンプン蓄積が開始している状態にあると推察される（長戸・小林 1959，星川 1967a，b，星川 1968a，b）．このことから，登熟初期における高温条件は，この時期に形成される米粒内部の胚乳構造やデンプン蓄積特性などに影響をおよぼしている可能性が考えられる．胴割れを生じやすい品種「藤坂 5 号」では，胚乳内に蓄積したデンプン粒表面の皺やアミロプラスト表面の凹みなど，デンプン粒の収縮が米粒中心部で高頻度で観察されることが明らかになっているが（岩澤ら 2006），登熟初期に高温で経過した米粒の中心部でも，これと同様なデンプン粒の形態変化が観察される（図

図 16-1 登熟初期の気温条件が異なる玄米における胚乳内デンプン蓄積形態の差異
品種ひとめぼれを気象条件の異なる人工気象室内で生育させた.
左:昼26/夜20℃, 整粒. 右:昼32/夜26℃, 胴割れとともに玄米中心部に白濁を生じた粒.

16-1).一般に,物体における亀裂の発生は内容物の均質性が低いほど生じやすいと考えられるが,内部の圧力ひずみのストレスが生じやすい米粒中心部にこのようなデンプン粒の収縮等が発生することによって,胴割れしやすい粒質になっている可能性が推察される.

(3) 栽培条件と胴割れ

　栽培条件が胴割れに及ぼす影響について,圃場からの落水時期が早すぎたり,刈り取り時期が遅れたりすると籾含水率が過度に低下し,吸湿等による水分変動が生じやすいことで発生を助長することが従来から知られてきた.これに加えて近年では,圃場作土深や登熟期の稲体栄養条件も籾含水率への作用を介して胴割れ発生に関係することが指摘されている.圃場の作土深は登熟後期の籾含水率の低下速度と密接に関連し,浅い場合には含水率の低下が早く,胴割れが生じやすい(鍋島ら2001,井上・山口2007).これには圃場の保水性や根系の発達程度が関係していると推察される.また,栄養条件に関しては,登熟期の葉色低下が大きい条件で胴割れが増加する傾向が報告されている(高橋ら2002,長田ら2006).川口・北條(2010)は,穂肥施用による胴割れの発生軽減を認め,その要因として枝梗・穂軸の枯熟が遅れ,籾への水分移動が登熟後期まで維持されることが関係している可能性を考察している.近年は食味向上の観点から玄米タンパク含有率を下げる肥培管理が広く行われているが,過度の窒素施用制限は白未熟粒と同様に,胴割れ発生を助長する可能性があると推察される.

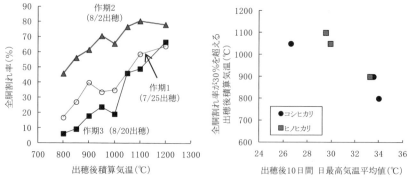

図16-2 異なる作期における出穂後積算気温と胴割れ発生率との関係の比較
2008年に近畿中国四国農業研究センターにおいて得られた結果.
左：出穂後積算気温と全胴割れ率の推移（コシヒカリ）.
右：出穂後10日間の日最高気温平均値と全胴割れ率が30％（検査上影響が想定される発生程度）を超える時点の積算気温の関係（コシヒカリ，ヒノヒカリ）．

一方，登熟初期の高温条件の影響を考慮した栽培対策の検討も進められている．登熟初期の高温を回避する作期選択や，登熟期間中の圃場地温を下げるような水管理を行うことにより，胴割れ抑制効果が得られた事例が報告されている（中村2003，永畠ら2005，長田ら2005，長田2006）．また，福井県では登熟初期の気温や葉色，根量等をもとに胴割れ発生危険度の早期予測を行い，現場への注意喚起と対策技術の徹底呼びかけに利用する取り組みが行われている．さらに，境谷ら（2012）は，生産現場での胴割れ抑制効果の高い対策方法を明らかにするために，特定の地域を対象に胴割れ発生率に関与する幾つかの要因の影響程度を一般線形モデルによる重回帰で分析し，出穂後の気温条件と，刈り取り時期ないし籾水分条件が対象地域の胴割れ率変動に強く影響している結果を得た．登熟初期の気温条件が異なる場合，同じ出穂後積算気温で刈り取った場合でも胴割れの発生程度は大きな差が認められる（図16-2）．近年の高温化傾向における刈り取り適期の判断手法の確立が今後の課題の一つである．

（4）胴割れの品種間差

胴割れ発生の品種間差については過去に多くの報告がなされている（寺中・原城1967，伴1971，Srinivasら1977，高松ら1983，渡辺・児玉1991，滝田1992，Jodari and Linscombe 1996，Lan and Kunze 1996，川崎ら2001，滝田

2002, 長田ら 2004). 品種間差の要因として粒形（田畑・滝沢 1930, 伴 1971, 滝田 1992), 穂や枝梗の老化程度（滝田 2002) などが指摘され, 大粒で粒厚が厚く, 登熟の早い品種で発生が多いことが報告されている. 粒形は水分変動を生じる際の水分分布の不均一性, 老化程度は登熟後期の籾水分の低下程度に関連している可能性が考えられるが, 必ずしも単一の要因のみで品種間差の大半が説明されるわけではなく, 更なる研究の積み重ねが必要である.

近年の高温登熟条件下では従来胴割れが少ないと報告されてきた品種も発生が多いケースが認められる. 今後の更なる気温上昇が予測されるなか, 高温条件下での胴割れ耐性をさらに強化するために有用な遺伝資源の探索やその遺伝特性, 耐性発現メカニズムについて明らかにしていくことが重要視される. 最近, 青森で開発された香り米「恋ほのか」が高い胴割れ耐性を示すことが確認され（川村ら 2010), 形態的特徴や遺伝的解析による耐性発現メカニズムの解明が進められている（川崎ら 2011, 儀間ら 2012). また, 登熟期が高温となる瀬戸内地域で水稲 20 品種の胴割れ率を調査した結果では, 中国由来のインド型品種「塩選 203 号」が高温条件でも胴割れ発生が少ないことが確認され（長田ら 2013). 同品種の胴割れ耐性に注目した育種も始まっている. その他にも, 胴割れに関する品種間差の再評価（林ら 2011) や遺伝解析（Nelson ら 2012) など, 胴割れ耐性品種育成にむけた取り組み事例が近年増加してきており, 今後の進展を期待したい.

参考文献

伴　敏三 1971. 人工乾燥における米の胴割に関する実験的研究. 農業機械化研報 8 : 1-80.

儀間康造・赤石有加・川崎通夫・川村陽一・田淵宏朗・吉田健太郎・夏目　俊・小杉俊一・寺内良平・石川隆二 2012. 恋ほのかの高度胴割れ抵抗性の遺伝解析と WGS によるゲノム構成情報の利用. 育種学研究 14（別 1）: 26.

林　猛・冨田　桂・田野井真・小林麻子 2011. 水稲品種および環境条件が胴割れ発生に及ぼす影響. 育種学研究 13（別 1）: 257.

星川清親 1967a. 米の胚乳発達に関する組織形態学的研究. 第 1 報　胚乳細胞組織の形成過程について. 日作紀 36 : 151-161.

星川清親 1967b. 米の胚乳発達に関する組織形態学的研究. 第 2 報　胚乳細胞の肥大成長について. 日作紀 36 : 203-209.

星川清親 1968a. 米の胚乳発達に関する組織形態学的研究. 第 10 報　胚乳澱粉粒の

発達について．日作紀 37：97-106.
星川清親 1968b．米の胚乳発達に関する組織形態学的研究．第 11 報　胚乳組織における澱粉粒の蓄積と発達について．日作紀 37：207-216.
井上健一・山口泰弘 2007．高温登熟と根の広がり．日本作物学会北陸支部・北陸育種談話会編，高温障害に強いイネ．養賢堂，東京．pp. 59-74.
石倉教光・升尾洋一郎 1967．水稲の立毛胴割米の発生．農業技術 22：281-283.
岩澤紀生・松田智明・長田健二・吉永悟志・新田洋司 2006．胴割れ米の構造的特徴に関する走査電子顕微鏡観察．日作紀 75（別 1）：266-267
Jodari, F. and S. D. Linscombe 1996. Grain fissuring and milling yields of rice cultivars as influenced by environmental conditions. Crop Sci. 36: 1496-1502.
川口祐男・北條綾乃 2010．穂肥の施用条件が籾水分と胴割れ米の発生に及ぼす影響．北陸作物学会報 45：15-18.
川村陽一・小林　渡・前田一春・今智穂美・神田伸一郎 2010．青森県における登熟気温が異なる年次の胴割れ米発生程度．東北農業研究 63：17-18.
川崎通夫・川村陽一・岩澤紀生・石川隆二 2011．青森県育成・奨励水稲品種における胴割れ米の発現と構造に関する形態学的研究．日作東北支部報 54：29-32.
川崎哲郎・河内博文・杉山英治 2001．立毛状態での成熟期以降における品質変化—水稲の収穫作業期間延長に関する研究—．農作業研究 36：25-32.
小出章二・田子雅則・西山喜雄 2001．胴割れ米とひび割れ米の水浸裂傷．日本食品化学工学会誌 48：69-72.
近藤萬太郎・岡村　保 1930．吸湿に因る胴割米の成生．日作紀 2：73-89.
近藤萬太郎・岡村　保 1932．玄米が吸湿せし時の膨張の方向と胴割米生成との関係．農学研究 19：128-142.
Lan, Y. and O. R. Kunze 1996. Fissuring resistance of rice varieties. Applied Engineering in Agriculture. 12: 365-368.
村田　敏・小出章二・河野俊夫 1992．水浸時の精白米の裂傷に関する研究．農業機械学会誌 54：67-72.
鍋島弘明・高橋　渉・野村幹雄 2001．ほ場内の有効土層の不均一性と胴割米発生との関係．北陸農業研究成果情報 17：17-18.
永畠秀樹・中村啓二・猪野雅栽・黒田　晃・橋本良一 2005．高温登熟条件下における乳白粒および胴割粒の発生軽減技術．石川県農総研研報 26：1-10.
長田健二・滝田　正・吉永悟志・寺島一男・福田あかり 2004．登熟初期の気温が米粒の胴割れ発生におよぼす影響．日作紀 73：336-342.
長田健二・小谷俊之・吉永悟志・福田あかり 2005．胴割れ米発生におよぼす登熟初期の水管理条件の影響．日作東北支報 48：33-35.
長田健二 2006．高温登熟と米の胴割れ．農業および園芸 81（7）：797-801.

長田健二・福田あかり・吉永悟志 2006. 穂肥条件が米粒の胴割れ発生におよぼす影響. 日作紀 75（別 1）：244-245.

長田健二・佐々木良治・大平陽一 2013. 高温登熟条件下における米粒の胴割れ発生の品種間差異. 日作紀 82：42-48.

長戸一雄・小林喜男 1959. 米の澱粉細胞組織の発達について. 日作紀 27：204-206.

長戸一雄・江幡守衛・石川雅士 1964. 胴割れ米の発生に関する研究. 日作紀 33：82-89.

中村啓二・橋本良一・永畠秀樹 2003. 登熟期間の水管理の違いが胴割粒・乳白粒の発生に及ぼす影響. 北陸作物学会報 38：18-20.

中村公則・原城 隆 1966. 胴割米発生機構の解析に関する研究. 第 1 報 寒冷地における立毛胴割米発生の実態と加温乾燥に伴う胴割米発生の変化について. 東北農試研究速報 6：47-52.

Nelson, J. C., F. Jodari, A. I. Roughton, K. M. McKenzie, A. M. McClung, R. G. Fjellstrom, B. E. Scheffler 2012. QTL mapping for milling quality in elite western U.S. rice germplasm. Crop Science 52：242-252.

農林水産省. 地球温暖化影響調査レポート. http://www.maff.go.jp/j/seisan/kankyo/ondanka/report.html

大西孝幸・関根大輔・木下 哲 2012. 一過的な高温処理による胴割れ米の発生機構. 育種学研究 14（別 1）：94.

境谷栄二・木村利行・井上吉雄 2012. 津軽中央地域における胴割米の発生要因の解析. 日作紀 81（別 1）：290-291.

佐藤正夫 1964. 籾の胴割機構について. 農業及び園芸 39（9）：1421-1422.

Srinivas, T., M. K. Bhashyam, M. Mahadevappa and H. S. R. Desikachar 1977. Varietal differences in crack formation due to weathering and wetting stress in rice. Indian J. Agric. Sci. 47：27-31.

田畑清光・滝沢 正 1930. 米の品種とその物理的性質との関係に就いて. 日作紀 4：287-300.

高橋 渉・尾島輝佳・野村幹雄・鍋島 学 2002. コシヒカリにおける胴割米発生予測法の開発. 北陸作物学会報 37：48-51.

高松美智則・香村敏郎・釈 一郎・谷口 学・伊藤和久 1983. 水稲品種の特性解析に関する研究. 第 5 報 県内主要品種の刈り遅れによる米質変動と刈り取り許容幅. 愛知農総試研報 15：35-46.

滝田 正 1992. 日本型およびインド型稲における胴割米発生の品種間差異. 育雑 42：397-402.

滝田 正 2002. 胴割れ米発生の品種間差異と関連形質および遺伝. 東北農研報 100：41-48.

寺中吉造・原城　隆 1967. 胴割米発生機構の解析に関する研究. 第2報　サンプリング時の気象条件並びにコメ澱粉の粘性と胴割れ率との関係. 東北農試研究速報 7：37-43.

上野直也・石井俊幸 2008. 水稲胴割れ粒の発生と登熟期間の気温の関係. 日作関東支部報 23：34-35.

渡辺公夫・児玉幸弘 1991. 水稲ヤマヒカリの胴割れ米発生に関する研究（1）胴割れ米発生の実態. 三重県農技センター研報 19：13-20.

柳瀬　肇・大坪研一・石間紀男・佐川博子 1985. 精米加工と米飯食味の関係（第2報）精米品質と官能検査法による米飯の食味. 食総研報 47：1-10.

柳瀬　肇 1989. 大型精米加工と品質. 農業機械学会誌 51：105-112.

全国食糧検査協会編 2002. 農産物検査ハンドブック／米穀編. 日本農民新聞社. 東京. pp. 1-361.

第17章
フェーンによる乳白粒発生メカニズム
―イネの細胞水分状態計測の活用による機構解明―

和田博史

1 はじめに

近年，気候変動による不良環境条件によって水稲の登熟障害が全国的に発生している．特に，台風の襲来に伴うフェーン（高温乾燥風）による品質低下はここ数年間で全国的に複数の事例が認められている．乳白粒（図17-1）は登熟期のフェーンや低日照などの不良環境条件が起因して発生する白未熟粒である．低日照の場合，その主な発生要因はこれまで穂への同化産物供給量が不足するためと考えられてきた．水ストレスについては，明らかではなかったが，近年，フェーンによる乳白粒発生には水ストレス条件下で浸透圧調節機能（以下，浸透調節）が関与していることが示された（Wadaら 2011a, 2014a）．この知見は同じ乳白粒であっても，それぞれの不良環境条件下で発生機作が異な

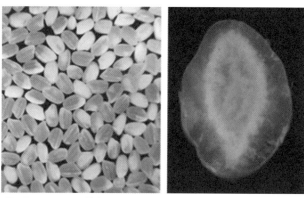

図17-1　フェーン被害にあった平成19年宮崎県産米の精米（左）と乳白粒玄米の横断面（右）
米粒中央部を切除すると横断面にリング状の白濁が観察される．

ることから，今後，乳白粒発生による品質低下を軽減するためには，施肥管理等による籾数制御とともに，水ストレスに対する対策についても考慮する必要性があることを示唆している．本稿では，まず，これまでの水稲のフェーン害に関する知見と，一例として平成19年の南九州早期水稲における品質低下問題について解説する．次に，細胞・組織レベルの水分状態計測を取り入れた生理解析から強く示唆された新たな乳白粒発生機構について説明する．また，そこで用いた細胞水分状態計測，セルプレッシャープローブ法と，組織の水分状態を測定するためのプレッシャーチャンバー法と等圧式サイクロメーター法について解説する．最後に，水ストレス応答を考慮に入れた今後のフェーン対策の方向性，品質低下に関する研究の展望について考察する．

❷ 高温乾燥風が玄米外観品質に及ぼす影響の解析

　水稲のフェーン害研究の歴史は長く，フェーンの実態調査に基づいて減収要因やその発生機構に着目し，風洞を使った実験的研究も行われてきた．出穂期にフェーンに晒され，白穂が発生すると，不稔歩合が増大し，登熟歩合が減少するため減収する（木邨1950, O'Tooleら1984, 江幡・石川1989）．村松（1988）は，この時期のフェーン発生のメカニズムを詳細に研究しており，昼間と比べて夜間にフェーンに遭うと被害が増大すること，さらに夜間のフェーン遭遇時には蒸散量の増加に対して根からの給水量が追いつかなくなり，水ストレスに陥ることが明らかになっている．一方，登熟中期については，フェーンにより，乳白粒等の白未熟粒が増大することが知られている（石原ら2005, 大谷・吉田2008）．登熟期の中でも登熟中期の風処理が最も品質を低下させること（江幡・石川1989），また風処理による白未熟粒発生程度に品種間差があること（大谷・吉田2008）も知られている．石原ら（2005）によって乳白粒発生への水ストレスの関与が指摘されているが，さらに詳細な研究事例は限られており，フェーンにより品質低下が起こる生理的要因については明らかにはなっていなかった．

　平成19年の南九州では，登熟初期からの約2週間にわたる平年比15%の極度の日照不足とそれに続く台風4号の襲来に伴って発生した24時間のフェーンの影響により，乳白粒発生率が45%に達するという記録的な品質低下被害に見舞われた（図17-1）．フェーンが発生した7月14日は早期コシヒカリの

第 17 章　フェーンによる乳白粒発生メカニズム　249

図 17-2　宮崎県総合農業試験場（宮崎市佐土原）で行った高温乾燥風処理の様子
大型ファンが固定された風洞と小型ビニルハウスを設置し，高温乾燥条件を再現．左手奥にファンヒーターとファンヒーターからから引いたダクトが見える（本文参照）．

出穂後 18～19 日目に相当し，上述のようにフェーンによる品質低下被害の著しい登熟中期に当たる．しかし，台風通過直後，南九州の農家水田では著しい倒伏もなく，稲体の色や外観に目立った変化はなく，生育は正常に進んでいるかのように思われたそうである．しかし，収穫した稲の籾すり後に乳白粒多発が判明したことから，事前に品質低下被害の申告を行っていなかったため，生産者は収穫前に農業共済に被害の申告を行うことができず，大きな問題となった．この問題を受け，農研機構 九州沖縄農業研究センターでは，翌平成 20 年から 3 年間，農林水産省の実用技術開発事業で，実際に品質被害を受けた宮崎県と鹿児島県，愛媛大学農学部とともに，本稿で紹介する平成 19 年の乳心白粒の発生再現試験，メカニズム解明とともに，発生予測技術の開発を含む共同研究を行った．

　まず，当時の気象条件を再現すべく，宮崎県総合農業試験場の場内圃場において生育した早期栽培のコシヒカリに出穂後 5 日目から 16 日間に渡わたって遮光率 50％ の遮光処理を行った後，24 時間にわたる高温乾燥風処理（図 17-2）を行った．なお，高温乾燥風の影響について，高温乾燥の影響と風そのものの影響とを区別するために，高温乾燥風区のほかに，外気と同じ温湿度で高温乾燥風区と同じ風速に設定した風区，および風なしの区を設定した（いずれも遮光処理の前歴有り）．なお，試験圃場の隣に施設園芸用のハウスで用い

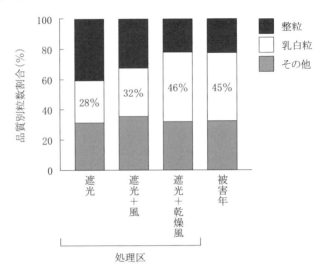

図17-3 遮光後の風および乾燥風処理が玄米の外観品質，特に乳白粒に与える影響．2007年（被害年）との比較．

るファンヒーター3台を設置し，そこからエアダクトで暖められた空気を引き込み，小型のビニルハウスと大型ファンと風洞とを組み合わせることで，二酸化炭素濃度を上げることなく高温低湿度の空気を供給しながら高温乾燥風を作出した（図17-2）．ファン設置にあたっては，圃場の最外列の株を避け，2株目を供試株とし，供試株とファンの間の距離が0.5 mになるように備え付け，この位置で風速を平均6.3 m/sに設定した（図17-2）．

その結果，平成19年のフェーン風発生時の気象条件に類似する環境条件で高温乾燥風処理を行うことができた（Wadaら 2011a）．24時間の高温乾燥風処理により，日中の気温は32℃に上昇，相対湿度は43%まで低下し，平成19年のフェーン発生の翌日の7月15日の同時刻の気象条件に匹敵する環境条件であった．またこのとき，同じ風速の高湿度の風区では，空気温度は28℃，相対湿度は71%に留まった．外観品質についてみてみると，遮光処理のみの区では，穀粒判別器では乳心白粒（リング状の白濁を通り越して全体が白く濁った白死米を含む，以下，乳白粒と呼称）の粒数歩合は28%であった．遮光処理後に比較のために設けた高湿度の風（風速については高温乾燥風区と同じ値）を24時間処理すると，同歩合は32%に増大したが，遮光処理後に高温乾燥風を処理した場合には，さらに増えて46%に達したことから，平成19年の

第 17 章 フェーンによる乳白粒発生メカニズム 251

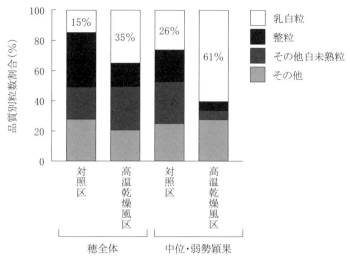

図 17-4 乾燥風が玄米外観品質に及ぼす影響
図中の数字は乳白粒粒数歩合（%）を示す．

被害年に認めた乳白粒発生率（45％）を再現することができた（図 17-3）．

　これらの圃場条件下での再現試験の結果から，低日照条件により乳白粒は形成されるものの，低日照条件の後にフェーンに遭遇した場合には，乳白粒の発生が一層助長されることが確認された．この試験結果を踏まえ，九州沖縄農業研究センターではメタルハライドランプを備えた閉鎖型の人工光型グロースチャンバーにおいてコシヒカリのポット稲を用い，出穂後 5 日目から 9 日間の低日照処理を行った後，24 時間の高温乾燥風処理を行った．高温乾燥風処理の間，稲体の穂，止葉，茎の水分状態計測，成長中の胚乳の水分状態（膨圧）計測，炭素安定同位体解析，光合成速度の測定を行った．外観品質については，低日照条件後に高温乾燥風処理を行うと，乳白粒発生歩合は穂全体で約 35％であり，対照区（高温乾燥風処理なし）の約 15％ に比べて 20 ポイントの増加が認められた（図 17-4）．また，後述する胚乳の細胞膨圧の計測対象にした穂の中位の弱勢穎果（3 次小穂）における乳白粒発生歩合は約 61％ に上り，対照区と比べると，34 ポイントの高温乾燥風による増加が確認された（図 17-4）が，精玄米でも，粒厚 1.8 mm 以下の不完全登熟粒でも 1 粒当たりの粒重に有意差は確認できなかった．なお，このグロースチャンバーでの実験結果は圃場再現試験の外観品質の結果に符合していた．

図17-5 実体顕微鏡により観察し続けたコシヒカリの玄米が成長する様子(和田博史撮影)
まず粒長方向へ伸長し,次に粒幅方向へ拡大が起こり,その後,粒厚が増大する.

③ 細胞レベルで見えてきたフェーンによる乳白粒発生メカニズム

　冒頭で述べたように,玄米の横断面写真(図17-1)が示すリング状乳白粒の白濁部位は胚乳組織内の一部分に限られている.このようなサイトスペシフィックに起こる白濁の形態的特徴を踏まえ,高温乾燥風による乳白粒の発生要因を探るには,高頻度に乳白粒形成を誘導する実験系において,玄米が成長中の状態で,今まさに胚乳で細胞拡大が起こっていて,これから白濁化するであろう胚乳の細胞層をターゲットに細胞の水分状態を直接計測することが一つの有効な方法と考えられた.そこで,グロースチャンバーにおいて,出穂後15日の時期に高温乾燥風処理中の穂および蒸散中の葉身等の水分状態をプレッシャーチャンバーにより測定後,直ちにポット稲をグロースチャンバーに隣接する実験室に持ち込み,穂の中位の弱勢穎果(図17-4:成熟期には乳白粒発生歩合が61%に達した)の白濁推定領域の胚乳細胞層を対象に細胞膨圧を計測した(Wadaら2011a).

　開花後,玄米はまず粒長方向に伸長した後,次に粒幅方向に拡大し,最後に粒厚が増大する(星川1989,図17-5参照).開花後から実験開始まで各着粒位置の穎果の籾殻を透かして中の玄米の生長を観察しながら,スコアリングを続けた.図17-5の最右図の生育段階は玄米の厚みが増加している時期に相当し,目視では粒厚の増加は確認できないが,触診によってある程度判断できる.実験では,中位の弱勢穎果を対象に,この胚乳細胞が拡大している時期に高温乾燥風処理を行っている.一連の生理解析の結果から,稲体がフェーンに晒されると,湛水条件下であっても一時的な水ストレスに陥ること,また,穂の水分状態が低下し,浸透調節の介在を示す浸透圧の上昇と膨圧の維持が成長中の胚乳細胞で認められた(図17-6).この浸透調節機能は,植物細胞に本来

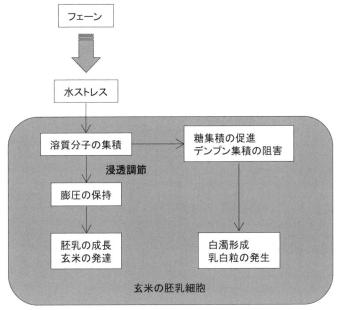

図 17-6 フェーンによる水ストレスを介する乳白粒の発生プロセス

備わった水ストレスに対する防御機能であり，軽度の水ストレス条件下で，特に，拡大中の細胞において発現することが知られている．

浸透調節機能を利用した実用技術は，水切りによる高糖度トマト生産や高品質な果実生産のためのマルチ栽培法など既に広く普及しており，そのメカニズムは野並（2001）が詳細に解説している．概説すると，水ストレス条件下で，浸透調節が誘導された拡大中の細胞内では，糖やアミノ酸をはじめとする低分子の蓄積が促進される．浸透調節により，溶質蓄積に伴って細胞内の浸透圧が高まり，膨圧が維持されることで水ストレス下にあっても細胞拡大が維持され，脱水・萎凋を回避することができる．

フェーンに伴った水ストレス条件下では，主に糖が胚乳細胞内に集積し，浸透圧が高まり，細胞内への水流入が起こる．浸透調節の介在を示す浸透圧の上昇と，細胞膨圧の保持により，胚乳の成長が途絶えず，これが玄米一粒重の維持につながったと考えられた（図17-6）．

近年，分子生物学的解析により，不良環境条件下で誘導される白未熟粒発生に関する理解が急速に進展している．例えば，長期間の高温ストレス下におけ

る白未熟粒の発生にはデンプン加水分解酵素であるアミラーゼの関与が明らかになっている（山川・羽方，第14章「登熟期の高温が種子遺伝子発現および登熟代謝に及ぼす影響」参照）．この知見を踏まえ，著者らは，高温乾燥風条件に晒した後の浸透調節時に胚乳細胞でデンプン分解が起こっているかどうかを炭素安定同位体（^{13}C）トレーサー法，遺伝子発現解析，走査型電子顕微鏡により調べた（Wadaら2014a）．^{13}Cトレーサー法については，乾燥風処理前日に止葉から炭素安定同位体（^{13}C）を20分間フィーディングし，1日放置する間に，一旦^{13}C標識したブドウ糖分子の形で，子実中のデンプン表面に合成させた後，高温乾燥風条件を24時間付与した．24時間後に玄米試料を回収し，得られたデンプン画分を対象にデンプン表面を一部酵素処理し，回収された^{13}C標識されたブドウ糖のアイソトピック比（Isotopic ratio）をナノエレクトロスプレーオービトラップ質量分析計（Exactive Orbitrap LC-MS, Thermo Fisher Scientific Inc.）により求めた．ポジティブモードで分析すると，試料中のブドウ糖は3種のカチオン付加体として検出される．この時，^{13}Cを1つ持ったブドウ糖分子（$C_5^{13}CH_{12}O_6 + {}^{23}Na$；Mm = 204.0561693）のシグナル強度のブドウ糖+Na（$C_6H_{12}O_6 + {}^{23}Na$；Mm = 203.0527693）のシグナル強度に対する比からアイソトピック比を求めたところ，本実験条件下では処理区間に有意差は認められなかった．この^{13}Cトレーサー解析から，短期間の高温乾燥風による水ストレス条件下では澱粉分解が殆ど起こっていないことが示唆された．さらに，α-アミラーゼ・β-アミラーゼをエンコードする遺伝子群の発現にも処理間差はなく，電子顕微鏡解析からもこの結果が支持された．その一方で，解析を行ったデンプン生合成系の大部分の遺伝子の発現が浸透調節時にダウンレギュレートされていた．以上から，短期間の高温乾燥風条件下で穂の水分状態が低下し，浸透調節が発現している時に，デンプンの生合成速度が遅延している可能性が示唆された（Wadaら2014a）．

　一般に，胚乳組織におけるデンプンの集積は胚乳の中心から始まり，外側に向かって進んでゆく（星川1975）ことが知られている．このことを踏まえると，デンプン集積が胚乳中心から外側へ進む途中の過程で浸透調節が起こったことにより，本来であればデンプン集積が正常に進むはずの細胞層でデンプン合成・集積が阻害されたと考えられた．さらに，水ストレス回復後は外側の細胞層ではデンプン蓄積が回復し，再度透明化したのに対して，一度デンプン合成・集積が阻害された細胞層では，デンプン蓄積が回復せずに乾燥した結果，

白濁化し，リング状乳白の多発（図17-1）に至ったと考えられた（図17-6）．気象条件と品質低下被害の類似性から，平成19年のフェーン風発生時にも水ストレスを介した乳白粒発生メカニズムが働いていたと考えられる．

膨圧は水ストレスに対する順化の程度を示す指標であり，細胞拡大，気孔制御，果実軟化，代謝活性の維持等に密接に関わる重要な生理学的パラメーターである．仮に稲体が強い水ストレスに遭遇した場合，伸長組織の細胞は膨圧を保持できなくなり，膨圧の低下，細胞からの脱水が促され，細胞体積は減少するはずである．従って，そのように強い水ストレス条件下では転流が阻害され，成長する子実のサイズは抑制されるため，子実乾物重も減少すると考えられる．本実験で玄米一粒重に低下が見られなかったことは，即ち，再現試験で行った24時間の高温乾燥風処理は穂・穎果への転流阻害，玄米の成長抑制を伴うほどの強いストレスではなかったことを示唆している．このことは，プレッシャーチャンバーによる水ポテンシャル測定値からも推測できる．穂の（導管の）水ポテンシャルは高温乾燥風処理開始後6時間までに有意に低下したが，この時の穂の水ポテンシャルの最低値は-0.9 MPaであり，生育ステージの違いはあるものの，白穂発生時に計測された穂の水ポテンシャルの範囲（例えば，O'Tooleら（1984）では<-2.0 MPa，村松（1982）では<-1.0 MPa）と比べると比較的高い値であった．また，稲体の水分状態は高温乾燥風条件下で低下するものの，高温乾燥風処理終了後24時間の間に対照区のレベルまで水分状態が回復したことから，一時的な水ストレスであったことも示唆された．その後の研究で遮光の前歴がないと，高温乾燥風処理を24時間行っても，白濁の程度は比較的小さく，粒重低下も認められないが，48時間継続した場合，乳白粒等の白未熟粒の発生率が高まるとともに，玄米一粒重の低下が起こり始めることが確認された（Wadaら 2014a）．これまで一般に乳白粒の発生は穂への同化産物供給不足が要因と考えられてきた．それに加えて，著者らの研究（Wadaら 2011a，2014a）から低日照後の24時間の比較的軽度の水ストレス条件では同化産物の穂への分配が損なわれることなく，また，低日照の前歴なしの場合には，稈・葉鞘からの同化産物の穂への移行は一時的に促進され，粒重の有意な低下なしに，乳白粒が発生する場合があることも示された．

④ 細胞および組織の水分状態計測

ここでは3.で行った細胞レベルの水分状態計測法であるセルプレッシャープローブ法と，組織の水分状態を測定するためのプレッシャーチャンバー法，等圧式サイクロメーター法について解説する．

(1) セルプレッシャープローブを用いた細胞水分状態計測

セルプレッシャープローブ（CPP：cell pressure probe）は圧力センサにより，細胞に微小なガラス管を突き刺すことで細胞内の膨圧を直接検出する計測機器である．当初，ドイツのSteudle博士・Zimmermann博士の研究グループにより，細胞の長さが6 cm（直径0.5 mm）に達する*Nitella*等の車軸藻の巨大節間細胞の物理化学的特性を計測するため，プレッシャープローブが開発された．その後，細胞サイズの小さい高等植物の細胞を直接計測するため，プレッシャープローブを小型化し，"セル（細胞）プレッシャープローブ"が開発されるに至った（Hüskenら1978，Steudle 1993）．

計測に先立って，キャピラリー管を市販のピペットプラーにセットし，先端の尖った微細なガラス管を作成する．キャピラリー管の内径／外径比や，ピペットプラーの設定値を変更することで，ガラス管の強度や形状を任意に調節できるため，セルプレッシャープローブでは実験材料や研究目的に応じて用いるガラス管の使い分けが可能である．次に，マイクログラインダーやマイクロベベラーを用いて，ガラス管の先端に通常，数ミクロン程度の穴を開ける．この時，必要に応じて，ガラス管先端に開ける穴の直径のサイズを調節することも可能である（Wadaら2011b）．ガラス管先端に穴を開けた後，ガラス管内に低粘性のシリコンオイルを充填し，ガラス管をキャピラリーホルダーに固定した後，ピエゾマニュピレーター（後述）を用いてガラス管先端を標的細胞に突き刺す（図17-7）．通常，細胞内には膨圧が生じているため，ガラス管内のオイル圧を膨圧値より少し低く維持した状態でガラス管を表皮細胞に刺すと，細胞溶液の一部がガラス管内に流入し，ガラス管内には細胞溶液とシリコンオイルの境界面（メニスカス）が形成される様子が顕微鏡下で観察できる（図17-7）．オイル圧を上げ，メニスカスを元の位置に押し戻し，その位置でメニスカスを固定し続けるとオイル圧が細胞内の膨圧に釣り合うため，膨圧値を読み取

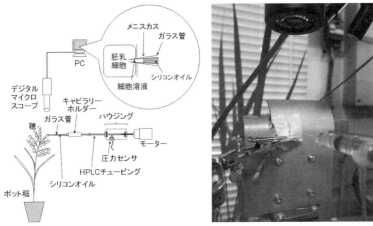

図 17-7 成長中のポット稲を対象にしたセルプレッシャープローブによる玄米胚乳の細胞計測の模式図
デジタルマイクロスコープを用いてガラス管内のメニスカスを操作する（本文参照）．右写真は実際の細胞計測時の写真．

ることができる．

先述の胚乳細胞のように，組織内部の標的細胞層の膨圧を計測する際には，ガラス管を組織の内側へさらに深く突き刺す必要がある．この場合，計測を終えた直前の細胞の膨圧値よりもオイル圧をわずかに低く保持した上で，ピエゾマニュピレーター（後述）を用いてガラス管を前進させる．ガラス管の先端が次の細胞に入った瞬間，刺された細胞の膨圧が，保持した膨圧値よりも高いと，圧力センサ方向に起こるメニスカスのジャンプを観察することができる．メニスカスのジャンプが観察されたら，直ちにガラス管の移動を停止し，先述と同様に圧力を操作し，メニスカスの位置をジャンプする直前の位置まで戻し，膨圧計測を再開する．このように，組織内部の細胞層の膨圧を計測する際は，ガラス管の先端を顕微鏡下で観察することはできないものの，組織外に見えるガラス管の中のメニスカスの挙動を観察しながら，その位置を適切に制御し続けることで，ガラス管先端が到達している細胞の膨圧を計測できる（Cosgrove and Cleland 1983）．

CPP を用いると，組織片を作成することなく，刺している細胞の膨圧をはじめ，細胞壁弾性率，細胞膜水透過率，さらに，細胞体積（Wendler and Zimmermann 1982, Malone and Tomos 1990, Wada ら 2014b）まで，一つの細胞から複数の細胞生理情報を得ることができる．また，膨圧計測後に標的細胞から細

胞溶液を採取し，ナノリットル浸透圧計による浸透圧の測定を行うと，膨圧と浸透圧の差から細胞の水ポテンシャルを求めることができる（野並 2001）．CPP法は，対象組織が生育中の状態で，ターゲットとする細胞の膨圧を直接計測できる唯一の計測技術である．今日に至るまで，世界中の植物水分生理学者はそれぞれの研究目的と材料に合わせて，独自にプレッシャープローブの改良を進めてきた．細胞計測用のCPPの技術は，その後1980年代後半からのSteudle博士らによる根圧の計測・制御のためのルートプレッシャープローブ（root pressure probe）や，1990年代に行われたザイレムプレッシャープローブ（xylem pressure probe）による導管水の張力（負圧）の直接計測に応用されている．

以下に紹介するCPPの仕様は，米国カリフォルニア大学デイビス校のMatthews博士・Shackel博士の研究グループのデザインをベースに，水稲の玄米を対象に細胞計測を行うべく，改良を行ったものである．概略としては，近年のCPPは圧力センサを設置したハウジング部分にガラス管を直接固定せず，ハウジング部分とマイクロキャピラリー（ガラス管）のラインをHPLCチュービングで繋げる構造になっている点が特長である（図17-7）．

CPPによる細胞計測を安定してルーチンに行うためには，徹底した除振を行う必要がある．従来のCPPはギアを介して振動源であるモーターをハウジングに直接取り付け，そこにガラス管を固定していたため，除振動台上で細胞計測するにもかかわらず，計測中の組織にプローブチップを介して振動が伝わりやすかった．そこで，振動の影響を最小限に抑える工夫として，モーターと圧力センサの間にHPLCチュービングを組み入れることで，モーターとガラス管を隔離させるようなデザインが現在採用されている（図17-7）．さらに，胚乳組織のように表皮より内側の細胞層を計測ターゲットにするために，Thomasら（2006）に従って，ガラス管を固定するキャピラリーホルダーをピエゾモーターの搭載した3次元マニピュレーター上に固定している．ピエゾモーターを利用して，$0.5\,\mu m$〜$10\,\mu m$の範囲でガラス管の瞬時の移動が可能になることから，試料表皮の形状・物性の違いに柔軟に対応した上で，ガラス管の挿入とメニスカスの観察が容易に行えるようになっており，表皮から計測中の細胞までの深さも自動計測できるように改良されている．

水稲胚乳の細胞計測の場合，穂と対象の穎果をサンプルホルダー上に固定する必要があり，その作業空間を確保するため，計測サンプルの鉛直方向に

8.5 cm の長作動距離を持つデジタルマイクロスコープを設置し（図 17-7），ここにも XY 軸方向のマニピュレーターを組み入れ，より省力的にかつ，精度高く細胞計測ができるよう改良されている．膨圧計測そのものの計測原理はシンプルではあるものの，計測技術・知識の習得には一定期間のトレーニングを要すことから，世界的にも本機器を使用できる研究者は少ないのが現状である．しかし，近年，マシンビジョンシステムの搭載によるセルプレッシャープローブ計測の自動化（Wong ら 2010）や，CPP とエレクトロスプレーイオン化質量分析法とを融合させた斬新な細胞レベルの代謝産物解析法（Gholipour ら 2012，Nakashima ら 2016）が開発され，CPP を応用した細胞レベルでの生理解析技術が急速に伸展している．今後，機器の更なる改良により植物生理分野を中心として，細胞レベルのインタクトな解析法として CPP の利用価値が高まると期待される．

図 17-8　ポンプアッププレッシャーチャンバー（米国，PMS Instrument Company 製）

(2) ポンプアッププレッシャーチャンバーを用いた組織の水分状態測定

プレッシャーチャンバー法（Scholander ら 1965）はサイクロメーター法と並んで，植物組織の水分状態を測定することのできる機器であり，簡単かつ迅速に植物組織（主に葉身）の水ポテンシャルを測定できることから，水分生理機器の中で世界的に最も普及した測定法である．著者らが用いているポンプアッププレッシャーチャンバー（米国 PMS Instrument Company 製，図 17-8）はセルプレッシャープローブ計測の専門家としても高名な米国カリフォルニア大学デイビス校 植物科学学部の Shackel 博士によって考案されたプレッシャーチャンバーで，窒素ガス等のボンベを用いずに自転車のタイヤの空気入れの要領で，人力により，チャンバー内を加圧することで測定する．Shackel 博士により農家が手軽に圃場作物の水分状態を測定できるようにとデザインされた経緯があり，圃場レベルで簡単に測定できるプレッシャーチャンバーとして普及している．ガスボンベを用いる従来のプレッシャーチャンバーと比べると，片手で持てるほど軽量で，ポンプアップも軽く，ガスボンベの充填あるいは取り換

えの必要もないため，測定場所を選ばない．

　水ポテンシャル測定時には，切除した葉身（および穂）をチャンバー（容器）内に収め，チャンバー内を加圧する．付属のルーペを使って，切断面に導管液が観察されるまでポンプアップを続け，導管液が切断面に現れた時点を「エンドポイント」として，その圧力値を読みとる．植物体の導管内は常時水の柱が形成されていて，そこには張力がかかっている．組織を切除すると，導管内の水柱は人為的に途切れ，水は組織内に取り込まれる．プレッシャーチャンバーの操作の過程は，換言すると，加圧により水柱を元々あった切断面まで復元させることを意味しており，加圧した分の圧力は切断直前に導管内に掛かっていた水の張力に相当すると考える．水分状態を示す水ポテンシャルの値はこの圧力値にマイナスの符号をつけて負圧として記録することで水ポテンシャル（正確には，マトリックポテンシャルに相当，バランシングプレッシャーとも呼称）を測定している．厳密には，葉身の水ポテンシャルはプレッシャーチャンバーで測定したマトリックポテンシャルに浸出した導管液（アポプラスト）の浸透ポテンシャル（浸透圧にマイナスの符号をつけたもの）を足した値に相当する．しかし，通常アポプラストの浸透ポテンシャルの絶対値は無視できるほど小さいため，その影響は無視されており，プレッシャーチャンバーによる計測値を「葉身の水ポテンシャル」として扱っているのが現状である．

　プレッシャーチャンバーは簡便な水分状態測定法ではあるが，正確に測定する上で以下の留意点があげられる（Turner 1988）．

ア．蒸散中の組織を計測する場合は，切断時から測定するまでの間に水損失を起こさないように十分配慮する．
イ．計測前の組織表面の水の凝結をなくす．
ウ．チャンバー外に出る部分の組織（葉身基部・穂軸）の体積ができるだけ小さくなるようにサンプルを納める．
エ．チャンバーへの加圧はゆっくり行う（目安としては 0.025 MPa/s）．
オ．エンドポイントの決定を正確に行う．
カ．チャンバーからのガス漏れをなくす．

　水損失の問題についてはチャンバー内を加湿する（野並 2001）か，もしくは脱水を防ぐために著者らは自作したラミジップを使用している．穂の水ポテ

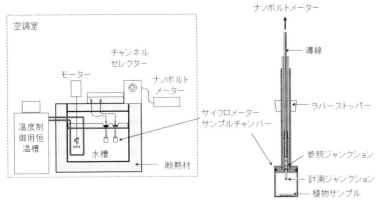

図17-9 等圧式サイクロメーターのシステムの概略図（左）とサイクロメーターの断面図（右）
右はサイクロメーターの断面図を示す．

ンシャル測定の場合，穂をラミジップ内に傷まないように封入した直後，穂軸直下を剃刀刃で切断し，速やかに圧力チャンバー内に挿入することで，切除直後に起こるとされる脱水の影響（Turner and Long 1980）も最小限にして測定を行っている．加圧スピードが速いと導管内のメニスカスを元の位置に再現できずに，測定誤差を生じる場合がある．ポンプアッププレッシャーチャンバーの場合は，ポンプアップによる1回のストロークでチャンバー内の圧力を0.5気圧（≈0.05 MPa）上昇させることができる．従って，5気圧（≈0.50 MPa）まで加圧するために10回のポンプアップを要するが，階段状に緩やかに加圧できるため，加圧速度に起因した誤差の問題も自然とクリアできる設計になっている．

(3) 等圧式サイクロメーターによる組織水分状態計測

本稿で紹介する等圧式サイクロメーターは，植物水分生理の大家として著名な米国のBoyer博士によって発明された計測法であり，既存のサイクロメーターの中でも植物組織の水ポテンシャルを最も精度高く計測できるサイクロメーターとして知られている．現在，本機は市販されてないため，九州沖縄農業研究センターでは自作したものを用いている．等圧式サイクロメーターの計測原理やセンサの構造等，その詳細については，野並（2001）を参考にされたい．図17-9に示すように，空調室の中で温度制御した水槽内に組織サンプルを収めたサイクロメーターサンプルチャンバーを設置する．相対湿度100%に保持

したグローブボックス（Boyer 1995 を参照）を準備し，そのチャンバー内で植物組織から脱水が起きないように配慮しながらサンプリングを行い，サンプルの切断面にはワセリンを塗布した上で，事前にワセリンを塗った銅製のサンプルチャンバーの底に収める（図17-9）．図17-9が示すように，サンプルチャンバーの天井部分には熱電対センサの計測ジャンクションが収まるようになっている．

等圧式サイクロメーターでは，キャリブレーションのために数マイクロリットルの既知の濃度（即ち，既知の水ポテンシャル）のショ糖液を設置するため，センサ先の計測ジャンクションがループ状に加工されている特徴がある．仮に，設置したショ糖液の水ポテンシャルが計測中のサンプルの水ポテンシャルより高いと，水ポテンシャル勾配に従って，水はセンサからサンプルに移動するため，水の蒸発により気化熱が奪われるため，計測ジャンクションは冷やされる．このとき，計測ジャンクションと参照ジャンクション（センサホルダー内のヒートシンク中に埋設されたもう一方のジャンクション）との間に温度勾配が生じ，熱電効果（ゼーベック効果）によってここに熱電子が流れる．等圧式サイクロメーターではこの微小な起電力をナノボルトメーターにより検出する（図17-9）．検出した起電力の値を手掛かりに，計測ジャンクションに設置するショ糖液の付け替えを行うことにより，水ポテンシャルと熱電対の出力の関係から検量線が得られるため，チャンバー内に収めたサンプルの水ポテンシャル値を算出できる．等圧式サイクロメーターで計測した水ポテンシャルは，（2）のプレッシャーチャンバー法の節で触れたマトリックポテンシャルとアポプラストの浸透ポテンシャル値の和に相当し，組織平均した水ポテンシャルに相当する．なお，微量溶液の浸透ポテンシャルを計測する場合には，先ほど説明したサンプルと標準液の位置関係を反転させ，ループ状の計測ジャンクション上に試料溶液を，サンプルチャンバーの底にショ糖液を設置する．この方法を使うと，アポプラスト溶液など，0.5マイクロリットルの微量溶液の浸透ポテンシャルも計測することができる（Nonami and Boyer 1987）．

等圧式サイクロメーターを用いると，葉身，成長中の玄米，節間等の含水率の高い植物組織だけでなく，乾燥貯蔵中の種子やレーズンなどの低含水率の試料の水ポテンシャルも測定できる．その他，溶液や土壌サンプルの水ポテンシャルも計測できる．さらに，本機器では，ペルチエ効果を利用した他のサイクロメーターで問題となる組織表面の水の拡散抵抗による誤差を排除できる上

に，組織由来の呼吸熱の影響を補正した上で水ポテンシャルを測定できる点が長所である．

植物組織の場合には，水ポテンシャル計測後にサンプルチャンバーに植物組織を収めたまま，組織を－80℃で凍らせた後，緩慢に解凍することにより，細胞膜を破壊し，細胞膨圧を取り除くことができる．水ポテンシャル計測と同じ方法で解凍後の組織片を計測すると，浸透ポテンシャルを求めることができる．組織の水ポテンシャルから浸透ポテンシャルを差し引くことで，組織平均した膨圧値が求まる（野並 2001）．

(4) 各測定機器の長所と短所

セルプレッシャープローブ法は細胞レベルで膨圧などの水分状態を直接計測できる長所がある．特に，水稲の乳白粒の様に玄米組織内の一部分の細胞（層）をターゲットにしたサイトスペシフィックな解析が可能になる点で優れた計測器である．しかし，測定時にはガラス管内にメニスカスを形成する必要から，イネ胚乳細胞を計測対象とする場合，デンプン蓄積が進行し，細胞の含水率が低下し，メニスカスを形成できなくなると，計測の継続が困難になる場合がある（Wada ら 2011a）．そのため，そのような試料では，先述の様に測定対象とする組織の生育ステージを予め，モニターしておく必要がある．また，セルプレッシャープローブの計測時には，ガラス管と細胞の間で水の連絡が途絶えていないか，また，ガラス管の先端に詰まりがないか，常時メニスカスの位置を操作し続けることで，水の連絡，圧力の応答を確認することが必須である．セルプレッシャープローブの計測後に，刺した細胞から細胞溶液を採取し，ナノリットル浸透圧計で溶液の浸透圧を決定できる（野並 2001）点も特長である．凝固点降下法を利用したナノリットル浸透圧計測では，自動モードを使って試料溶液を低温で急冷して凍結させた後，マニュアルモードに切り替えて少しずつ昇温させ，サンプルを融解させてゆく操作が必要になる．昇温時には，顕微鏡下で温度を制御しながら，サンプル内の氷の結晶の拡大・縮小を観察する必要がある．しかし，イネの胚乳細胞のように澱粉粒を集積させる細胞では，採取した細胞液中に澱粉粒が含まれてしまうため，氷の観察が困難となり，正確に浸透圧を決定できない場合もある．そのため，著者らは等圧式サイクロメーターとポンプアッププレッシャーチャンバーによる測定結果に基づき，間接的に胚乳細胞の浸透ポテンシャルを求めている方法を採用している

(Wada ら 2011a, 2014a). 等圧式サイクロメーターは，他のサイクロメーター法と比較して，水分状態（水ポテンシャル，浸透ポテンシャル，膨圧）を高精度に測定できる点が長所であるが，得られたデータは特定の細胞に注目した測定値ではなく，組織平均した値である．しかし，測定に時間がかかる点や，実際問題として，計測器を一から製作しなければならない点が難点である．また，脱水を防ぐため，サンプリングは通常，飽和湿度条件下で行い，サンプルチャンバーに納まるよう組織を切除し，組織片の切断面にはワセリンを塗布する必要がある．その点，従来のガスボンベを備えたプレッシャーチャンバーとは異なり，ボンベを用いずに，圃場で作物組織の水ポテンシャルを手軽に測定できるポンプアッププレッシャーチャンバーは利便性が高いといえる．ポンプアッププレッシャーチャンバーのヘッド部分は計測する組織断面の形状に合わせ，取り替え可能になっていることから，多くの作物で利用でき，汎用性が高い．今後，試験場や現場レベルで簡便かつ，有用な水ポテンシャル測定法になることが期待される．

5 おわりに

　本稿で述べたように，セルプレッシャープローブによる細胞計測というこれまで水稲の研究にはあまり用いられてこなかった精緻な細胞計測法により，胚乳の細胞レベルの解析を行ったことで，フェーン等の高温乾燥条件下で，水ストレスを介する乳白粒発生メカニズムが明らかになり始めている．この研究によって，品質低下被害に対して肥培管理とともに，水ストレスに対する対策も重要であることが提示された．

　今後のフェーン被害の対策手法として，栽培管理，予測技術，品種開発のそれぞれにおいて対策を立てることが必要になろう．本研究に基づくと，フェーン発生時に胚乳で起こる浸透調節の発現そのものを制御するのではなく，フェーン発生時の水ストレス程度を軽減させる対策が現実的であろう．本稿で紹介した乳白粒発生メカニズムを考慮すると，栽培管理においては，フェーン発生時には湛水管理を徹底することにより，フェーン時の水ストレスの影響を軽減させる必要がある．また，栽培生理的な視点から深耕により十分な根圏域を確保することで，稲体の水ストレス耐性を高めておくような栽培管理の検討が今後必要になると思われる．

先に触れたように，平成19年の南九州での早期米生産の現場では，当時立毛の状態で乳白粒の多発生を予想できなかったため，共済の被害申請に間に合わず，甚大な品質低下被害に至った．その後，予測技術については乳白粒発生予測モデルとともに，収穫前玄米の断面解析による白未熟発生予測装置（森田2011，第20章「高温登熟障害の回避に向けた研究」参照）を用いることで，収穫前10日までに乳白粒等の白未熟発生程度を推定する技術が開発されている．今後の気象変動で極端な高温の発生とともに，台風の大型化により，水稲生産現場への被害の影響が懸念されていることから，登熟期の台風襲来に伴い，周辺地域では気象条件（気温，湿度，風速）をウォッチすることが必要であろう．

さらに，長期的な視点から，耐性の強い品種やそれに適した栽培法の開発が求められる．大谷・吉田（2008）の報告した風処理による白未熟粒の発生の品種間差の傾向は，過去行われた高温耐性検定の品種間差異に符合する結果となっていることから，今後，水ストレス耐性とともに高温登熟障害のメカニズムの解明を行い，その知見を品種開発にフィードバックさせる必要がある．高温登熟障害のメカニズム解明については，現在，分子生物学的な手法を中心に研究が盛んに行われており，高温ストレスに対する遺伝子の発現機作に関する知見が近年急速に集積している．しかしながら，登熟初期の高温ストレスで誘導される背白粒の発生機作，またその施肥との関係など，まだまだ不明の点が残されている．気候変動下での水稲の品質低下問題の解決に向けて，ここで紹介した細胞・組織レベルの水分状態計測を一つの解析ツールとして，ホールプラントレベルから細胞レベルで，包括的な解析を行うことで，研究を深化させていくことが重要と思われる．

参考文献

Boyer J. S. 1995. Measuring the Water Status of Plants and Soils. Academic Press, San Diego. p. 178.

Cosgrove DJ, Cleland RE 1983. Osmotic properties of pea internodes in relation to growth and auxin action. Plant Physiology 72：332-338.

江幡守衛・石川雅士 1989．イネの稔実，登熟および粒質形成におよぼす風・雨の影響．日本作物學會紀事 58（4）：555-561．

Gholipour Y., Erra-Balsells R., Hiraoka K., Nonami H. 2013. Living cell manipulation, manageable sampling, and shotgun picoliter electrospray mass spectrometry for profiling metabolites. Analytical Biochemistry 433 : 70-78.

星川清親 1975. イネの生長. 農山漁村文化協会. p. 317.

Hüsken D., Steudle E., Zimmermann U. 1978. Pressure probe technique for measuring water relations of cells in higher-plants. Plant Physiology 61 : 158-163.

石原　邦・水野五月・堀口友子・在原克之・志和地信・高橋久光 2005. 水稲「高温障害」による乳白粒等の発生要因の検討―体内水分と窒素濃度に着目して. 日本作物學會紀事 74（別 1）: 124-125.

木邨　勇 1950. 水稲の乾風害（白穂）について. 農業気象 5 : 133-136.

森田　敏 2011. イネの高温障害と対策：登熟不良の仕組みと防ぎ方. 農山漁村文化協会. p. 143.

村松謙生 1982. フェーン条件下における水稲の体内水分に関する研究. 北陸農試報 24 : 1-18.

村松謙生 1989. フェーンによる水稲の白穂被害の発生機構. 北陸農試報 30 : 131-148.

Malone M., Tomos A. D. 1990. A simple pressure-probe method for the determination of volume in higher-plant cells. Planta 182 : 199-203.

Nakashima T., Wada H., Morita S., Erra-Balsells R., Hiraoka K., Nonami H. 2016. Single-cell metabolite profiling of stalk and glandular cells of intact trichomes with internal electrode capillary pressure probe electrospray ionization mass spectrometry. Analytical Chemistry 88 : 3049-3057.

野並　浩 2001. 植物水分生理学. 養賢堂. p. 263.

Nonami H., Boyer J. S. 1987. Origin of growth-induced water potential : Solute concentration is low in apoplast of enlarging tissues. Plant Physiology 83 : 596-601.

O'Toole, J. C., T. C. Hsiao, O. S. Namuco 1984. Panicle water relations during water-stress. Plant Science Letters 33 : 137-143.

大谷和彦・吉田智彦 2008. 送風時期が水稲「白未熟粒」発生に及ぼす影響. 日本作物學會紀事 77（4）: 434-442.

Scholander, P. F., Hammel H. T., Bradstreet E. D., Hemmingsen E. A. 1965. Sap pressure in vascular plants : Negative hydrostatic pressure can be measured in plants. Science 148 : 339-346.

Steudle E. 1993. Pressure probe techniques : Basic principles and application to studies of water and solute relations at the cell, tissue and organ level. In Water deficits : plant responses from cell to community. ed. J. Smith, Griffiths, H. pp. 5-36. Bios Scientific Publishers. Oxford.

Thomas T. R., Matthews M. A., Shackel K. A. 2006. Direct in situ measurement of cell turgor in grape (Vitis vinifera L.) berries during development and in response to plant water deficits. Plant, Cell and Environment 29: 993-1001.

Turner N. C. 1988. Measurement of plant water status by the pressure chamber technique. Irrigation Science 9: 289-308.

Turner, N. C., Long M. J. 1980. Errors arising from rapid water-loss in the measurement of leaf water potential by the pressure chamber technique. Australian Journal of Plant Physiology 7: 527-537.

Wada H., Nonami H., Yabuoshi Y., Maruyama A., Tanaka A., Wakamatsu K., Sumi T., Wakiyama Y., Ohuchida M., Morita S. 2011a. Increased ring-shaped chalkiness and osmotic adjustment when growing rice grains under foehn-induced dry wind condition. Crop Science 51: 1703-1715.

Wada H., Matthews M. A., Choat B., Shackel K. A. 2011b. In situ turgor stability in grape mesocarp cells and its relation to cell dimensions and microcapillary tip size and geometry. Environmental Control in Biology 49: 61-73.

Wada H., Masumoto-Kubo C., Gholipour Y., Nonami H., Tanaka F., Erra-Balsells R., Tsutsumi K., Hiraoka K., Morita S. 2014a. Rice chalky ring formation caused by temporal reduction in starch biosynthesis during osmotic adjustment under foehn-induced dry wind. PLoS ONE 9 (10): e110374. doi: 10.1371/journal.pone.0110374

Wada H., Fei J., Knipfer T., Matthews M. A., Gambetta G. A., Shackel K. A. 2014b. Polarity of water transport across epidermal cell membranes in Tradescantia virginiana. Plant Physiology 164: 1800-1809. (Focus Issue: Water).

Wendler S., Zimmermann U. 1982. A new method for the determination of hydraulic conductivity and cell volume of plant cells by pressure clamp. Plant Physiology 69: 998-1003.

Wong E., Slaughter D. C., Wada H., Matthews M. A., Shackel K. A. 2009. Computer vision system for automated cell pressure probe operation. Biosystems Engineering 103: 129-136.

第Ⅳ部
外観品質・食味の改善技術

第18章
米の食味・外観品質と養分・気象環境

近藤始彦

1 はじめに

　世界中の米作りには各国・地域のそれぞれ特色があり，日本にもまた独自の米文化がある．コシヒカリに代表される日本のコメの特徴は世界でも特色ある粘りと味わいのある食味と粒の輝きや張りを求める外観品質から形成されている．食味や外観品質はコメの品質の重要な要素であり，気候，土壌，栽培方法に密接にむすびついている．近年日本では夏季の高温年における外観品質の低下が問題となっている．特に白未熟粒の発生が等級低下の要因となっているが，その背景には近年の低窒素施肥があることも明らかになってきている．この低窒素施肥はコメの低タンパク化による食味向上を目的としている部分も多く，現在の日本の稲作の特性と課題を表しているともいえる．このため食味と外観品質の変動要因を統括的に理解し，両者を両立させる栽培・育種対策が求められている．以下では食味・外観品質に及ぼす養分および気象の影響を主に食味関連成分の変動と施肥を中心とした栽培技術から研究の現況と課題を概観する．なおコメのタンパク含有率は，記載のない限り，タンパク含有率（水分15%換算）＝乾物あたり窒素含有率×5.95×0.85として表記した．

2 栽培管理の影響

(1) 食味への窒素，養分管理の影響

　イネ種子の胚乳組織はアリューロン（糊粉）層とその内側に存在するデンプン性胚乳組織からなる．アリューロン層は脂質，フィチン酸や無機成分などを貯蔵し，発芽の際にデンプンや貯蔵タンパク質を分解する酵素を生成する場と

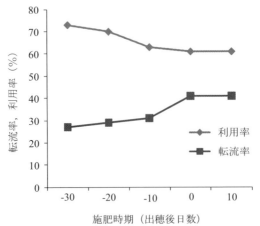

図18-1 施肥時期による窒素利用率および白米への転流率への影響（品種はえぬき）
熊谷ら（1993）．

もなる．食味に強く関連する成分としてはデンプン中のアミロース，およびタンパク質が知られる．アミロースの増加は物性に影響し粘りを低下させる．コメに含まれる貯蔵タンパク質は，2種類のプロテインボディ（PB）中に濃縮され，PB-Iに存在し疎水性が強く人の消化管では分解されにくいといわれるプロラミンと，PB-IIに存在し消化されて栄養源になるグルテリン，グロブリンから構成されている（増村・田中 2007, Tanakaら 1975）．プロラミンは水に溶けにくく，米の外周部に多く存在すると吸水性の低下などを通して炊飯米の粘りを低下させる原因になると考えられる．

　タンパク質含有率の変動については施肥・栽培管理の影響が大きい．一般に施肥量が多く，特に生育後半の追肥により増加しやすい．これは生育後半，特に穂揃い期以降に吸収される窒素は茎葉部よりも穂部への転流割合が高くなることよる（図18-1）．1970年代から収量から品質にイネ栽培の重心が移り，食味を重視した栽培が進んだ結果，現在では低窒素施肥が一般化している．一般に玄米のタンパク含有率が7％程度を超えると硬さが増し食味を低下させやすい．しかし，食味に影響する閾値は品種や他の成分によって変動する．またタンパク含有率が6.5％以下では低いほど食味が向上するのではないことには留意する必要がある（近藤・野副 1993）．東北地域の試験研究機関で行った連絡試験「高品質米生産技術の確立に関する連絡試験」（1990-1992）（東北農試

1998）でも施肥量の増加や追肥が後期であるほど窒素含有率が上昇することが認められたものの，通常の施肥レベルや時期の範囲では大きな食味の低下は認められなかった．むしろ極端な低タンパク下は食味の低下や粒重，外観品質の低下をまねく傾向にある（吉永・福田 2007）．これの点については施肥技術の項で後述したい．

窒素以外の養分の食味への影響とそのメカニズムについては多くは明らかではないと思われる．灰色低地土での長期三要素連用試験では，いずれの要素欠除も食味を低下させたが，無リン酸区で特に低下が大きかった（図18-2 上）．これは粘り，味の低下，硬さの上昇による．これらの変化は玄米窒素とアミロースの増加が関与しているものと推察された（図18-2 中，下）．窒素は植物体全体で増加するが特に籾での増加が大きくなった．また玄米のマグネシウムがリン酸とともに減少しており，これはマグネシウムとリン酸は吸収・移動において相互作用があることによると考えられる．リンはフィチン酸のマグネシウム塩としてアリューロン顆粒に存在する（Tanaka 1974）．火山灰土壌での試験でもリン酸欠除はアルカリ崩壊性の増大などデンプンの理化学性の変化がみられており，リン酸やマグネシウムがデンプン合成やアミロース含有率に関係している可能性がある．これらは極端な要素欠乏状態での試験結果であり，一般水田では明確には起こりにくいが，複数の養分が相互に関連しあいながら，成分と食味を規定していることを示す一端であると思われる．

(2) 食味への気象の影響

気象条件は，食味関連成分の変動を介して食味に影響する．登熟期間の気温はアミロース含有率に影響し，一般には高温で低下し低温では増加する（Asaoka et al. 1984，など）．これは結合型デンプン合成酵素（Wxタンパク質）が高温で発現が低下することによると考えられる．従来寒冷地では低温による高アミロース化が食味低下の要因となっていた．圃場条件では北海道や東北では0.36-0.52%/℃程度の反応が報告されている（稲津 1988，東北農試 1998）．冷害年では大きく上昇し，食味にマイナスの影響を及ぼす．近年，低アミロース品種の導入により寒冷地でも食味は大きく改善されている．また温度反応性は品種により異なり，Wx^bをもつ品種でWx^aより変動は大きい（Sano et al. 1991）ことが知られる．さらに気象変動下での食味の安定化を目指してアミロース含有率が気温に影響されにくい品種の開発も進んでいる（鈴木 2006）．

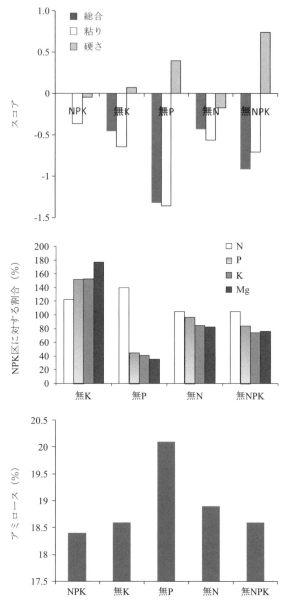

図 18-2 三要素の欠除が官能試験による食味評価（上），養分含有率（中），アミロース含有率（下）に及ぼす影響（品種キヨニシキ）
近藤・安田（1994）．

登熟期の気温が玄米中窒素含有率へ及ぼす影響は一定ではない．これは玄米窒素含有率が，根での吸収から玄米への蓄積に到る多様な過程に影響され規定要因が複雑であることによる．窒素含有率の規定過程はいくつかの見方ができるが，転流率を規定要因の中心とすると，

　玄米窒素含有率＝（窒素吸収量×窒素転流率）/玄米数×1/玄米1粒重
　転流率：玄米中窒素蓄積量/植物体全体窒素吸収量

とあらわすことができる．窒素吸収量，転流率が低く，籾数や粒重が高い場合に窒素含有率は低下する．特に出穂期以降に吸収された窒素量と穂への転流率は玄米窒素含有率に大きく影響する．出穂期以降の窒素転流率は気温が低い場合に低下しやすいが（近藤・安田 1994），窒素吸収量も低下しやすいため最終的な窒素含有率への影響は地域・土壌や出穂期までの前歴により異なると思われる．出穂期までの窒素吸収量に対する籾生産効率（籾数/出穂期窒素吸収量）を高めることも最終的な窒素含有率を低めることに寄与する．一方で窒素含有率は窒素動態だけでなく，窒素と炭素のバランスに依存する側面をもつ．特に登熟期間の乾物生産効率（吸収窒素当たりの乾物生産量）が高ければ窒素含有率は低く維持できる．ひとめぼれでは 100-110 g/g N 以上の乾物生産効率を維持できれば食味に影響しない窒素含有率に抑えられていた（中鉢・武田 1998）．このため光合成による炭素同化能力や茎葉部から穂部への炭水化物転流を高める栽培あるいは品種特性が有効である．

❸ 外観品質，特に白未熟粒の発生機構と対策

(1) 白未熟粒の発生要因

　近年の夏季の高温化によって外観品質で問題となっているのは白未熟粒である．白未熟粒は白濁の部位により分類されているが，特に乳白粒と背白粒の発生が外観品質の低下へ大きく影響している．乳白粒と背白粒の間では気象・栽培要因の関与に違いが見られる（表 18-1）．背白粒および背白粒に発生環境が類似する基白粒の発生率は出穂後の気温との相関が高く，26-27℃を超えると急激に発生が増加する．より高温になると背部，基部だけでなく中心部など他の部位にも白濁をもつ複合したタイプの発生が増加する傾向にある．また湿度や日射量が高い場合に増加する傾向にある（若松ら 2009）．これは穂の温度上昇が一因と考えられる．一方，乳白粒は出穂前および出穂後の気温の上昇で発

表18-1 白未熟粒のタイプ別にみた発生要因と対策の方向

白未熟粒タイプ			背白粒，基白粒，乳白粒（高温型）	乳白粒
発生要因			登熟初中期の気温（穂温）窒素状態	登熟初中期の気温（穂温）シンク・ソースバランス
対策の方向	温度環境の改善		作期移動・分散，かけ流しなどによる地温，穂温低下 品種による群落温度の低下	
	生理機能の向上による耐性の改善	窒素管理	登熟期窒素状態の維持（追肥の制御，肥効調節型肥料の利用）：食味との両立	籾数安定化（主に基肥），光合成能の維持：収量性との両立
		栽培対策	生育後半の土壌窒素供給能の向上（有機物施用）	深水管理（分けつ・籾数安定化，ソース能向上）栽植密度（分けつ・籾数安定化）
		その他	養分・水吸収など根の機能の向上（根圏環境の改善）長期・短期気象予測による対策の精密化	

生が増大するが，基白粒・背白粒に比べると気温との関係性は低い．これは気温以外の様々な要因も発生に関与することを示す．乳白粒は高温だけでなく日射量が低い場合に発生が増大する．さらに風やフェーンによる白未熟粒の増加が認められており，体内の水分動態や物理的刺激なども影響すると考えられる．

　登熟期間の時期別にみた高温の影響を比較すると，いずれのタイプの白未熟粒も登熟初期の気温の影響が大きいことが示されている（若松ら2009a）．ターゲットとすべき時期を絞って対策技術を開発する上で重要な知見と思われる．主に登熟後半にデンプンが蓄積する部位が白濁する背白粒や基白粒においても初期の気温の影響が強いことは，初期の温度環境が登熟後半のデンプン合成に影響することを示唆しており，生理的にも興味深い現象である．胴割れ粒についても籾重が最終籾重の14～40％程度の初期の発育段階の気温特に最高気温が高い場合に発生が高まることが知られている（長田ら2007）．登熟初期の気温環境はその後の胚乳組織形成やデンプン合成関連機能に大きな影響を及ぼすと考えられ，その生理メカニズムの解明が期待される．

　2001-2005年について地域別に発生気象要因を比較すると，特に九州地域において乳白粒の発生が高いが，必ずしも登熟期間の他の地域より温度域は高くないことより（図18-3），低日射や台風の影響がかなり大きいといえる．一方，基白粒・背白粒発生の地域間差異は登熟期間の気温で比較的よく説明でき，最も発生の高い傾向にある東海地域では高気温によって発生が高まってい

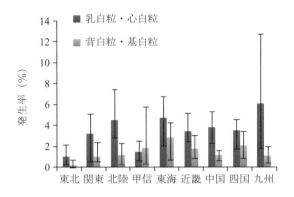

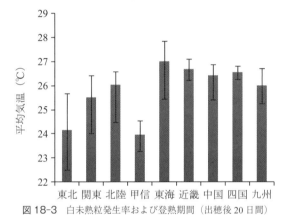

図 18-3 白未熟粒発生率および登熟期間（出穂後 20 日間）の平均気温地域間差異
2001-2005 年農林水産省水稲基準筆データより．バーは最大・最小値．

ると推察された．夏季に記録的な高温となった 2010 年には東北から九州までの広い地域で白未熟粒の発生がみられ検査等級の低下が大きな問題となった．特に例年 1 等米比率の高い東北，北陸や関東でも平年値を 15〜40％ も下回った．北陸，東海，関東地域の広い地域で登熟期間（出穂後 20 日間）の平均気温が 27℃以上で，一部地域では 28℃以上であり，また日射量も高かった．白未熟粒では背白粒が主な発生タイプとなっていたが，これは高温，高日射の環境を反映していると考えられた．このように地域や年次により白未熟粒のタイプやそれに影響した気象条件は多様であるため，その対策についても要因を見極めることが必要である．

(2) 養分・栽培管理の影響

白未熟粒の発生には気象要因だけでなく，養分管理や栽培法も大きく関わっている．近年，良食味志向による低窒素施肥栽培が一般化している．しかし，登熟期の低窒素条件下は白未熟粒特に背白粒や基白粒の発生を助長する．全国の連絡試験（近藤ら 2006）や施肥試験（若松ら 2008）の結果では玄米窒素含有率が 6.0-6.5% より低い場合に基白粒，背白粒の発生が増加する傾向が認められる．前述のように高温年 2010 年には背白粒の発生が高かったが，品質低下の地域間差異は必ずしも気温では説明できない部分もあり，窒素施肥の影響も一因として想定される．低窒素状態が白未熟粒を増加させる生理メカニズムは必ずしも明らかでない．シンク機能，ソース機能，転流機能のいずれを抑制するのかを明らかにすることは，品種開発や施肥技術の確立において重要な点である．背白粒，基白粒では玄米の窒素含有率が低下する傾向があることより，穎花での転流・転送器官の老化，デンプン合成活性などを通した影響があると想定される．

有機物施用量の減少や作土の浅耕化が進んでいるが，これらも地力の低下や根域の制限を通じて窒素吸収を抑制し，高温障害を拡大している可能性がある．一方，乳白粒についてはモミ数が過多の場合に発生は増大する．このため生育初期の気温の上昇が穂数やモミ数の増加につながり，乳白粒発生を助長するなど出穂前の気象環境が発生を助長する場合もあると考えられる．

(3) 白未熟粒発生の生理メカニズム

白濁部の形成の直接の要因は，局所的，一時的なデンプン粒合成あるいは組織形成過程の異常にあると推測される．一般に高温下では登熟初期の胚乳細胞の分裂・肥大，デンプン蓄積が加速するが，登熟後期には関連酵素活性や組織の老化が早まる．背白粒・基白粒については，白濁部位が登熟後半にデンプンが蓄積する部位であることや登熟期の高温の影響が強いことより，登熟後期のデンプン合成能やシンク機能の低下が関与すると推察される．一方，乳白粒についてはソース能力（基質の供給能力）の不足あるいはシンク容量（モミ数×粒重）に対するソース能のアンバランスが関与すると考えられる．高温下では登熟初期の粒重の増加速度が増加するが，これにより穎果間でデンプン合成基質の競合が増加し，胚乳で一時的・局部的に基質が不足することが関与すると想定される．ただし，乳白粒には高温で発生するタイプと低日射で発生するタ

イプでは横断面上の白濁の部位が異なっており（若松ら 2009），前者は白濁部が中央部に，後者はリング状になる傾向にある．今後両者の白濁部の微細形態や生理メカニズムの相違を整理する必要がある．

シンク機能への影響については詳細な情報も蓄積されつつある．主にスクロースとして穎果に送られた炭素は ADP-グルコースに変換され，ADP-グルコースからデンプン合成酵素によってデンプンに合成される．遺伝子発現解析や代謝産物解析の結果では，高温下ではスクロースの代謝やデンプン合成酵素の低下，TCA 回路などエネルギー合成系の活性の低下，さらに熱ショックタンパク質の誘導が示唆されている（Yamakawa et al. 2007, Yamakawa and Hakata 2010 など）．高温下ではデンプン粒が分解した跡とも思われる形状があること，アミラーゼ活性の上昇がみられることより，デンプン分解活性が高まることも推察されている．今後このようなシンク機能の変化と白濁形成の関係や品種間差異の原因過程が明らかにされることが期待される．

(4) 栽培・土壌管理対策

外観品質維持のための栽培・土壌管理対策は同時に食味，収量性を維持，向上できる技術が望ましい．発生軽減対策の方向としてはイネがさらされる高温の程度を軽減する方向と，イネの耐性を改善する方向がある（表 18-1）．耐性の改善については窒素状態に発生が依存する背白粒，基白粒とシンク・ソースバランスにも影響される乳白粒の両方を考慮した対策が必要である．登熟期間の高温の緩和には，作期の移動や品種選択が含まれる．移植時期を遅らせることは，過剰なモミ数の制御を通して高温への耐性を高める効果もあると考えられる．一方，移植を移動させ気温を低下させた場合には日射量が低下しやすく，倒伏が増大するケースも想定されるため，地域の条件に応じた最適な作期の策定が必要である．低温の灌漑水の利用が可能な場合かけ流し処理によって植物体の温度を下げることも効果をあげている．イネの耐性を向上させるためには，出穂期までに耐性の高い植物体をつくることが重要である．シンク・ソースバランスに影響される乳白粒ではモミ数が高くなると発生が増加しやすいことからモミ数を制限することが有効である．ソース能力は主に光合成能と出穂期までに蓄積された非構造性炭水化物の転流能からなる．このためこれらの能力を高めることは有効である．分けつ期の深水栽培は白未熟粒抑制に有効であることが示されているが，これは分けつの抑制によるモミ数の安定化が寄与

している（千葉ら 2009）．また無効茎数を抑制し，登熟期の葉色や非構造性炭水化物の転流量や高めることも品質向上に関与している可能性がある．籾数の安定化や生育後半の窒素状態の維持には，過度の密植を避ける必要がある．

❹ 外観品質・食味の両立に向けて

(1) 窒素管理と外観品質・食味の向上

　白未熟粒を軽減しながら食味や収量を両立するためには，窒素管理法が重要な栽培法の柱となる．白未熟粒を軽減する方向は，主に乳白粒を対象としたシンク・ソースバランスの制御と背白粒・基白粒を対象とした登熟期の植物体を適正な窒素レベルに維持する 2 つからなる．その制御法としては，基肥により適正な穂数を誘導するとともに幼穂形成期以降の追肥による植物体の窒素状態の維持に重点がおかれる．基肥の抑制は，過剰分けつを抑え，籾数の制御するとともに，過剰生育による幼穂形成期の稲体の窒素含有率の急激な低下をふせぐ．穂肥では，籾数を過度に増加させず，また登熟期まで窒素状態を維持しながら食味を低下させない施肥時期と施肥量の設定が求められる．早期の穂肥は籾数増加や倒伏を助長する側面がある．後期の多量の穂肥は，玄米タンパク含有率を上昇させ食味を低下させることが懸念される．これまでの知見からおおよそ玄米タンパク含有率 6-7% 程度が食味と外観品質の両立の目安と考えられる．このため，幼穂形成期以降ある程度植物体の窒素状態を高く維持しておくことは有効と考えられる．この目的には肥効調節型肥料の追肥利用が有効と考えられ，タンパク質の上昇を抑制しながら背白粒を低減する効果が示されている（田中・狩野 2007）．

　近年，省力化のために肥効調節型肥料を利用した基肥 1 回施肥体系も広まっている．後期に溶出の重点をおいた肥効調節型肥料の基肥利用により白未熟粒が軽減した事例もみられる．肥効調節型肥料は省力化とともに施肥効率の向上にも有効である．しかし，適切な溶出パターンを選択しないと登熟期の窒素不足を導く可能性がある．また，毎年の気温の変動により窒素成分の溶出速度が変動し，登熟期の窒素供給が不安定化することも課題のひとつである．高温による溶出の増加程度は肥料のタイプや気温と地温の関係など様々な要因に影響される．仮に溶出が短いタイプと長いタイプを混合した被覆肥料 10 kg N/10 a を施肥した場合の溶出速度をつくば市の気温で予測すると，地温の 1℃あるい

第18章 米の食味・外観品質と養分・気象環境　281

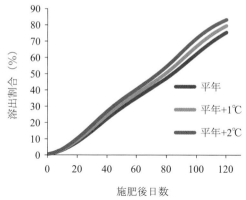

図18-4 被覆型肥効調節型窒素肥料の窒素溶出への地温の影響の推定の例
気温にはつくば市の平年気温（施肥日5月1日）を用いた．

表18-2 玄米タンパク質含有率の土壌タイプ間の比較（境谷ら1998）

施肥量（g/m²）	玄米タンパク含有率（％）			収量（g/m²）		
	黒ぼく土	泥炭土	強グライ土	黒ぼく土	泥炭土	強グライ土
4〜5a	6.7	7.5	7.1	586	687	615
8.5〜11b	7.4	8.4	7.9	751	718	733

基肥は，a：4〜5 g/m²，b：4〜7 g/m².
品種：むつほまれ．

は2℃の上昇により施肥30日，60日後までの溶出量はそれぞれ0.18 kg N/10 a，0.36 kg N/10 a，60日目では0.26 kg N/10 a，0.52 kg N/10 a程度増加する（図18-4）．このような窒素供給パターンの変動を考慮した施肥設計が求められる．

当然ながら，土壌の窒素供給パターンに応じた肥料の選択も必要である．泥炭土や強グライ土では窒素の無機化が後半まで持続し，含有率が高まりやすい（表18-2）．このためこれらの土壌タイプでは後期の肥料からの窒素供給を軽減する必要がある．幼穂形成期から出穂期の窒素状態の維持は根系発達の促進を通しても登熟期間中の根機能を高める効果もあると思われる．今後，肥効調節型肥料の効果的な利用法の確立は，窒素管理において重要な課題である．窒素施肥レベルの下げすぎによる白未熟粒発生の助長を抑制するため，葉色値の下限水準が設けられてきているが，コメ中タンパク含有率の下限値の設定も検討に値すると思われる．

(2) 外観品質と食味特性との関係

外観品質と食味との関係を調査した例（若松ら 2007）では，整粒割合が 60% 以下で食味への悪影響がみられたが，特に乳白粒は背白粒より食味を低下させる程度が大きかった．これは乳白粒ではタンパク質含有率が高まりやすいことが一因であろう．当然ながら食味には，タンパク質やアミロース含有率では説明できない部分も多く残される．高温ではアミロペクチンの鎖長分布が変化し，短鎖が減少し長鎖が増加する（Asaoka et al. 1984）．また白未熟粒ではアミロプラストが小型化，不定形化するなどの形態的な変化もみられる．これらアミロース以外のデンプン特性の食味への影響も想定される．コメの食味は粒としての評価であり，溶出デンプンなど粒表面の理化学性に関わる形質の影響も大きいと考えられる．アリューロン層での脂質の蓄積の変化などを通した影響などを含め，粒内での成分分布や組織構造を通した気象による食味への影響については，さらに検討される必要があると思われる．

平均気温で 28℃ 以上の高温域では窒素状態の改善による白未熟粒発生軽減効果は十分ではないと考えられることから（若松ら 2008），耐性品種の導入，作期の移動など窒素施肥法以外の対策も求められる．深耕や透水性の改善は根の深層への発達を促進し，水，養分吸収能を高めると考えられるが，それ以外にサイトカイニン生産を通じた葉の老化の抑制など深層根の有用機能について，今後さらに解明されることが期待される．土壌によってはケイ酸施用による品質向上効果もみられているが，ケイ酸やその他窒素成分以外の成分の効果についても検討が待たれる．有機物施用量の低下や田畑転換による地力の低下については短期間で影響が現れることは少ないが，長期間にわたって広域で影響する可能性があり，動向の把握が必要と思われる．

品種開発においては，各地域で高温下でも外観品質の安定した品種が育成されてきている．品種の外観品質の安定性と食味の安定性との関連性は興味ある点である．温暖化の環境下で外観品質，食味，収量を向上には，窒素管理など短期的な対策と土壌管理や品種開発など長期的対策を組み合わせた取り組みが重要と考える．

参考文献

Asaoka M., Okuno K., Sugimoto Y., Kawakami J., and Fuwa H. 1984. Starch 36: 189-193.
Sano Y., Hirano H., Nishimura 1991. Rice Genetics II. IRRI. pp. 11-12

Tanaka K. 1974. Soil Sci. Plant Nutri. 20: 87.

Yamakawa H., Hirose T., Kuroda M., Yamaguchi T. 2007. Plant Physiol. 144: 258-277.

Yamakawa and Hakata 2010. Plant Cell Physiol. 51（9）: 795-809.

稲津 脩 1988. 北海道立農試報告 66: 89.

熊谷勝巳・富樫正博・上野正夫 1998. 東北農試研究資料 22: 87-96.

近藤始彦・野副卓人 1993. 東北農業研究 46: 53-54.

近藤始彦・森田 敏・長田健二・小山 豊・上野直也・細井 淳・石田義樹・山川智大・中山幸則・吉岡ゆう・大橋善之・岩井正志・大平陽一・中津紗弥香・勝場善之助・羽嶋正恭・森 芳史・木村 浩・坂田雅正 2006. 日作紀 75（別 2）: 14-15.

境谷英二・斎藤文仁・金谷 浩・高城哲男・木野田憲久 1998. 東北農試研究資料 22: 49-53.

鈴木保宏 2006. 農園 81（1）: 183-190.

田中研一・狩野幹夫 2008. 平成 19 年度関東東海北陸農業研究成果情報.

東北農試 1998. 東北地方における高品質米生産技術—栽培条件と食味関連成分の関連について—. 東北農試研究資料 22.

千葉雅大・松村 修・寺尾富夫・高橋能彦・渡邊 肇 2009. 日作紀 78: 455-464.

中鉢富夫・武田良和 1998. 東北農試研究資料 22: 63-74.

長田健二・滝田 正・吉永悟志・寺島一男・福田あかり 2004. 日作紀 73（3）: 336-342.

吉永悟志・福田あかり 2007）農園 82: 49-54

増村威宏・田中國介 2007）農園 82: 43-48

若松謙一・佐々木修・上薗一郎・田中朋男 2007. 日作紀 76: 71-78.

若松謙一・佐々木修・上薗一郎・田中朋男 2008. 日作紀 77: 424-433.

若松謙一・田中明男・近藤始彦・梅本貴之・岩澤紀生・小牧有三 2009. 日作紀 78（別 1）188-189.

第19章
水稲の品質と稲体窒素栄養条件や施肥法の関係

田中浩平

　近年,西南暖地を中心として乳白粒や背白粒等のいわゆる白未熟粒の発生や充実不足による米の検査等級低下が大きな問題となっており,その要因として,登熟期の高温や寡照が指摘されている.品質低下対策として,高温耐性品種の導入や登熟期の高温回避を目的とした移植期の繰り下げが推進されている.施肥対策では主に乳白粒の抑制を目的とした籾数の制御および背白粒や基白粒の抑制を目的とした稲体の適正な窒素レベル維持の2つの観点から検討され,過剰生育の抑制や低窒素状態の改善が進められている(近藤2007).

　イネの窒素栄養状態は窒素施肥以外に地力窒素や移植期の影響を大きく受けることから,施肥窒素と地力窒素を別々に評価して,土壌肥沃度や移植期の影響を明らかにする必要がある.そこで,イネの生育時期別窒素含有率や窒素吸収量と玄米の検査等級,白未熟粒の発生程度,タンパク質含有率等との関係を総合的に解析し,外観品質と食味の両立をはかる窒素施肥法について検討した.

1 イネの窒素吸収と外観品質

(1) 窒素栄養状態と白未熟粒の発生
① 乳白粒
　乳白粒と施肥法の関係については,穂肥窒素施用量が多いと単位面積当たり籾数が増加し,籾数が増加すると乳白粒の発生が増加することが報告されている(安原・月森2002,高橋2006).著者らは,高温条件で外観品質が低下しやすい'つくしろまん'を用いて m^2 当たり籾数24,000～32,000粒の適正籾数範囲で検討を行ったが,乳白粒と m^2 当たり籾数の間に相関はみられなかった.高温で検査等級が低下した2005年では,幼穂形成期における稲体の窒素含有率や窒素吸収量が低下すると乳白粒の発生が増加した(図19-1C,D).乳白

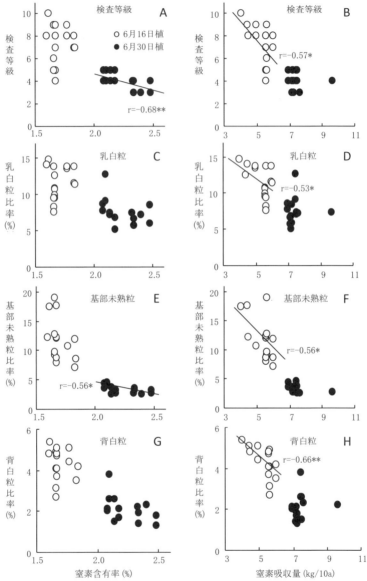

図 19-1 幼穂形成期における窒素含有率および窒素吸収量と玄米品質との関係
2005年. 回帰直線は移植期別に, 1%水準 (**), または5%水準 (*) で有意な場合のみ記載.
窒素含有率は地上部全体の窒素含有率. 窒素吸収量は, 窒素含有率×10 a 当たり地上部乾物重.
検査等級は, 1等上～規格外を1～10で示した.

粒は主として子実への同化産物供給不足により発生する（小葉田ら 2004）こ
とから，籾数過剰の状態でない場合，幼穂形成期の稲体窒素含有率や窒素吸収
量の低下が子実への同化産物供給量の不足を招き，乳白粒の発生要因となった
と考えられる．

② 基部未熟粒，背白粒

一方，基部未熟粒（基白粒）や背白粒は登熟初期の高温により発生する（長
戸・江幡 1965）が，穂揃期の葉色が濃いほど基白粒や背白粒の発生が減少し
（高橋 2006），窒素追肥により減少する（若松ら 2008）．そこで，窒素施肥法や
移植期と基部未熟粒や背白粒の関係を検討したところ，基部未熟粒は穂肥窒素
量が増加すると減少し，移植期を 6 月 16 日から 6 月 30 日に遅らせると明らか
に減少した（表 19-1, 19-2）．基部未熟粒や背白粒の発生には幼穂形成期から
穂揃期の窒素含有率や窒素吸収量の影響が認められ，窒素含有率や窒素吸収量
が低下すると基部未熟粒や背白粒の発生が多くなった（図 19-1E-H）．基部未
熟粒や背白粒は登熟後期の子実の発育や養分集積が抑えられた場合に発生し
（長戸・江幡 1965），単位面積当たり籾数の影響はみられない（若松ら 2008）
ことから，幼穂形成期から穂揃期の窒素栄養不足が登熟期の窒素栄養不足を招
き，これが基部未熟粒や背白粒の発生要因となったと考えられる．

以上の結果から，単位面積当たり籾数が過剰でない場合，乳白粒や基部未熟
粒，背白粒の発生には幼穂形成期から穂揃期における稲体窒素栄養条件の影響
が認められ，この時期の窒素栄養不足が子実への同化産物供給量（ソース）の
不足を招いて乳白粒を発生させ，登熟後期の籾への養分集積能力（シンク能
力）の低下により基部未熟粒や背白粒が発生すると考えられる．

(2) 移植期が異なる場合の窒素吸収と品質

登熟期の高温による外観品質の低下を軽減するため，早植え地帯や西日本の
普通期栽培地帯では移植期の繰り下げが検討され，品質向上効果が認められて
いる（月森 2003，山口ら 2004，高橋 2006）．移植期を遅らせると出穂期が遅
くなり登熟温度が低下することが品質向上の主要因と考えられているが，遅植
えによる過剰生育や単位面積当たり籾数の抑制が玄米の品質向上に寄与してい
る可能性もある．山口ら（2004）は，移植期を 5 月中下旬に遅らせた 'コシヒ
カリ' では，登熟期間の 1 籾当たり葉面積が高く推移し，稲体窒素濃度が維持
されることにより完全米率が向上すると報告している．また，宮崎ら（2008）

表 19-1 施肥法や移植期と生育、収量、品質の関係

移植期 (月.日)	施肥量 (Nkg/10a)	窒素含有率 (%)			窒素吸収量 (kg/10a)			穂数 (×100/m²)	玄米重 (kg/10a)	検査 等級	未熟粒 (%)			玄米タンパク (%)
		幼形期	穂揃期		幼形期	幼形〜穂揃期	穂揃期				孔白	基部	背白	
6.16	5+0+0	—	1.01a		—	1.9a	8.3a	237a	417a	5.0b	7.1a	7.7d	2.7a	6.1a
〃	5+2+0	1.73a	1.11bc		6.4a	3.1b	9.5b	254ab	462bc	3.8a	6.9a	6.2cd	2.8a	6.4b
〃	5+2+1.5	—	1.21d		—	4.4b	10.8c	276c	490cd	4.8b	8.2a	4.9abc	3.3a	6.7c
〃	5+3 (LP)	—	1.22d		—	4.6c	11.0c	278c	495d	3.8a	7.2a	5.1bc	2.6a	6.6bc
6.30	5+2+0	1.96b	1.16cd		7.5b	3.2b	10.6c	279c	444ab	3.7a	8.3a	3.9ab	2.9a	6.5bc
〃	3+2+0	1.73a	1.09b		6.1a	3.2b	9.3b	271bc	434ab	3.8a	7.2a	3.2a	2.6a	6.5bc

1) 品種は'つくしろまん'、2004, 2005, 2006年平均値。異英文字間には5%水準で有意差有 (Fisher's LSD)。
2) 施肥量は、基肥+穂肥Ⅰ+穂肥Ⅱを示す (窒素 kg/10a)。(LP) は LP30 と硫安を 1：1 の窒素割合で配合した肥料。
3) 幼形期は幼穂形成期の略。
4) 土壌肥沃度は (全窒素：0.15%、全炭素：1.36%、陽イオン交換容量：12.1 me/100 g、可給態窒素：7.4 mg/100 g)。
5) 検査等級は1等上〜3等下を1〜9で示す。

表 19-2 高温年 (2005年) における生育、収量、品質

土壌 肥沃度	移植期 (月.日)	施肥量 (Nkg/10a)	窒素含有率 (%)			窒素吸収量 (kg/10a)			籾数 (×100/m²)	玄米重 (kg/10a)	検査 等級	未熟粒 (%)			玄米タンパク (%)
			幼形期	穂揃期		幼形〜穂揃期	幼形期	穂揃期				孔白	基部	背白	
中	6.16	5+2+0	1.67a	0.98a		5.6ab	2.1a	7.7a	243a	476a	5.5ab	9.4ab	12.5c	3.9bc	6.1a
〃	〃	5+2+1.5	—	1.16b		—	4.2b	9.8b	267b	515b	6.0bc	8.8ab	8.6b	4.0bc	6.3ab
〃	〃	5+3 (LP)	—	1.16b		—	4.6b	10.2b	256ab	503ab	4.5ab	9.5b	9.2b	3.4abc	6.3ab
高	6.30	3+2+0	2.11b	1.04a		7.2c	2.4a	9.6b	290b	500ab	4.5ab	8.0ab	4.1a	2.4ab	6.4bc
高	6.16	4+2+0	1.72a	1.05a		5.2a	4.5b	9.7b	268b	479a	7.5c	12.7c	10.4bc	4.5c	6.6c
高	6.30	2+2+0	2.26b	1.21b		3.7ab	3.7ab	10.9b	322c	542b	4.0a	6.3a	3.1a	2.0a	6.6c

1) 品種は'つくしろまん'。異英文字間には5%水準で有意差有 (Fisher's LSD)。
2) 土壌肥沃度高は、全窒素：0.19%、全炭素：2.11%、陽イオン交換容量：15.4 me/100 g、可給態窒素：9.4 mg/100 g。
3) 登熟気温 (出穂20日後の日平均気温) は、6月16日植が26.2℃、6月30日植が26.4℃。

は，6月下旬の遅植え'ヒノヒカリ'では幼穂形成期および穂揃期の稲体窒素含有率が高く維持され玄米品質が向上すると報告している．これらの報告から，移植期の繰り下げによる窒素栄養状態の変化も品質に関与していると考えられる．

著者らの試験では，移植期を6月16日から6月30日に遅らせると幼穂形成期における窒素含有率が高くなり基部未熟粒が減少した（表19-1）．特に高温年の2005年では登熟温度の差がなかったにもかかわらず，検査等級は遅植えの方が向上した（表19-2）．また，遅植えでは単位面積当たり籾数が増加する傾向で粒数は抑制されなかったことから，遅植えによる玄米外観品質向上要因として，幼穂形成期から穂揃期頃の稲体窒素栄養条件の影響が認められた．乳白米は登熟期の遮光（長戸1952）や日照不足（吉田ら1991，佐藤ら2002）で多発することから日照の影響は大きいと考えられるが，日照時間が同じである同一移植期においても検査等級や白未熟粒の発生に差がみられた（表19-2，図19-1）．このことから，移植期の差による稲体窒素栄養条件の変化が品質に影響を及ぼしていることは明らかであるが，水稲の生育や生理機能の変化が品質に影響を及ぼした可能性もあり，さらに検討が必要と思われる．

(3) 移植期や圃場の肥沃度が異なる場合の窒素吸収特性

遅植えによる玄米品質向上効果は土壌の肥沃度によって異なり，検査等級は肥沃な圃場では遅植えにより明らかに向上したが，肥沃度が中庸な圃場では有意な差は認められなかった（表19-1, 19-2）．そこで，移植期と圃場の肥沃度が異なる場合の窒素吸収特性の変化について検討した．

水田土壌からの地力窒素発現量は地温に大きく左右され，移植後，高温で経過した場合，地力窒素発現量は増加する（山本ら1993）．著者らの試験では，移植期を6月16日から6月30日に遅らせると移植期から幼穂形成期の期間の気温が1.0℃程度高く推移した（田中ら2010）ことから，遅植えすると生育前半の地力窒素発現量が多くなると予想された．また，高温条件では土壌からの交換性アンモニア態窒素の吸収利用が早くから可能である（高橋ら1976，安藤ら1988）ことから，遅植えすると土壌からの窒素吸収が多く，幼穂形成期における窒素含有率が高まり，窒素吸収量が多くなると考えられた．暖地の普通期栽培における地力窒素の吸収割合は，移植後25日頃は10〜15%と少ないが移植後35日以降は70〜80%と多い．また，生育時期別の吸収割合は圃場の

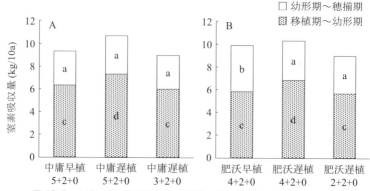

図19-2 土壌の肥沃度や移植期,施肥法が異なる場合の窒素吸収量の変化
2004-2006年平均値.圃場の肥沃度(中庸,肥沃)と移植期(6月16,30日植),窒素施肥量(基肥+穂肥: kg/10 a)の組合せ.異英文字間には5%水準で有意差有り(Fisher's LSD).

肥沃度で異なり,肥沃度の低い圃場では穂揃期以降の吸収割合が多い(山本ら1993).

これらから,イネの生育初期では肥沃度の違いによる地力窒素吸収の差は小さいが,幼穂形成期から穂揃期の期間には肥沃度の高い圃場で窒素吸収が旺盛になり,肥沃度の中庸な圃場や遅植えした場合にはこの期間の吸収量が少なくなると考えられる.図19-2に土壌の肥沃度や移植期,施肥法が異なる場合の幼穂形成期および穂揃期における窒素吸収量の変化を示した.同一施肥量の場合,遅植えでは移植期から幼穂形成期の期間における窒素吸収量が多く,肥沃な圃場で早植えした場合,幼穂形成期から穂揃期の期間における窒素吸収量が多くなり,以上の考察を指示する結果が得られた.

❷ 外観品質と食味を両立させる窒素施肥法

(1) 稲体の窒素栄養条件と玄米タンパク質含有率

コメの外観品質向上を目的とした窒素施肥の改善方向としては,主に乳白粒を対象とした籾数の制御と背白粒や基白粒を対象とした登熟期の適正な窒素レベル維持の2方向が考えられ,初期の施肥量抑制や,幼穂形成期以降の施肥による稲体の窒素栄養状態の維持に重点がおかれている(近藤2007).しかし,後期の追肥は玄米のタンパク質含有率を高め食味を低下させる懸念から,積極

的な追肥は困難な状況にある.

著者らは'ヒノヒカリ'の生育期間別窒素吸収量と玄米窒素濃度（タンパク質含有率）や食味との関係を検討した（田中ら 1994）. その結果, 玄米窒素濃度と有意な相関がみられたのは幼穂形成期から穂揃期の期間における窒素吸収量であり, 幼穂形成期における窒素吸収量と玄米窒素濃度との間には有意な相関はみられなかった.「つくしろまん」を用いて再検討した結果, 玄米タンパク質含有率は穂揃期における窒素吸収量と相関が高く, 幼穂形成期における相関は比較的低かった（田中ら 2010）. 検査等級に対する影響が大きい要因は, 幼穂形成期における窒素含有率と窒素吸収量であり（図 19-1A, B）, 幼穂形成期の窒素栄養状態を比較的高く維持することで外観品質と食味を両立させることが可能と考えられる.

(2) 圃場の肥沃度に応じた移植期と窒素施肥法

肥沃な圃場において早植えすると, 検査等級が大きく低下した（表 19-2）. この場合, 幼穂形成期から穂揃期の期間における窒素吸収量が多いことが特徴であった（図 19-2B）. この期間の窒素吸収量が過剰であると乳白粒が増加すると考えられたが, 遅植えするとこの期間の窒素吸収量が減少して乳白粒の発生が少なくなり検査等級が向上した（図 19-2B, 表 19-2）. 遅植えすると幼穂形成期における窒素吸収量が高まるため基肥の減肥が可能であり, 肥沃な圃場では遅植えして基肥窒素量を減肥することが有効な対策と考えられる. 肥沃な圃場では玄米タンパク質含有率が高まる傾向にあり, 穂肥も減肥する必要がある.

肥沃度が中庸な圃場でも遅植えの悪影響はなく, 基肥窒素量を減肥することが可能であった（表 19-1, 19-2）. しかし, 基準窒素施肥量の 5＋2＋0 区は, 穂肥を 2 回施用した 5＋2＋1.5 区に比較して収量が 6％ 低下し, 高温が続いた 2005 年では 8％ 低下した. 著者らは平坦肥沃地において 5＋2＋0 区と 5＋2＋1.5 区を比較し, この場合, 5＋2＋0 区の減収率は 3％ であった（田中ら 2002）. 品種や圃場, 気象条件が異なるので明確ではないが, 窒素施用量の減少傾向が, 高温条件下での収量低下を招いている懸念がある. 穂肥に肥効調節型肥料を施用した 5＋3（LP）区は籾数や収量は 5＋2＋1.5 区と同等に確保され, 検査等級は 5＋2＋0 区と同程度に優れ, 玄米タンパク質含有率は 5＋2＋1.5 区と 5＋2＋0 区の中間であった（表 19-1, 19-2）. ゆっくりと溶出する肥

効調節型肥料の溶出パターンが良い結果をもたらしたと考えられる．
　米の品質向上を図るためには，圃場の肥沃度に応じた施肥法と移植期の組合せで対応する必要があり，肥沃度の高い圃場では移植期を繰り下げて基肥量を減肥する方法が有効と判断された．図 19-2 の時期別窒素吸収量をみると，遅植えと基肥減肥により改善を図り検査等級が優れた図 19-2A の 3＋2＋0 区と，図 19-2B の 2＋2＋0 区の窒素吸収量はほぼ同様の値を示しており，このような窒素吸収パターンを目標に施肥法を改善することで品質向上を図ることが可能と考えられる．肥沃度が中庸な圃場における窒素不足による収量減少対策としては肥効調節型肥料の穂肥施用が有効であり，収量と品質向上の両立が可能と考えられる．

(3) 高温年における全量基肥栽培

　農家の高齢化や大規模化が進み，追肥作業の省力化のため被覆尿素等の肥効調節型肥料を利用した全量基肥栽培（いわゆる一発施肥）の普及が進んでいる．この肥料は，速効性窒素肥料と被覆尿素等を配合したものであるが，速効性窒素と被覆尿素の配合割合（緩効率）や，被覆尿素の窒素溶出特性が異なる多くの銘柄が市販されている．
　これまで，西南暖地の主力品種'ヒノヒカリ'では，シグモイド型 100 日タイプ（SS100）の被覆尿素と速効性窒素を窒素成分で 50％ ずつ配合（緩効率 50％）した銘柄が使われてきた．しかし，高温年ではイネの生育や被覆尿素の溶出が早まるため，生育後期に窒素不足となる懸念がある．荒木ら（2013）は，高温年における生育後半の窒素肥効確保を図るため，速効性窒素を減らして緩効性窒素の配合を増やし緩効率を上げた配合や，従来のシグモイド型 100 日タイプに，溶出の遅い 120 日タイプ（SS120）を加える配合を検討して，収量，品質に対する影響を明らかにした（表 19-3）．
　試験を行った 3 か年は，2008 年は 7 月が高温であったが 8 月以降は平年並，2009 年は生育期間を通じて平年並，2010 年は 7 月下旬以降，猛暑が続き，典型的な高温年であった．3 か年を通じて，検討した範囲内で配合内容の違いによる影響は小さく，収量や品質に有意な差は認められなかった．しかし，高温年の 2010 年には，100 日タイプに 120 日タイプを加えた試験区（SS100＋SS120：緩効率 50％）の収量や整粒歩合が向上する傾向にあり，タンパク質含有率の向上も問題とならなかったことから 120 日タイプの配合効果が

表 19-3 全量基肥栽培において被覆尿素や緩効率が異なる場合の収量，品質．（荒木ら 2013 より作表）

被覆尿素	緩効率 (%)	玄米重 (kg/10 a)			整粒歩合 (%)			玄米タンパク質含有率 (%)		
		2008 年	2009 年	2010 年	2008 年	2009 年	2010 年	2008 年	2009 年	2010 年
SS100	50	519 (100)	590 (100)	534 (100)	65.4	76.6	73.2	6.1	6.1	6.2
〃	60	516 (100)	589 (100)	—	63.3	76.3	—	6.3	6.4	—
〃	70	536 (103)	—	—	60.3	—	—	6.5	—	—
SS100＋SS120	50	514 (99)	575 (98)	554 (104)	64.4	78.5	75.6	6.1	6.3	6.3
〃	60	—	569 (96)	533 (100)	—	80.5	75.1	—	6.3	6.2
〃	70	—	566 (96)	—	—	78.2	—	—	6.6	—

1) 品種は 'ヒノヒカリ'，6 月 18～24 日移植．
2) SS100＋SS120 区は，シグモイド型 100 日タイプとシグモイド型 120 日タイプを 7：3 で配合．
3) 玄米重の（　）は，各年次の SS100（50%）区を 100 とした収量比率．
4) 整粒歩合は，穀粒判別器（サタケ RGQI20A）で測定．

表 19-4 全量基肥栽培における追肥の施用効果（浦ら 2015 より作表）

年次	施肥法	施肥量 (Nkg/10 a)	葉色 (SPAD)	玄米重 (kg/10 a)	収量比 (%)	整粒歩合 (%)	検査等級	玄米タンパク (%)	食味総合評価
2012 年	分施	5＋2	37.1	601	100	73.6	4.5	6.4	＋0.03
	全量基肥	7＋0	37.3	595	99	75.2	4.5	6.7	＋0.08
	〃＋追肥（－18）	7＋1.5	〃	610	101	74.1	5.0	6.7	－0.10
	〃＋追肥（－ 6）	〃	〃	582	97	76.5	3.5	6.8	0.00
	〃＋追肥（＋ 1）	〃	〃	599	100	72.9	5.0	7.0	－0.33
2013 年	分施	5＋2	39.3	537	100	90.3	3.0	6.4	＋0.04
	全量基肥	7＋0	36.0	503	94	88.4	3.0	6.9	＋0.10
	〃＋追肥（－18）	7＋1.5	〃	544	101	89.8	3.0	7.0	－0.04
	〃＋追肥（－ 6）	〃	〃	547	102	90.5	3.0	7.0	－0.12
	〃＋追肥（＋ 1）	〃	〃	533	99	88.2	3.0	7.2	－0.11

1) 品種は 'ヒノヒカリ'，6 月 20 日移植．
2) 全量基肥は，速効性：シグモイド型 100 日タイプ：シグモイド型 120 日タイプを，50：35：15 の比率で配合．
3) 追肥は速効性窒素で施用．（　）は出穂前後日数を示す．葉色は幼穂形成期（追肥施用前）に SPAD-502 型で測定．
4) 収量比は，各年次の分施区を 100 とした比率．
5) 整粒歩合は，穀粒判別器（サタケ RGQI20A）で測定．検査等級は 1 等上～3 等下を 1～9 で示した．

認められた．

さらに，浦ら（2015）は，肥効調節型肥料を利用した全量基肥栽培での追肥施用効果を検討した（表19-4）．平年並の気温で推移した2012年は，分施栽培と全量基肥栽培の収量差はなく，全量基肥栽培に追肥窒素1.5 kgを追加しても収量向上効果は認められなかった．高温年の2013年は分施栽培に比較して全量基肥栽培の葉色が低下し，収量比94％と減収した．追肥を施用すると収量は分施栽培と同等となり，高温年において全量基肥栽培で葉色が低下した場合には追肥が有効であることが示された．しかし，出穂前6日以降に追肥を施用すると玄米タンパク質含有率が上昇し食味が低下する傾向にあることから，追肥を行う場合は出穂前18日頃が望ましいと考えられる．

参考文献

安藤　豊・安達　研・南　忠・西田直樹 1988．水稲生育初期の茎数と土壌アンモニア態窒素の関係．日本作物学会紀事 57：678-684．

荒木雅登・荒巻幸一郎・黒柳直彦 2013．被覆尿素の溶出タイプや配合割合が近年の温暖化気象下におけるヒノヒカリの品質，収量に及ぼす影響．福岡県農業総合試験場研究報告 32：1-5．

近藤始彦 2007．コメの品質，食味向上のための窒素管理技術〔1〕―水稲の高温登熟障害軽減のための栽培管理技術の現状と課題―．農業および園芸 82（1）：31-34．

宮崎真行・内川　修・田中浩平・福島裕助 2008．移植時期が異なる場合の玄米品質と稲体窒素栄養条件．日本作物学会九州支部会報 74：11-13．

長戸一雄 1952．心白・乳白米及び腹白の発生に関する研究．日本作物学会紀事 21：26-27．

長戸一雄・江幡守衛 1965．登熟期の高温が穎果の発育ならびに米質に及ぼす影響．日本作物学会紀事 34：59-65．

小葉田亨・植向直哉・稲村達也・加賀田恒 2004．子実への同化産物供給不足による高温下の乳白米発生．日本作物学会紀事 73：315-322．

佐藤大和・福島裕助・内村要介・内川　修・松江勇次 2002．福岡県の2000年産米における乳白粒発生の実態とその要因．日本作物学会九州支部会報 68：9-11．

高橋重郎・和田源七・庄子貞雄 1976．水田における窒素の動態と水稲による窒素吸収について．第6報　温度が水稲の窒素吸収および土壌中のアンモニア態窒素の消長におよぼす影響．日本作物学会紀事 45：213-219．

高橋　渉 2006．気候温暖化条件下におけるコシヒカリの白未熟粒発生軽減技術．農

業および園芸 81（9）：1012-1018.
田中浩平・角重和浩・山本富三 1994．ヒノヒカリの窒素栄養診断．第3報　窒素吸収量と玄米窒素濃度・食味との関係．福岡県農業総合試験場研究報告 A-13：9-12.
田中浩平・久保田孝・川村富輝 2002．ヒノヒカリの食味向上のための穂肥施用法．九州農業研究 64：4.
田中浩平・宮崎真行・内川　修・荒木雅登 2010．水稲の外観品質に及ぼす稲体窒素栄養条件や施肥法の影響．日本作物学会紀事 79：450-459.
月森　弘 2003．島根県における高温のイネ生産への影響と技術的対策．日本作物学会紀事 72（別2）：434-439.
浦　広幸・内川　修・緒方大輔・森田茂樹 2015．高温条件下における全量基肥栽培が水稲「ヒノヒカリ」の収量，外観品質および食味に及ぼす影響．日本作物学会九州支部会報 81：18-20.
若松謙一・佐々木修・上園一郎・田中明男 2008．水稲登熟期の高温条件下における背白米の発生に及ぼす窒素施肥量の影響．日本作物学会紀事 77：424-433.
山口泰弘・井上健一・湯浅佳織 2004．高温年次におけるコシヒカリの移植時期が物質生産・収量・品質に及ぼす影響．福井県農業試験場研究報告 41：29-38.
山本富三・田中浩平・角重和浩 1993．暖地水田における地力窒素発現パターンと施肥の診断．第2報　水田土壌の窒素無機化特性と水稲生育期間中の窒素吸収パターン．日本作物学会紀事 62：363-371.
安原宏宜・月森　弘 2002．窒素施用量が水稲「コシヒカリ」の乳白粒発生に及ぼす影響．日本作物学会中国支部研究集録 43：14-15.
吉田茂敏・加藤陽二・石川寿郎・斉藤清男・大友孝憲・吉良知彦・白石真貴夫・北崎佳範 1991．大分県における1990年産米の乳白粒発生要因について．第1報　気象要因と品種並びに栽培条件による差．日本作物学会九州支部会報 58：7-10.

第20章
高温登熟障害の回避に向けた研究

森田　敏

1 水稲高温登熟障害の研究変遷

　近年，西日本を中心に水稲の高温登熟障害が発生し，1等米比率の低下など稲作現場に大きな影響を及ぼしている．

　水稲の高温登熟障害に関するこれまでの研究を振り返ると，近藤ら（2005）や森田（2008）の総説にもあるように，1950年代に当時の農林省農業技術研究所の松島省三博士のグループが人工気象室を使って温度とともに日射量や施肥が登熟に及ぼす影響を解析し（松島・真中1957，松島・和田1959），1960年前後には名古屋大学の長戸一雄博士のグループが乳白粒や背白粒など未熟粒のタイプ別の発生要因や品種間差異を詳細に解析した（長戸・小林1959，長戸・江幡1960）．1970年代には東北大学の佐藤庚博士のグループが人工気象室を用いて，高温が粒重や品質に及ぼす影響の生理的発生機構の解明を進めた（佐藤・稲葉1973，1976）．これらの研究の背景としては，この頃，特に1950～60年代前半には日本の気象が高温傾向にあったこと（気象庁2005）と，早期栽培の普及に伴って8月下旬～9月上旬であった出穂期が8月上旬～中旬に前進したこと（佐本ら1964）で，登熟気温が高くなって品質低下が現場でしばしば問題になったことが挙げられよう．なお，1970年代には国際稲研究所（IRRI）においてもYoshida and Hara（1977）がインディカ米とジャポニカ米の高温登熟反応の違いを解析するとともに，Satake and Yoshida（1978）が高温不稔の草分け的な研究を行った．その後，1980年代には高温年が少なくなったこともあり，研究事例はいったん少なくなった．

　1990年前後からは，地球温暖化を背景とした高温化（気象庁2005，IPCC 2007, 2013）や，コシヒカリなど熟期の早い品種の普及や大型連休に合わせた

298　第Ⅳ部　外観品質・食味の改善技術

移植期の前進（農林水産省 2003, 松村 2005）が主な要因となって，登熟気温の上昇による玄米品質の低下が再び顕在化し，特に 2000 年前後からは被害が頻発している．IPCC 第 5 次報告書では，地球温暖化が人間活動に起因することが明確に結論づけられ，温室効果ガスの排出シナリオによって温暖化の程度は変わるものの，その影響が長期にわたる可能性が高いことが報告された（IPCC 2013）．したがって，温暖化に由来する登熟障害の克服・軽減に向けて，我々は今起きている問題への緊急的な対応に加えて，中長期的な対応についても腰を据えて取り組んでいく必要がある．

このような背景から，近年は，現場の要請を受けて耐性品種の育成や栽培法の開発など現場に直結する技術開発が多く行われているとともに，それを足元から支える基礎研究も精力的に進められている．また，気候変動の増大で懸念される台風に伴う高温乾燥風（フェーン）や高温寡照など，高温に他の気象要因が重なった場合の品質低下に関する研究も進められている．

本節では，主に西日本を中心とした近年の気象と玄米品質の低下の様相を整理するとともに，登熟障害の発生機構や対策技術などについて著者らの近年の研究結果を中心に紹介したい．

❷ 高温化に伴う 3 つの気象的特徴

農研機構九州沖縄農業研究センター筑後研究拠点では，試験圃場近くの気象観測装置で 1929 年以降，気象データを採取している．図 20-1 に，2014 年までの過去 86 年間の気象データから，九州の主力品種「ヒノヒカリ」の登熟期である 8 月下旬から 9 月上旬の出穂後 20 日間の気温と日照時間の関係を示した．出穂後 20 日間としているのは，この時期が米の成長，デンプン蓄積にとって重要であり，玄米品質に大きな影響を及ぼすとされるためである．一般的に多照年では暑くなることからわかるように，日最高気温は日照時間と正の相関がある（丸印）が，日最低気温は日照時間と明瞭な関係が認められない（三角印）．なお，丸印と三角印いずれでも，高温年が頻発しはじめた 2003 年以降を黒く塗りつぶした．この図から，この 12 年間の最高気温，最低気温は，いずれもそれ以前より高まっていることが明確にわかる．この背景に温暖化があったことは間違いないだろう．そして，もう少し細かく見ると，①日最高気温が特異的に高い異常高温年，②高温寡照年，③高夜温年が増えているという 3

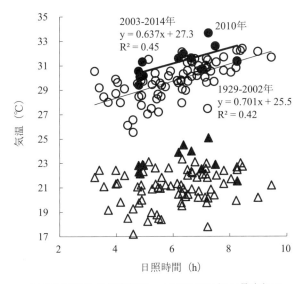

図20-1 出穂後20日間の日照時間と日最高気温あるいは日最低気温との関係(農研機構九州沖縄農研,福岡県筑後市)
出穂期は1929～1974年は8/25とし,1975年以降は福岡県作況標本調査の出穂最盛期(8/21～9/4)として算出した.

つの特徴が読み取れる.次節以降では,これらの気象的特徴が水稲の登熟に及ぼす影響とそのメカニズム,対策について解説する.なお,日本の夏や秋にリスクが高まる台風の上陸・接近も水稲の登熟に大きな影響を及ぼすため,この点についても簡単に触れた.

③ 異常高温

図20-1の日最高気温の中で最高値となったのは,比較的日照時間が長かった2010年であり,この年の夏(6～8月)の日本の平均気温は,統計を開始した1898年以降のその年までで最も高く,特に8月は平年差2.25℃の記録的高温となった(気象庁2010).なお,2013年も7月中旬から8月中旬に晴天が続き,西日本では夏の気温が統計開始後最も高くなった.これら記録的高温の背景に温暖化の影響があることを考えると,将来においても日照時間が多い条件ではこのような異常高温が出現する可能性は高いと認識すべきだろう.

300　第Ⅳ部　外観品質・食味の改善技術

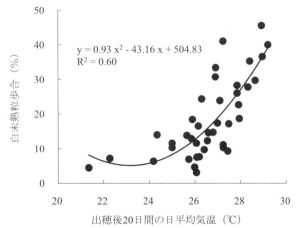

図20-2　全国連絡試験（平成16年，15地点）におけるコシヒカリの出穂後20日間の平均気温と白未熟粒歩合の関係
白未熟粒歩合は穀粒判別器（サタケRGQI 10A）で判定した乳白粒（心白粒を含む），腹白粒（背白粒を含む），基部未熟粒の合計値．森田（2005）．

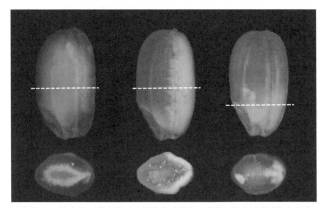

図20-3　乳白粒，背白粒および基部未熟粒の外観（上）と横断面（下）

　これまでの研究で，出穂後20日間の平均気温が26〜27℃を超えると，背白粒，基部未熟粒や乳白粒などの白濁した未熟粒（近年は白未熟粒と総称）が急激に増えることがわかってきた（森田2005，図20-2）．図から，その増加程度は28℃前後では1℃で約10％と読み取ることができる．2010年の2〜3℃の気温上昇は，等級を2つ近く下げるインパクトがあったと考えられる．白未熟粒の中では背白粒（図20-3中）と基部未熟粒（＝基白粒，図20-3右）の発生が

図20-4 2010年産の玄米外観農研機構九州沖縄農業研究センター筑後研究拠点（福岡県筑後市）の圃場で栽培したヒノヒカリ
出穂日は8月24日で，出穂後20日間の日平均気温は28.9℃．

気温上昇に鋭敏に反応し，異常高温年であった2010年産の米ではこれらのタイプの白未熟粒が極めて多くなった（図20-4）．全国の多くの水稲が7月下旬から8月上旬の間に出穂するため，その場合の登熟期にあたる8月の日平均気温を2010年について示すと，西日本や東海および関東地方の多くの地点で29℃を超える記録的な猛暑となった．東北南部や北陸でも28℃前後の地点があり，その結果，東北以南の多くの地域で背白粒と基部未熟粒が増加し，1等米比率は全国平均で62％と，直近10年間の平均値である77％に比べて大幅に低下した（図20-5）．

背白粒と基部未熟粒の発生には明らかな品種間差異があり，遺伝的な解析も進められている（Kobayashiら2007，2013，Tabataら2007）ため，近い将来，さらに高度な耐性品種の育成が期待される（第3章，第4章，第10章参照）．

栽培法としては，これらのタイプの品質低下は登熟期の稲体窒素濃度を高く維持することで発生を軽減できるため，穂肥を多めに与えることが対応方法の一つとなる（安庭ら1976，Moritaら2005a，若松ら2008）．しかし，過剰な穂肥は，玄米タンパク質含有率の増加を介して食味低下を招いたり，日照不足になった場合には籾数の増加を介して乳白粒を増やしたりする可能性もある．このため，後述するように気象条件を予測しながら葉色に応じて追肥量を決定するという方向を検討する必要がある．なお，窒素が水稲にどのような生理的あるいは形態的変化をもたらして背白粒・基部未熟粒が減少するのかは未解明で

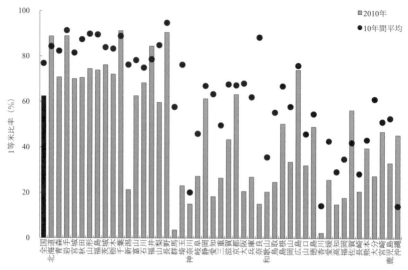

図20-5 全国平均および各道府県における2010年と直近10年間平均（2000〜2009年）の1等米比率

あり，この点を明らかにすることにより合理的かつ省力的な追肥方法や追肥以外の対応方法も見えてくるかもしれない．

ところで，異常高温条件は多照を伴うために収量が減少することは今のところほとんどないが，今後さらに温暖化が進むと，二酸化炭素濃度の上昇による気孔閉鎖の影響も相まって穂温が上昇し，高温不稔の多発とそれによる減収が懸念されている．これまでに高温不稔耐性の品種間差やそのメカニズムの研究が京都大学（Matsui ら 2005）や九州沖縄農業研究センター（Maruyama ら 2013）などで進められた．また，作物研究所では，日中，気温が高くなる前の早朝に開花することで高温不稔を回避することを提案した従来の研究（Nishiyama and Blanco 1980）を基礎に，野生稲の早朝開花性をコシヒカリに導入した種間交雑系統を開発することに成功している（Ishimaru ら 2010）．今後は，開花時刻の高温回避に加えて，耐性そのものを強化する品種の育成も加速する必要があろう．

❹ 高温寡照

作物生産に及ぼす近年の気象的な特徴として看過できないのは，日照時間が

少ないわりに高温になる年，すなわち高温寡照年が出現していることである．図20-1でも，2003年の前と後で比較すると，前者は日照時間が7〜8時間の年に最高気温が30℃を越していたが，後者では日照時間が5〜6時間でも30℃を越すようになってきている．日照不足は高温登熟障害の症状を顕在化あるいは甚大化する方向に働く（松島・真中1957, Yoshida and Hara 1977, 近藤ら2005, 森田2008）ことから，近年の西日本を中心とした作況・品質の低迷には，この高温かつ日照不足という気象条件が大きく影響したと考えられる．IPCCでも降水量の変化は地域によって異なると記述されており（IPCC 2013），日本における気温と日射量の変化を予測した報告（Iizumi et al. 2007）でも，高温化が明確である一方で日射量の変化は小さいことが示されていることから，近年のこのような気象条件の頻発は理解しやすい．なお，温暖化に伴って，日本の特に本州以南では今後降水量が増えて日射量が減少するということも予測されている（林2003）ため，高温かつ日照不足に対応する研究は今後ますます重要になると考えられる．

　筆者らは，高温による千粒重の低下が低日射によって著しくなる機構について，粒重増加推移を粒重増加期間と粒重増加速度に分けて解析することで明らかにしようとした．その結果，日射が比較的十分ある場合には，高温によって粒重増加期間が短縮するものの，最大粒重増加速度が上昇して大幅な粒重低下を免れることになること，日射量が半減すると，高温による粒重増加期間の短縮程度は変わらないものの，粒重増加速度については上昇せずに粒重低下程度は著しくなることを示した（森田2010）．これは，低日射で同化量が減少することにより，粒重増加速度の上昇で粒重増加期間の短縮を補償する，いわば高温適応システムが働かなくなったものと理解できる．

　なお，高温に日照不足が重なると，そして単位面積あたりの籾数が増えると，乳白粒（図20-3左）が増える．その生理的機構としては，小葉田ら（2004）やTsukaguchi et. al（2011）が指摘したように，日照不足と籾数過剰はいずれも一籾あたり炭水化物供給量の一時的な不足をもたらすために，登熟初〜中期にデンプンが蓄積される玄米内側が白濁すると考えられる．これに関連してKobata et al.（2011）は，粒重増加速度ポテンシャル（28℃の穂培養で評価）が大きい品種で乳白粒になりやすいことを示し，高温による乳白粒発生の品種間差の要因にシンク側の炭水化物需要の違いがあることを考察した．

　近年，出穂期頃に茎内の非構造性炭水化物（Non-Structural Carbohydrate；

第Ⅳ部　外観品質・食味の改善技術

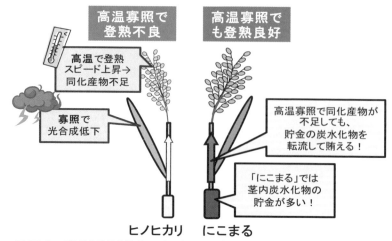

図20-6　高温登熟耐性品種「にこまる」では感受性品種「ヒノヒカリ」より穂揃期の茎内非構造性炭水化物（NSC）が多いことが，高温寡照条件での登熟向上に貢献している

NSC）を多く持つことがこのような高温や日照不足時の登熟向上に貢献することが明らかになってきた．したがって，NSCに注目した品種や栽培法の開発は，高温かつ日照不足対策のポイントの一つになるだろう．例えば，九州沖縄農業研究センターが2005年に育成した高温登熟耐性品種「にこまる」は，九州の主力品種であり高温感受性品種でもある「ヒノヒカリ」に比べて穂揃期の茎内NSCが約3割多いことが明らかになっている（Morita and Nakano 2011，図20-6）．また，栽培法によってNSC含量を増やすことができれば，耐性が高まる可能性があるが，塚口・土田（2003）は少量継続的な追肥により穂揃期の茎内NSCが増えることをポット試験で示し，森田ら（2009）はこの現象を圃場試験で確認した．具体的には，出穂前17日頃から出穂後10日頃までの約1ヶ月にわたる10～15回の少量継続追肥を行うことで，穂揃期の茎内NSCが増加した．茎内NSCは稲体窒素濃度と負の相関を示すため，少量継続追肥法では慣行法より出穂前の窒素施肥量が少なくなることで茎内NSCが増加したと考えられる．このような施肥を農家レベルで実施する方法としては，すでに普及している技術だが，穂肥効果を期待したシグモイドタイプの緩効性肥料を含む元肥一発肥料が現実的であるほか，穂肥に緩効性肥料を用いるという方法（山口ら1993，坂田ら2008，田中ら2010）も同様の効果をもたらすと考えられる．なお，少量継続的な施肥は籾数抑制を伴うことから，気象条件の良好な

多照年においては多収を得るチャンスを見過ごすことになる傾向にある．また，特に元肥として緩効性肥料を使う場合には，倒伏や籾数過多を恐れて施用量が控えめになり，高温年の背白・基白粒の多発を抑えられない状況も散見される．これに関しては，後述する気象対応型追肥法が，これらの問題を打破する技術の一つになると考えている．

5 高夜温

　図20-1において，過去86年間の中で日最低気温が高いほうから4カ年がここ12年間の中に出現していることからもわかるように，近年，明らかに夜温が高くなっている．気象庁（2005）は，西日本の5月から9月にかけての過去100年の気温上昇率は日最高気温が0.93℃/年であるのに対して日最低気温が1.56℃/年と，特に高夜温化が進んでいることを報告している．高夜温化の背景には，ヒートアイランドと温暖化の両者が影響しているとされており（IPCC 2007），今後もこの傾向が進むことが懸念される．

　ここでは，高夜温が登熟に及ぼす影響とそのメカニズムに関する筆者らの研究（森田ら2002，森田ら2004，Morita et al. 2005b）について紹介する．

　まず，従来十分に明らかにされていなかった高夜温と高昼温の影響の違いを明確にするために，対照区は登熟適温とされる22℃を昼夜一定処理，これに対して高昼温区は昼のみ34℃，高夜温区は夜のみ34℃としてそれ以外を22℃とする温度処理を行った．高夜温区のように昼より夜の温度が高くなることは実際にはまず起こらないが，このような設定を行うことで高昼温区と高夜温区の日平均気温がいずれも28℃となり，日平均気温の影響を排除した上で高夜温と高昼温の影響の違いを明確にすることができると考えた．

　その結果，玄米1粒重はどの着粒位置においても，高夜温区で対照区より低下し，高昼温区では対照区と有意差が認められなかったが，白未熟粒の発生は高夜温区，高昼温区のいずれでも増加した（森田ら2002）．高夜温で粒重が低下する生理的機構として，1950年代に東北大学の山本（1954）が指摘した呼吸消耗の介在が想定されたが，その後の佐藤・稲葉（1973）の研究で，高温は穂部に作用して炭水化物の受け入れ能力の低下をもたらして粒重が低下することを報告しており，両者は矛盾することになると考えられた．後者では高夜温と高昼温を区別していなかったので，本研究では，高夜温は茎葉部に作用する

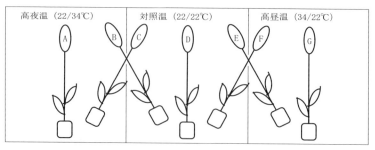

図 20-7 各試験区の温度処理の方法
穂と茎葉に別々に温度処理を行うため，温室間の仕切りガラスに幅3cmのスリットを入れて，穂首直下を境にして穂を隣の温室へ出す試験区を作った．

のか，穂に作用するのかという切り口で，佐藤・稲葉（1973）の実験を参考に人工気象室の仕切りガラスにスリットを入れ，穂のみを隣の部屋へ出す試験区を設定した（図20-7）．呼吸消耗が粒重低下の主因であるならば，高夜温を茎葉のみに与えた「C：茎葉高夜温区」で高夜温区に近い粒重低下が発生すると考えた．

その結果，高夜温を茎葉のみに与えても粒重は低下せずに，穂のみに与えた場合に玄米1粒重が低下することが明らかになった（森田ら2004）．さらに，乾物生産と乾物分配の点から解析したところ，穂に高夜温があたって玄米1粒重が低下するのは穂への乾物分配率が低下するためであり，乾物生産能力を示す1茎当たりの乾物重とは連動しないことがわかった．

これらのことから，従来考えられていたような茎葉での呼吸消耗とは異なり，高夜温条件では茎葉には炭水化物があってもそれが玄米へ転流されないために玄米1粒重が低下していることが明らかになった．この結果は，炭素の安定同位体（^{13}C）を使った実験でも支持された（森田2010）．

次に，この結果から，高夜温では例えば老化が促進されて粒重増加期間が短縮することも予想されたので，粒重増加の推移を検討した．しかし結果は予想に反し，粒重増加期間は高夜温と高昼温で差がなく，粒重増加速度が高夜温で低下していることが明確になった（図20-8，Morita et al. 2005b）．

粒重の増加は胚乳の発達と密接に関係しているため，高夜温条件では胚乳細胞の分裂と成長のどちらが抑制されて粒重増加速度が低下しているのかを調べ

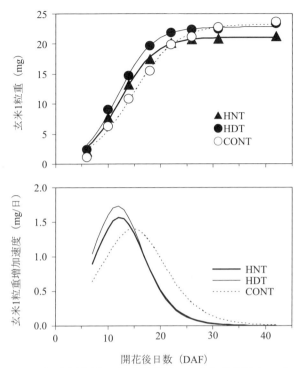

図20-8 高夜温区(HNT), 高昼温区(HDT)および対照区(CONT)の玄米1粒重の推移(上図)と玄米1粒重増加速度の推移(下図)
HNTは22/34℃, HDTは34/22℃, CONTは22/22℃. 上図の標準誤差はシンボルの幅より小さい(n=6-14). 下図の各線は上図の回帰式を微分して得た.

た. 玄米横断切片の顕微鏡写真から胚乳細胞の数と大きさを評価するために, 画像解析手法に長けた米丸淳一博士(農研機構)の協力を仰いで, これまでにないユニークな方法を工夫した. それは, 切片上の全ての細胞の位置を胚乳中心点からの距離と角度で示し, 細胞の位置別に細胞の数と面積とを評価する方法である(図20-9, Morita et al. 2005b).

その結果, まず高夜温区では細胞の数ではなく細胞1個あたりの面積が高昼温区より小さいことが明らかになり, 細胞成長の抑制が粒重増加速度と最終粒重の低下をもたらしていることがわかった. また, 細胞の面積を胚乳中心点から表層にかけての距離別に解析した結果, 高夜温区では高昼温区に比べて, 胚乳の中心と表層のほぼ中間の位置(図20-9の半透明のリング領域)で成長抑

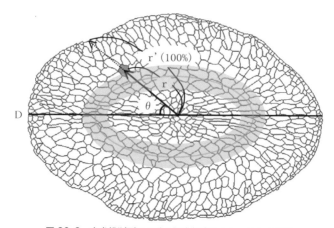

図20-9 玄米横断面における胚乳細胞をトレースした画像
rは胚乳中心点から細胞までの距離（胚乳輪郭までの距離r'を100%とした比率（%）.
θは胚乳中心点を起点として背部維管束（D）への方向と細胞への方向の間の角度.

制が起きていることが明らかになった（Morita et al. 2005b）.

　一方，玄米品質については，まだ夜温と昼温のどちらのインパクトが強いのかが明瞭になっていない．筆者は，九州研での圃場試験の結果から，基部未熟粒の発生歩合が日最高気温より日最低気温との間で相関が高いこと（森田，未発表データ）を観察しているが，その一方で，前述の高夜温区と高昼温区の比較（森田ら 2002）および農林水産省（2003）の解析では，夜温（日最低気温）が昼温（日最高気温）よりも白濁程度と密接な関係があるとは認められなかった．後者の農家圃場の解析では，戸外における日最低気温は，日射量が多い場合に放射冷却によって低下する傾向があるなど，最低気温そのものの影響だけではなく低日射の影響も含まれている可能性がある．また，玄米品質については，「夜の温度が高い」という「時間帯と温度の結びつき」が重要なのではなく，実は高夜温条件で引き起こされる「ある温度以上の高温に曝される時間が長くなる」という条件が白未熟粒の増加要因となっている可能性もある．すなわち，何らかの生理的変化が一定の温度以上で進行するという「閾値」，あるいは「有効積算温度」の概念（中川ら 2008）を持ち込む必要があるのかも知れない．

　前述したように最近の夏の夜温は驚くほど高くなっており，例えば2013年

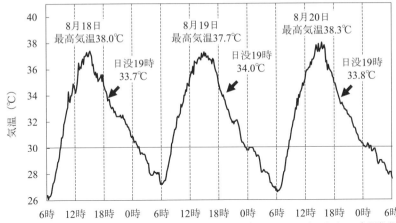

図 20-10 アメダス久留米における 2013 年 8 月 18 日 6 時から 21 日 6 時にかけての気温推移 グラフは毎正 10 分値の推移を示し，最高気温は任意の時分の最高値．

の 8 月中旬のアメダス久留米の記録では，3 日間連続して日没時の気温が約 34 ℃，夜中の 0 時でも約 30℃の極めて高い気温となった（図 20-10）．今後，温暖化がさらに進行していく可能性が高いため，高夜温に対応する研究はさらに重要になると考えられる．

❻ 台風

2004 年からの 3 年間には，九州産水稲は台風の影響を強く受けた．2004 年には 15 号（8 月中旬），16 号（8 月下旬），18 号（9 月上旬），2005 年には 14 号（9 月上旬），2006 年には 13 号（9 月中旬）が上陸した．台風害では，強い雨と風で倒伏が発生して収量・品質が低下するケースが多い．今後，大雨の頻度と強度が増す可能性が高い（IPCC 2007，2013）ことから，耐倒伏性を高める品種や栽培法の追求は一層進める必要があろう．すなわち，1）短稈・強稈の品種を育成あるいは選定すること，2）抑制的な施肥管理により徒長を防ぐこと，3）複数回の落水管理により根の発達促進あるいは土壌硬度の向上により株支持力を高めること（寺島ら 2003）は，今後も重要なポイントになるだろう．

また，台風に伴うフェーンや乾燥風が乳白粒の発生を助長することは，これまでも関東地方での事例などで指摘されている（大谷・吉田 2008，石原ら

2005）が，九州においても 2005 年の台風 14 号や 2006 年の台風 13 号の吹き返しでもフェーンが発生して，被害が大きくなった可能性がある（森田未発表）．さらに，南九州の 2007 年産早期水稲では，登熟前半の約 10 日間にわたる日照不足とその直後に通過した台風 4 号（7 月中旬）により大量の乳白粒が発生した．このとき，台風通過後の約 1 日にわたって吹いたフェーンによる水ストレスが乳白粒の多発を引き起こしたことが明らかになっている（Wada et al. 2011, 2014）．この研究では，稲がフェーンに曝されると，胚乳細胞内で水ストレスによる成長阻害を緩和するために浸透圧が高まる（＝糖濃度が上昇する）という浸透圧調節機能が働き，デンプン合成が一時的に阻害されて白未熟粒の発生がもたらされるという新たなメカニズムを提起した（詳細は第 3 章 7 節参照）．水ストレス状態でこの機能を低下させると粒重の低下を介して減収する可能性があるため，フェーンによる白未熟粒の発生抑制対策としては，稲が水ストレス状態に至らないようにするという方向が有効だと考えられる．具体的には，フェーン予想時には湛水をしっかり維持することや，フェーンのリスクが高い地域では，根の活力が高い品種や栽培法の選択，およびケイ酸質肥料によりクチクラ層を増やして植物体表面からの蒸散を抑制するといった方向が考えられる．なお，風による白未熟粒の発生に関する品種間差異の報告（大谷・吉田 2008）では，「初星」で弱く，「ふさおとめ」で強いなど，高温耐性の強弱と一致する傾向にあることは興味深い．今後の検証が必要であるが，白未熟粒に関する品種間差異が，広くこの「浸透圧調節機能」と関連している可能性についても今後検討する必要があろう．

❼ 玄米充実度の低下に対応した研究

近年の西日本における玄米品質の落等要因をみると，充実度が白未熟粒に肩を並べる主要な落等要因になっている．農産物検査における充実度の判断基準は，粒が偏平で痩せていること，玄米表面の縦溝が深いこと，飴色が濃くて糠層が厚いこととされている（財団法人全国食糧検査協会 2002）．玄米表面の縦溝は，内穎と外穎の継ぎ目に由来しており，溝の深さを数量的に示して栽培条件との関係や品種間差異を報告した例（佐々木・馬越 1933，長戸・河野 1968）があるが，十分に解析されたとは言い難く，簡易な方法であるとも言えなかった．そこで，著者らは玄米横断像の輪郭カーブから，玄米の扁平性を示す指標

第 20 章　高温登熟障害の回避に向けた研究　311

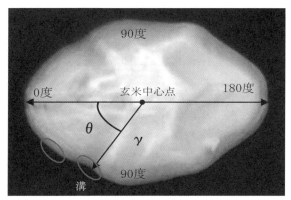

図 20-11　玄米横断輪郭の画像解析による充実度の数値化
rは玄米中心点から輪郭までの距離，θは玄米中心点を起点として背部維管束への方向からの角度．楕円部分における輪郭カーブを用いて数値化した．

値と縦溝の深さを示す指標値を算出し，品種や環境条件による玄米充実度の違いを評価した（図20-11，森田ら2006）．この指標値を用いることで，高温耐性品種「にこまる」は，高温条件でも「ヒノヒカリ」に比べて充実度が低下しにくいことを明らかにした（森田2010，Yonemaru and Morita 2012）．また，圃場試験で得られた玄米の解析（森田ら2010）により，出穂後20日から成熟期にかけての降水量が少なく風速が強いほど充実度が低下しやすいことが認められたため，登熟後半の水ストレスが充実度の低下を助長することが示唆された．また，穂揃期の枯葉重が多いほど，そして成熟期の葉色が薄いほど充実度が低下すること，充実度が低下するほど「ヒノヒカリ」では炊飯米の硬さが増すことがわかってきた．

⑧ 高温登熟障害の発生予測技術の研究

　高温登熟障害の発生予測技術は，将来どのような地域でどの程度の障害が発生するのかを予測するために必要であり，対応策を考える上でも重要な研究テーマである．もう一つ，水稲の生育途中に高温登熟障害の発生を予測する技術ができれば，対策技術のうち特に治療型を実施するための重要な情報となる．冷害については，東北農業研究センターで開発された「水稲冷害早期警戒システム」（鳥越2001）が確立されており，冷害の予測と深水灌漑技術の連携プレ

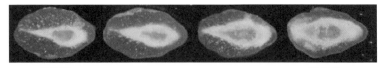

出穂遅　　　　　　　　　　　　　　　　　　　出穂早
図20-12　乳白粒横断面におけるデンプン蓄積の阻害時期に応じたリング状白濁
出穂が遅く，出穂後まもなく高温乾燥風に遭遇すると，玄米中心近くで白濁する．

ーが冷害の軽減に大きく貢献している．高温登熟障害でも，このような発生予測技術と治療型技術の組合せ技術（後述の「気象対応型栽培法」）が確立されれば，対策技術として大いに貢献すると考えられる．

白未熟粒については発生メカニズムの研究の深化により，例えば脇山ら（2010）のモデルや中川ら（2008）のモデルが開発されており，今後の普及・改良が期待される．ここでは筆者らが開発した乳心白粒の発生予測装置について紹介する．

開発の契機は，前述した2007年の南九州の早期水稲コシヒカリにおける大量の乳心白粒の発生であった．現場で大きな問題となったのは，品質低下そのものに加えて，稲の姿に被害の兆候が見られなかったため収穫前にしておかなければならない農業共済の被害申請が行われず，農家が補償金を受け取れなかったことである．このため，収穫1週間から10日前までに被害を予測する技術はないかというニーズが出てきた．

乳白粒の発生様相としては，長戸・小林（1959）が記述したように，玄米中心部から表層に向かってデンプンが集積し透明化が進む際に，集積が悪くなった時期に応じて白濁部が形成されることが知られていた．そこで，今回の玄米サンプルの断面を見たところ，出穂が早い玄米では表層に近い部分に，出穂が遅い玄米では中心に近い部分に白濁のリングが形成されることがわかった（森田ら2008）．すなわち，乾燥風の当たったタイミングに応じて，まるで木の年輪のように傷跡が記録されていることが確認できた（図20-12）．また，これら白濁部の画像解析を再び米丸博士と行い，出穂期による白濁リングのズレを数量的に捉えることにも成功した．

これらの解析を通して，断面による乳白粒および心白粒の予測が可能であると考えた．すなわち，まだ玄米の表面が透明化していない収穫前の時期に，外からは玄米表面に残っている白濁にじゃまされて内部の白濁の有無を識別できなくても，断面を見て内部に白濁があってその外側に透明部があれば，その時

第 20 章　高温登熟障害の回避に向けた研究　　313

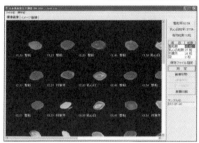

図 20-13　農研機構九州沖縄農業研究センターと（株）ケット科学研究所が共同開発した乳心白粒発生予測装置の構成（上）と判定画面（下）

点で乳心白粒と判断することができると考えた．この判定方法の有効性については，鹿児島県や九州沖縄農業研究センターの圃場で得られた玄米から，収穫前 1 週間から 10 日程度の時点で収穫期の乳心白粒歩合を推定できることがわかった（Morita et al. 2016）．

　この研究をもとに，（株）ケット科学研究所と共同で乳心白粒発生予測装置を開発した（森田・江原 2012）．この装置では，収穫前の玄米 100 粒を簡単に切断し，その断面をスキャナーで読み取り，パソコンソフトで収穫期に予想される乳心白粒の割合を算出する（図 20-13）．乳心白粒の予測という本来の目的以外にも成熟期の白濁の様相の記録・考察にも使えるほか，玄米横断面の画像解析に広く応用できると考えている．

⑨ 高温登熟障害対策の考え方

　高温登熟障害の対策技術は，図 20-14 に示したように，高温回避型技術と高温耐性型技術に分類できる．インフルエンザに例えると，高温回避型はウィルスが体に入るのを防ぐマスクの考え方であり，高温耐性型はウィルスに感染し

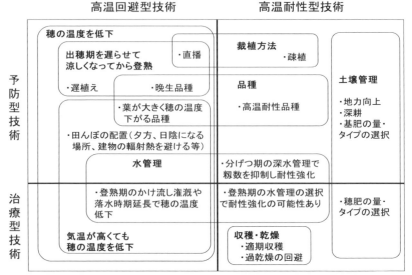

図 20-14　高温登熟障害対策技術の考え方による分類（森田 2011）

ても症状が軽減されるワクチン接種という考え方である．

また，別の視点として，作付け時からあらかじめセットしておく予防型技術と，栽培の途中で高温が発生してからあるいは高温が予測されてから施す治療型技術に分類することができるだろう．これもインフルエンザに例えると，予防型はワクチン接種，あるいは普段から体力をつけて耐性を高めておくなどの考え方であり，治療型はインフルエンザ治療薬や，対症療法であるが解熱剤や咳止めの薬による症状の緩和，あるいは栄養剤による抵抗力の補強などの考え方である．以下に，現時点の対策技術がこれらの分類のどれにあたるかを考えてみたい．

(1) 品種

品種は基本的に予防型技術であり，晩生品種では回避型にもなるが，2010年のように9月になっても高温になる可能性が出てきているため，耐性型の品種が一層重要になってきていると思われる．2010年の猛暑でも県内の他の品種よりも1等米比率が高かった耐性型品種として，前述した「にこまる」のほかに，福岡県の「元気つくし」（2010年の1等米比率87.4％，以下同様），佐賀県の「さがびより」（79.3％），熊本県の「くまさんの力」（64.5％），山形県

の「つや姫」(97.7%)，新潟県の「ゆきん子舞」(52.9%)，富山県の「てんたかく」(89.7%)，石川県の「ゆめみずほ」(79.4%)，福井県の「ハナエチゼン」(91.2%)，千葉県の「ふさおとめ」(94.3%) などが挙げられる．耐性品種の詳細は，第1章3節，第2章1節および7節を参照されたい．

(2) 遅植え

遅植えは回避型の代表技術であり，現在多くの地域で導入されている．富山県では移植時期を従来の5月上旬から5月中旬に約10日遅くすることで，主に白未熟粒の減少により完全粒歩合が10%以上高まったことが報告されている（高橋 2006）．福井県でも，遅植えと後期重点型緩効性肥料との組合せで猛暑であった2010年にも高品質を実現している（日本農業新聞 2010b）．なお，遅植えの効果は，気象パターンや台風などの影響でわかりにくくなるため，比較的長期間での検証が必要であろう．

なお，遅植えにより地力窒素の吸収増加，稲体窒素含有率の上昇を介して背白粒・基部未熟粒の発生を軽減することが示されており（田中ら 2010），耐性型技術にもなっている可能性がある．

(3) 施肥・土づくり

施肥は，蒸散増加を介した稲体温度の低下という点では回避型技術の可能性もあるが，主には，前述した稲体窒素濃度の上昇を介した背白粒と基部未熟粒の発生抑制や，減肥による籾数抑制を介した乳白粒の発生抑制といった耐性型として位置づけられよう．施肥のタイミングによって異なるが，治療型にもなりうる技術である．

土づくりに関しては，新潟県では深耕を実施していた圃場で高品質となる傾向が認められ（日本農業新聞 2010a），登熟期の根の活性および窒素吸収能の維持を介して品質が向上した可能性がある．これは，耐性型かつ予防型技術に分類できる．農水省の平成22年度高温適応技術レポートでは，堆肥やケイ酸質資材の投入により地力向上を図る土づくりの効果が，他の技術に比べても高い傾向が認められたが，その一方で実施された地域はわずかであったことも示されている（農林水産省 2011）．

(4) 水管理

　熊本県では収穫前の落水時期を延長するほど白未熟粒の発生が減少すること（春口2010），石川県では通水区，夜間通水区，慣行区（間断通水）の中で夜間通水区の玄米外観品質が最もすぐれていること（永畠ら2005）を明らかにしている．丸山（未発表）は，圃場温度を下げるために効果的な入水時刻は午前10時頃であることを，群落微気象モデルを活用したシミュレーションモデルで示している．これらの技術は，主に水管理を介した高温回避型であると理解されるが，根の活性維持を介した高温耐性型である可能性もある．なお，出穂前の高水温で登熟が悪影響を受けたという報告（Arai-Sanoh et al. 2010）があるため，水管理技術はあらかじめ根の活性を高めておくという高温耐性型・予防型技術になる可能性がある．このほかに，分げつ期の深水栽培が，籾数制限を介して乳白粒の発生を抑制することも明らかになっている（千葉ら2009）．

　水管理では，ポンプ能力や地域の水利慣行を考慮する必要があるため，各地域で実践可能かつ効果的な方法を模索する必要がある．また，高温年では降水量が少なくなり，水不足のリスクが高まることになるので，かけ流し灌漑などが難しい地域が多くなる．このため，少ない用水量で高温障害を回避する水管理方法を今後追求していく必要がある．

(5) 気象対応型栽培法

　これまで述べてきたように，高温登熟障害では，気象条件や栽培条件によって白未熟粒のタイプ（図20-3）が異なり，その対策もタイプによって異なることがわかってきた．このため，九州沖縄農研では，気象情報と生育状態から穂肥量を決定する「気象対応型栽培法」（森田2011，図20-15）の提案を行い，その検討を進めている．具体的には，週間天気予報と1ヶ月予報，およびこれらの中間にあたる異常天候早期警戒情報（発表日の5日後から14日後の期間の気象予測情報）と葉色を参考にして穂肥量を決める．気象予測が出てから穂肥を行うので，高温耐性型かつ治療型の技術と分類できる．具体的には，1) 高温かつ日照不足が予測されて，葉色も濃い場合は乳白粒の多発が懸念されるため，この発生を助長する籾数過多を回避するために「控えめな穂肥」および積極的な中干し，2) 多照を伴うような異常高温が予測され，葉色も薄い場合は背白粒・基部未熟粒の多発が懸念されるため，これら未熟粒の発生を助

第 20 章　高温登熟障害の回避に向けた研究　317

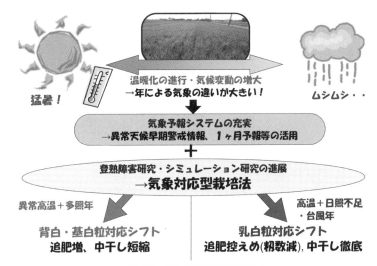

図 20-15　気象対応型栽培法の概念

長する窒素不足を回避するために「十分な穂肥」と中干し期間の短縮等など逆方向の選択を行うという考え方である．

　2010年には，九州の普通期の出穂期である8月中旬以降の高温多照条件が気象予報で比較的早くから予測されていたため，気象対応型追肥区で合計6 kg N/10 a という思い切った穂肥を行った．その結果，この試験区では，2 kg N/10 a の慣行区に比べて「にこまる」の等級が1つ上がって1等になり，収量は半俵増加した．また，玄米タンパク含量が若干上がったものの食味官能値の低下は認められなかった．

　なお，高齢化した農家や，圃場が急速に集積しつつある担い手農家では追肥作業を行うことが困難になっており，穂肥時期に肥効が現れる緩効性肥料の普及が拡大している．このため，緩効性肥料でスタートして，高温障害が懸念された場合には，気象対応型栽培法の処方箋に沿って追肥を行うという選択もあり得ると考えている．その際には，省力的に追肥を行う方法として，水口流入施肥やタブレット型の投げ込み式発泡拡散肥料の活用も考えられる．さらに圃場の大規模化が進むと，乗用管理機やトラクタで牽引するブロードキャスタによる追肥作業が実施されていく可能性もある．

　今後，この気象対応型栽培法については年次を重ねてその有効性を検証するとともに，気象予想がはずれた場合のリスクを示す必要があると考えている．

将来は，農家を支援するツールとして，気象庁や公立試験研究機関，普及機関，大学，農研機構内の農業気象・情報工学分野と協力して，Webで広く情報提供する方向を検討している．

参考文献

Arai-Sanoh, Y., et al. 2010. Effects of Soil Temperature on Growth and Root Function in Rice. Plant Production Science 13: 235-242.

千葉雅大ほか 2009．深水栽培による高品質米生産技術．日作紀 78：455-464．

春口真一 2010．IV．高温に対応した栽培技術開発の現状と方向．6．水管理．九州沖縄農業研究センター資料（近年の九州産水稲の品質・作柄低下実態・要因の解析と今後の対応．森田敏編著）94：87-90．

林　陽生 2003．日本の水稲栽培への影響．地球温暖化―世界の動向から対策技術まで―．大政謙次・原沢英夫・（財）遺伝学普及会編．生物の科学遺伝別冊 17 号．119-127．

Iizumi, T., et al. 2007. Influence of rice production in Japan from cool and hot summers after global warming. J. Agric. Meteorol. 63: 11-23.

IPCC 2007．第 4 次評価報告書第 1 作業部会報告書政策決定者向け要約（翻訳気象庁）．http://www.data.jma.go.jp/cpdinfo/ipcc/ar4/ipcc_ar4_wg1_spm_Jpn.pdf（2014/12/13 閲覧）

IPCC 2013．第 5 次評価報告書第 1 作業部会報告書政策決定者向け要約（翻訳気象庁）．http://www.data.jma.go.jp/cpdinfo/ipcc/ar5/ipcc_ar5_wg1_spm_jpn.pdf（2014/12/13 閲覧）

石原邦ほか 2005．水稲「高温障害」による乳白粒等の発生要因の検討―体内水分と窒素濃度に着目して（2004 年）．日作紀 74（別 1）：124-125．

Ishimaru T., et al. 2010. A genetic resource for early-morning flowering trait of wild rice Oryza officinalis to mitigate high temperature-induced spikelet sterility at anthesis. Annals of Botany 106: 515-520.

気象庁 2005．異常気象レポート 2005．近年における世界の異常気象と気候変動～その実態と見通し～（VII）：160-161．

気象庁 2010．平成 22（2010）年夏の日本の平均気温について．報道発表資料．

小葉田亨ら 2004．子実への同化産物供給不足による高温下の乳白米発生．日作紀 73：315-322．

Kobata T., et al. 2011. High Risk of the Formation of Milky White Rice Kernels in Cultivars with Higher Potential Grain Growth Rate under Elevated Temperatures. Plant Production Science 14: 359-364.

Kobayashi, A., et al. 2007. Detection of Quantitative Trait Loci for White-back and Basal-white Kernels under High Temperature Stress in japonica Rice Varieties. Breeding Science 57: 107-116.

Kobayashi, A., et al. 2013. Detection and verification of QTLs associated with heat-induced quality decline of rice（Oryza sativa L.）using recombinant inbred lines and near-isogenic lines. Breeding Science 63: 339-346. doi: 10. 1270/jsbbs. 63. 339

近藤始彦ほか 2005. イネの高温登熟研究の今後の方向. 農業技術 60：462-470.

Maruyama, A., et al. 2013. Effects of Increasing Temperatures on Spikelet Fertility in Different Rice Cultivars based on Temperature Gradient Chamber Experiments. Journal of Agronomy and Crop Science, 199: 416-423. doi: 10. 1111/jac. 12028

Matsui, T., et al. 2005. Correlation between Viability of Pollination and Length of Basal Dehiscence of the Theca in Rice under a Hot-and-Humid Condition. Plant Production Science 8: 109-114.

松村　修 2005. 高温登熟による米の品質被害―その背景と対策―. 農業技術 60：437-441.

松島省三・真中多喜夫 1957. 水稲収量の成立と予察に関する作物学的研究. XXXIX. 水稲の登熟機構の研究（5）生育各期の気温の高低・日射の強弱並びにその複合条件が水稲の登熟に及ぼす影響. 日作紀 25：203-204.

松島省三・和田源七 1959. 水稲収量の成立と予察に関する作物学的研究. LII. 水稲の登熟機構の研究（10）籾への炭水化物の転流適温，登熟適温並びに籾の炭水化物受け入れ能力の低下について. 日作紀 28：44-45.

Nishiyama, I. and L. Blanco 1980. Avoidance of high temperature sterility by flower opening in the early morning. Japan Agricultural Research Quarterly 14: 116-117.

森田　敏ほか 2002. 高温が水稲の登熟に及ぼす影響―高夜温と高昼温の影響の違いの解析―. 日作紀 71：102-109.

森田　敏ほか 2004. 高温が水稲の登熟に及ぼす影響―穂・茎葉別の高夜温・高昼温処理による解析―. 日作紀 73：77-83.

森田　敏 2005. 水稲の登熟期の高温によって発生する白未熟粒, 充実不足および粒重低下. 農業技術 60：6-10.

Morita, S., et al. 2005a. Effects of topdressing on grain shape and grain damage under high temperature during ripening of rice. Rice is life: scientific perspectives for the 21st century（Proceedings of the World Rice Research Conference, Tsukuba, Japan）. pp. 560-562.

Morita, S., et al. 2005b. Grain growth and endosperm cell size under high night temperatures in rice（Oryza sativa L.）. Annals of Botany 95: 695-701.

森田　敏ほか 2006. 玄米輪郭像の画像解析により算出した玄米充実不足の指標値. 日作紀 75（別 1）：380-381.

森田　敏 2008. イネの高温登熟障害の克服に向けて. 日作紀 77：1-12.
森田　敏ほか 2008. 南九州における 2007 年産早期水稲の乳白粒発生要因 乳白粒断面の白濁リングの画像解析による考察. 日作紀 77（別 2）：206-207.
森田　敏ほか 2009. 水稲生育後期の少量継続的な窒素施肥が穂揃期の茎の NSC と登熟に及ぼす効果. 日作紀 78（別 1）：36-37.
森田　敏 2010. 水稲高温登熟障害の生理生態学的解析. 九州沖縄農業研究センター報告 52：1-78.
森田　敏ほか 2010. 玄米充実不足の指標値と水稲の生育および食味形質との関係. 日本水稲品質・食味研究会. 第 2 回講演会講演要旨集：45-46.
森田敏 2011. イネの高温障害と対策―登熟不良の仕組みと防ぎ方. 農文協. p. 148.
Morita, S. and H. Nakano 2011. Nonstructural Carbohydrate Content in the Stem at Full Heading Contributes to High Performance of Ripening in Heat-Tolerant Rice Cultivar Nikomaru. Crop Science 51：818-828.
森田　敏・江原崇光 2012. 乳心白粒の多発を推定する装置―収穫前の玄米横断面内部の白濁から読み取る！―. 農林水産技術研究ジャーナル 35：57-60.
Morita, S. et al. 2016. Milky-White Rice Prediction Based on Chalky Patterns on the Transverse Section of Premature Grains. Agron. J. 108：1050-1059.
永畠秀樹ほか 2005. 高温登熟条件下における乳白粒および胴割粒の発生軽減技術. 石川県農業総合研究センター研究報告 26：1-10.
長戸一雄・小林喜男 1959. 米の澱粉細胞組織の発育について. 日作紀 27：204-206.
長戸一雄・江幡守衛 1960. 登熟期の気温が水稲の稔実に及ぼす影響. 日作紀 28：275-278.
長戸一雄・河野恭広 1968. 米の粒質に関する研究. 第 3 報　米の搗減りに関する作物学的研究. 日作紀 37：75-81.
中川博視ほか 2008. 水稲白未熟粒発生のモデル化と予測に関する研究. 2. 気温と同化産物供給量を用いた乳白粒発生予測モデル. 日作紀 77（別 1）：148-149.
日本農業新聞記事 2010a. 夏の異常高温―こうして克服（上）. 10 月 27 日 14 面.
日本農業新聞記事 2010b. 稲作高温に克つ（下）. 12 月 24 日 14 面.
農林水産省 2003. 気象変動に適応した水稲生産技術に関する検討会（平成 15 年 2 月 4 日開催）. pp. 1-342.
農林水産省 2011. 平成 22 年度高温適応技術レポート（平成 23 年 2 月）. pp. 1-88.
大谷和彦・吉田智彦 2008. 送風時期が水稲「白未熟粒」発生に及ぼす影響. 日作紀 77：434-442.
Tabata, M., et al. 2007. Mapping of quantitative trait loci for occurrence of white-back kernels associated with high temperatures during the ripening period of rice (Oryza sativa L.). Breeding Science 57：47-52.

高橋　渉 2006. 気候温暖化条件下におけるコシヒカリの白未熟粒発生軽減技術. 農業および園芸 81：1012-1018.
田中浩平ほか 2010. 水稲の外観品質に及ぼす稲体窒素栄養条件や施肥法の影響. 日本作物学会紀事 79：450-459.
Tsukaguchi, T., et al. 2011. Varietal Difference in the Occurrence of Milky White Kernels in Response to Assimilate Supply in Rice Plants（Oryza sativa L.）. Plant Production Science 14：111-117.
坂田雅正ほか 2008. 被覆尿素肥料の穂揃期施用が高温登熟下における水稲品種コシヒカリの玄米収量および品質に及ぼす影響. 日作紀 77（別2）：38-39.
佐本啓智ほか 1964. 栽培時期の移動による水稲の生態変異に関する研究. 水稲早期・早植栽培の多収機構とその栽培技術上の二・三の問題点について. 東海近畿農業試験場研究報告 10：1-81.
佐々木喬・馬越頼一 1933. 玄米の縦溝の深度に就いて. 日作紀 5：224-242.
Satake, T, and S. Yoshida 1978. High temperature-induced sterility in indica rice at flowering. Jpn. J. Crop Sci. 47：6-17.
佐藤　庚・稲葉健五 1973. 高温による水稲の稔実障害に関する研究. 第2報　穂と茎葉を別々の温度環境下においた場合の稔実. 日作紀 42：214-219.
佐藤　庚・稲葉健五 1976. 高温による水稲の稔実障害に関する研究. 第5報　稔実期の高温による炭水化物受入れ能力の早期減退について. 日作紀 45：156-161.
寺島一男ほか 2003. 水管理条件が湛水直播水稲の耐ころび型倒伏性と収量に及ぼす影響. 日作紀 72：275-281.
鳥越洋一 2001. 東北地域を対象とした水稲冷害早期警戒システム. 農業技術 56：193-196.
塚口直史・土田　徹 2003. 水稲の葉鞘及び稈への非構造性炭水化物蓄積に対する緩慢な窒素吸収の影響. 北陸作物学会報 39（別）：7.
Wada, H., et al. 2011. Increased ring-shaped chalkiness and osmotic adjustment when growing rice grains under foehn-induced dry wind condition. Crop Science 51：1703-1715.
Wada, H., et al. 2014. Rice chalky ring formation caused by temporal reduction in starch biosynthesis during osmotic adjustment under foehn-induced dry wind. PLoS ONE 9：e110374. doi：10. 1371/journal. pone. 0110374.
若松謙一ほか 2008. 水稲登熟期の高温条件下における背白米の発生に及ぼす窒素施肥量の影響. 日作紀 77：424-433.
安庭　誠ほか 1979. 西南暖地における早期水稲の品質に関する研究. 第5報　穂揃期窒素追肥が背白粒の発現に及ぼす影響. 日作紀 48（別2）：55-56.
脇山恭行ほか 2010. 水稲白未熟粒発生予測モデル構築のための登熟期の気象条件および生育状態と白未熟粒発生状況の解析. 農業気象 66：255-267.

山口正篤ほか 1993. 水稲「コシヒカリ」の生育量に応じた追肥法と食味向上に関する研究. 第1報 緩効性肥料による一発穂肥が収量・食味に及ぼす影響と利用法. 日本作物学会東海支部会報 8：21-22.

山本健吾 1954. 水稲の成熟現象に関する研究. III. 夜温の高低と登熟期間に於ける呼吸量および炭水化物の変化. 農業および園芸 29：1425-1427.

Yonemaru, J. and S. Morita 2012. Image analysis of grain shape to evaluate the effects of high temperatures on grain filling of rice, Oryza sativa L. Field Crops Research 137: 268-271.

Yoshida, S. and T. Hara 1977. Effects of air temperature and light on grain filling of an indica and japonica rice（Oryza sativa L.）under controlled environmental conditions. Soil Science and Plant Nutrition 23: 93-107.

財団法人全国食糧検査協会 2002. 農産物検査ハンドブック 米穀篇. pp. 157-201.

第21章
北海道における良食味低蛋白米の生産技術

丹野　久

　北海道は東北以南に比べて冷涼であり，水稲の生育期間が短い．そのため，気象の年次変動が水稲の生育に大きく影響し，例えば4年に1回は冷害が発生すると言われる．その変動は収量だけでなく，食味に関係が深い精米蛋白質含有率（以下，精米は略す）やアミロース含有率にも大きく影響する（図21-1）．その特徴を見るとアミロース含有率は登熟気温が高い年次には低くなり，年次変動幅が大きい．一方，蛋白質含有率は1993，2003，2009年の冷害年で不稔発生などにより高くなる．さらに，同一年次内でもその幅が大きい（図21-2）．そのため，販売ロットの品質のバラツキを小さくするため，集荷時に蛋白質含有率および整粒歩合により，同一品種を5種類に分けるなど大きな労力をかけている（表21-1）．以上のことから，北海道では蛋白質含有率を低下

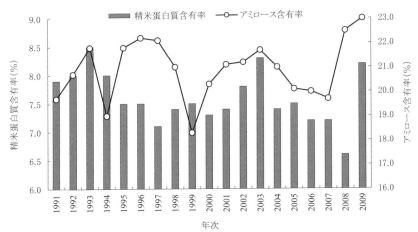

図21-1　精米蛋白質含有率とアミロース含有率の年次間差異
北海道全域サンプルの平均値．供試品種は「きらら397」で，各年の測定点数は518〜6029，平均3075．北海道米麦改良協会北海道米食味分析センターの分析による．

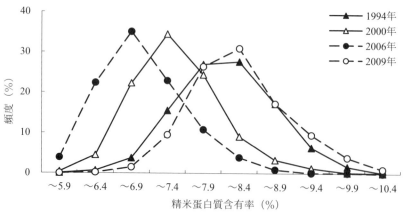

図 21-2 北海道全域における精米蛋白質含有率の頻度分布

北海道全域サンプルの平均値．供試品種は「きらら 397」．測定点数は，1994 年：5184，2000 年：2521，2006 年：899，2009 年：518．北海道米麦改良協会北海道米食味分析センターの分析値による．

表 21-1 北海道における仕分け集荷の品位基準の1例

検査等級	整粒歩合	精米蛋白質含有率		
		低蛋白米 6.8% 以下	一般米 6.9〜7.9%	その他 8.0% 以上
1等米	80% 以上	4次	2次	9次
	79% 以下	高品質米 3次	1次	

「きらら 397」，「ほしのゆめ」，「ななつぼし」の仕分け基準で，とくに「きらら 397」では 6.9〜8.4% を一般米，8.5% 以上を9次とする．「ゆめぴりか」と「ふっくりんこ」などでは独自の蛋白質含有率仕分け集荷を実施．ホクレン農業協同組合連合会（2011）による．

させるための栽培法が重要視されてきた．本章では，その概要を紹介する．

❶ 初期生育と精米蛋白質含有率

稲体窒素含有率と蛋白質含有率との間には出穂期以降では正の相関関係が見られるが，幼穂形成期には一定の関係が無いことから，蛋白質含有率を高めないで窒素を吸収させることができるのは幼穂形成期までと思われる（図 21-3；北海道立中央農業試験場 1997）．また，全生育期間の窒素吸収量に対する割合は，幼穂形成期よりもさらに早い移植1ヶ月後で高いほど蛋白質含有率

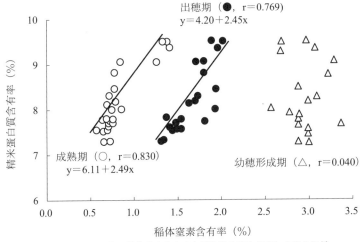

図 21-3 生育時期別稲体窒素含有率と精米蛋白質含有率との間の関係
1992年,現地試験.北海道立中央農業試験場(1997)による.

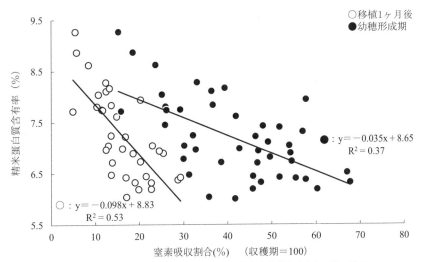

図 21-4 生育初期における窒素吸収割合と精米蛋白質含有率との間の関係
南空知現地で2000年調査.北海道米高水準食味確立緊急対策協議会編(2001)による.

が低くなる(図21-4).以上のことから,蛋白質含有率を低下させるためには初期生育を促進し,できるだけ生育前半に窒素を吸収させることが重要である.

1. 地帯別・土壌別基準収量　(kg/10a)

地帯区分	地帯名	低地土(乾)	低地土(湿)	泥炭土	火山性土	台地土
7A	石狩および空知中南部	540	540	540	510	510
8A	空知中西部および空知北部	570	570	570	540	540
9A	上川中央部	570	570	570	540	540

2. 基準収量に応じた施肥標準量　(kg/10a)

基準収量(kg/10a)	低地土(乾)	低地土(湿)	泥炭土	火山性土	台地土
420	7.0	6.5	5.0	7.5	6.5
480	8.0	7.5	6.0	8.5	7.5
540	9.0	8.5	7.0	9.5	8.5

3. 土壌診断での土壌窒素肥沃度水準による窒素施肥対応

地帯区分	地帯名	土壌区分	施肥標準に対する施肥窒素増減量(kg/10a)			
			0.5	0	-0.5	-1.0
			窒素肥沃度水準の区分(mg/100g)			
7A	石狩および空知中南部	低地土(乾)	~10.0	~15.0	~17.0	17.0~
		低地土(湿)	~8.5	~17.5	~20.5	20.5~
		泥炭土	~6.0	~13.5	~16.0	16.0~
		火山性土	~9.5	~13.0	~15.5	15.5~
		台地土	~6.0	~13.5	~16.0	16.0~

4. 乾土効果に対応した窒素減肥

圃場の乾湿の程度	窒素肥沃度水準(mg/100g)			備考
	10未満	10~14	14以上	
著しく乾燥(水熱係数0~2)	0.5	1.0	1.5	
乾燥(水熱係数2~3)	0.5	0.5	1.0	基肥からの減肥量
やや乾燥(水熱係数3~4)	0	0.5	0.5	(kg/10a)
平年並~湿(水熱係数4~)	0	0.0	0.0	

5. 有機物施与に対応した窒素減肥

有機物の種類(標準的な施用量)	連用年数			備考
	1~4	5~9	10~	
稲わら堆肥(現物1t/10a)	1	1.5	2	基肥からの減肥量
家畜糞堆肥(現物1t/10a)	1.5	2	2	(kg/10a)
稲わら直接鋤込み(400~600kg乾物/10a)	0~0.5	1	2	

図 21-5　施肥窒素量の決定手順

1) 土壌区分，低地土（乾）：褐色低地土と砂丘未熟土，低地土（湿）：グライ土と灰色低地土，泥炭土：泥炭土と黒泥土，火山性土：黒ボク土，多湿黒ボク土および黒ボクグライ土，台地土：褐色森林土，暗赤色土，灰色台地土およびグライ台地土．
2) 1. および 3. は 14 地帯 20 区分のうちそれぞれ 3，1 区分を，2. は 390~570 kg/10a の 30 kg/10a ごと 7 水準のうち 3 水準を例に示した．
3) 1. の基準収量は，冷害年の 2003 年を除く 1999~2008 年の統計収量に基づき設定した．
4) 2. では実際の各圃場の収量水準に応じ，施肥量を±0.5 kg/10a の範囲で増減する．
5) 2. において全層・側条組合せ施肥を行う場合は，側条施肥を 3.0~4.0 kg/10a 程度とし，施肥総窒素量を表中の値から 0.5 kg/10a 減ずる．
6) 3. および 4. の窒素肥沃度水準は，40℃ 1 週間培養法での可給態窒素量による．
7) 3. および 4. での減肥は全層施肥部分から行い，減肥後の施肥量は初期生育確保のため 4 kg/10a を下限とする．
8) 3. で，精米蛋白質含有率 6.5% 以下を目標とする場合，基本技術（側条施肥，健苗育成，適期移植，栽植密度向上，水地温向上対策など）の実行を前提に，全層施肥部分からさらに 0.5 kg/10a の減肥を行う．
9) 4. で，水熱係数（mm/℃ 日）= $10 \times \Sigma Pr/\Sigma T_{10}$ および ΣPr は前年 9/1~10/31 および当年 4/11~5/10 の積算降水量（mm），ΣT_{10} は同時期の日平均 10℃ 以上の日の積算気温（℃）．
10) 5. において 3. を行う場合には，堆肥・稲わらを 5 年以上連用している場合でも連用効果の重複評価を避けるため，単年度施用の減肥可能量を用いる．
11) 北海道施肥ガイド 2010（北海道農政部編 2010）からの一部抜粋による．

2 施肥量の設定
（北海道施肥ガイド2010による，図21-5；北海道農政部編2010）

　蛋白質含有率には施肥窒素量が大きく影響する．施肥量の決定に当たり，水稲栽培地帯を20地帯区分に分け，各区分ごと基準収量として1999〜2008年から冷害年の2003年を除いた平均収量を低地土（乾），低地土（湿），泥炭土，火山性土，台地土の5土壌型別に算出したところ，420〜570 kg/10 a であった．その基準収量に対応した全量全層施肥による施肥標準量を土壌型別に5.0〜9.5 kg/10 a とした．40℃1週間培養法による可給態窒素量から土壌窒素肥沃度水準を4分類し，それぞれに対応した施肥窒素増減量（+0.5〜-1.0 kg/10 a）を得た．さらに，蛋白質含有率6.5％以下を目標とする場合，基本技術（側条施肥，健苗育成，適期移植，栽植密度向上，水地温向上対策，登熟中後期の土壌水分確保など）が実行されることを前提に，全層施肥部分から0.5 kg/10 a を減肥する．

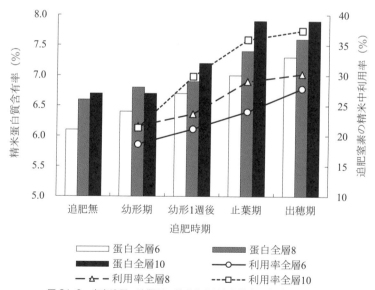

図21-6　窒素追肥の時期別の精米中利用率と精米蛋白質含有率
全層6は全層施肥窒素成分で6 kg/10 a を，追肥時期の幼形期は幼穂形成期を示す．追肥量は窒素2 kg/10 a．後藤（2007）による．

なお，前年秋（9/1～10/31）および当年融雪後（4/11～5/10）の積算降水量と日平均気温10℃以上の日の積算気温から水熱係数を算出し，平年よりも土壌が乾燥している場合に，乾土効果に対応した窒素減肥を0～1.5 kg/10 a行う．さらに稲わら堆肥，家畜糞堆肥および稲わら直接鋤込みなどの有機物施用に対しても0～2.0 kg/10 aの減肥を行う．

一方，北海道では幼穂形成期前すなわち6月5半旬から7月1半旬での土壌中アンモニア態窒素含量により，幼穂形成期の追肥が必要か判断できることになっている．しかし，必要ない場合がほとんどであり，とくに止葉期以降の追肥は精米への利用率が高く蛋白質含有率を高めるので止める（図21-6；後藤2007）．

③ 側条施肥

施肥法では側条施肥を導入することにより，初期の窒素吸収を促進する．全量側条の場合，収量を低下させない範囲で15％の窒素減肥が可能で，蛋白質含有率は0.5％ほど低下する成績も得られている（図21-7；北海道立中央農業試験場・上川農業試験場2000）．しかし，初期生育の良好な地帯および年次では，窒素吸収が早すぎて生育後半に窒素不足になる例もある．そのため，側条施肥は全層施肥との組合せにおいて窒素成分で3.0～4.0 kg/10 a程度とし，施肥総窒素量を0.5 kg/10 a減ずる．現在，側条施肥は低蛋白米生産技術として広範に利用されている（表21-2）．

④ 育苗と栽植密度

初期生育を良くするには，まず健苗の養成が重要である．健苗が備える特徴

表21-2 精米蛋白質含有率低下に対する側条施肥割合増加の効果

窒素施肥量 kg/10 a		側条施肥割合 %	幼穂形成期茎数 本/m^2	m^2当たり粒数 ×10^2/m^2	精玄米重 kg/10 a	精米蛋白質含有率 %
全層	側条					
2.2	4.5	67	806	30.0	521	6.6
4.0	2.8	41	537	26.4	496	7.1

2000年，試験地は中富良野町，土壌は泥炭土，品種は「ほしのゆめ」，苗は中苗，移植期は5月25日．北海道米高水準食味確立緊急対策協議会編（2001）による．

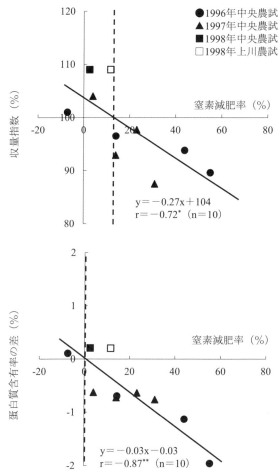

図 21-7 全量側条施肥による窒素減肥が収量および精米蛋白質含有率に及ぼす影響（全層施肥に対比した場合）
北海道立中央農業試験場・上川農業試験場（2000）による．

としては，草丈が短い，葉齢が基準に達している，地上部が重く充実している，第一鞘高が短い，本葉第 2 葉の葉身が短い，成苗では分けつがあるなどである（図 21-8，表 21-3）．一方，移植時の深植や移植後の植傷みは初期生育を阻害する（図 21-9）．そのため，健苗を可能な限り浅植することや強風あるいは低温が見込まれる日の移植は避けることが必要である．

また，育苗期間の後半に好天が続くと育苗ハウス内が高温となり，その温度

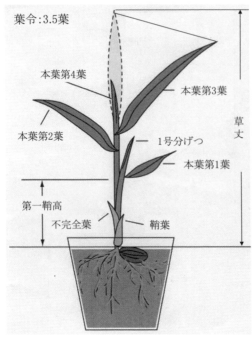

図 21-8 健苗が備えるべき特性（成苗ポット）
成苗の1株本数は2～4であるが，1株1本として簡略化し図示した．

表 21-3 苗種別の苗形質と栽植密度の基準

苗種	苗形質			栽植密度		備考, 面積比 %
	葉令	草丈 cm	地上乾物重 /100本	m²当たり株数	1株本数	
稚苗	2.0～2.5	8～10	1.0g以上	25株以上	4～5	2
中苗	3.1以上	10～12	2.0g以上	25株以上	3～5	32
成苗	4.0以上	10～13	3.0～4.5g	22～25株	2～4	66

水稲機械移植栽培基準からの一部抜粋による．苗形質，中苗は箱マット苗，成苗は成苗ポット苗による．葉令は不完全葉を1とし，それに本葉葉数を加えた．面積比は2010年（北海道農政部食の安全推進局農産振興課編2011）．

に感応して早期異常出穂（または異常出穂）の発生が多くなる（図 21-10）．早期異常出穂が発生すると，穂揃いが不良となり，収量と品質の低下が生じる．早期異常出穂の発生率は概して早生品種ほど高いが，同熟期の品種間にも差異がみられる（図 21-11）．その回避のためには，育苗ハウスの換気を十分行い，2.5 葉期以降に25℃以上の高温に遭わせないことが重要である．さらに

第 21 章 北海道における良食味低蛋白米の生産技術　331

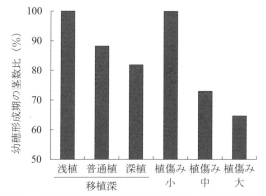

図 21-9 移植深または植傷み程度が異なる苗における幼穂形成期の茎数
2003 年，岩見沢市圃場．品種は「ななつぼし」，成苗ポット苗．浅植と植傷み小をそれぞれ 100 とした比で示した．植付深，浅植 1 cm，普通植 2 cm，深植 3〜4 cm．植傷み，小：最上位第 4 葉を半分切除，中：同葉全部切除，大：草丈の半分の位置で全葉（第 3 葉は半分，第 4 葉は全部，第 5 葉抽出部は全部）切除．北海道米麦改良協会編（2004）による．

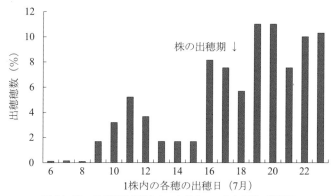

図 21-10 早期異常出穂となった場合の 1 株内各穂の出穂日
40 日育苗．ハウス換気少ない処理．品種は「たんねもち」，1990 年．北海道立上川農業試験場（1990）による．

　成苗ポット苗については栽培基準の草丈の上限を守ることが有効であり，品種ごとの上限葉令も示されている（北海道立総合研究機構上川農業試験場・中央農業試験場 2014）．
　また，北海道は生育期間が制限されるため，適期内の早植えを励行する．栽植密度は基準を守り，m^2 当たり中苗で 25 株以上，成苗で 22〜25 株とする

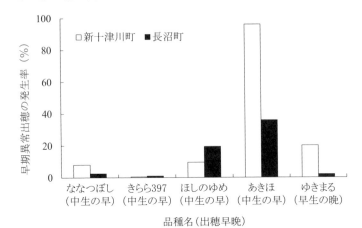

図 21-11 早期異常出穂の発生率における品種間差異
2000 年,成苗ポットで新十津川町は 35 日,長沼町は 44 日育苗.7 月 15 日に1 本でも出穂があった株の比率.北海道立中央農業試験場(2001)による.

表 21-4 密植方法と玄米収量,精米蛋白含有率および未熟粒歩合に対する効果

密植方法	試験場所	慣行区対比指数(%)		
		玄米収量	精米蛋白質含有率	未熟粒歩合
畦間密植	上川農業試験場(比布町)	108	98	67
	中央農業試験場岩見沢試験地	105	96	93
	岩見沢市北村	106	99	85
	深川市	105	94	81
	鷹栖町	101	97	61
株間密植	上川農業試験場(比布町)	101	100	81
	中央農業試験場岩見沢試験地	101	97	105
	深川市	103	95	89

試験年次と年数は 2004～2008 年で畦間は 3～5 ヵ年,株間は 2 ヵ年.成苗ポット苗.栽植密度,慣行栽培は畦間 33 cm × 株間 13～15 cm,畦間密植は 24,27 cm × 12 cm,株間密植は 33 cm × 10～12 cm.畦間密植の移植機は,畦間 24 cm ではい草用移植機,同 27 cm は未開発.北海道立上川農業試験場・中央農業試験場(2009)による.

(表 21-3).さらに密植することで初期生育が促進され穂揃いが良くなり,蛋白質含有率が低下するとともに収量性も向上し未熟粒も減少する(表 21-4;北海道立上川農業試験場・中央農業試験場 2009,北海道立上川農業試験場 1996).密植による蛋白質含有率の低下は,慣行栽培で蛋白質含有率が高い圃場ほど大きい傾向がある(図 21-12).なお,実際に密植栽培を行うには育苗ハウス面積の増大や育苗管理と移植での労力増加が課題となる.

5 月下旬から 7 月中旬までの最高水温は最高気温よりも 3～5℃高く,最低水

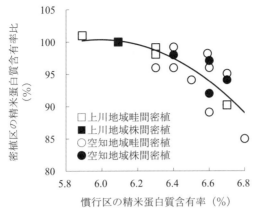

図 21-12 慣行区の精米蛋白質含有率と密植による低蛋白化効果の関係
表 21-4 の脚注参照．北海道立中央農業試験場・上川農業試験場（2009）による．

表 21-5 天候別（日照時間別）にみた水田水温の保温効果（気温との差，℃）
―6月の晴れた日は水温が5℃以上も高い―

要素	月	6月			7月			8月		
	天候	曇〜雨	薄曇	晴	曇〜雨	薄曇	晴	曇〜雨	薄曇	晴
平均水温と平均気温の差		3.7	4.5	5.6	1.8	2.2	3.9	0.6	0.9	1.4
平均気温		15.0	15.0	15.9	19.6	21.2	19.2	21.0	21.5	21.0

北海道農業試験場水田（札幌市）での昭和49，50，51年の3ヵ年の毎日の水温の観測値から求めた．天候別は日照時間から次のように分けた．曇〜雨：3時間以下，薄曇：3.1〜6.9時間，晴：7時間以上．藤原（1982）による．

温は最低気温よりも約3℃高い（表21-5；藤原1982）．初期生育は水温の影響が大きいので，可能な限りその上昇を図る．そのため，移植後は灌漑用水と水田との水温差が小さい夜または早朝に入水し，掛け流しは避ける．

5 泥炭土圃場への対策

土壌型では泥炭土が，他に比べ蛋白質含有率が高い（図21-13；丹野2010a, 五十嵐ら2005）．これは，水稲の生育後半まで土層深部から窒素放出が継続するためである（水野1992）．また，泥炭土と類似した特性を有するグライ土では，褐色低地土と異なり粒重が重くなる条件で蛋白質含有率が高くなることが認められている（図21-14；丹野ら2010b）．このように，泥炭土やグライ土で

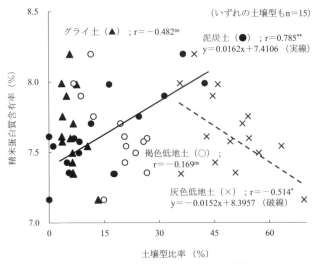

図 21-13　北海道各地域における土壌型比率と精米蛋白質含有率との関係
15 地域における 1991〜1998 年の平均．丹野（2010a）による．

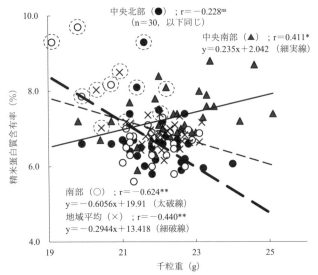

図 21-14　千粒重と精米蛋白質含有率との関係
2 品種，1994〜2008 年のデータによる．中央南部はグライ土，他は褐色低地土．点線の囲みは不稔歩合 31％ 以上あるいはそれを含む平均の不稔多発データ．丹野ら（2010b）による．

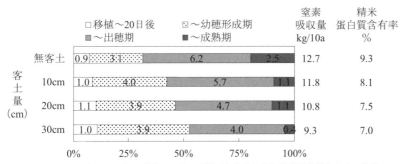

図21-15 泥炭土での客土試験における時期別窒素吸収率と精米蛋白質含有率の比較
柳原（2002）による．

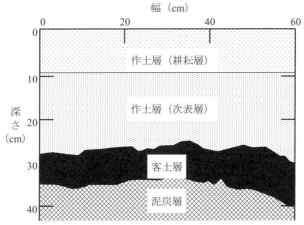

図21-16 客土材埋設後の土壌断面
南幌町の現地圃場，施工2年目．塚本ら（2009）による．

は蛋白質含有率が高くなりやすい特性を有しており，とくに泥炭土は水田土壌における比率も高いため，その対策が重要である．

　泥炭土壌には，側条施肥に加え客土を行うことにより幼穂形成期までの窒素吸収率を高め，成熟期までの窒素吸収量を低減することにより，蛋白質含有率を低下させることができる（図21-15；柳原2002，稲津1988）．実際には北海道の泥炭地圃場では，ほとんどが既に客土を行っている．さらに，泥炭地向けの技術として砂質客土埋設工法は作土層と泥炭層の間に砂質土壌を客土し（図21-16；塚本ら2009），泥炭層への水稲根の伸長を抑制することにより，さらに浅耕代かきは作土層中の施肥窒素濃度を高めるとともに水稲の根域を制限す

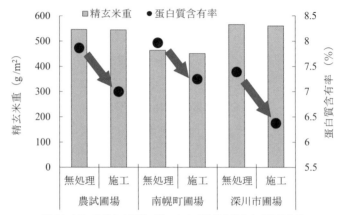

図 21-17 砂質客土埋設工法による米粒蛋白質含有率低減効果
農試圃場と南幌町圃場は 3 ヵ年平均，深川市圃場は単年度の値．農試は北海道立中央農業試験場岩見沢試験地．塚本ら（2009）による．

表 21-6 泥炭土における浅耕代かき栽培が初期生育，窒素吸収量，精玄米重および精米蛋白質含有率に及ぼす影響

年次	耕起処理	幼穂形成期		成熟期 窒素吸収量 kg/10 a	精玄米重 kg/10 a	同左比	精米蛋白質含有率 %
		茎数 本/m²	窒素吸収量 kg/10 a				
2001	慣行	551	2.2	11.2	455	100	7.9
	浅耕 1 年	539	2.8	9.7	418	92	7.2
2002	慣行	663	2.7	11.5	461	100	8.4
	浅耕 1 年	807	2.9	11.1	467	101	8.2
	浅耕 2 年	794	3.3	10.5	446	97	7.7
	浅耕 3 年	673	3.3	10.5	463	101	7.6

全量全層または全層と側条施肥の併用による施肥処理区の平均．北海道立中央農業試験場・上川農業試験場（2004）による．

ることにより，後期の窒素吸収を抑制し低蛋白米生産に有効であることが認められている（図 21-17：塚本ら 2009，表 21-6；北海道立中央農業試験場・上川農業試験場 2004）．

6 防風対策

移植後に風が強いと蒸発散の気化熱により水温の上昇が抑えられ，初期生育を阻害する．そのため，風の強い地域では蛋白質含有率が高い傾向がある（図 21-18；丹野 2010a）．そこで，それら地域では防風施設を設置することによ

第 21 章 北海道における良食味低蛋白米の生産技術 337

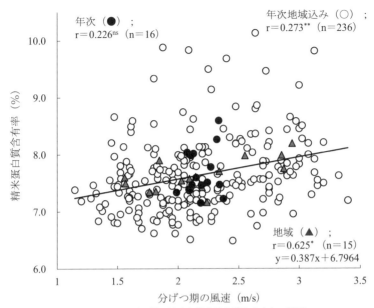

図 21-18 分げつ期の風速と精米蛋白質含有率との関係
北海道 15 地域，1991～2006 年のデータによる．分げつ期は 6 月．丹野（2010a）による．

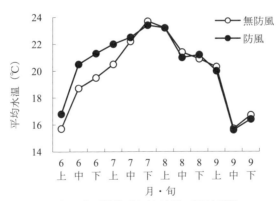

図 21-19 防風処理が水田水温に及ぼす影響
岩見沢市，1997～2000 年の平均．古原ら（2002）による．

り，水温の上昇を図る（図 21-19；古原ら 2002）．そのことにより，初期生育が促進され蛋白質含有率が低下する（表 21-7）．

表21-7 防風処理が初期生育と収量,精米蛋白質含有率に及ぼす影響

形　質	きらら397		ほしのゆめ	
	処　理	無処理	処　理	無処理
初期生育*1（本/m²）	643	532	622	585
窒素吸収量*2（kg/10 a）	3.9	3.1	3.7	3.0
収量（kg/10 a）	536	521	557	513
窒素玄米生産効率	46	39	45	38
精米蛋白質含有率（%）	7.6	8.4	7.5	8.3

*1：幼穂形成期の茎数.
*2：幼穂形成期まで.
1997～2000年の4ヶ年の平均値. 北海道立中央農業試験場岩見沢試験地での調査. 古原ら（2002）による.

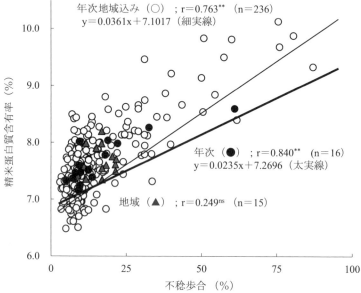

図21-20 不稔歩合と精米蛋白質含有率との関係
北海道15地域, 1991～2006年のデータ. 丹野（2010a）による.

7 冷害回避

不稔歩合が高まると蛋白質含有率は上昇する（図21-20；丹野2010a）. これは, 不稔発生により稔実籾数が減少し, 1籾当たりに分配される窒素量が増えるためである. 冷温による不稔発生の危険期は穂ばらみ期と開花期であるが,

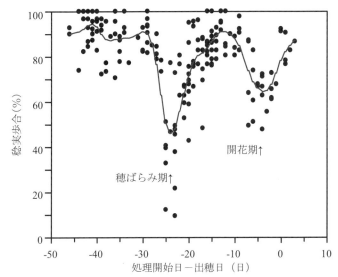

図 21-21　生育時期別冷温処理による稔実歩合の変化
品種は「きらら 397」で，穂ばらみ期と開花期の耐冷性がいずれも「やや強」．17.5℃ 14 日間処理．木下ら（2006）による．

概して前者の影響が大きい（図 21-21；木下ら 2006）．しかし，蛋白質含有率は登熟気温（出穂後 40 日間の日最高最低平均積算気温）と 850℃で最低になる二次曲線の関係があり，850℃より低くなるに伴い高くなる（図 21-22；丹野 2010a）．この上昇には出穂開花期での不稔発生が影響していることが考えられる．冷温による不稔発生の回避策としては，幼穂形成期から冷害危険期直前までの前歴深水とその後の危険期深水を励行し，稔実に十分な充実花粉数を確保することである（図 21-23；Satake ら 1988）．また，過剰な窒素施与は冷害危険期の稲体の窒素含有率を高め，不稔が発生し易くなる（天野 1984）ため，避けることが肝要である．

8　ケイ酸の施用効果

ケイ酸吸収は，窒素玄米生産効率（粗玄米重／成熟期の窒素吸収量）を高め蛋白質含有率を低下させるので（図 21-24；北海道立中央農業試験場 1995，図 21-25；後藤 2007），ケイ酸質肥料を土壌改良材に使ったり，幼穂形成期頃に

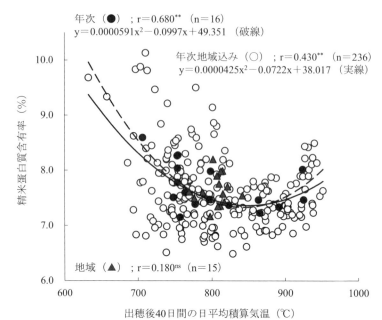

図 21-22 出穂後 40 日間の日平均積算気温と精米蛋白質含有率との関係
北海道 15 地域,1991〜2006 年のデータ.丹野(2010a)による.

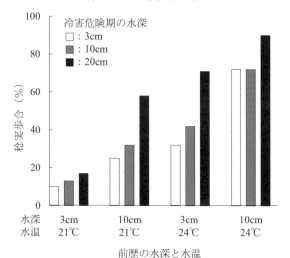

図 21-23 幼穂形成期から穂ばらみ期にかけての前歴深水と
冷害危険期深水による冷害防止
冷害危険期 5 日間で水温 18℃処理.Satake ら(1988)により作図.

第21章 北海道における良食味低蛋白米の生産技術　341

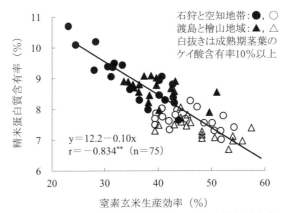

図21-24　異なるケイ酸含有率における精米蛋白質含有率と窒素玄米生産効率との間の関係
北海道中央部と南部地域で，1992年に調査．窒素玄米生産効率は粗玄米重／成熟期の窒素吸収量．北海道立中央農業試験場（1995）による．

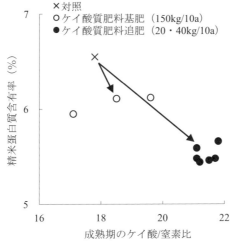

図21-25　成熟期茎葉のケイ酸／窒素比と精米蛋白質含有率に及ぼすケイ酸質肥料の施与効果
後藤（2007）による．

追肥を行うことが望ましい．さらに，茎葉のケイ酸／窒素比が高いほど不稔の発生が少なくなり（図21-26），登熟期の水分不足による腹白粒の発生を抑制する（古原ら2002）など，環境ストレスに強い稲を栽培できる．

低蛋白米生産における土壌中のケイ酸指標として，可給態ケイ酸含量で

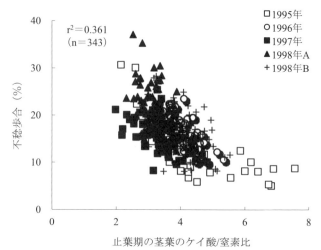

図 21-26 止葉期の茎葉のケイ酸／窒素比と不稔歩合との間の関係 1998年AとBは異なる試験を示す．北海道立上川農業試験場・中央農業試験場（未発表）による．

16 mg/100 g 以上を適正域としている（北海道立中央農業試験場 1995）．しかし，近年には基準値に満たない圃場が多いことが指摘されている（北海道立中央・上川・天北・道南・十勝・根釧・北見農業試験場 2010）ので，注意が必要である．

⑨ わら処理と圃場管理

　透排水が不良な圃場では，地温の上昇が遅く，土中の酸素供給が悪く，有害物質が滞留し，初期生育が不良化する．そのため，暗きょ排水や心土破砕などにより水田の透排水性を良くする．さらに，融雪剤の散布や弾丸暗きょまたはサブソイラをかけるなど圃場を乾かすことにより，土壌窒素の早期有効化を促す．わらは堆肥にしていれるか，少なくとも春鋤き込みを避け秋鋤き込みにして分解を促進する（図 21-27，21-28；野村 1997）．

　以上のように，低蛋白米の生産のためには施肥設計，施肥法，育苗，移植後から刈り取りまでの水管理，刈り取り後のわら処理，圃場の透排水性改善など一連の技術対策を行うことが必要である．ここで，成熟期の全乾物重（全重）

第 21 章 北海道における良食味低蛋白米の生産技術 343

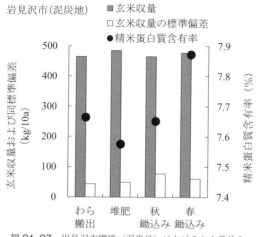

図 21-27 岩見沢市圃場（泥炭地）におけるわら鋤込み連用の影響
1999～2010 年の平均．春鋤込みのみ 1993 年から，他の処理は 1986 年から同一圃場での連年処理開始．北海道立中央農業試験場（未発表）による．

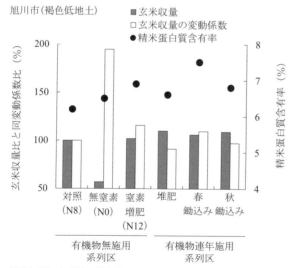

図 21-28 旭川市の褐色低地土圃場での有機物無施用と連年施用圃場における玄米収量と精米蛋白質含有率
1962 年から連年処理を開始した圃場で，玄米収量は 1979～1993 年の平均，精米蛋白質含有率は 1992 年のみのデータによる．N0～12 は施肥窒素量（kg/10 a）を示す．対照の玄米収量と変動係数はそれぞれ 468.4 kg/10 a，11.5%．野村（1997）による．

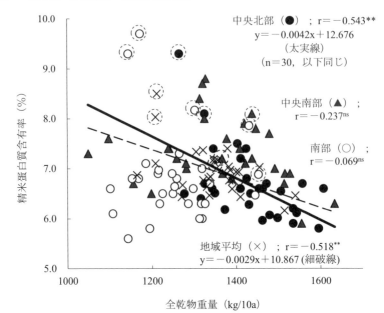

図21-29 全乾物重と精米蛋白質含有率との関係
2品種，1994〜2008年のデータ．各地域の土壌型，全乾物重（kg/10 a）および精米蛋白含有率（％）は，それぞれ中央北部：褐色低地土，1430, 6.7, 中央南部：グライ土，1363, 7.3, 南部：褐色低地土, 1255, 6.8. 点線の囲みは不稔歩合31％以上のデータあるいはそれを含む平均である不稔多発データ．丹野ら（2010b）による．

と蛋白質含有率との関係を北海道の代表的な稲作地である3地域でみると，全重が最も大きく生育後期に窒素吸収が少ない褐色低地土である地域および3地域平均で，全重が重い年次ほど蛋白質含有率が低かった．（図21-29；丹野ら2010b）．また，北海道全域でみても玄米収量が高い年次ほど蛋白質含有率が低下した．（図21-30；丹野2010a）．これらのことから，初期生育を促進して全重を重く多収化することで，蛋白質含有率を低下させることが可能であると考えられる．

ただし，過大な減肥によりm^2当たり籾数を形成する幼穂形成期から止葉期頃に窒素供給が不足したり，またm^2当たり籾数が十分確保されても施肥量が多すぎて止葉期以降の窒素供給が過剰になると，低蛋白・低収や高蛋白・多収となる．北海道では気象の年次変動にともなう水稲生育の変動が大きいことから，低蛋白米と一定の収量を両立させるには十分な技術対策の励行が必要である．

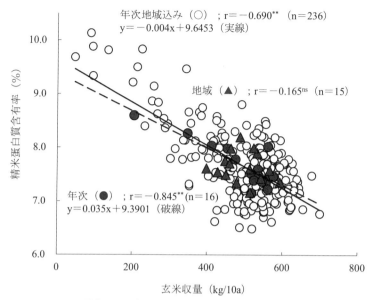

図21-30 玄米収量と精米蛋白質含有率との関係
北海道15地域,1991～2006年のデータ.丹野(2010a)による.

参考文献

天野高久 1984. 水稲の冷害に関する作物学的研究. 北海道立農業試験場報告 46：1-67.

藤原 忠 1982. 水温上昇対策. 堂腰純・島崎佳郎監修, 北海道の農業気象（ニューカントリー臨時増刊）. 北海道協同組合通信社, 札幌. pp. 86-91.

後藤英次 2007. 北海道における高品質米生産に関する土壌化学性と合理的施肥法の研究. 北海道立農業試験場報告 116：1-88.

北海道米麦改良協会編 2004. 良食味品種ななつぼし 栽培の手引き. 平成15年度資料6号：1-12.

北海道米高水準食味確立緊急対策協議会編 2001. おいしい北海道米生産ハンドブック. 北海道米高水準食味確立緊急対策協議会（北海道農政部, 北海道立農業試験場, 北海道農業協同組合中央会, ホクレン農業協同組合連合会, 社団法人 北海道米麦改良協会）. pp. 1-32.

北海道農政部編 2010. 北海道施肥ガイド2010. 水稲. 北海道農政部. 札幌. pp. 14-32.

北海道農政部食の安全推進局農産振興課編 2011. 米に関する資料［生産・価格・需

要]（平成23年5月版）（北海道の水田農業）．http://www.pref.hokkaido.lg.jp/ns/nsk/grp/2011komenikannsurushiryou.pdf（2011/11/19 閲覧）．
北海道立中央農業試験場 1995．低蛋白米生産のための稲体および土壌のケイ酸指標（北海道立総合研究機構　農業研究本部　農業技術情報広場，北海道農業試験場　試験研究成果一覧）．http://www.agri.hro.or.jp/center/kenkyuseika/gaiyosho/h07gaiyo/1994125.htm（2011/11/15 閲覧）．
北海道立中央農業試験場 1997．空知管内における低蛋白米生産のための稲体および土壌の窒素指標（北海道立総合研究機構　農業研究本部　農業技術情報広場，北海道農業試験場　試験研究成果一覧）．http://www.agri.hro.or.jp/center/kenkyuseika/gaiyosho/h09gaiyo/1996141.htm（2011/11/15 閲覧）．
北海道立中央農業試験場・上川農業試験場 2000．育苗箱施肥の利用による水稲の減化学肥料栽培（北海道立総合研究機構　農業研究本部　農業技術情報広場，北海道農業試験場　試験研究成果一覧）．http://www.agri.hro.or.jp/center/kenkyuseika/gaiyosho/h12gaiyo/2000405.htm（2011/11/15 閲覧）．
北海道立中央農業試験場 2001．北海道農業試験会議（成績会議）資料　平成12年度，水稲新品種決定に関する参考成績書　空育163号．北海道立中央農業試験場作物開発部稲作科．pp. 1-87.
北海道立中央農業試験場・上川農業試験場 2004．浅耕代かきによる泥炭地産米の低タンパク化技術（北海道立総合研究機構　農業研究本部　農業技術情報広場，北海道農業試験場　試験研究成果一覧）．http://www.agri.hro.or.jp/center/kenkyuseika/gaiyosho/h16gaiyo/2004317.htm（2011/11/15 閲覧）．
北海道立中央・上川・天北・道南・十勝・根釧・北見農業試験場 2010．北海道耕地土壌の理化学性の実態・変化とその対応（1959〜2007）（北海道立総合研究機構　農業研究本部　農業技術情報広場，北海道農業試験場　試験研究成果一覧）．http://www.agri.hro.or.jp/center/kenkyuseika/gaiyosho/22/f2/019.pdf（2011/11/21 閲覧）．
北海道立上川農業試験場 1990．水稲の成苗栽培における良質・高収条件の解明―早期異常出穂の解析―．平成2年度　水稲栽培試験成績書．北海道立上川農業試験場水稲栽培科．pp. 68-78.
北海道立上川農業試験場 1996．良食味米生産を目的とした密植と施肥による窒素制御技術（北海道立総合研究機構　農業研究本部　農業技術情報広場，北海道農業試験場　試験研究成果一覧）．http://www.agri.hro.or.jp/center/kenkyuseika/gaiyosho/h08gaiyo/1995141.htm（2011/11/20 閲覧）．
北海道立上川農業試験場・中央農業試験場 2009．高品位米を目指した成苗密植栽培技術（北海道立総合研究機構　農業研究本部　農業技術情報広場，北海道農業試験場　試験研究成果一覧）．http://www.agri.hro.or.jp/center/kenkyuseika/gaiyosho/h21gaiyo/f2/048.pdf（2011/11/20 閲覧）．

北海道立総合研究機構上川農業試験場・中央農業試験場 2014. 成苗ポット苗における早期異常出穂抑制技術（北海道立総合研究機構　農業研究本部　農業技術情報広場，北海道農業試験場　試験研究成果一覧）．http://www.hro.or.jp/list/agricultural/result_pdf/result_pdf2014/2014112.pdf（2017/7/20 閲覧）．

ホクレン農業協同組合連合会 2011. 北海道のお米．http://www.hokkaido-kome.gr.jp/pdf/2011_uruchi.pdf（2011/11/15 閲覧）．

五十嵐俊成・安積大治・竹田一美・島田　悟 2005. 北海道米のタンパク質含有率に及ぼす栽培条件の影響．北農 72（1）：16-25．

稲津　脩 1988. 北海道産米の食味向上による品質改善に関する研究．北海道立農業試験場報告 66：1-89．

木下雅文・丹野　久・佐藤　毅 2006. 人工気象室における幼穂形成期から開花期の低温が北海道水稲品種の稔実歩合に及ぼす影響．育種・作物学会北海道談話会会報 47：29-30．

古原　洋・渡辺祐志・竹内晴信・田中英彦・丹野　久・五十嵐俊成・後藤英次・長谷川進・沼尾吉則 2002. 北海道米の食味・白度の変動要因と高位安定化技術．北農 69（1）：17-25．

水野直治 1992. 北海道の稲作．ニューカントリー選書 1．北海道協同組合通信社．札幌．pp. 1-155．

野村美智子 1997. 褐色低地土水田における有機物の長期連用効果　第 1 報　水稲の生育・収量・食味に与える影響．北農 64（2）：175-181．

Satake T., S. Y. Lee, S. Koike 1988. Male Sterility Caused by Cooling Treatment at the Young Microspore Stage in Rice Plants XXVIII. Prevention of cool injury with the newly devised water management practices—effects of the temperature and depth of water before the critical stage Jpn. Jour. Crop Sci. 57: 234-241.

丹野　久 2010a. 寒地のうるち米における精米蛋白質含有率とアミロース含有率の年次間と地域間の差異およびその発生要因．日作紀 79：16-25．

丹野　久・本間　昭・宗形信也・吉村　徹・平山裕治・前川利彦・沼尾吉則・尾崎洋人・荒木和哉・菅原　彰 2010b. 北海道産うるち米の精米蛋白質含有率とアミロース含有率における年次間および地域間差異と生育特性との関係．日作紀 79：440-449．

塚本康貴・北川　巌・竹内晴信 2009. 砂質土埋設工法による泥炭地水田の米粒タンパク質低減技術．農業農村工学会誌 77（1）：900-901．

柳原哲司 2002. 北海道米の食味向上と用途別品質の高度化に関する研究．土壌改良による北海道米食味の高位平準化の検討．北海道立農業試験場報告 101：13-39．

第22章
北海道におけるうるち米の外観品質とその変動要因

丹野　久・平山裕治

　玄米の整粒歩合は，搗精歩合に大きく影響するため流通販売上高いことが必要とされ，農業協同組合の生産者からの購入価格に反映されている（ホクレン農業協同組合連合会 2011）．整粒歩合には未熟粒の発生が大きく影響し，北海道において冷害年では青未熟粒が，その他の年次では乳白粒，心白粒，腹白粒および基部未熟粒などの白未熟粒が多く発生する．

　白未熟粒について，東北以南で行われた試験の報告によれば，施肥量が多くm^2当たり籾数が適正な範囲より多くなると，登熟期に光合成量が不足して乳白粒の発生が多くなる（安原・月森 2002，小葉田ら 2004，高田ら 2010a）．また，刈り取り時期が遅くなると乳白粒など白未熟粒が増加する（今野ら 1991）．気象との関係では，登熟期の日照不足により乳白粒と腹白粒ともに発生が促進される（田代・江幡 1975，若松ら 2006，高田ら 2010b）．とくに，登熟期間の高温により乳白粒や背白粒，基部未熟粒などが多くなる（月森 2005，若松ら 2007，森田 2008）．

　しかし，北海道では高温年よりもむしろ冷害年における玄米品質の低下が懸念される．一方，育種においては以前から玄米や精米の白度と透明度の改良が図られてきた．そこで，本章ではこれまで北海道で行われた玄米と精米の外観形質の試験を取りまとめ，その概要を紹介する．すなわち，まず玄米と精米の白度や透明度について，新旧品種間の差異および現在の作付け品種と東北以南の主要品種との比較を行った（吉村・相川 1998a，b，木下 2013）．次に，玄米と精米の外観品質における年次間と地域間の差異の発生要因を明らかにした．また，北海道の主要品種である「きらら397」について，乳白粒・腹白粒の発生要因を解析した（北海道空知支庁ら 1991，北海道立中央農業試験場・上川農業試験場 1992）．

1 1971年以降における米粒外観品質の改良と東北以南の品種との比較

「イシカリ」（育成年次1971年，以下同じ）以降から「ほしのゆめ」（1996）や「ななつぼし」（2001）までの育成品種について，玄米白度と精米白度は育成年次が新しいほど概して高くなっていた（表22-1；吉村・相川1998a, b，表22-2；木下2013）．さらに，玄米白度は青未熟粒と白未熟粒からなる未熟粒や被害粒などの影響を受けるが，それらを除いた整粒のみでも育成年次が新しい品種ほど概して向上していた（表22-1）．

現在の主要品種である「きらら397」，「ほしのゆめ」および「ななつぼし」でも，玄米白度は東北以南品種の「コシヒカリ」，「ひとめぼれ」，「あきたこまち」および「ヒノヒカリ」に劣っていた（表22-1, 22-3）．しかし，整粒のみの玄米白度では，「きらら397」と「ほしのゆめ」は東北以南品種とほぼ同じ

表22-1 北海道の1971年以降育成の新旧8品種および東北以南の6品種における精玄米全粒および整粒のみの玄米白度（岩見沢市，グライ土）

品種名	育成年次	精玄米の白度		精米	
		全粒	整粒のみ	白度	蛋白質含有率（％）
イシカリ	1971	16.9	17.0	34.8	8.9
さちほ	1974	—	—	34.0	9.8
キタヒカリ	1975	16.4	17.1	36.1	8.6
ともゆたか	1977	—	—	33.4	8.3
みちこがね	1982	16.8	17.1	33.5	8.3
ともひかり	1983	—	—	36.5	8.9
ゆきひかり	1984	16.8	17.4	36.0	8.4
空育125号	1987	—	—	36.1	8.5
きらら397	1988	18.0	19.3	38.3	8.4
ゆきまる	1993	18.2	18.4	42.2	8.9
あきほ	1996	17.0	18.0	42.2	8.3
ほしのゆめ	1996	18.8	19.1	40.4	7.9
コシヒカリ		19.0	18.4	44.6	5.2
あきたこまち		18.7	18.7	43.0	6.0
ひとめぼれ		19.5	19.3	45.3	6.4
ヒノヒカリ		19.0	18.0	41.5	6.0
ササニシキ		19.9	19.0	44.1	5.7
日本晴		20.5	19.8	43.7	6.3

育成年次は奨励品種採用年次を示す．1996年北海道立中央農業試験場稲作部産米，「コシヒカリ」：新潟県，「あきたこまち」：秋田県，「ひとめぼれ」と「ササニシキ」：宮城県，「ヒノヒカリ」：鹿児島県，「日本晴」：滋賀県の産米による．白度はケット科学研究所社製C-300による測定値で値が高いほど白い．吉村・相川（1998a, b）より「イシカリ」以降の育成品種を抜粋．

第 22 章　北海道におけるうるち米の外観品質とその変動要因

表 22-2　北海道の 1971 年以降育成の新旧 6 品種における米粒外観品質（比布町，褐色低地土）

品種名	奨励品種決定年次	玄米白度	精米白度	精米蛋白質含有率（%）	アミロース含有率（%）
イシカリ	1971	17.4 ± 1.72	38.0 ± 2.31	7.0 ± 0.65	23.9 ± 1.10
キタヒカリ	1975	17.1 ± 1.83	38.5 ± 2.96	6.7 ± 0.46	22.7 ± 0.83
ゆきひかり	1984	18.4 ± 1.34	37.9 ± 1.36	6.3 ± 0.58	20.4 ± 1.41
きらら 397	1988	18.4 ± 1.23	39.2 ± 1.30	6.5 ± 0.57	20.2 ± 1.14
ほしのゆめ	1996	18.3 ± 1.40	40.2 ± 1.54	6.4 ± 0.58	21.0 ± 1.22
ななつぼし	2001	17.7 ± 1.39	39.8 ± 1.54	6.3 ± 0.71	19.5 ± 0.79

北海道立上川農業試験場圃場産米．1998，2000，2001，2004 年および 2006 年の平均 ± 標準偏差（n = 5）．木下（2013）より「イシカリ」以降の育成品種に一部データを追加．

表 22-3　北海道の現在の主要 3 品種と東北以南の 4 品種における米粒外観品質（比布町，褐色低地土）

品種名	玄米白度	玄米透明度	精米白度	精米透明度	精米蛋白質含有率（%）	アミロース含有率（%）
きらら 397	18.0 ± 1.37	0.35 ± 0.11	38.8 ± 1.87	0.48 ± 0.14	6.7 ± 1.03	20.4 ± 1.53
ほしのゆめ	17.9 ± 1.39	0.35 ± 0.07	40.0 ± 1.79	0.49 ± 0.13	6.5 ± 0.71	20.9 ± 1.60
ななつぼし	17.5 ± 1.19	0.37 ± 0.12	39.9 ± 1.48	0.47 ± 0.15	6.5 ± 1.34	19.3 ± 1.49
あきたこまち	19.9 ± 1.34	0.28 ± 0.13	40.3 ± 1.23	0.42 ± 0.14	6.3 ± 0.54	19.4 ± 1.02
ひとめぼれ	19.9 ± 1.11	0.36 ± 0.18	40.5 ± 1.80	0.45 ± 0.14	6.4 ± 0.86	19.5 ± 1.66
コシヒカリ	19.8 ± 0.67	0.39 ± 0.16	41.3 ± 1.32	0.45 ± 0.15	5.9 ± 0.42	19.5 ± 0.83
ヒノヒカリ	19.0 ± 1.58	0.27 ± 0.12	38.5 ± 1.64	0.41 ± 0.11	6.9 ± 0.47	17.8 ± 0.95

北海道立上川農業試験場圃場産米，および東北以南の品種は「あきたこまち」：秋田県大仙市，「ひとめぼれ」：宮城県栗原市，「コシヒカリ」：新潟県南魚沼市または十日町市，「ヒノヒカリ」：鹿児島県姶良郡の産米による．透明度は農試式米穀透明度検定機 RT-1 による測定で，高い値ほど透明である．1998〜2008 年のうち 2000，2002 年を除く 9 ヵ年の平均 ± 標準偏差（n = 9）．木下（2013）にデータを追加．

との結果も得られている（表 22-1）．なお，整粒のみでは北海道品種は主に青未熟粒が除かれるため玄米白度は上がるが，東北以南品種では乳白粒や腹白粒が除かれ逆に下がった．一方，精米白度は，東北以南品種でもとくに高かった「コシヒカリ」を除けば，精玄米蛋白質含有率がほぼ東北以南品種並であった上川農業試験場産の北海道品種は東北以南品種とほぼ同程度だった（表 22-3）．玄米透明度は東北以南品種に比べ一定の傾向がなく，精米の透明度はむしろ高かった（表 22-3）．以上のように現在の北海道品種は，東北以南の品種に比べ玄米白度はやや劣るが，精米白度などはほぼ同程度であった．

なお，玄米白度は粒厚が 2.2〜2.0 mm では粒厚が厚いほど高かったが，2.0 mm 以下では粒厚が薄いほど高かった（図 22-1；古原ら 2002）．育種では収量性向上のため粒厚を厚く，品質向上のため玄米白度を高く選抜するが，この関係には注意する必要がある．

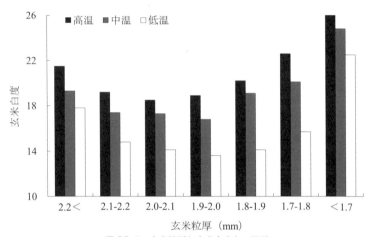

図22-1　玄米粒厚と玄米白度との関係
2000年，北海道立上川農業試験場の人工気象室，高温：29/25℃（昼／夜），中温：25/21℃，低温21/17℃．古原ら（2002）による．

❷ 1999～2006年における米粒外観品質の年次間・地域間差異とその発生要因

　整粒歩合，未熟粒歩合，玄米白度および精米白度は，年次間差異が地域間差異よりも大きかった（表22-4）．冷害年であった2003年では，出穂前24日以降30日間である障害型冷害危険期の平均気温や出穂後40日間の日平均積算気温が最低で，不稔歩合が最も高く整粒歩合が最も低く，千粒重が小さく最も低収で，精米蛋白質含有率が高く玄米白度と精米白度が低かった．一方，2005年は整粒歩合が最も高く未熟粒歩合が低く，多収で，玄米白度と精米白度が高かった．障害型冷害危険期の平均気温および出穂後40日間の日平均積算気温が最も高かった1999年と2000年では，未熟粒歩合が高く整粒歩合が2003年に次いで低かった．地域間では，空知中北部は整粒歩合が最も高く玄米白度が高く千粒重が重かった．檜山南部と渡島では出穂後40日間の日平均積算気温が最も高く，玄米白度が高く精米白度が最も高かった．

　すなわち，整粒歩合は不稔歩合が低く未熟粒歩合が低いほど高かった（表22-5）．さらに，整粒歩合が高いほど蛋白質含有率が低く，千粒重が重く多収であった．玄米白度が高いほど精米白度は高くなり，両白度は障害型冷害危険

第22章 北海道におけるうるち米の外観品質とその変動要因

表 22-4 年次別と地域別の米粒外観品質および農業形質，生育期の気温

年次または地域	整粒歩合(%)	未熟粒歩合(%)	玄米白度	精米白度	千粒重(g)	精米蛋白質含有率(%)	出穂期(7月1日=1)	不稔歩合(%)	玄米収量(kg/10a)	冷害危険期の気温(℃)	登熟気温(℃)
1999	70.3	<u>24.4</u>	19.8	37.9	<u>23.4</u>	7.4	29.4	8.3	535	<u>22.1</u>	<u>925</u>
2000	74.6	22.4	19.7	38.2	23.3	<u>7.2</u>	29.4	4.8	552	<u>22.1</u>	891
2001	81.2	10.4	18.1	37.2	23.2	7.4	31.6	14.0	525	20.2	777
2002	80.1	10.2	17.4	36.4	22.2	7.7	33.9	18.1	472	20.4	<u>753</u>
2003	<u>57.7</u>	14.1	<u>17.2</u>	<u>35.4</u>	<u>21.5</u>	<u>8.4</u>	<u>37.2</u>	<u>32.5</u>	<u>345</u>	<u>18.7</u>	<u>753</u>
2004	76.8	12.0	19.0	38.4	23.2	7.3	<u>28.8</u>	<u>7.4</u>	545	21.4	823
2005	<u>82.7</u>	<u>9.0</u>	<u>20.1</u>	<u>38.8</u>	23.0	7.5	31.6	8.6	<u>573</u>	20.8	863
2006	82.1	9.3	19.5	38.2	<u>23.4</u>	<u>7.2</u>	37.0	9.8	560	21.3	865
上川北部	71.6	17.1	<u>18.2</u>	37.5	23.0	7.6	30.8	14.8	522	20.2	787
上川中部	79.4	11.5	19.1	37.8	23.4	7.3	27.6	11.4	<u>580</u>	20.3	811
上川南部	74.2	13.9	18.7	<u>36.9</u>	22.9	7.8	30.3	13.0	559	21.0	813
留萌	78.8	12.0	18.8	37.7	23.2	<u>7.1</u>	32.1	<u>8.3</u>	512	20.2	797
空知北部	76.4	14.2	18.7	37.5	23.4	7.5	<u>26.9</u>	10.7	575	20.4	815
空知中北部	<u>79.5</u>	12.4	19.3	37.7	<u>23.7</u>	7.3	27.4	<u>8.3</u>	550	<u>20.1</u>	812
空知中南部	75.8	14.8	18.9	37.3	23.0	7.8	32.3	9.9	554	20.8	815
空知南部	72.4	15.4	18.5	37.3	22.6	7.6	33.3	13.0	476	20.5	812
石狩	<u>71.4</u>	15.4	18.3	37.0	23.2	<u>8.0</u>	33.9	13.4	539	20.5	801
後志	73.6	15.0	18.9	37.6	22.4	<u>7.1</u>	33.1	13.6	504	20.7	808
日高	77.1	13.8	18.8	37.5	22.6	7.3	36.4	<u>16.5</u>	486	20.3	776
胆振	74.6	14.5	18.8	37.3	22.4	7.4	<u>37.7</u>	15.5	<u>430</u>	20.8	<u>769</u>
檜山北部	79.2	<u>11.1</u>	18.8	37.2	<u>22.3</u>	7.8	34.6	14.5	496	20.6	810
檜山南部	76.1	11.5	<u>19.6</u>	38.5	22.6	7.7	33.7	14.3	446	<u>21.1</u>	<u>841</u>
渡島	74.5	<u>17.3</u>	19.0	<u>38.6</u>	22.7	7.5	34.6	15.7	501	20.6	821

年次は15地域，地域は8ヶ年の平均．ただし2006年は14地域，檜山南部は7ヶ年．整粒と未熟粒は静岡製機社製品質判定機RS1000で測定．未熟粒は白未熟粒と青未熟粒からなる．整粒と未熟粒の他に被害粒，死米，着色粒，胴割粒および砕粒に分類．白度はケット科学研究所社製白度計C-300による．冷害危険期の気温は，障害型冷害危険期に該当する出穂前24日以降30日間の平均気温．登熟気温は出穂後40日間の日平均積算気温．供試品種は「きらら397」．米粒外観品質に関する特性は北海道米麦改良協会北海道米食味分析センターによる分析で，千粒重など農業特性は北海道農業改良普及センターによる．表中の数字に付した下線は最小値，二重下線は最大値．試験方法については丹野（2010）を参照．

期の平均気温と出穂後40日間の日平均積算気温が高いほど，不稔歩合が低く整粒歩合が高く精米蛋白含有率が低いほど，さらに千粒重が重く多収であるほど高くなった．そのため，両白度を向上させるには低蛋白米の生産技術が有効であると考えられた（古原ら2002，丹野2012）．一方，未熟粒歩合は出穂後40日間の日平均積算気温と830℃で最低となる二次曲線の関係が認められた（図22-2）．

354　第Ⅳ部　外観品質・食味の改善技術

表22-5　年次別と地域別における米粒外観品質と農業形質，生育期の気温との間の相関係数

項目（データ数）形質	未熟粒歩合	玄米白度	精米白度	千粒重	精米蛋白質含有率	不稔歩合	玄米収量	冷害危険期の気温	登熟気温
年次（n=8）									
整粒歩合	-0.478	0.391	0.635	0.628	-0.764	-0.660	0.798	0.435	0.166
未熟粒歩合		0.319	0.076	0.211	-0.085	-0.240	0.025	0.498	0.602
玄米白度			0.922	0.807	-0.735	-0.844	0.827	0.819	0.933
精米白度				0.891	-0.878	-0.938	0.949	0.818	0.766
千粒重					-0.955	-0.936	0.938	0.861	0.751
蛋白質含有率						0.954	-0.961	-0.867	-0.648
地域（n=15）									
整粒歩合	-0.820	0.617	0.226	0.270	-0.405	-0.456	0.195	-0.262	0.127
未熟粒歩合		-0.613	-0.057	-0.130	0.181	0.373	-0.030	-0.030	-0.228
玄米白度			0.659	0.061	-0.291	-0.217	-0.137	0.307	0.529
精米白度				-0.017	-0.254	0.091	-0.258	0.112	0.488
千粒重					-0.117	-0.758	0.778	-0.556	0.163
蛋白質含有率						0.264	0.036	0.437	0.286
年次と地域込み（n=119）									
整粒歩合	-0.559	0.440	0.542	0.494	-0.609	-0.526	0.553	0.289	0.180
未熟粒歩合		0.119	-0.007	0.064	-0.016	-0.169	0.019	0.406	0.434
玄米白度			0.785	0.587	-0.578	-0.651	0.578	0.686	0.864
精米白度				0.580	-0.667	-0.697	0.621	0.632	0.640
千粒重					-0.614	-0.672	0.725	0.510	0.580
蛋白質含有率						0.751	-0.639	-0.564	-0.431

具体的データは表22-4を参照．蛋白質含有率は精米蛋白質含有率．冷害危険期の気温は，障害型冷害危険期に該当する出穂前24日以降30日間の平均気温．登熟気温は出穂後40日間の日平均積算気温．表中の相関係数の有意水準は以下のとおり．n=8（自由度6）では5％が0.707，1％が0.834，n=15（自由度13）では各0.514，0.641，n=119（自由度117）では各0.181，0.236．

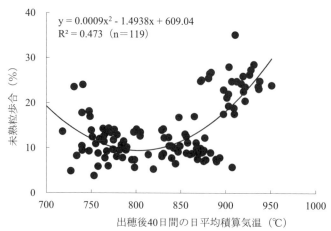

図22-2　出穂後40日間の日平均積算気温と未熟粒歩合との関係
データは表22-4参照．

$y = 0.0009x^2 - 1.4938x + 609.04$
$R^2 = 0.473$ （n=119）

第22章　北海道におけるうるち米の外観品質とその変動要因　355

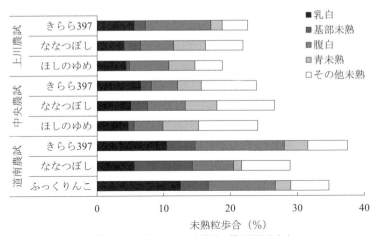

図 22-3　高温年における未熟粒の種類別発生歩合
2010年，北海道立総合研究機構上川・中央・道南農業試験場圃場の産米．2010年は登熟期間の気温が平年より高く，地域により登熟前半の7月下旬から8月上旬にかけ寡照となり，乳白粒や腹白粒が発生し外観品質が概して劣った（作況指数98，北海道立総合研究機構農業試験場・畜産試験場2011）．

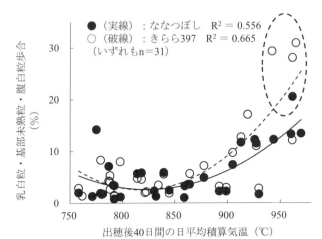

図 22-4　出穂後40日間の日平均積算気温と乳白粒・基部未熟粒・腹白粒歩合との関係
2006～2010年の北海道立総合研究機構上川・中央・道南農業試験場圃場および空知・渡島・檜山地域の現地試験のべ31試験産米．回帰曲線は，「ななつぼし」：$y = 0.0006x^2 - 1.0317x + 427.58$，「きらら397」：$y = 0.001x^2 - 1.6395x + 673.87$．破線の楕円は倒伏発生を示す．

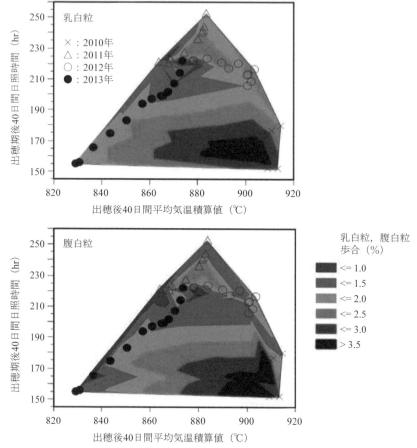

図 22-5　出穂後40日間の日平均積算気温と日照時間が乳白粒ならびに腹白粒の発生に及ぼす影響
五十嵐（2014）による．

3 白未熟粒の発生要因

(1) 気温と日照

　2010年の未熟粒を乳白粒，基部未熟粒，腹白粒，青未熟粒およびその他に分けたところ，乳白粒と腹白粒が多かった（図22-3）．さらに，2006～2010年の出穂後40日間の日平均積算気温と乳白粒，基部未熟粒および腹白粒の3種

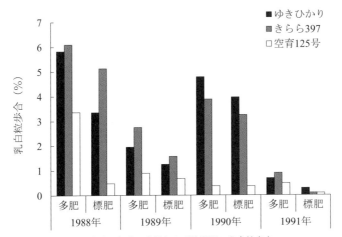

図 22-6 年次，品種および施肥別の乳白粒歩合
北海道立上川農業試験場での作況試験．北海道立中央農業試験場・上川農業試験場（1992）による．

の白未熟粒の合計発生歩合との関係をみたところ，820～860℃で最低となる 2 次回帰曲線の関係がみられた（図 22-4）．また，その中に倒伏の発生で大きく高まる事例もあった．一方，同積算気温が増加するにつれて出穂後 40 日間の日照時間も増加する場合には乳白粒と腹白粒の発生は少ないが，同日照時間が少ないいわゆる高温寡照では発生が多くなった（図 22-5；五十嵐 2014）．

（2）品種

乳白粒の発生率は，年次間および品種間で大きな差異がみられた．すなわち 1988～1991 年の 4 ヵ年では 1988，1990 年で多く，品種では「ゆきひかり」と「きらら 397」が「空育 125 号」よりも明らかに多かった（図 22-6；北海道立中央農業試験場・上川農業試験場 1992）．また，現在の作付け 4 品種では乳白粒・基部未熟粒・腹白粒歩合が「ななつぼし」よりも「ふっくりんこ」と「きらら 397」で高く，さらに「きたくりん」で最も高く，明かな品種間差異がみられた（表 22-6；北海道立総合研究機構中央農業試験場・道南農業試験場 2012）．乳白粒・腹白粒は一次枝梗よりも二次枝梗に多く発生することが認められており（図 22-7；五十嵐・古原 2008），今後，品種間における二次枝梗の多少と乳白粒・腹白粒歩合との関係を明らかにし，品種改良に活用する必要がある．

表 22-6 北海道の現在の作付け 4 品種における検査等級と乳白粒・基部未熟粒・腹白粒歩合

品種名	等級	乳白粒・基部未熟粒・腹白粒歩合（%）
きらら 397	2.6 ± 1.2	7.7 ± 8.0
ななつぼし	2.7 ± 1.1	5.5 ± 5.1
ふっくりんこ	3.2 ± 1.6	7.3 ± 7.1
きたくりん	3.2 ± 1.7	8.5 ± 7.4

検査等級は 1 上：1, 1 中：2, 1 下：3, 2 上：4～3 上：7～外：10 とした．2002～2011 年，農業試験場 2 場と現地 6 試験地における延べ 32 試験の平均±標準偏差．北海道立総合研究機構中央農業試験場・道南農業試験場（2012）のデータにより作表．

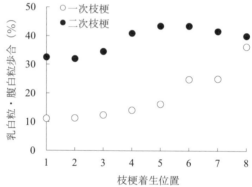

図 22-7 枝梗着生位置別の乳白粒・腹白粒歩合における一次枝梗と二次枝梗の比較
1995 年北海道立上川農業試験場圃場産の「きらら 397」を供試．枝梗着生位置は 1 が先端，8 が基部．五十嵐・古原（2008）による．

(3)「きらら 397」における発生要因の解析

　乳白粒と腹白粒が多発した 1990 年において，当時作付けが急速に拡大し始めた「きらら 397」でもこれら白未熟粒が多発生し 1 等米比率が低下して問題となり，その発生要因の解析が行われた（北海道空知支庁ら 1991，北海道立中央農業試験場・上川農業試験場 1992）．その結果では，出穂期以降の光合成の減少（止葉葉身の切除）により発生が多くなり，腹白粒よりも乳白粒・心白粒が多く，また出穂期に近いほど高かったが，登熟後期でも高まった（図 22-8）．

　施肥については，無窒素よりも標肥，標肥よりも多肥で乳白粒や腹白粒の発生が多く（図 22-6，22-8），成熟期の窒素吸収量と正の相関関係があった（図

第22章 北海道におけるうるち米の外観品質とその変動要因　359

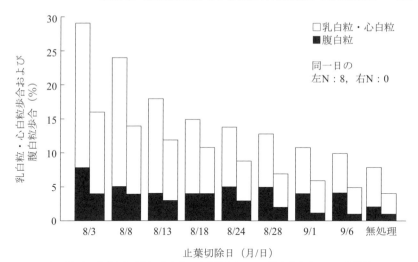

図 22-8　止葉切除時期が乳白粒・心白粒歩合および腹白粒歩合に及ぼす影響
同一切除日の左が標準施肥量窒素 8 kg/10 a，右は無窒素 0 kg/10 a．供試品種は「きらら397」で，出穂期は 8 月 3 日．1990 年，北海道立中央農業試験場稲作部での試験．北海道立中央農業試験場・上川農業試験場（1992）による．

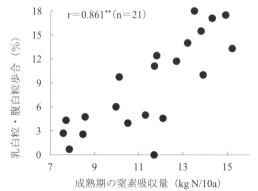

図 22-9　成熟期の窒素吸収量と乳白粒・腹白粒歩合との関係
供試品種は「きらら397」，1990 年空知地域の現地試験．北海道空知支庁ら（1991）による．

22-9)．すなわち，施肥窒素量が多く m^2 当たり籾数が多くなるほどその発生率が高くなり，同籾数 30,000 粒を超えるととくに高くなることが示され（図22-10），これを超えないように栽培することが必要とされた．

栽植密度と刈り取り時期については，中苗と成苗いずれも疎植での乳白粒・心白粒の発生率が高く，刈り取り時期の遅れにより高まった（図 22-11，22-

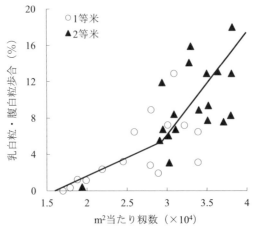

図 22-10 m² 当たり籾数と乳白粒・腹白粒歩合および検査等級との関係
供試品種は「きらら 397」，1990 年空知地域の現地試験．北海道空知支庁ら（1991）による．

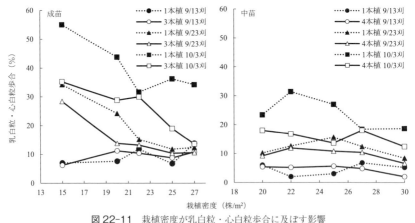

図 22-11 栽植密度が乳白粒・心白粒歩合に及ぼす影響
供試品種は「きらら 397」で，1990 年北海道立中央農業試験場稲作部での試験．出穂期は，成苗で 1 本植：7/28〜8/2，3 本植：7/28〜31，中苗で 1 本植：8/5〜8/9，4 本植：8/3〜8/6．粒厚は 1.80 mm 以上．なお，栽培基準では成苗が 2〜4 本/株，中苗が 4〜5 本/株．北海道立中央農業試験場・上川農業試験場（1992）による．

12)．このため，栽植密度の基準を守り適期刈り取りを行うことの重要性が明らかとなった．このことは，北海道では東北以南に比べ生育初期の気象が冷涼なため，初期の分げつ発生が劣り生育期間も短いため出穂揃いが劣り，遅発分げつを多く発生させる場合があるためである．そのため，とくに疎植栽培にお

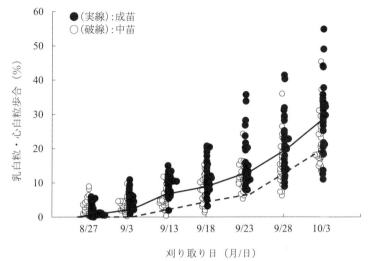

図22-12 刈り取り時期別の乳白粒・心白粒歩合の推移
供試品種は「きらら397」で, 1990年北海道立中央農業試験場稲作部での試験. 北海道立中央農業試験場・上川農業試験場 (1992) による.

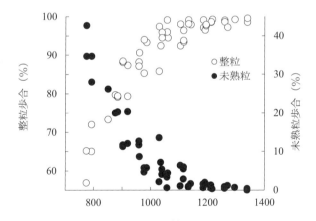

図22-13 出穂後日平均積算気温と整粒歩合および未熟粒歩合との関係
1998年, 北海道立上川農業試験場での試験. 供試品種は「きらら397」および「ほしのゆめ」. 五十嵐 (2011) による.

いて遅れ穂の粒が刈り取り適期を過ぎてから肥大化し, 適期刈りでは粒厚選別機で屑米となるものが遅刈りでは乳白粒などとして精玄米に入ってくる.

また, 苗種については成苗は中苗に比べ乳白粒・心白粒の発生率が高かった

表 22-7 分げつ期からの深水管理が収量と玄米品質に及ぼす影響

移植期 (月日)	苗種	水管理処理	玄米収量 (kg/10 a)	m² 当たり籾数 (×10³)	不稔歩合 (%)	登熟歩合 (%)	千粒重 (g)	検査 等級
早植 (5.16)	成苗	浅水	624	36.2	17.0	74.6	22.8	1.5
		深水 200	693	33.6	9.3	88.2	23.5	1.5
		深水 400	709	35.1	10.7	83.0	23.7	1.0
		深水 600	693	36.7	8.3	84.8	23.0	1.0
	中苗	浅水	605	32.6	11.2	83.3	22.2	2.0
		深水 200	660	32.6	9.4	82.6	22.9	1.0
		深水 400	699	37.1	9.0	83.0	23.0	1.5
		深水 600	638	35.3	7.0	86.6	22.6	1.5
標準植 (5.23)	成苗	浅水	566	37.3	10.1	79.4	22.5	2.0
		深水 200	677	35.9	6.5	79.0	23.2	1.5
		深水 400	631	30.7	7.8	85.1	23.3	2.5
		深水 600	595	30.6	4.8	87.0	23.1	1.5
	中苗	浅水	557	29.4	8.9	80.1	22.5	2.5
		深水 200	641	34.0	8.5	85.1	22.8	2.5
		深水 400	619	34.1	5.5	85.4	22.9	2.0
		深水 600	620	31.2	7.6	79.2	22.9	3.0
遅植 (5.30)	成苗	浅水	593	36.3	13.1	80.9	22.5	2.5
		深水 200	601	30.9	7.0	87.0	23.7	1.0
		深水 400	620	36.2	7.0	84.2	23.5	2.0
		深水 600	582	30.4	5.1	85.9	23.5	1.5
	中苗	浅水	571	34.8	13.1	74.8	22.1	2.0
		深水 200	557	31.4	8.4	88.5	22.7	1.5
		深水 400	575	33.1	7.0	86.8	22.8	1.5
		深水 600	595	30.4	8.2	83.2	22.6	2.0

供試品種は「きらら 397」．1991 年上川農業試験場圃場試験による．水管理の深水 200，400，600 は深水処理開始時期の分げつ数が概ねそれぞれ 200，400，600 本/m² であることを示し，同処理終了は止葉揃い期．同処理の深さは最上位葉の葉耳を目安にし，7～13 cm．検査等級は 1 等：1，2 上：2，2 中：3，2 下：4．なお，現在の深水管理開始の判断基準は m² 当たり茎数が 6 月 15 日で 300，20 日で 400，25 日で 575 および 30 日で 750 以上．北海道立中央農業試験場・上川農業試験場（1992）による．

試験結果（図 22-12）や，同じ「きらら 397」を供試しても乳白粒・腹白粒歩合にこれら苗種間で差異がみられないとする成績もあった（北海道空知支庁ら 1991）．さらに刈り取り時期と乳白粒などの発生との関係についても，刈り取りが遅くなるにともない未熟粒歩合が低下するとの成績もあり（図 22-13；五十嵐 2011），栽培条件で結果が異なると考えられる．

初期生育が良好な場合には，深水灌漑により後期の過剰分げつ発生を抑制することにより，登熟性を高め千粒重が重く多収となり，品質も向上する傾向があった（表 22-7）．それらは，深水灌漑により出穂後 10 日目の 1 穂当たり茎の乾物重が重くなることでもたらされた（北海道立中央農業試験場・上川農業

表 22-8　出穂後 2〜4 週の土壌水分ポテンシャル，精玄米収量および米粒品質

年次	出穂 2〜4 週の土壌水分ポテンシャル	精玄米収量 g/10 a	玄米白度	腹白歩合 (%)	精米蛋白含有率 (%)
1998	pF0.0	25.6	17.9	2.2	6.7
	pF2.1	25.0	17.9	2.3	6.0
	pF2.4	26.3	17.4	3.0	5.9
	pF2.7	24.7	17.9	3.5	5.7
	pF3.0	25.2	18.5	6.0	6.2
1999	pF0.0	23.5	18.5	2.5	7.2
	pF2.1	21.5	18.9	2.8	7.4
	pF2.4	22.4	18.7	7.0	7.1
	pF2.7	20.9	19.2	13.1	7.8
	pF3.0	18.8	19.8	13.5	7.8

北海道立上川農業試験場におけるポット試験．土壌の PF 値が高く乾燥するほど玄米白度が高いのは，腹白粒が発生した影響による．古原ら（2002）による．

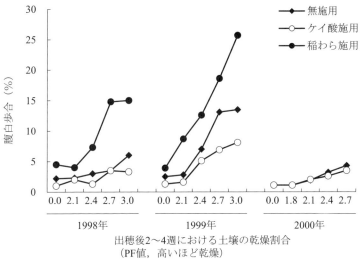

図 22-14　出穂後 2〜4 週の水分ストレス下における腹白歩合に及ぼすケイ酸および稲わら施用の影響
北海道立上川農業試験場におけるポット試験．古原ら（2002）による．

試験場 1992）．

(4) 登熟期の土壌水分と腹白粒の発生

圃場の登熟期の水管理について，登熟期間の土壌水分不足は，千粒重の低下による減収や腹白粒の増加による玄米品質の低下を生じさせ（表 22-8；古原ら 2002），とくにケイ酸が少ない場合に腹白粒の発生が顕著となった（図 22-

表 22-9 落水時期と収量・品質

落水時期	精玄米収量 kg/10 a	千粒重 g	玄米白度	精米蛋白質含有率 %
止葉期	412	21.0	19.0	6.5
出穂期	512	21.3	18.4	6.1
出穂後 1 週	584	21.7	18.2	6.2
慣行	586	21.6	18.2	6.2

1998〜2000 年の平均．慣行は出穂後 3 週目以降に落水．落水時期が早いほど玄米白度が高いのは，腹白発生による．古原ら（2002）による．

表 22-10 登熟期間の土壌水分状態（PF）が収量と品質に及ぼす影響

落水後登熟期間の土壌 PF	土 壌 観 察	与える影響	
		収 量	産米品質
2.5 以上	作土に深い大亀裂が生成，水稲根の切断が観察	×	×
2.4 程度	作土に幅 1 cm くらいの亀裂多数，足跡がつかない	▲	×
2.1〜2.3	表面に小亀裂生成，わずかに足跡がつく	○	○
2.1 以下	表面のみ乾燥，亀裂微，明瞭に足跡が残る	—	—

○：好適，▲：境界領域，×：不適．北海道立中央農業試験場・上川農業試験場（2001）による．

14）．早期の落水は土壌水分不足を生じさせ小粒化による減収や腹白粒の発生をもたらすことがあることから（表 22-9），適正な土壌水分を保持するように間断灌漑を行い落水時期に注意する（表 22-10；北海道立中央農業試験場・上川農業試験場 2001）．

4 色彩選別機の活用および 1 等米比率の向上

近年，大型のライスターミナルを中心に，色彩選別機の導入が進んだ（川村 2013）．すなわち，粒厚選別による調製後，さらに色彩選別機にかけ，青米など未熟粒や被害粒を除去できる．そのため，選別歩留は低下するが，確実に検査等級を上げ，1 等に調製できる．

このような作付品種の外観品質向上と栽培技術，およびとくに玄米調製技術の向上により北海道米の 1 等米比率はここ 40 年余りで大きく向上した（図 22-15）．近年の 20 年間では，冷害年であった 1993，2003 年および登熟期前半に低温寡照であった 1997 年の 3 ヶ年を除けば，概して全国平均を上回っている．

しかし，粒厚選別機の篩い目幅を広くして調製したり色彩選別機をさらにかけることは選別歩留を下げ，とくに色彩選別機の使用では追加の費用あるいは

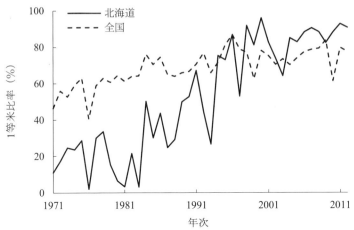

図 22-15 1971 年以降における北海道と全国の 1 等米比率の推移
北海道農政部生産振興局農産振興課編 (2013) による. 近年の北海道において, 1993, 2003 年は作況指数がそれぞれ40, 73 の冷害が発生し (北海道立農業試験場・畜産試験場1994, 2004), 1997 年は水稲登熟期前半の8月における低温寡照 (北海道立農業試験場・畜産試験場1998) により, 玄米品質が低下した.

労力を要し, 生産者の収入を低下させる. また, 精米白度と精米透明度が高ければ炊飯米が白くなり (木下 2013), 白くおいしくみえることは今後とも北海道米には販売上重要である. 以上のことから, さらなる米粒外観品質の品種改良および栽培技術の向上が北海道米の評価向上のために必要である.

とくに 1997 年にみられる登熟期前半の低温寡照による白未熟粒の発生 (図 22-15, 北海道立農業試験場・畜産試験場 1998) には, 栽培法による対応も困難であり, 品種での対応が望まれる. 例えば, 一次枝梗に着粒が多く二次枝梗の少ない穂を有することや弱勢穎花が少なく遅発分げつの発生が少ない特性があれば, 斉一に登熟し乳白粒発生が軽減されると思われる.

なお, 現在北海道で作付面積が最も多い「ななつぼし」(吉村ら 2002) や北海道道南地域で広く作付けされている「ふっくりんこ」(田中ら 2008) においては, 登熟初期の冷温に遭遇すると, 胴切粒 (くびれ米) の発生が「きらら 397」などの他の品種に比べ多い. その発生要因については本節で取り上げなかったので, 後藤・熊谷 (2009) を参照されたい.

参考文献

後藤英二・熊谷 聡 2009. 低温および遮光が寒地水稲品種「ななつぼし」の胴切粒

発生に及ぼす影響．日作紀 78：35-42.
北海道農政部生産振興局農産振興課編 2013．米に関する資料［生産・価格・需要］（平成 25 年 5 月版）北海道農政部発行．http://www.pref.hokkaido.lg.jp/ns/nsk/kome/all.pdf（2013/9/23 閲覧）
北海道立中央農業試験場・上川農業試験場 1992．北海道農業試験会議（成績会議）資料　平成 3 年度（1991），「きらら 397」の栽培特性．北海道立中央農業試験場稲作部圃場管理科・北海道立上川農業試験場水稲栽培科．pp. 1-59.
北海道立中央農業試験場・上川農業試験場 2001．北海道米の食味・白度の変動要因解析と高位安定化技術．北海道農政部農業改良課編，平成 13 年普及奨励ならびに指導参考．220-222.
北海道立農業試験場・畜産試験場 1994．平成 5 年　主要農作物作況．―北海道立農業・畜産試験場における―．北農 61（1）：77-107.
北海道立農業試験場・畜産試験場 1998．平成 9 年　主要農作物作況．―北海道立農業・畜産試験場における―．北農 65（1）：36-69.
北海道立農業試験場・畜産試験場 2004．平成 15 年　主要農作物作況．―北海道立農業・畜産試験場における―．北農 71（1）：17-53.
北海道立総合研究機構農業試験場・畜産試験場 2011．平成 22 年　主要農作物作況．―道総研農業・畜産試験場における―．北農 78（1）：59-88.
北海道立総合研究機構中央農業試験場・道南農業試験場 2012．北海道農業試験会議（成績会議）資料　平成 23 年度，水稲新品種候補「空育 172 号」北海道立総合研究機構中央農業試験場生産研究部　水田農業グループ・道南農業試験場研究部地域技術グループ．pp. 1-101.
北海道空知支庁・北海道立中央農業試験場・空知米麦改良協会 1991．乳白・腹白米大量発生年における現地実態調査とその対策．空知支庁農務課調査技術資料 5 号　北海道空知支庁・北海道立中央農業試験場岩見沢専技室・同稲作部・空知米麦改良協会．pp. 1-190.
ホクレン農業協同組合連合会 2011．北海道のお米．http://www.hokkaido-kome.gr.jp/pdf/2011_uruchi.pdf（2013/9/23 閲覧）.
五十嵐俊成・古原　洋 2008．「きらら 397」における登熟温度および枝梗着生位置がアミロース含有率に及ぼす影響．日作紀 77：142-150.
五十嵐俊成 2011．外観品質を左右する要因と向上対策．北海道・道総研農業研究本部・ホクレン農業協同組合連合会・社団法人北海道米麦改良協会編，北海道の米づくり［2011 年版］．社団法人北海道米麦改良協会．札幌．pp. 89-95.
五十嵐俊成 2014．高温年における米の「腹白」「乳白」などの発生について．農家の友 66（1）：41-43.
川村周三 2013．米の収穫後技術による品質食味の向上―籾の超低温貯蔵と玄米の精

選別―．米の外観品質・食味研究の最前線〔25〕．農及園 88（5）：562-570．
木下雅文 2013．北海道における新旧水稲品種の食味官能評価と理化学特性．北農 80（1）：10-18．
小葉田亨・植向直哉・稲村達也・加賀田恒 2004．子実への同化産物供給不足による高温下の乳白米発生．日作紀 73：315-322．
古原　洋・渡辺祐志・竹内晴信・田中英彦・丹野　久・五十嵐俊成・後藤英次・長谷川進・沼尾吉則 2002．北海道米の食味・白度の変動要因解析と高位安定化技術．北農 69（1）：17-25．
今野　周・今田孝弘・中山芳明・宮野　斉・三浦　浩・高取　寛・早坂　剛 1991．登熟期の環境要因及び生育条件が水稲の登熟，収量及び品質に及ぼす影響．山形農試研報 25：7-22．
森田　敏 2008．イネの高温登熟障害の克服に向けて．日作紀 77：1-12．
高田　聖・坂田雅正・亀島雅史・山本由徳・宮崎　彰 2010a．高温登熟条件下で発生する水稲品種の白未熟粒割合と基肥窒素施肥量との関係．日作紀 79：150-157．
高田　聖・坂田雅正・亀島雅史・山本由徳・宮崎　彰 2010b．高知県の水稲早期栽培用品種における白未熟粒割合の年次，地域間差に関与する要因の解析．日作紀 79：205-212．
田中一生・尾崎洋人・越智弘明・品田裕二・沼尾吉則・宗形信也・萩原誠司・前田博・佐々木忠雄・本間　昭・吉村　徹・太田早苗・鴻坂扶美子 2008．水稲新品種「ふっくりんこ」の育成．北海道立農試集報 92：1-12．
丹野　久 2010．寒地のうるち米における精米蛋白質含有率とアミロース含有率の年次間と地域間の差異およびその発生要因．日作紀 79：16-25．
丹野　久 2012．北海道における良食味低蛋白米の生産技術．米の外観品質・食味研究の最前線〔16〕．農及園 87（2）：233-249．
田代　亨・江幡守衛 1975．腹白米に関する研究　第 3 報　登熟期の環境条件が腹白米発現におよぼす影響．日作紀 44：86-92．
月森　弘 2005．島根県における高温のイネ生産への影響と技術的対策．日作紀 74：80-82．
若松謙一・田中明男・上薗一郎・佐々木修 2006．水稲の暖地早期栽培における登熟期間の遮光処理が収量，品質，食味に及ぼす影響．日作九支報 72：19-21．
若松謙一・佐々木修・上薗一郎・田中明男 2007．暖地水稲の登熟期間の高温が玄米品質に及ぼす影響．日作紀 76：71-78．
安原宏宣・月森　弘 2002．窒素施用量が水稲「コシヒカリ」の乳白粒発生に及ぼす影響．日作中国支部集報 43：14-15．
吉村　徹・相川宗嚴 1998a．北海道における水稲新旧品種の食味関連特性の比較　第 1 報　米の品質・白度の比較．北農 65（3）：266-272．

吉村　徹・相川宗巖 1998b. 北海道における水稲新旧品種の食味関連特性の比較　第2報　理化学特性値の比較. 北農 65（3）: 273-279.
吉村　徹・丹野　久・菅原圭一・宗形信也・田縁勝洋・相川宗巖・菊地治己・佐藤　毅・前田　博・本間　昭・田中一生・佐々木忠雄・太田早苗・鴻坂扶美子 2002. 水稲新品種「ななつぼし」の育成. 北海道立農試集報 83: 1-10.

第23章
分げつの発生制御による高品質・良食味米安定生産技術

金　和裕

　近年，高品質・良食味米に対する消費者の嗜好や米流通市場の需要が高まり，各県では独自品種の育成や栽培技術の開発を進めている．秋田県では，1984年に良食味品種として「あきたこまち」を育成したが，高品質と良食味を同時に可能とする安定生産技術は未確立であった．そこで，2000年から分げつの発生次位・節位に着目した新たな高品質・良食味米安定生産技術の確立に取り組んだ．ここでは，その技術の概要について紹介する．

　試験は，「あきたこまち」を供試品種とし，移植時葉齢4.3～4.5葉の中苗移植栽培で，栽植密度は21.2株/m^2，1株植付け本数は平均4本で実施した．安定生産の目標収量は秋田県の目標収量である5.7 t/haとし，品質については整粒歩合を，食味については米のタンパク質含有率を指標とした．

　本項では，不完全葉を第1葉とする．分げつの呼称は，主茎をM，第n葉の基部から発生する分げつを第n節からの分げつ，主茎の第n節から発生する1次分げつをT_n，そしてT_nから発生したすべての2次分げつをT_n'とする．

① 高品質・良食味米安定生産に適した分げつの次位・節位

　これまで，分げつの発生数や穂への有効化率（穂数÷分げつ数×100）は発生次位・節位で異なること（星川1975），穂重（山本・池内1990，丹野1992），整粒歩合（錦ら1987），玄米窒素濃度（丹野・飯島1991）や精米のタンパク質含有率（Matsueら1996）は主茎や次位・節位別分げつの着生粒で異なることが知られている．しかし，これらの報告はいずれも分げつの発生数，穂への有効化率，穂重，整粒歩合，タンパク質含有率を単独で考察したものが多く，相互の関係を総合的に検討し，高品質・良食味米安定生産に適した分げ

表 23-1　各主稈葉齢における次位・節位別分げつの発生率（金ら 2005 改変）

試験年次	主稈葉齢	T3	T4	T5	T6	T7	T8	T4'	T5'	T6'
2001	5.1- 6.0									
	6.1- 7.0	33	90	11						
	7.1- 8.0	67	10	78						
	8.1- 9.0			11	90			20		
	9.1-10.0				10	100		40	50	
	10.1-11.0						100	40	50	
2002	5.1- 6.0									
	6.1- 7.0		29							
	7.1- 8.0		71	88						
	8.1- 9.0			12	100					
	9.1-10.0					100		67	83	
	10.1-11.0						100	33	17	100

分げつの発生率（%）＝各葉齢における次位・節位別分げつ発生数÷次位・節位別分げつ発生総数×100.

つの次位・節位を示した報告は無い．

　水稲の収量は，穂数と 1 穂精玄米重の積で求められ，穂数は分げつの発生頻度（分げつの発生数÷調査個体数×100）と穂への有効化率により決定される．したがって，安定収量を確保するためには，気象変動にかかわらず分げつの発生頻度と穂への有効化率が安定して高く，1 穂精玄米重が重い次位・節位の分げつを主体に穂数を確保することが重要である．

　そこで，はじめに安定生産の視点から分げつの次位・節位と分げつの発生時期，発生頻度，穂への有効化率との関係およびそれらの年次・地域変動を検討した．次に，主茎および分げつの次位・節位の違いが着生粒の精玄米重，整粒歩合，精米タンパク質含有率に及ぼす影響について検討し，高整粒歩合と低タンパク質，安定収量を得られる分げつの次位・節位について検討した．

　中苗移植栽培において，5 月 10 日～5 月 23 日移植では出穂期は 7 月 31～8 月 11 日で，穂揃い時の主稈葉齢は 13.2～14.4 葉であった．分げつは原則として同伸葉理論（片山 1951）に従い主稈第 n 葉伸展期間中に $T_{(n-3)}$ が発生し，主として 1 次分げつは T_3～T_8，2 次分げつは T_4'～T_6' が発生する（表 23-1）．M および T_4～T_7（以下強勢茎）はそれ以外の分げつ（以下弱勢茎）に比べて安定して分げつの発生頻度や穂への有効化率が高く 1 穂精玄米重が重い（図 23-1，23-2，表 23-2）．また，強勢茎により確保できる穂数は 424 本/m^2 で目標収量を得るために必要な穂数は確保できる．さらに，強勢茎は弱勢茎に比べ着生粒の整粒歩合が高く，精米タンパク質含有率が低い傾向にある（表 23-

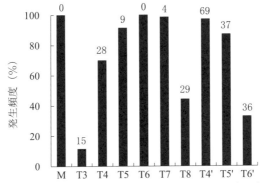

図 23-1 次位・節位別分げつの発生頻度（2001〜2002 年，金ら 2005 改変）

図中の数字は標準偏差を示す．発生頻度＝分げつの発生数÷調査個体数×100．試験は県北部，県中央部，県南部の 3 ヶ所で実施．

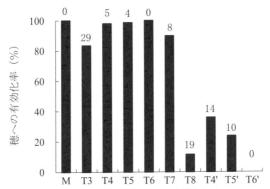

図 23-2 次位・節位別分げつの穂への有効化率（2001〜2002 年，金ら 2005 改変）

図中の数字は標準偏差を示す．穂への有効化率＝穂数÷分げつ数×100．試験は県北部，県中央部，県南部の 3 ヶ所で実施．

2)．以上のことから強勢茎は高品質・良食味米安定生産に適していることを明らかにした（金ら 2005）．

2 群落における分げつの光合成環境と穂重

　群落において，同一日射量では単位面積当たりの穎花数が多いほど登熟歩合は低い傾向にある（和田 1969）．しかし，同一株内の主茎や次位・節位別分げつ間ではこの関係は成立せず，強勢茎は弱勢茎に比べ 1 穂籾数が多いにもかか

表 23-2 次位・節位別分げつの1穂精玄米重，整粒歩合，精米タンパク質含有率（2002年，金ら 2005 改変）．

次位節位	1穂精玄米重 g	整粒歩合 %	精米タンパク質含有率 %
M	1.90 ± 0.13 a	85.9 ± 5.7 a	5.69 ± 0.28 c
T4	1.46 ± 0.10 ab	82.7 ± 5.6 a	5.96 ± 0.35 bc
T5	1.60 ± 0.13 ab	86.2 ± 5.9 a	5.87 ± 0.35 bc
T6	1.55 ± 0.07 ab	87.0 ± 2.8 a	6.20 ± 0.33 abc
T7	1.21 ± 0.04 bc	87.9 ± 4.7 a	6.56 ± 0.30 a
T4'	0.89 ± 0.45 c	55.7 ± 32.5 b	6.38 ± 0.60 ab
T5'	0.93 ± 0.26 c	79.7 ± 2.2 ab	6.60 ± 0.44 a
F 検定	**	*	**

表中の数値は平均値±標準偏差．アルファベットの違いは，LSD1% 水準で有意差があることを示す．
表中の * は 5% 水準で，** は 1% 水準で有意差のあることを示す．
精玄米は粒厚 1.9 mm 以上の玄米．

表 23-3 次位・節位別分げつの1穂籾数，精玄米歩合，精玄米千粒重（2002 年，金ら 2005 改変）．

次位節位	1穂籾数 粒	精玄米歩合 %	精玄米千粒重 g
M	88.5 ± 5.4 a	90.8 ± 1.7	23.6 ± 0.7
T4	68.3 ± 6.1 bc	91.4 ± 2.6	23.6 ± 0.7
T5	75.4 ± 5.8 ab	90.0 ± 2.3	23.5 ± 0.5
T6	73.4 ± 2.7 b	90.4 ± 2.3	23.4 ± 0.6
T7	56.7 ± 1.8 cd	91.9 ± 2.5	23.1 ± 0.6
T4'	43.6 ± 14.8 de	83.8 ± 14.8	21.7 ± 1.9
T5'	38.6 ± 4.1 e	90.1 ± 5.6	22.6 ± 0.7
F 検定	**	N.S.	N.S.

表中の数値は平均値±標準偏差．アルファベットの違いは，LSD1% 水準で有意差があることを示す．
表中の ** は 1% 水準で有意差のあることを示す．
表中の N.S. は有意差の無いことを示す．
精玄米は粒厚 1.9 mm 以上の玄米．
精玄米歩合＝精玄米粒数÷総籾数×100．

わらず，精玄米歩合（精玄米粒数÷総籾数×100）や精玄米千粒重が低下しないことから1穂精玄米重が重い（表 23-2，23-3）．そこで，群落における主茎や次位・節位別分げつの光合成環境に着目しこの要因について検討した．

出穂後の群落における主茎や各分げつの光合成量は，葉身，葉鞘および穂など光合成器官の光合成量の総和である．しかし，水稲では葉身以外の葉鞘や穂は，光合成機能を有するものの葉身に比べ光合成能力は低い（津野ら 1975）．したがって，出穂後の群落における主茎や各分げつの光合成量は着生する葉身

の光合成量の総和と考えることができる．各葉身の受光量は，群落内部の葉身の相互遮蔽によって群落上層で高く下層で低いことが知られており（田中 1972），群落における光合成量は葉面積の垂直分布により大きな影響を受ける．また，葉身の光合成速度は葉面積当たりの葉身窒素量と正の相関が高いことが報告されている（Makino 2003）．

そこで，群落における主茎や次位・節位別分げつの葉面積および葉面積あたりの葉身窒素量の垂直分布を検討した．その結果，1穂精玄米重の重い強勢茎は，弱勢茎に比べ穂揃期以降の群落空間において相対照度が高い群落上層に葉面積当たりの窒素量の多い葉身が多く分布することを明らかにした（金ら 2006）．これらの結果から，主茎や次位・節位別分げつにおける穂重の違いは，出穂期以降の群落空間における各茎の葉面積および葉面積あたりの葉身窒素量の垂直分布が異なることが要因と考えられた．

❸ 有効茎歩合の違いが収量，品質，食味に及ぼす影響

中苗移植栽培では，T_8やT_n'は強勢茎に比べ穂への有効化率が低い（図23-2）．強勢茎を主体に穂数を確保する場合，T_8やT_n'の発生数の多少により有効茎歩合が変動することが想定される．

これまで，茎数の制限によって有効茎歩合を高めることにより穂長と穂重（三本ら 1971），籾数（三本ら 1971，大江・恵木 1997）が増加することが報告されている．また，分げつ発生期間の深水処理によって弱小分げつの発生を抑制し有効茎歩合を向上させることで収量が高まることが報告されている（錦ら 1987，古谷ら 1991，大江・三本 2002）．しかし，有効茎歩合の違いが水稲の収量や品質・食味に及ぼす影響について総合的に考察した報告はない．

三浦ら（2005）は，「あきたこまち」の中苗移植栽培において穂の次位・節位構成が同一である群落における有効茎歩合の違いが収量，品質，食味に及ぼす影響について検討した．その結果，有効茎歩合が高い水稲は1穂の精玄米重が重く，整粒歩合が高く，玄米タンパク質含有率が低い傾向にあることを明らかにした（表 23-4）．

これらのことから，高品質・良食味米の安定生産において強勢茎を主体に穂数を確保することに加え有効茎歩合を高めることが重要であると考えられた．

表 23-4 有効茎歩合が次位・節位別分げつの収量,品質,食味成分に及ぼす影響(三浦ら 2005 改変).

有効茎歩合 %	次位節位	程長 cm	1穂精玄米重 g	1穂籾数 粒	精玄米歩合 %	精玄米千粒重 g	整粒歩合 %	精玄米タンパク質含有率 %
99	M	75.3	1.49	88	76.4	22.2	86.3	6.7
	T4	72.7	1.33	78	77.2	22.1	86.5	6.9
	T5	71.9	1.34	77	79.4	21.9	86.5	7.2
	T6	71.0	1.17	69	77.5	21.9	81.3	7.8
	T7	68.6	1.10	63	82.4	21.2	84.3	8.1
81	M	78.0	1.18	78	70.2	21.6	81.0	7.0
	T4	77.3	0.92	66	65.0	21.4	80.5	7.6
	T5	75.5	1.02	69	72.4	20.4	82.3	7.5
	T6	74.6	0.97	67	70.6	20.5	80.8	7.7
	T7	70.1	0.67	49	68.7	19.9	78.8	8.6

精玄米は粒厚 1.9 mm 以上の玄米.
精玄米歩合＝精玄米粒数÷総籾数×100.

④ 分げつ発生次位・節位理論による高品質・良食味米安定生産マニュアル

　主茎や分げつの次位・節位の違いによって着生粒の精玄米重,整粒歩合,タンパク質含有率が異なることに着目した新たな高品質・良食味米生産マニュアル(図 23-3)を作成し,高品質・良食味米安定生産技術のポイントとして稲作指導指針に採用した(注：秋田県農林水産部 2014．平成 26 年度稲作指導指針．32-33)．

　新たな栽培マニュアルは,地域の気象や土壌などの環境要因の違いに応じて T_4 の発生促進技術と T_8 や T_n' の発生抑制技術を選択し組み合わせることによって強勢茎主体に穂数を確保するとともに有効茎歩合を高め,幼穂形成期の栄養診断により目標収量を得るために必要な籾数を確保し,登熟期間の水管理等により登熟を促進し確保した籾を充分に太らせ,適期刈り取りにより品質低下を防止することによって高品質・良食味米の安定生産を可能とするものである(金 2007)．以下にその内容を紹介する．

(1) 強勢茎主体に穂数を確保するとともに有効茎歩合を高める技術

　秋田県における標準的な中苗移植栽培では,1 箱当たり乾籾で 100 g 播種し 4.1〜4.5 葉で移植する．この場合,T_1 は発生せず,T_2 は発生時期が育苗期間

第23章 分げつの発生制御による高品質・良食味米安定生産技術

1. 強勢茎主体の穂数確保と有効茎歩合の向上
   T_4 の発生促進技術とT_8 およびT_n'の発生抑制技術を，各地域の土壌や気象環境の違いにより組み合わせる．

T_4の発生促進技術	T_8およびT_n'の発生抑制技術
・基本技術 　　健苗の育成 　　適期田植え 　　植付深（2-3cm） ・側条施肥	・中干し（9.5葉期以降7〜10日間） ・深水処理（9.5〜10.5葉期，水深15cm） ・密植（24.2株 m^{-2}） ・育苗箱全量施肥

2. 幼穂形成期の栄養診断による適正な籾数の確保

3. 登熟期間の栽培管理による品質低下の防止
   ・登熟期間の適切な水管理による登熟の促進
   ・適期刈り取りによる品質低下の防止

図 23-3 分げつの発生制御による高品質・良食味安定生産マニュアル　金（2007）を改変．

中にあたるが播種密度が過密なことからほとんど発生は見られない．また，T_3 は本来主稈葉齢5.1〜6.0葉の期間に発生するが，移植後の植え痛み等により発生頻度は低く，発生したとしてもその時期は遅れて主稈葉齢6.1葉期以降に発生する（表23-1，図23-1）．そして強勢茎の中で，T_4 は苗質や移植後の活着の条件等により発生が変動しやすいがT_5，T_6，T_7 は発生頻度や穂への有効化率が安定して高い（図23-1，23-2）．T_8 は主として主稈葉齢10.1葉以降に，T_n' は 9.1 葉以降に発生するが（表23-1），T_8 や T_n' は地域や年次によって発生頻度が大きく変動し穂への有効化率が低い（図23-1，23-2）．このため，T_8 や T_n' の発生頻度が高い場合に有効茎歩合が低下する．

これらのことから，強勢茎主体に穂数を確保するとともに有効茎歩合を高めるためには，地域の気象や土壌などの環境要因の違いに応じて T_4 の発生促進技術と T_8 や T_n' の発生抑制技術を選択し組み合わせることが重要となる．

① T_4 の発生促進技術

a. 基本技術（健苗の育成，適期田植え，植付深 2-3 cm）

田植え後の活着が遅延するほど分げつの発生節位が上昇する（山本 1991）

ことから、健苗の育成、適期田植えは活着を促進し T_4 の発生を促進する技術として有効である。また、田植え時に苗を深植えすると T_4 の発生が抑制されるので植付深は2～3 cm とする。これらは、T_4 の発生を促進させるための基本技術として常に実施する。

b. 側条施肥

肥料を稲株に沿って横2～3 cm、深さ3～4 cm の位置に作条施用する側条施肥は、初期茎数の確保が容易であり（大山 1985、結城ら 1988、金田ら 1989）下位節位からの分げつ発生が多いことが知られている（結城ら 1988、柴田ら 2005a）。このため、中苗の移植栽培において側条施肥は T_4 の発生促進技術として有効である。

② T_8 や T_n' の発生抑制技術

a. 中干し

土壌水分の低下が分げつ発生を抑制することは古くから知られている（植田 1935、関谷 1952）。これまで、有効茎確保後の分げつ発生抑制は主として中干しによって行われ、目標穂数と同数の茎数を確保した時期を中干し開始の目安としていた。この時期は1次分げつの発生に加え同時に2次分げつが発生するため日々茎数が増加し、中干しの開始時期の判断が難しい。さらに、発生した分げつの次位・節位を考慮せず茎数という量的指標で中干しの開始時期を判断しているため、T_8 や T_n' が発生した後で中干しを開始する場合があり、穂数に占める強勢茎の比率や有効茎歩合が低下することが懸念される。そこで、中干しは主稈葉齢を開始適期の判断基準とし、T_7 の発生が確認できる9.5葉期から開始し7～10日間で終了する。現在、有効積算気温を用いた主稈葉齢予測モデルが開発されている（神田ら 2000）。今後は、各圃場で葉齢調査を実施しなくても、アメダスの気象データから主稈葉齢の推定が可能となり、より簡易に中干しの開始適期が判断できるものと期待される。

b. 深水処理

分げつ発生期間の深水処理によって分げつ発生が抑制されることが報告されている（酒井 1949、荒井・宮原 1956、錦ら 1987、古谷ら 1991、大江ら 1994、菅井ら 1999）。秋田県に広く分布する強グライ土水田は、地下水位が高く排水が不良である。また、中干しを開始する主稈葉齢9.5葉の時期は梅雨と重なる。このため、強グライ土水田では降雨により中干しが充分に実施できず分げつの発生が抑制できない場合がある。このような圃場では、分げつ発生抑

制技術として深水処理が適している（古谷ら1991）．主稈葉齢9.5〜10.5葉の期間の深水処理は，水深15 cmで処理することによりT_8やT_n'の発生を抑制することができる（佐藤ら2004）ことから，T_8やT_n'の発生抑制技術として有効である．

c. 密植栽培

栽植密度を増すことによって，高次分げつの発生が抑制されることが知られている（佐藤・清水1958）．このため，栽植密度21.2株/m^2の慣行栽培に比べ24.2株/m^2の密植栽培はT_n'の発生抑制技術として有効である．

d. 育苗箱全量施肥

育苗箱全量施肥栽培は，慣行栽培に比べ有効茎歩合が高いことが知られている（佐藤・渋谷1991，熊谷ら1999，金木ら2000）．また，育苗箱全量施肥栽培は密植栽培と組み合わせることによってT_n'の発生数が少ない（三浦ら2009）．これらのことから，育苗箱全量施肥はT_n'の発生抑制技術として有効である．

(2) 幼穂形成期の栄養診断による適正な籾数の確保

整粒歩合はm^2当たり籾数と負の相関関係にあること（神保ら1982），米粒中の窒素含有率はm^2当たり籾数が多いほど高まること（北田ら1995）が知られている．このため，過剰に籾数をつけることで品質・食味が低下することが考えられる．

「あきたこまち」において，目標収量を5.7 t/haとした場合に必要なm^2当たり籾数は30.3〜31.5千粒m^2である（注：秋田県農林水産部2014．平成26年度稲作指導指針．72）．また，宮川ら（1998）は，幼穂形成期の栄養診断値（草丈×m^2当たり茎数×葉緑素計値）とm^2当たり籾数の間には高い正の相関関係が認められ，作成した幼穂形成期の栄養診断図に基づく追肥の対応でm^2当たり籾数が制御できることを報告している．

これらのことから，「あきたこまち」で高品質・良食味米を安定生産するためには，幼穂形成期の栄養診断（注：秋田県農林水産部2014．平成26年度稲作指導指針．70-73）に基づき，穂肥（窒素追肥）を施用することにより目標とする籾数を確保し，籾数の過剰による整粒歩合の低下や精玄米タンパク質含有率の上昇を防止することが重要である．

(3) 登熟期間の水管理等による登熟の促進と適期刈り取りによる品質低下の防止

登熟期間の水管理は，稲体の健全性を維持し，登熟の促進，品質向上を図るため，出穂期間は湛水，その後は間断灌水とし，落水は出穂後30日以降とする．また，「あきたこまち」は，出穂後の積算気温で950℃以前に刈り取ると青未熟粒の混入割合が多く，1100℃以降で刈り取ると胴割れ粒の混入割合が多くなり（児玉ら 1993）整粒歩合が低下することから出穂後の積算気温 950～1050℃で刈り取ることが重要である（注：秋田県農林水産部 2014. 平成 26 年度稲作指導指針．74-75）．

このマニュアルについて，次の2つの栽培技術で実証試験を行った．

1つは，深水移植栽培である．佐藤ら（2004）は，T_3以下の低節位分げつとT_8や$T_n{}'$の発生抑制のため主稈葉齢で移植～6.0葉と9.5～10.5葉の期間深水処理することにより慣行栽培に比べ収量と整粒歩合は向上し玄米タンパク質含有率は低下することを実証した．

もう1つは，密植による育苗箱全量施肥栽培である．三浦ら（2009）は，育苗箱全量施肥は慣行栽培に比べT_4と$T_n{}'$の発生が少ないこと，24.2株/m^{2}の密植と組み合わせることでT_5からT_7の強勢茎を主体に目標収量を得るために充分な穂数が確保でき有効茎歩合が向上すること，収量は同等であるが整粒歩合は向上し精玄米タンパク質含有率は低下することを実証した．

5 残された課題

これまで，中苗移植栽培の他に3.1～3.3葉で移植する稚苗移植栽培（柴田ら 2005b）や直播栽培（若松ら 2006）において強勢茎が明らかにされている．今後は，様々な品種や栽培法について強勢茎を明らかにし高品質・良食味米安定生産技術を確立する必要がある．

秋田県では，高品質・良食味米を安定生産するために，このマニュアルで紹介した技術の他に，圃場の排水・透水性の改良，耕起深の確保，地力の増強などの土づくりの重要性を指摘している（注：秋田県農林水産部 2014. 平成 26 年度稲作指導指針．34-42）．これらは，根を健全に保ち根域を深く拡大させ，生育途中の急激な葉色低下や生育の停滞を防ぎ，登熟後半まで根の養水分吸収能力や光合成能力を高く持続させるための技術である．近年，米価の下落や米

生産者の高齢化が進み，充分な土づくりを実施できない圃場が見られる．

一方，米生産を取り巻く環境はTPP交渉参加や国の米政策の転換などで大きく変わろうとしている．今後は，さらなる省力・低コスト化を図るため基盤整備により30a，1ha規模の大区画圃場が増えることが予想される．大区画圃場では，大型重量農機走行のため耕盤が固く締められるとともに透水性がいっそう不良となることから水稲の根域が作土層に制限される．このため，高温や低温，干ばつなどの異常気象によって品質，食味，収量が低下することが懸念される．

本節で紹介した栽培マニュアルは，土づくりがされている土壌基盤を前提として成立するものである．このため，今後はこれまで以上に米生産者に土づくりの重要性を喚起していくとともに大区画圃場において大型農機が走行できる耕盤を維持しつつ作土層下に根を伸長させる技術を早急に確立する必要がある．

参考文献

荒井正雄・宮原益次 1956. 水稲の本田初期深水灌漑による雑草防除の研究．第1報：雑草の群落構造及び雑草量に及ぼす影響．第2報：水稲の生育収量に及ぼす影響．日作紀 24：163-165.

古谷勝司・椛木信幸・児嶋清 1991. 水稲栽培における生育中期の水管理が生育・収量に及ぼす影響—深水管理を中心にして—. 北陸農試報 33：29-53.

星川清親 1975. 解剖図説 イネの生長．農文協．東京．pp. 167-177.

神保恵志郎・芳賀静雄・吉田富雄・板垣賢一・吉田 浩・原田康信・東海林覚 1982. 水稲生育中期における窒素栄養と生育診断，予測に関する研究．山形農試研報 16：79-90.

神田英司・鳥越洋一・小林 隆 2000. 水稲における葉の形成過程を考慮した主稈葉齢予測モデル．日作紀 69：540-546.

金木亮一・久馬一剛・白岩立彦・泉 泰弘 2000. 無代かきおよび育苗箱全量施肥栽培水田における水稲の生育，収量，食味と窒素，リンの収支．土肥誌 71：689-694.

金田吉弘・児玉 徹・長野間宏 1989. 八郎潟干拓地の輪換水田における側条施肥の効果．土肥誌 60：172-174.

片山 佃 1951. 稲・麦の分蘖研究—稲麦の分蘖秩序に関する研究—. 養賢堂．東京．

北田敬宇・塩口直樹・森正克英 1995. システム施肥法による良食味米・高位安定生産 生育・栄養診断基準の策定．土肥誌 66：107-115.

児玉 徹・宮川英雄・伊藤征樹 1993. 登熟期の積算気温が米の窒素・アミロース及

び無機成分の集積様式に及ぼす影響と刈取り適期の判定．東北農業研究 46：49-50.

金　和裕・金田吉弘・柴田　智・佐藤　馨・三浦恒子・佐藤　敦 2005．中苗あきたこまちの高品質・良食味米安定生産に適した分げつの次位・節位．日作紀 74：149-155.

金　和裕・金田吉弘・柴田　智・佐藤　馨・三浦恒子・佐藤　敦 2006．水稲群落における次位・節位別分げつの1穂精玄米重と葉面積および葉面積あたりの葉身窒素量の垂直分布との関係．日作紀 75：191-196.

金　和裕 2007．分げつの発生次位・節位理論による高品質・良食味米安定生産技術の確立に関する研究．秋田農試研報 47：1-60.

熊谷勝巳・今野陽一・黒田　潤・上野正夫 1999．水稲の育苗箱全量施肥法．山形農試研報 33：29-42.

Makino, A. 2003. Rubisco and nitrogen relationships in rice: Leaf photosynthesis and plant growth. Soil Sci. Plant Nutr. 49: 319-327.

Matsue, Y., T. Ogata and K. Odahara 1996. Differrences in protein contents and amylose contents of tillers within a hill in rice plant. 2nd International Crop Science Congress Abstract: 33.

三本弘乗・山崎季好・小田桐竹吉 1971．生育調節のための水稲の分げつ切除が，その後の生育に及ぼす影響．日作東北支報 13：26-27.

三浦恒子・金　和裕・佐藤　馨・柴田　智 2005．あきたこまちにおける有効茎歩合の向上が玄米の品質・食味に及ぼす影響．日作東北支部報 48：39-41.

三浦恒子・金　和裕・佐藤馨・柴田　智・金田吉弘 2009．育苗箱全量施肥栽培による水稲あきたこまちの分げつ発生の特徴と高品質・良食味米安定生産の実証．日作紀 78：43-49.

宮川英雄・児玉徹・佐藤福男・村上章・加納英子 1998．良食味米生産のための水稲簡易生育診断及び土壌窒素無機化予測を組み入れた水稲生育栄養診断システム．秋田農試研報 39：1-35.

錦斗美夫・長谷川愿・芳賀静雄・神保惠志郎 1987．水稲生育相に及ぼす深水管理の影響．山形農試研報 22：31-54.

大江真道・後藤雄佐・星川清親 1994．深水処理が水稲分げつの出現に及ぼす影響．日作紀 63：576-581.

大江真道・恵木真紀子 1997．無効分げつの出現抑制が水稲の生長と群落構造に及ぼす影響．日作紀 66（別2）：19-20.

大江真道・三本弘乗 2002．水稲の生育制御を目的とした深水処理適期の検討．日作紀 71：335-342.

大山信雄 1985．東北地方の水稲栽培における側条施肥法．土肥誌 56：343-346.

酒井寛一 1949. 稲の冷害と深水灌漑. 農及園 24：405-408.
佐藤　馨・金　和裕・三浦恒子 2004. 深水処理時期が水稲の玄米蛋白質含有率および品質に及ぼす影響. 日作東北支部報 47：51-53.
佐藤　孝・清水清隆 1958. 栽植密度が水稲の分蘖構成に及ぼす影響. 日作紀 27：179-181.
佐藤徳雄・渋谷暁一 1991. 全量床土施肥による水稲の省力施肥栽培について. 日作東北支部報 34：15-16.
関谷福司 1952. 水稲幼作物の分蘖原基及び分蘖芽に関する研究. （第 3 報）土壌水分が分蘖原基及び分蘖芽の発育に及ぼす影響 予報. 日作紀 21：20-21.
柴田　智・金　和裕・佐藤　馨・三浦恒子 2005a. 側条施肥があきたこまちの分げつ発生におよぼす影響と分げつ別着生粒の評価. 東北農業研究 58：33-34.
柴田　智・金　和裕・佐藤　馨・三浦恒子 2005b. 稚苗あきたこまちの分げつ発生の特徴と次位・節位別分げつ着生粒の解析. 日作紀東北支部報 48：85-86.
菅井恵介・後藤雄佐・斉藤満保・西山岩男 1999. 段階的な水位上昇処理が水稲の茎数増加に及ぼす影響. 日作紀 68：390-395.
田中孝幸 1972. 水稲の光─同化曲線に関する作物学的研究─特に受光態勢制御との関係─. 農技研報 A19：1-100.
丹野文雄・飯島正光 1991. 水稲の栄養診断と予測技術に関する研究. 第 6 報　粒厚および分げつ別の玄米への窒素集積特性と玄米窒素濃度の予測法. 福島農試研報 30：1-10.
丹野文雄 1992a. 水稲の栄養診断と予測技術に関する研究. 第 7 報　コシヒカリ，ササニシキの分げつの子実生産能力と養分吸収特性. 福島農試研報 31：1-8.
津野幸人・佐藤　亭・宮本広志・原田典正 1975. 作物体各部位における CO_2 収支に関する研究. 第 2 報　水稲の葉鞘および穂の光合成速度. 日作紀 44：287-292.
植田宰輔 1935. 水田状態並びに土壌水分を異にする畑状態に於ける水稲生育の比較観察　第二報　本田期における観察. 日作紀 7：19-38.
和田源七 1969. 水稲収量成立におよぼす窒素栄養の影響. とくに出穂期以後の窒素の重要性について. 農技研報 A16：27-167.
若松一幸・三浦恒子・金　和裕 2006. 直播水稲の分げつ発生と次位・節位別分げつ着生粒の特性. 日作紀東北支部報 49：43-45.
山本由徳・池内浩樹 1990. 水稲の主稈における節位別分げつの子実生産力. 第 1 報　分げつ出現節数と出現節位の影響. 日作紀 59：8-18.
山本由徳 1991. 水稲の移植における植傷みとその意義に関する研究. 高知大農紀要 54：1-167.
結城和博・渡辺幸一郎・小南力・田中伸幸・上野正夫・梅津敏彦・中山芳明・田中順一・渡辺　昭 1988. 山形県における水稲の側条施肥技術. 山形農試研報 23：17-

45.

第24章
高温登熟条件下における増収，品質向上対策
—登熟期間中の水管理と玄米仕上げ水分 および玄米形状の視点から—

松江勇次

　現在，登熟期間中の異常高温に起因する収量，外観品質および食味の低下という高温登熟障害が深刻な問題になっているなかで，高温登熟障害の回避に向けた栽培管理技術の構築が急務となっている．また，米の国際競争力を高める視点から，さらなる米の生産コスト削減が謳われているなかでは，増収を念頭においた良質米生産技術の開発を急ぐ必要がある．

　健全な米づくりとは品質向上と収量性とが両立していることであり，決して食味を含めた品質向上は収量性と相反するものではない．ここではこうした考えに立って，高温登熟条件下における増収と品質向上のための登熟期間中の水管理と玄米仕上げ水分および玄米形状について述べる．

1 水稲におけるデンプン合成

　水稲におけるデンプン合成の過程は図24-1の左側に示したように，葉上で光エネルギーを受けて二酸化炭素と水から炭水化物（糖）を合成し，糖の形で稈を通って籾内に運ばれる．その後，籾内に運ばれた糖はデンプン合成酵素によってデンプンに合成される．つまり水稲におけるデンプン合成は，主として籾内で行われているということである．このデンプン合成に対して，穂温（籾温度）はデンプン合成酵素の活性度や酵素活性遺伝子の発現量に，籾含水率はデンプン合成に必要なエネルギーを供給している籾の呼吸量の大きさに大きく影響を及ぼしている．

　高温登熟障害とは，言い換えれば穂温の上昇と籾含水率の低下による，登熟中断（デンプン合成の中断）に起因する収量と品質の低下という現象である（図24-1の右側）．

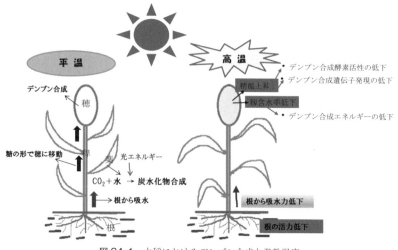

図24-1　水稲におけるデンプン合成と登熟温度

2 登熟期間中の最適な水管理

　増収と品質向上のためには，登熟期の光合成能力を高めて，登熟歩合を向上させることがキーポイントである．そのためには，登熟期間中の水管理が極めて大切であり，根を還元状態におかないことと，地温の上昇を制御することによって根の活力低下を防ぐことである．要するに根からの吸水を活発にすることによって，穂温の上昇を抑え，デンプン合成酵素の活性を高めて籾内のデンプン合成を促進させてデンプン蓄積量を増加させることが肝要である．また，根からの吸水を活発にさせることは，籾含水率の低下に起因する籾の呼吸量の低下を防ぎ，デンプン合成に必要なエネルギーを供給し続けることでもある．

　ここでは実際の水田圃場（熊本県阿蘇市）において，飽水管理（pF値1.0未満），間断灌水（3～4日おき灌水，pF値1.3～1.8）および常時湛水（5 cm程度）処理の比較検討の結果から，増収と品質向上のための登熟期間中の最適な水管理（出穂期から25日間）について述べる．

(1) 水管理の違いが地温と株の出液速度に及ぼす影響

　水管理の違いと根の活力に影響を及ぼしている地温（地下5 cm）との関係

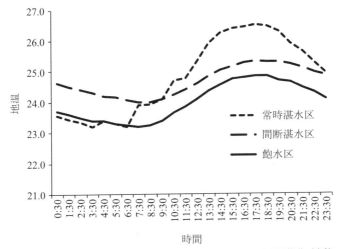

図 24-2 登熟期間中における圃場水管理別，地温の1日の時間的推移（出穂後10日）
2015 年産コシヒカリ．

表 24-1 登熟期間中の水管理と1穂当り出液速度（g/hr/穂）

水管理	出穂期	出穂後 20 日	出穂後 20 日の低下程度＊
常時湛水区	0.351 b	0.166 a	0.185 b
間断灌水区	0.302 ab	0.158 a	0.144 ab
飽水管理区	0.277 a	0.214 b	0.063 a

2015 年産コシヒカリ．
＊出穂後 20 日の低下程度は，出穂期と出穂期後 20 日との差を示す．
Tukey-Kramer 法の多重比較検定により，異文字間には 5％ 水準で有意差あり．

について，出穂後10日における1日当たり地温の時間的推移をみると，14：30〜19：30の間，常時湛水の地温は26℃以上にも達していたにもかかわらず，飽水管理は常時湛水に比べて2℃も低く推移し，間断灌水に比べて1℃低く推移している（図24-2）．飽水管理で地温が低くなる要因としては，土壌表面の水分蒸発によって土壌中の気化熱が奪われるためと考える．次に根の活性度を示す株の出液速度（森田・阿部1999）と水管理の違いとの関係をみると，出穂期においては水管理の違いによる大きな差は認められなかったが，出穂期20日後における出液速度の低下程度には大きな差が認められ，飽水管理では，登熟期間中における根の活力の低下程度が小さいことがわかる（表24-1）．株の出液速度は図24-3に示したように，稲株の地上部を地表から約10 cm 上で切断し，切口に脱脂綿3 g 程度を密着させ，その上をラップで覆

図 24-3　株の出液速度測定
左：株切断時の状態，右：株切り口に脱脂綿を密着．

表 24-2　登熟期間中の水管理と収量および収量構成要素

水 管 理	m^2 当たり穂数（本）	1穂籾数（粒）	m^2 当たり籾数（×100粒）	登熟歩合（％）	千粒重（g）	精玄米重（gm^{-2}）	対常時湛水区比率（％）
常時湛水区	333 a	71.5 a	238 a	56.9 a	21.4 a	292 a	100
間断灌水区	311 a	73.3 a	228 a	64.1 ab	21.6 a	316 ab	108
飽水管理区	311 a	72.8 a	226 a	70.4 b	22.0 a	341 b	117

2015年産コシヒカリ．
Tukey-Kramer 法の多重比較検定により，異文字間には5％水準で有意差あり．

い，切口からでる出液を脱脂綿に吸着させて，1時間後における綿の重量の増加から出液量を求めたものである．

（2）水管理の違いが収量，外観品質および食味に及ぼす影響

　飽水管理では，間断灌水，常時湛水に比べて，m^2 当たり籾数，千粒重は同程度であるものの，登熟歩合が優れることから，収量は明らかに優れる（表24-2）．外観品質の指標となる整粒重歩合においても優れ，玄米の粒厚が厚くなることによって玄米タンパク質含有率が低くなり，食感の指標形質となるテンシプレッシャーの H/-H 比は優れる（表24-3）．飽水管理で生産された炊飯米の食味は，外観，味，香りは間断灌水，常時湛水と同程度であったが，粘りが強くなり，硬さが柔らかいことから優れている（表24-4）．

表 24-3　登熟期間中の水管理と整粒重歩合，平均玄米粒厚，理化学的特性

水 管 理	整粒重歩合（％）	平均玄米粒厚（mm）	タンパク質含有率（％）	H/-H 比
常時湛水区	63.0 a	2.02 a	7.81 b	4.23 ab
間断灌水区	70.2 b	2.03 a	7.32 b	5.39 c
飽水管理区	81.1 c	2.05 b	6.75 a	4.04 a

Tukey-Kramer 法の多重比較検定により，異文字間には 5％ 水準で有意差あり．

表 24-4　登熟期間中の水管理と食味評価

	食 味 評 価					
	総合	外観	味	香り	粘り	硬さ
常時湛水区	−0.31 a	−0.23 a	−0.12 a	−0.08 a	−0.16 a	0.58 b
間断灌漑区	−0.08 ab	−0.04 a	−0.15 a	0.00 a	0.08 ab	0.23 a
飽水管理区	0.20 b	0.08 a	0.08 a	0.12 a	0.20 b	0.08 a

基準米：2015 年福岡県産ヒノヒカリ．
Tukey-Kramer 法の多重比較検定により，異文字間には 5％ 水準で有意差あり．

このように，高温登熟条件下においては，登熟期間中は飽水管理を実施することによって，地温の上昇が制御されるとともに，根の活力低下が軽減される．その結果，収量は根の健全化に起因する登熟歩合の向上によって増収するとともに，外観品質，食味も優れる．

③ 広域における産米の食味と玄米仕上げ水分および玄米形状との関係

ここでは広域における大規模稲作農業生産法人から収集した 2014 年産コシヒカリ籾サンプル 33 点を用いて，外観品質と食味向上の視点から食味と玄米仕上げ水分および玄米形状との関係を解析した結果について述べる．なお，ここで供試した玄米の粒厚はすべて 1.85 mm 以上である．

(1) 食味と収穫乾燥調整後の玄米水分との関係

両形質の間には玄米水分 14.5％ 付近を頂点とした 2 次曲線の関係が認められ，玄米水分が 13.5％ 以下になると食味は劣り，特に 12.5％ 以下では著しく粘りが弱く，硬さが柔らかくなって食味は劣る（図 24-4）．よって玄米水分は単なる水ではなく，味の要素の一つであるという認識と意識が必要である．さらに，玄米水分 13.5％ 以下と 13.6％ 以上の玄米 2 水準による，農業生産法人の違いが食味に及ぼす影響と玄米水分の違いによる食味の差を比較検討する

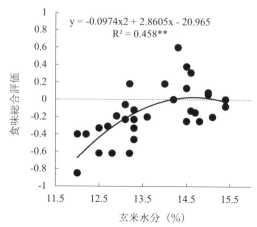

図24-4 玄米水分と食味総合評価との関係（コシヒカリ）
基準米：福岡県産ヒノヒカリ．**：1％水準で有意性があることを示す．

表24-5 玄米水分2水準の農業法人3社における食味に関する分散分析．

要　因	自由度	平均平方	F値
全　体	27		
農業生産法人（L）	2	0.343	7.98**
玄米水分（G）	1	0.511	11.90**
L×G	2	0.096	2.24^{ns}
誤差変動	22	0.042	

**：1％水準で有意差あり．
ns：有意差なし．
品種：コシヒカリ．

と，平均平方値が玄米水分間で大きいことから，広域においては食味に及ぼす影響は玄米水分の違いによる方が大きいことがわかる（表24-5）．

(2) 食味と整粒重歩合，玄米形状との関係

食味と外観品質の指標である整粒重歩合（1等米は整粒重歩合が70％以上）との間には，正の相関関係が認められ，整粒重歩合が60％以下になると食味の低下が認められる（図24-5）．玄米形状との関係についてみると，玄米の長さと幅と食味との間にそれぞれ有意な関係は認められないが，平均玄米粒厚との間には正の相関関係が認められ，平均玄米粒厚が2.04 mm以下になると食味は劣る傾向にある（図24-6）．このため，登熟歩合の向上に努め，整粒重歩合の増加と粒厚の厚い玄米生産を図ることが大切である．

第24章　高温登熟条件下における増収，品質向上対策　389

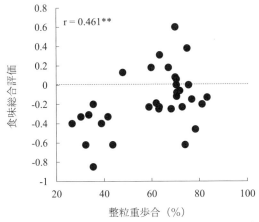

図24-5　食味総合評価と整粒重歩合との関係（コシヒカリ）
基準米：福岡県産ヒノヒカリ．＊＊：1%水準で有意性があることを示す．

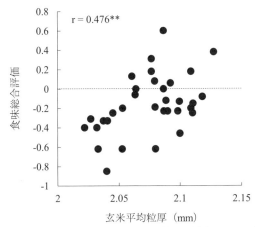

図24-6　食味総合評価と玄米平均粒厚との関係（コシヒカリ）
基準米：福岡県産ヒノヒカリ．＊＊：1%水準で有意性があることを示す．

今後は国産米競争力の向上が求められているなかで，大規模稲作経営における米生産コストの低減を前提とした，安定した良質良食味米生産を図っていくうえでは，品種にあった収穫適期の刈取りの励行と乾燥調製が極めて大切である．

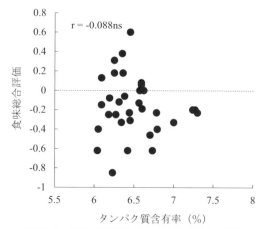

図24-7 食味総合評価とタンパク質含有率との関係
基準米:福岡県産ヒノヒカリ. ＊＊:1％水準で有意性があることを示す.

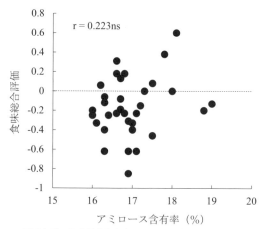

図24-8 食味総合評価とアミロース含有率との関係
基準米:福岡県産ヒノヒカリ. ＊＊:1％水準で有意性があることを示す.

(3) 食味と理化学的特性との関係

　食味とタンパク質含有率(図24-7)とアミロース含有率(図24-8)との間には,一般的に認められている有意な負の相関関係は認められない.この理由としては供試した玄米のタンパク質含有率の範囲が6.0〜7.3％,アミロース含有率の範囲が17.0から17.3％と両形質とも概ね食味からみた適性値の範囲内

図 24-9 テンシプレッシャー（タケモト電機）

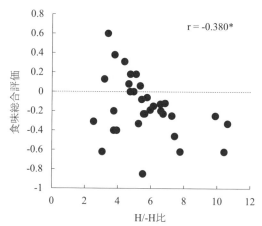

図 24-10 食味総合評価と H/-H 比との関係
基準米：福岡県産ヒノヒカリ．＊：5% 水準で有意性があることを示す．

であったためと考える．炊飯米の食感を表すテンシプレッシャー（図 24-9）のH（硬さ）/-H（粘り）比と食味との関係をみると，両形質間には負の相関関係が認められ，H/-H 比が小さいほど食味は優れる（図 24-10）．さらに，食味に対する玄米水分，タンパク質含有率，アミロース含有率および H/-H 比の影響度をみるために，これら形質の標準偏回帰係数を表 24-6 に示した．絶対値

表 24-6 食味総合評価に対する玄米水分，タンパク質含有率，アミロース含有率，H/-H 比の標準偏回帰係数．

玄米水分	タンパク質含有率	アミロース含有率	H/-H 比
0.596**	−0.045^{ns}	−0.010^{ns}	−0.356*

n=33．2014年産コシヒカリ．
**，*：1%，5% 水準で有意差があることを示す．
ns：有意性がないことを示す．

は玄米水分と H/-H 比とが大きいことから，前著（松江 2012）で述べたように，広域における産米の食味評価には，玄米仕上げ水分と H/-H 比が大きく影響を与えていることがわかる．このため，食味に対する高位安定生産を実施していくうえで，この両形質にはさらなる注意を払っていく必要がある．一方，タンパク質含有率とアミロース含有率は，広域における産米の食味評価を判断するためには有効な指標ではないことから，取扱いには留意する必要がある．

おわりに，健全な稲体を育て，充実の良い米粒（粒厚の厚い玄米）の生産を前提に収量性の向上を見据えた，収量，外観品質，食味がともに優れる良食味米生産技術の開発をさらに進めるべきである．

参考文献

松江勇次 2012．作物生産からみた米の食味学．養賢堂，東京．pp. 1-141.
松江勇次 2016．第 7 章 稲作栽培技術の革新方向．南石晃明・長命洋佑・松江勇次編著，TTP 時代の稲作経営革新とスマート農業．養賢堂，東京．pp. 124-128.
森田茂紀・阿部 淳 1999．出液速度の測定・評価方法．根の研究 8：117-119.

第25章
米の収穫後技術による品質・食味の向上

川村周三

　米の品質（食味）は品種，栽培環境（土壌や気象），栽培管理技術，収穫後技術などの多くの要因によって決まる．米の生産と品質の研究に携わる多くの人たちによる品種改良や技術改良などの研究成果により，我が国の米の品質は年々向上している．とくに筆者が専門とする米の収穫後の技術は，ここ十数年来の技術発展がめざましく，高品質米の生産に大きく貢献している．

　ここで述べる米の収穫後技術の内容は，大別すると次の4項目となる．①籾の自動品質検査システム，②貯蔵のための籾の精選別，③自然の寒さを利用した籾の超低温貯蔵，④粒厚選別と色彩選別を併用した玄米の精選別である．

1 米の共同乾燥調製貯蔵施設における籾荷受から玄米出荷まで

　図25-1に，米の共同乾燥調製貯蔵施設（共乾施設，カントリーエレベータ）における籾荷受から玄米出荷までの流れの概略を示す．この中で，籾の自動品質検査，籾の精選別，籾貯蔵，玄米の色彩選別などの工程において，品質と食味向上のための新しい収穫後技術が実用化されている．

　図25-2に北海道上川郡鷹栖町に建設されたカントリーエレベータ（上川ライスターミナル）の写真を示す．この施設は1996年に建設され（1期工事，写真の左半分，籾貯蔵能力5,000 t），1999年にさらに増設され現在の規模となる（2期工事，写真の右半分，籾貯蔵能力5,000 t）．この施設の籾の荷受口は12口で，25 t/hの能力の荷受ラインが6系列あり，計画籾処理量は生籾が約7,700 t，乾燥籾が4,100 tである．この施設は，近赤外分析計と可視光分析計（組成分析計）とを組合わせた籾の自動品質検査システム，循環型乾燥機（90 t×4基，60 t×6基，20 t×2基），比重選別機を中心とした籾精選別システ

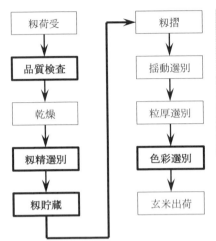

図25-2 米の共同乾燥調製貯蔵施設（カントリーエレベータ）
北海道上川ライスターミナル，計画籾処理量：11,800 t，籾貯蔵能力：10,000 t．

図25-1 米の共同乾燥調製貯蔵施設（カントリーエレベータ）における籾荷受から玄米出荷までの流れ

ム，超低温貯蔵が可能な籾貯蔵サイロ 10,000 t（417 t サイロ×12基，500 t サイロ×10基），玄米色彩選別機（合計560チャンネル）を備えている．この施設は我が国では最大規模のカントリーエレベータの一つである．

2 籾の自動品質検査システム

　米の共乾施設における品質測定は，従来は荷受時や乾燥工程中および出荷時の水分測定が中心である．また，自主検査のために乾燥した籾の籾摺歩留や整粒割合の測定，および肉眼による玄米の外観品質判定なども行われている．
　近年，可視光や近赤外光を利用した米の非破壊品質測定技術により，玄米の整粒割合，水分やタンパク質を短時間で簡単に測定することが可能となっている．そこで可視光を利用した玄米の組成分析計（可視光分析計，穀粒判別器とも呼ばれる）と近赤外光を利用した成分分析計を組み合わせた自動品質検査システムを開発している．
　図25-3に籾の自動品質検査システムの流れを，図25-4にその実用例の写真を示す．例えば，荷受時に計量機の後で自動的に採取した籾はインペラ式籾摺機で玄米とし，粒厚選別機を経た後に可視光分析計（組成分析計）と近赤外分析計にそれぞれ送り，整粒割合と水分含量及びタンパク質含量を測定する．試

第 25 章　米の収穫後技術による品質・食味の向上　　395

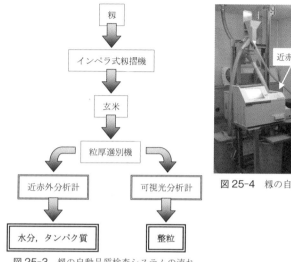

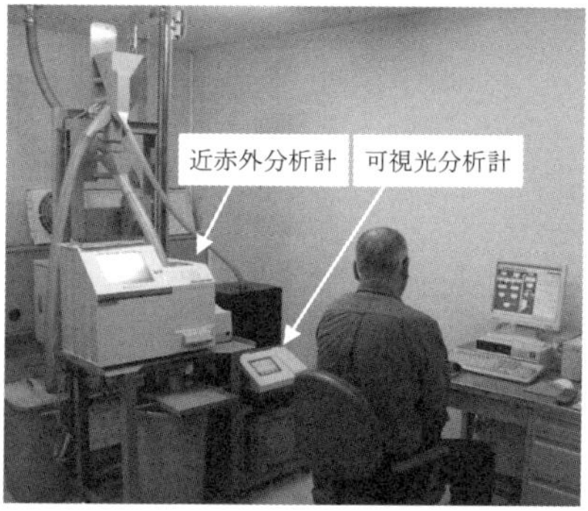

図 25-4　籾の自動品質検査システムの一例

図 25-3　籾の自動品質検査システムの流れ

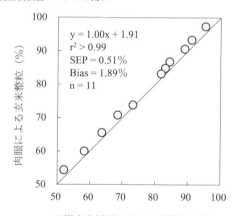

図 25-5　可視光分析計（組成分析計，穀粒判別器）による玄米整粒の測定精度

　料の搬送と測定はコンピュータで自動的に管理され，試料採取から 5 分程度で結果が表示される．なお，高水分生籾の場合はインペラ式籾摺機後の玄米に肌ずれが発生するため，整粒割合は測定できない．
　可視光分析計で整粒割合を測定した時の精度を図 25-5 に，近赤外分析計で水分とタンパク質を測定した時の精度を図 25-6 と 25-7 に示す．タンパク質

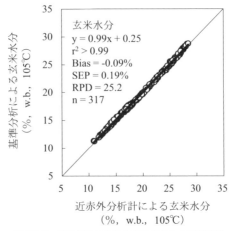

図 25-6　近赤外分析計による玄米水分の測定精度

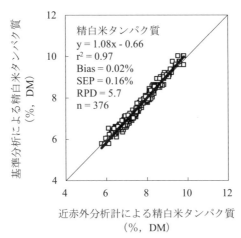

図 25-7　近赤外分析計による精白米タンパク質の測定精度
玄米を近赤外分析計で測定し精白米タンパク質を推定する.

は，玄米を近赤外分析計で測定し，精白米タンパク質を推定した時の精度である．いずれの測定においても，回帰式はほぼ $y=x$ であり，決定係数（r^2）は"1"に近く，測定の標準誤差（Standard Error of Prediction: SEP）とバイアスは"0"に近く，RPD（Ratio of SEP to SD: y（基準分析）の標準偏差（Standard deviation（SD））と SEP との比（SD/SEP））が大きく，これらは高い測定精度であることを示している．

この品質検査システムは，共乾施設では，下見検査システムまたは自主検査システムとも呼ばれ，荷受籾の品質検査や乾燥籾（出荷玄米）の品質検査に用いられている．荷受籾の品質検査は荷受トラック1台ごとにおこなわれ，品質ごとに仕分けして（タンパク質含量と整粒割合で区分）その後の乾燥工程などがおこなわれる．

品質区分はタンパク質で3区分（精白米タンパク質含量で6.8%以下，6.9～7.9%，8.0%以上），整粒で2区分（玄米整粒割合で80%以上，70～79%）の組合せで区分する．この品質区分は，生産者から荷受した籾に品質による価格差（プレミアム：奨励金）を付けることにも利用されている．

共乾施設で荷受時に測定した品質情報を生産者にフィードバックし，これを営農指導に役立てるシステムが整備されつつある．荷受時の米のタンパク質は同一地域の同一品種であっても大きなばらつきがある．このタンパク質のばらつきは，水田ごとの土壌の違いと生産者ごとの栽培管理技術の違いによるところが大きい．水田の稲のタンパク質情報，および荷受単位（荷受トラック）ごとの米の整粒割合やタンパク質情報と各水田の土壌情報，生産者の栽培管理情報および気象情報をデータベース化し蓄積することにより，これらの情報を高品質米の生産に利用することが可能となる．

❸ 貯蔵のための籾の精選別

(1) 籾貯蔵と籾精選別

現在，日本の米の貯蔵は玄米貯蔵が主流である．ところが，玄米貯蔵より籾貯蔵のほうが高品質保持が可能であるため，近年は籾貯蔵をおこなう共同乾燥調製貯蔵施設（カントリーエレベータ）が少しずつ増加してきている．共乾施設で籾貯蔵を行う場合，籾の中に夾雑物（藁などの異物）やしいな，未熟粒が多く含まれると，容積重が減少して貯蔵サイロの容積効率が低下する．さらに，貯蔵前の籾の品質が悪いと貯蔵中の品質劣化が促進される可能性が高い．

また共乾施設では，籾の荷受重量と自主検査の結果（水分，良玄米歩留，整粒，タンパク質など）から貯蔵後の籾摺歩留と品質を推定し，生産者に支払う米代金を決定するシステム（仮払いシステム）を採用している．仮払いシステムでは，貯蔵後の実際の籾摺歩留が自主検査による推定値より低い場合には，生産者から米代金の一部を回収しなければならなくなる．そこで，この代金回

収を避けるためにあらかじめ籾摺歩留の推定値を低く設定すると，共乾施設に対する生産者からの信頼が失われ，共乾施設の利用率が低下する恐れがある．したがって，貯蔵籾の品質劣化抑制および共乾施設の円滑な運営のために，貯蔵前に籾の精選別をおこない品質と籾摺歩留を向上させることが重要である．

従来から我が国では籾の仕上乾燥後に直ちに籾摺して玄米貯蔵をおこなうことが主流であるため，籾の精選別の実績がない．そこで，とくに貯蔵する籾の品質向上を目的に籾の精選別システムを開発している．ここでは北海道のカントリーエレベータで普及が進んでいる籾の精選別システムを紹介する．

(2) 貯蔵のための籾精選別システム

図25-8に籾精選別システムの流れを示す．この籾精選別システムは比重選別機を中心とし，風力選別機とインデントシリンダ型選別機で構成される．

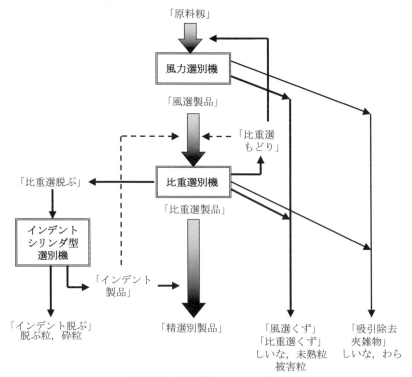

図25-8 籾精選別システムの流れ

先ず「原料籾」を風力選別機に投入し，しいなと異物（わらなどの夾雑物）を除去する．次に「風選製品」を比重選別機に投入し，しいな，未熟粒，被害粒を除去し，「比重選製品」の整粒割合を増加させる．籾の中には脱ぷ粒が混在している．脱ぷ粒は，収穫や乾燥中に籾殻が除去され玄米となった米粒であり，肌ずれがひどく脂肪酸度が高く，非常に品質が悪い米粒であり，貯蔵する籾から除去する必要がある．そこで，従来の比重選別機の選別口（選別した材料の出口）である製品口，もどり口，くず口に加えて，選別方向上端（製品口側の上端）に脱ぷ口を設置し，この脱ぷ口から排出される「比重選脱ぷ」をインデントシリンダ型選別機に投入する．このように比重選別機により脱ぷ粒と玄米砕粒を集積し，分別した後，インデントシリンダ型選別機によりこれらを除去する．インデントシリンダ型選別機は，比重選別機の10～30％に相当する能力（処理流量）の選別機を使用する．

「比重選もどり」と「インデント製品」の搬送ラインには切替シュートを設置し，材料の組成により搬送先を切り替える．すなわち，「比重選もどり」のしいな割合と異物割合が高い場合は，しいなと異物を除去するために「比重選もどり」を風力選別機に戻す．「比重選もどり」のしいな割合と異物割合が低い場合は「比重選もどり」を比重選別機に戻す．また，「インデント製品」の脱ぷ粒割合が高い場合は，これを比重選別機に戻す．「インデント製品」に脱ぷ粒が残留していない場合は，これを「比重選製品」に加えて「精選別製品」とする．この籾精選別システムは低コストで籾の高品質化を実現する最適な精選別システムである．

(3) 比重選別機の選別特性

比重選別機は籾精選別システムの中心となる選別機である．比重選別機は選別板が網状になっており，選別板の下から吹き上げる風と選別板の振動により，材料（籾）の粒子密度（比重）と粒径の違いを基に選別する．比重選別機の選別特性を詳細に調べるために，図25-9の写真に示したように，比重選別機の選別口を14等分した試料を採取する．

図25-10に示したように，脱ぷ粒（玄米）は籾に比べて粒子密度が大きいために製品口側に集積される．同時に粒子密度の大きい整粒は製品口側に集積される．また，被害粒，しいな，未熟粒は粒子密度が小さいために，くず口側に集積される．その結果，図25-11に示したように製品口側の籾の籾摺歩留と良

図25-9 比重選別機の選別口14等分試料の採取

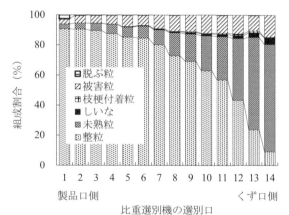

図25-10 比重選別機の選別口14等分試料の籾組成

玄米歩留が高くなり、くず口側の籾摺歩留と良玄米歩留が低くなる。さらに、14等分して採取した各試料を籾摺し玄米の脂肪酸度を測定すると、製品口側の脂肪酸度が低く、くず口側の脂肪酸度が高い（図25-12）。以上のように、比重選別機により整粒や未熟粒を分別すると同時に、籾摺歩留や良玄米歩留を向上させ、品質を向上させることができる。

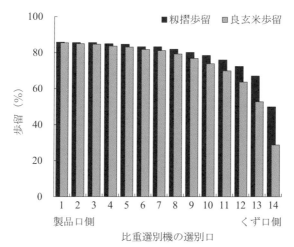

図 25-11 比重選別機の選別口 14 等分試料の籾摺歩留と良玄米歩留

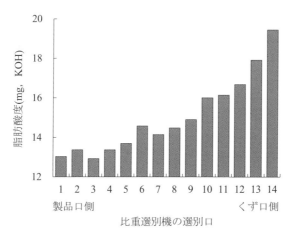

図 25-12 比重選別機の選別口 14 等分試料の籾摺後玄米の脂肪酸度

(4) 籾精選別システムの選別結果

籾精選別システムの選別結果の一例を表25-1に示す．籾精選別歩留（精選別製品の割合，精選別製品の流量比）は95.4%であり，インデント脱ぷ，風選くず，比重選くずなどとして4.6%を除去する．その結果，容積重が原料籾の601 g/Lから製品の633 g/Lに増加する．風力選別機と比重選別機により未熟粒，しいな，被害粒，異物を除去し，インデントシリンダ型選別機により脱

表 25-1 籾精選別システムの選別結果

試料	質量バランス		籾	籾の組成分分析結果							籾摺	良玄米
	流量	流量比	容積重	整粒	未熟粒	しいな	枝梗付着粒	被害粒	脱ぷ粒	砕粒 遺物	歩留	歩留
	(t/h)	(%)	(g/L)	(%)	(%)	(%)	(%)	(%)	(%)	(%) (%)	(%)	(%)
原料籾	14.30	100.0	601	79.3	10.7	1.3	0.8	7.0	0.6	0.2 0.3	81.1	79.0
精選別製品	13.64	95.4	633	86.8	7.9	0.0	0.1	4.8	0.4	0.0 0.0	83.3	81.8
インデント脱ぷ	0.08	0.6	—	0.5	0.2	0.0	0.0	0.1	77.5	21.6 0.1	—	—
風選くず 比重選くず	0.58	4.0	—	2.2	75.5	3.3	0.2	18.5	0.2	0.1 0.1	—	—

2台の比重選別機を並列使用

ぷ粒と砕粒を除去した．その結果，原料籾に対して精選別製品の整粒が 7.5% 増加し，未熟粒が 2.8% 減少し，しいなが 1.3% 減少し，被害粒が 2.2% 減少するなど，貯蔵する籾の品質が向上する．また，精選別製品の籾摺歩留が 2.2% 向上して 83.3% となり，良玄米歩留が 2.8% 向上して 81.8% となる．

この籾精選別システムは 2000 年 1 月の北海道農業試験会議（成績会議）の審議を経て「指導参考事項」に決定し，北海道のカントリーエレベータの標準システムとして普及している．

❹ 自然の寒さを利用した籾の超低温貯蔵

(1) 日本の米の貯蔵
① 玄米貯蔵

日本では古くから玄米貯蔵，玄米流通が一般的に行われている．玄米貯蔵は，籾を収穫後に乾燥し，ただちに籾摺して玄米を紙袋や樹脂袋に入れて米専用の倉庫に貯蔵する．

玄米貯蔵には，常温貯蔵と低温貯蔵とがある．常温貯蔵では，倉庫内の温度制御をおこなわずに玄米を貯蔵する．そのため，春から夏にかけて外気温度が上昇すると庫内温度が高くなり，害虫（コクゾウムシやコクガ）が発生する．害虫が発生すると，必要に応じてポストハーベスト農薬（殺虫剤）を使用することもある．常温貯蔵では害虫や温度上昇のために米の品質劣化が大きい．これに対し低温貯蔵では冷却装置を使い年間通して倉庫内温度を 15℃ 以下に保つ．そのおかげで，害虫の発生や米の品質劣化を抑えることができる．全国各

地にある玄米の低温貯蔵倉庫は年々増加しており，2010年には玄米低温倉庫の貯蔵能力は464万tとなっている．

② 籾貯蔵

玄米ではなく籾で貯蔵をおこなうと，籾殻が玄米を物理的生物的に保護するため，害虫や微生物の侵入を防ぎ，米の生理活性を抑制する．そのため，籾貯蔵は玄米貯蔵に比べて品質保持効果が高い．そこで近年は籾貯蔵を行うカントリーエレベータが全国的に増加している．全国のカントリーエレベータの籾貯蔵能力は266万t（2017年）であるが，玄米貯蔵に比較すると籾貯蔵の割合は少ない．

③ 氷点下での米の貯蔵（超低温貯蔵）

玄米を－15℃で貯蔵する基礎試験を実施した結果，氷点下での米の貯蔵が低温貯蔵よりさらに高い品質を保持できることが明らかとなっている．そこで氷点下で米を貯蔵することを超低温貯蔵と呼ぶこととする．超低温貯蔵は従来から行われている低温貯蔵よりも低い温度で米を貯蔵することから名付けられる．

ところが，実用規模のサイロや貯蔵庫では外気温度の季節変化がある．そのため米の温度を常に氷点下に保つことは，貯蔵コストを考慮すると，実用的ではないと思われる．そこで，実用レベルにおける米の超低温貯蔵として，「貯蔵期間中の穀温が1ヵ月以上氷点下である貯蔵方式」と定義する．

④ 北海道の籾貯蔵

北海道では1965年と1971年にカントリーエレベータが2ヵ所に建設される．しかし当時は，1）貯蔵前の籾の精選別技術が確立されておらず，また2）貯蔵中のサイロ内空間での結露防止技術が未熟であり，さらに3）貯蔵後の籾摺時において穀温の低い籾に対応する技術が不十分などの理由により，やがて数年で籾貯蔵をおこなうことを取りやめる．それ以後，北海道のような寒冷地においてはカントリーエレベータでの籾貯蔵は不適切であるとされている．

一方，1995年に食糧管理法が廃止され，新たに新食糧法が施行されるなかで，北海道では米の乾燥調製貯蔵出荷作業の合理化と均質大ロットでかつ高品質な北海道産銘柄米の確立を目指して，大規模なカントリーエレベータの建設に着手する．そして1996年秋に北海道上川郡鷹栖町に，当時としては北海道で唯一のカントリーエレベータ（北海道上川ライスターミナル：図25-2）が完成し，本格的な籾貯蔵が開始される．

(2) 籾の超低温貯蔵の開発
① 超低温貯蔵の実用化試験

1996年に上川ライスターミナルが完成した時点では，氷点下で籾を貯蔵する技術は，日本はもちろん世界でも実用化されていなかった．その最大の理由は，籾を氷点下で貯蔵するためには冷却装置の設備費や運転経費（冷却のための電気エネルギー）が多く必要である，と予想されたためである．ところが，北海道のような寒冷地では冬の自然の寒さ（自然冷熱）を籾の冷却に利用することができるため，超低温貯蔵が実用的に可能であると考えた．

すなわち，北海道のような寒冷地の特徴を最大限に生かした低コスト省エネルギーで高品質な籾貯蔵をおこなう新技術を確立することを目的に，上川ライスターミナルの建設に合わせて1996年から1998年に超低温貯蔵を実用化するための実証試験をおこなった．さらに新たに建設された北海道雨竜町ライスコンビナートで1999年から2000年にかけて再度実証試験をおこない，その有効性を確認した．

② 貯蔵条件

上川ライスターミナルのサイロを用いて，きらら397の籾378 tを貯蔵した．貯蔵期間は1997年11月から1998年8月までの約9ヵ月間であった．1998年2月2日から2月10日の間に，-5℃以下の外気（寒冷空気）を断続的に延べ113時間サイロへ通風した．

雨竜町ライスコンビナートでは，きらら397の籾500 tとほしのゆめの籾494 tをそれぞれサイロに貯蔵した．貯蔵期間は1999年11月下旬から2000年7月中旬までの約8ヵ月間であった．2000年1月20日から1月27日の間に，-7℃以下の外気を断続的に延べ91時間サイロへ通風した．サイロへの通風は2基同時におこなった．

いずれの貯蔵試験においても，サイロ貯蔵と並行して比較対照のために-5℃貯蔵（冷凍庫），低温貯蔵（サイロの近隣にある低温倉庫），室温貯蔵（大学の実験室）の3条件でそれぞれ約20 kgの籾を貯蔵した．

③ 貯蔵中の温度

図25-13に1997年から1998年の貯蔵中の籾温度を示した．貯蔵中の外気温度は，最低で-21℃まで低下した．日最低気温が氷点下であったのは，11月下旬から4月上旬にかけての5ヵ月あまりであった．

11月から2月にかけてサイロ内壁付近の籾の穀温は，自然放冷により低下

図25-13 貯蔵中の籾温度の変化と平均籾温度

した。しかし，サイロ中心部の籾の穀温は貯蔵開始時とほぼ同じであった。2月上旬にサイロ内へ－5℃以下の外気を通風することによって，サイロ内すべての籾の穀温が氷点下になった。最低穀温は，2月上旬に内壁付近が約－7℃であった。サイロ中心部の籾の穀温は，7月中旬まで氷点下であった。サイロ内すべての籾の穀温が氷点下であった期間は，2月上旬から3月下旬にかけての約1.5ヵ月間であった。すなわち，自然の寒さを籾の冷却に利用することにより実用的に超低温貯蔵（氷点下での米の貯蔵）が可能であることが実証された。

対照貯蔵の室温貯蔵では穀温は概ね15℃以上であり，7月上旬には約25℃にまで上昇した。低温貯蔵の穀温は最低で－1℃程度であり，春夏に庫内温度が高くなると冷却装置が作動して，穀温は12℃程度に保たれた。貯蔵中の平均穀温は，サイロ貯蔵のサイロ中心部が0.7℃，サイロ内壁付近が3.5℃，－5℃貯蔵が－5.1℃，低温貯蔵が5.0℃，室温貯蔵が18.6℃であった。

④ サイロ内の温度差が品質に与える影響

図25-13に示したように，冬季の寒冷外気の通風によりサイロ全体の穀温は氷点下となり，その後は籾を静置するだけで，サイロ中心部の穀温は7月中旬まで氷点下に保たれた。しかしサイロ内壁付近の穀温は，3月下旬までは氷点下に保たれるが，その後は外気温度の影響により徐々に上昇し，7月中旬には

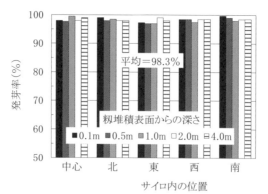

図25-14 貯蔵終了直前に採取したサイロ内各部試料の発芽率

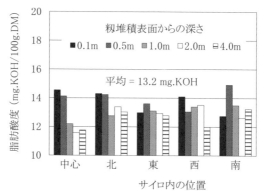

図25-15 貯蔵終了直前に採取したサイロ内各部試料の脂肪酸度

20℃近くとなった．このサイロ内壁付近の穀温上昇が籾の品質に悪影響を与えている懸念があった．そこで，貯蔵終了直前にサイロ内各部から試料を採取し，品質を測定した．試料はサイロ中心部とサイロの東西南北の内壁から約15 cm内側の位置で，籾堆積表面から深さ0.1 m，0.5 m，1.0 m，2.0 m，4.0 mの位置の籾をそれぞれ採取した．

サイロ内各部から採取した試料の発芽率を図25-14に示した．発芽率は稲の種子としての生命力を測定した値であり，米の鮮度を示す指標ともなる．発芽率が高いと新米と同様な品質の良い状態であることを示している．発芽率はいずれの試料も高く，平均で98.3％であり，新米と同様な発芽率であった．

サイロ内各部から採取した試料の脂肪酸度を図25-15に示した．脂肪酸度は

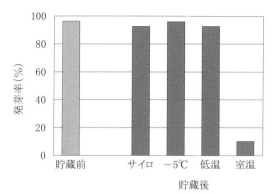

図 25-16　貯蔵前後の発芽率

米の脂質が酵素リパーゼにより加水分解されて生成する遊離脂肪酸の量を測定した値である．米の主成分の中ではデンプンやタンパク質に比較して脂質の加水分解が最も早く進み脂肪酸が増加するため，脂肪酸度が品質劣化の指標として広く用いられている．脂肪酸度は，いずれの試料も品質上問題となるような大きな増加はなく，平均で 13.2 mg KOH であった．

サイロ内壁付近の穀温は，貯蔵終了時の 7 月下旬では 20℃ 程度であるが，冬季は約 3 ヵ月間氷点下であり，貯蔵期間中の内壁付近の平均穀温は 3.5℃ と低かった．その結果，サイロ内壁付近の籾の大きな品質劣化はなかったと考えられる．

⑤ 貯蔵前後の品質

図 25-16 に貯蔵前後の各試料の発芽率を示した．貯蔵前の発芽率は 96％ であった．貯蔵後の発芽率は −5℃ 貯蔵が最も高く，次にサイロ貯蔵と低温貯蔵が高く，いずれも貯蔵前の発芽率とほぼ同じく 93％ 以上であり，新米と同様な品質が保持されていた．一方，室温貯蔵の発芽率は大きく低下し，10％ となった．

脂肪酸度は貯蔵後にいずれの試料も増加したが，−5℃ 貯蔵が最も増加が抑制されており，次にサイロ貯蔵，低温貯蔵と増加が大きく，室温貯蔵の増加が著しかった（図 25-17）．

一般に，貯蔵により古米化が進むと米飯の硬さが増加し，粘りが減少する．したがって，テクスチュログラム特性の硬さ/粘り比が低いほど貯蔵状態が良いと判断される．図 25-18 から貯蔵温度が低いほど硬さ/粘り比が低く，古米

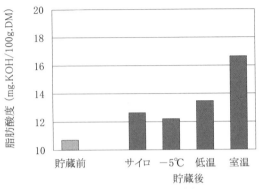

図25-17 貯蔵前後の脂肪酸度

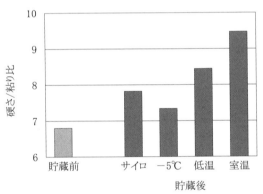

図25-18 貯蔵前後のテクスチュログラム特性

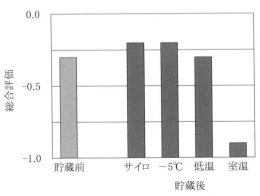

図25-19 貯蔵前後の食味試験の総合評価

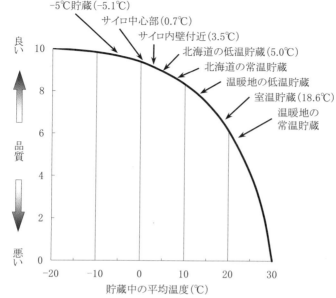

図25-20 米の貯蔵中の平均温度と貯蔵後品質との関係（概念図）

化が抑制されることが分かった．

食味試験の総合評価は，貯蔵前に比較してサイロ貯蔵と－5℃貯蔵でわずかに良くなり，室温貯蔵では総合評価が大きく低下した（図25-19）．通常，米の食味が貯蔵後に良くなることはない．この試験でサイロ貯蔵と－5℃貯蔵の総合評価が貯蔵前に比べて，わずかながらも良くなったのは以下の理由による．

食味試験は，滋賀県産の日本晴を基準米として多重相対比較法でおこなった．貯蔵前の食味試験で基準米とした日本晴を冷蔵庫（3℃～5℃）に玄米で貯蔵し，貯蔵後の基準米とした．基準米も貯蔵中に品質が低下する．サイロ貯蔵と－5℃貯蔵では貯蔵中の平均温度が冷蔵庫よりも低く，かつ籾貯蔵であったため，貯蔵中の品質低下が基準米よりも抑制された．その結果，貯蔵後の総合評価が貯蔵前よりも相対的に良くなった．これは超低温貯蔵による食味の相対的向上である．

⑥ 米の最適な貯蔵温度

図25-20に，米の貯蔵中の平均温度と貯蔵後品質との関係を表す概念図を示した．米は稲の種子として貯蔵中も生きている．米を低温で貯蔵すると米自身の生理活性や酵素活性が抑制され，貯蔵中の品質劣化も抑えられ，新米に近い

食味を保持できる．すなわち，貯蔵中の温度が低ければ低いほど，米は高品質保持が可能である．

温暖地での米の貯蔵は，低温貯蔵であっても貯蔵中平均温度は10℃以上となる場合が多い．したがって，温暖地で貯蔵した米に比べて寒冷地で超低温貯蔵した米は，春から夏にかけて品質の低下がわずかであり，食味の劣化は少ない．

(3) 自然の寒さを利用した籾の超低温貯蔵の特徴

基礎実験により，乾燥後の籾は水分が15％程度であり氷結晶となる自由水が少ないため，−80℃においても凍結傷害は発生しないことを確認している．したがって米の貯蔵温度は低ければ低いほど良い．しかしながら，米の温度を低下させるために冷却設備と電気エネルギーを使うと貯蔵コストが増加するので，実用的には望ましくない．一方，北海道のような寒冷地では，冬季の寒冷外気という自然低温エネルギーを利用することにより米を氷点下に冷却することが可能である．

この貯蔵技術は，冷却設備や冷却のための電気エネルギーを必要としない．そのうえ，貯蔵温度が低いため貯蔵中の殺虫剤なども不要であり，品質保持効果が大きい．すなわち，これは寒冷地の自然環境を有効に利用し，低コスト省エネルギーで高品質米を安定供給する貯蔵技術である．

5 粒厚選別と色彩選別とを併用した玄米の精選別

(1) 玄米の選別

米の共乾施設や農家では，籾摺後の玄米の選別は従来から粒厚選別が行われている．この粒厚選別により粒厚の小さい未熟粒や死米などを除去し，整粒割合を増やし，玄米の品質（等級）を向上させる．

粒厚選別の縦目篩（ふるい）の網目幅は，米の品種に応じて，また各生産地域で適切な網目幅が決められている．例えば，日本国内でも九州や関東では1.85 mmの篩が多く使われ，北陸や東北では1.90 mmの篩が多く使われている．

北海道で玄米の粒厚選別を行う際，古くは網目幅が1.90 mm程度の篩を使用していた．しかし，品質の良い米（整粒割合の多い米，1等米）を生産するために，網目幅を徐々に大きくする傾向にあり，その結果，2000年頃の標準

的な篩の網目幅は,「きらら397」では2.00 mm,「ほしのゆめ」では1.95 mmとなっていた.しかし,網目幅を2.00 mm（または1.95 mm）と大きくしても,未熟粒や被害粒が製品側に残留し1等玄米を調製できない場合も多く,そのような時には,さらに大きな網目幅で選別する例もあった.このように篩の網目幅を大きくすると,選別歩留が低下し,生産者（農家）にとって損失が大きくなるという問題があった.

米の色彩選別機は1970年頃に開発され,主として精米工場で精白米中の異物（小石等）や着色粒,糠玉の除去に用いられている.一方,北海道の共乾施設では,1996年頃から玄米中の異物や着色粒を除去するために,粒厚選別の後に色彩選別を行う例が増え始めた.とくに,北海道で1999年にカメムシの被害により着色粒が大発生して以降,共乾施設を中心に玄米の色彩選別の導入が進んでいる.しかしながら,粒厚選別の後にさらに色彩選別を行うと,選別歩留がいっそう低下し生産者の損失がさらに大きくなるために色彩選別の積極的な活用は進んでいなかった.

そこで,粒厚選別のみにより玄米の選別を行うことに対して,粒厚選別の後に色彩選別を組合わせて選別を行う場合,粒厚選別の篩の網目幅を従来よりも小さくして選別歩留を上げ,その後で色彩選別により未熟粒,死米,被害粒,着色粒,異物を積極的に取り除くことが適切であると考えた.すなわち,高品質米（1等米）の調製と選別歩留の向上とを同時に実現するために,粒厚選別と色彩選別とを併用した新しい玄米精選別技術を開発したので,その詳細を紹介する.

(2) 供試玄米と試料の調製

供試玄米は,2001年北村産「きらら397」,2002年北村産「きらら397」,2002年長沼町産「きらら397」,2001年美唄市産「ほしのゆめ」の4点である.これらの玄米は北海道産玄米で,異なる生産年,異なる生産地,異なる品種を考慮して選択したものである.供試玄米は共乾施設において籾摺直後で粒厚選別前の玄米を採取した.

表25-2に供試玄米（原料玄米）の組成と検査等級を示した.農産物規格規程によれば,水稲うるち玄米の1等は,整粒が70%以上,被害粒が15%以下,死米が7%以下,着色粒が0.1%以下とされている.原料玄米の内3点は整粒,被害粒,死米は1等玄米の基準を満足するものであったが,着色粒が1

表25-2　供試玄米（原料玄米）の組成と検査等級

試　料	質　量　割　合　(%)						等級
	整粒	未熟粒	死米	被害粒	砕粒	着色粒	
2001年北村産「きらら397」	72.6	16.0	1.3	8.4	0.4	1.3	規格外
2002年北村産「きらら397」	69.7	21.0	0.3	8.1	0.4	0.5	3
2002年長沼産「きらら397」	73.6	12.6	0.2	12.0	0.4	1.2	規格外
2001年美唄産「ほしのゆめ」	72.8	13.7	0.4	10.3	1.1	1.6	規格外

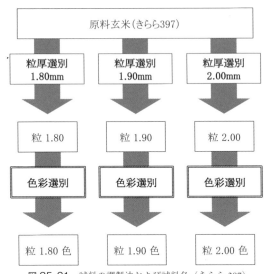

図25-21　試料の調製法および試料名（きらら397）

%以上あり，いずれも規格外と判定された．

図25-21に試験用試料の調製法を示した．「きらら397」では，原料玄米を篩の網目幅1.80 mm，1.90 mm，2.00 mmでそれぞれ粒厚選別した．さらに粒厚選別後の玄米をそれぞれ色彩選別した．「ほしのゆめ」では，原料玄米を篩の網目幅1.75 mm，1.85 mm，1.95 mmでそれぞれ粒厚選別し，その後に色彩選別を行った

(3) 最適な玄米の精選別条件

表25-3に玄米の粒厚選別と色彩選別後の選別歩留，整粒割合，検査等級を示した．

従来から標準とされている篩の網目幅（きらら397は2.00 mm，ほしのゆめ

第25章 米の収穫後技術による品質・食味の向上

表25-3 玄米の粒厚選別と色彩選別後の選別歩留,整粒割合,検査等級

試料	色彩選別の有無	選別歩留（%）粒厚選別の篩の目幅			整粒割合（%）粒厚選別の篩の目幅			検査等級 粒厚選別の篩の目幅		
		1.80 mm	1.90 mm	2.00 mm	1.80 mm	1.90 mm	2.00 mm	1.80 mm	1.90 mm	2.00 mm
2001年北村産 きらら397	色選なし	97.3	94.1	84.0	73.4	74.9	78.4	規格外	規格外	3(中)
	色選あり	88.2	88.2	81.5	80.6	80.8	79.3	1(下)	2(上)	2(上)
2002年北村産 きらら397	色選なし	98.5	95.9	84.5	70.6	72.3	75.8	3(上)	2(下)	2(中)
	色選あり	89.6	89.5	81.9	75.5	75.9	75.9	1(下)	1(下)	1(下)
2002年長沼産 きらら397	色選なし	98.1	92.5	72.3	74	76.4	81.8	規格外	規格外	3(下)
	色選あり	84.9	83.6	67.3	85.6	84.6	85.3	1(中)	1(中)	1(中)
		1.75 mm	1.85 mm	1.95 mm	1.75 mm	1.85 mm	1.95 mm	1.75 mm	1.85 mm	1.95 mm
2001年美唄産 ほしのゆめ	色選なし	97.5	94.1	79.7	68.7	69.8	75.2	3(下)	3(中)	2(中)
	色選あり	85.9	85.6	76.9	77.5	78.1	77	1(下)	1(下)	1(下)

は1.95 mm）で粒厚選別を行うと選別歩留は72～84%であった（表のゴシック体の文字）．選別後の整粒割合は，原料に比較して，2～8%増加したが，1等玄米を調製することはできなかった．従来の標準より0.1 mm小さい網目幅で粒厚選別を行うと選別歩留は10～20%増加したが，整粒割合が低下し，検査等級も下がった．

従来の標準より0.1 mm小さい網目幅（きらら397は1.90 mm，ほしのゆめは1.85 mm）で粒厚選別を行いさらに色彩選別を行った試料に注目すると（表の矢印の先のゴシック体文字），従来の粒厚選別のみの場合に比較して，選別歩留が4～11%増加した．さらにこれらの試料の整粒割合が0.1～3%増加し，検査等級も向上して1等米の調製が可能であった．（2001年北村産きらら397は，等級検査の際のカルトンに着色粒が2粒（0.2%）含まれていたため2等となった）

一例として，2002年長沼産きらら397の写真を図25-22～25-24に示した．選別前の原料玄米の整粒割合は73.6%であり，検査等級は規格外であった（図25-22）．この原料を従来の篩の網目幅2.00 mmで粒厚選別のみ行うと，選別歩留が72.3%であり，整粒割合が81.8%であり，検査等級は3等（下）であった（図25-23）．これに対して，新しい選別技術（粒厚選別1.90 mmと色彩選別の併用）を用いると，選別歩留が83.6%，整粒割合が84.6%，検査等級

図 25-22　2002 年長沼産きらら 397 選別前原料．整粒割合：73.6％．検査等級：規格外

図 25-23　従来の選別技術 粒厚選別：2.00 mm．選別歩留：72.3％．整粒割合：81.8％．検査等級：3 等（下）．

図 25-24　新しい選別技術 粒厚選別 1.90 mm と色彩選別．選別歩留：83.6％．整粒割合：84.6％．検査等級：1 等（中）．

が 1 等（中）となった（図 25-24）．すなわち，従来からの粒厚選別の篩の網目幅を 0.1 mm 小さくし，さらにそれを色彩選別することにより，選別歩留が 11.3％向上し，整粒割合が 2.8％向上し，1 等米の調製が可能であった．

2001 年北村産きらら 397 から調製した各試料を同一の搗精条件（サタケ，モータワンパス MCM-250, 4 回通し）で搗精した際の搗精歩留を図 25-25 に示した．従来の網目幅 2.00 mm で粒厚選別のみを行った試料（粒 2.00）に比較して，1.90 mm で粒厚選別し色彩選別を行った試料（粒 1.90 色）は搗精歩留が 90.1％から 90.4％と 0.3％増加した．

2001 年北村産きらら 397 から調製した各試料を同一の歩留に搗精した精白米の食味試験の総合評価を図 25-26 に示した．食味試験の結果，1.90 mm の網目幅で粒厚選別し色彩選別を行った試料（粒 1.90 色）の総合評価が最も高かった．

以上のように，従来からの粒厚選別の篩の網目幅を 0.1 mm 小さくして，「きらら 397」では 1.90 mm,「ほしのゆめ」では 1.85 mm で選別し，さらにそれを色彩選別を用いて未熟粒，死米，被害粒，着色粒，異物を積極的に除去することにより，玄米の品質（等級）の向上と選別歩留の向上とが同時に可能なことが明らかとなった．

④ 粒厚選別と色彩選別とを併用した玄米の精選別技術の普及

粒厚選別と色彩選別を併用した玄米の精選別技術は，2003 年 1 月の北海道農業試験会議の審査を経て北海道農政部から「普及推進事項」に指定され，普及が進んでいる．北海道のカントリーエレベータおよび大規模なライスセンタ

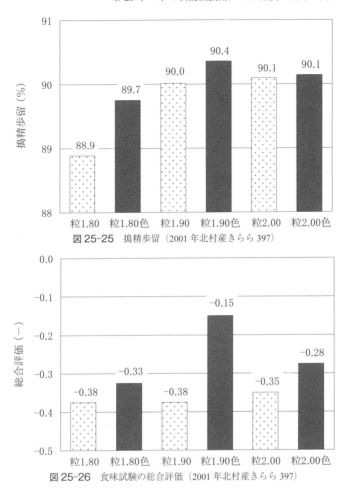

図 25-25　搗精歩留（2001 年北村産きらら 397）

図 25-26　食味試験の総合評価（2001 年北村産きらら 397）

には，色彩選別機が設置されており，これらの施設では出荷玄米のほぼ全量を色彩選別している．

　国産水稲うるち玄米の 2010 年産米の等級検査結果は，1 等米比率が全国平均で 61% である．1 等米比率は天候などの影響もあり地域の差も大きいが，北海道米の 1 等米比率は 88% となっている．北海道米を加工する精米工場から「最近の北海道米は品質のバラつきが少なく，搗精歩留も安定して高い」という声を聞くが，これは玄米の色彩選別による効果が大きいと思われる．

参考文献

川村周三・夏賀元康・河野慎一・谷口健雄・藤倉潤治 1996. 北海道産米の品質向上を目指して―ポストハーベストテクノロジーの新しい試みとその応用―. 農機北支報 36：65-71.

川村周三・竹中秀行 2000. 北海道における籾調製貯蔵技術（バラ籾調製・貯蔵技術の確立）. 北海道農業試験会議（成績会議）資料. pp. 2-18.

川村周三 2000. 着色米発生に威力発揮の色彩選別機―特徴と性能―. ニューカントリー 47（8）：44-46.

川村周三・竹倉憲弘・伊藤和彦 2002. 近赤外透過型分析計による米の成分測定の精度とその改善. 農機誌 64（1）：120-126.

川村周三 2002. 北海道における米のポストハーベスト技術に関する研究. 農機北支報 42：1-7.

Kawamura, S., M. Natsuga, K. Takekura, K. Itoh 2003. Development of an automatic rice-quality inspection system（米の自動品質検査システムの開発）. Computers and Electronics in Agriculture 40：115-126.

川村周三・小河健伸・藤川清三・竹倉憲弘・伊藤和彦 2003. 水分が異なる籾の凍結温度および凍結傷害. 低温生工誌, 49（2）：97-102.

川村周三・竹中秀行 2003. 粒厚選別と色彩選別の組み合わせによる玄米品質および歩留向上技術. 北海道農業試験会議資料, 1-13.

川村周三 2003. 品質向上！ 歩留向上！ 粒厚と色彩による1等米選別技術. ニューカントリー 50（4）：52-53.

Kawamura, S., K. Takekura, K. Itoh 2004. Development of an on-farm rice storage technique using fresh chilly air and preservation of high-quality rice（寒冷外気を利用した米の貯蔵技術の開発と高品質保持）. Proceedings of the World Rice Research Conference, Tsukuba, Japan. CD-ROM. ISBN：971-22-0204-6. pp. 310-312.

川村周三・稲津 脩・吉川和男・石渡健一・吉田良一 2004. 特集：ここまで来た！北海道米，その無限の可能性. 農機北支報 44：133-172.

川村周三・稲津 脩・夏賀元康・竹倉憲弘 2005. 特集：高品質米の生産技術. 農機誌 67（1）：3-23.

川村周三 2006. 農業技術体系. 作物編. イネ（基本技術編）. 冬の寒さを活用した高品質貯蔵技術. 農山漁村文化協会, 第2-①巻. 追録28号, 177, 402, 10-19.

Kawamura, S., K. Takekura, J. Himoto. 2006. Development of a System for Fine Cleaning of Rough Rice for High-Quality Storage.（高品質貯蔵のための籾の精選別システムの開発）. ASABE（American Society of Agricultural and Biological Engineers）Paper No. 066010. St. Joseph, Mich., USA. pp. 1-7.

川村周三 2007. 米の収穫後プロセスにおける美味しさ向上技術. 美味技術研究会シ

ンポジウム「美味しさ／健康への挑戦」．東京ビッグサイト．pp. 5-16.
Kawamura, S., K. Takekura, H. Takenaka 2007. Development of a New Technique for Fine Sorting of Brown Rice by Use of a Combination of a Thickness Grader and a Color Sorter.（玄米の精選別のための粒厚選別と色彩選別機を組合せた新技術の開発）. ASABE（American Society of Agricultural and Biological Engineers）Paper No. 076266. St. Joseph, Mich, USA. pp. 1-8.
川村周三・夏賀元康 2007．田んぼの稲が白いご飯になるまで―籾の自動品質検査―．精米工業 222：10-14.
川村周三・竹倉憲弘 2007．田んぼの稲が白いご飯になるまで―貯蔵のための籾の精選別―．精米工業 223：9-12.
川村周三・竹倉憲弘 2007．田んぼの稲が白いご飯になるまで―自然の寒さを利用した籾の超低温貯蔵―．精米工業 224：10-15.
川村周三・竹倉憲弘・竹中秀行 2007．田んぼの稲が白いご飯になるまで―粒厚選別と色彩選別とを併用した玄米の精選別―．精米工業，226：9-13.
Li, R., S. Kawamura, H. Fujita, S. Fujikawa 2013. Near-infrared Spectroscopy for Determining Grain Constituent Contents at Grain Elevators.（穀物共同乾燥調製施設における近赤外分光法による穀物成分の測定）. Journal of Engineering in Agriculture, Environment and Food 6（1）: 20-26.
Natsuga, M., S. Kawamura 2006. Visible and Near-Infrared Reflectance Spectroscopy for Determining Physicochemical Properties of Rice.（可視近赤外透過分光法による米の理化学特性の測定）. Transactions of the American Society of Agricultural and Biological Engineers 49（4）: 1069-1076.
竹倉憲弘・川村周三・伊藤和彦 2003．寒冷地における籾貯蔵技術の確立　第1報カントリーエレベータでの自然放冷による籾貯蔵．農機誌 65（4）：57-64.
竹倉憲弘・川村周三・伊藤和彦 2003．寒冷地における籾貯蔵技術の確立　第2報カントリーエレベータでの冬季通風冷却による超低温貯蔵．農機誌 65（4）：65-70.
竹倉憲弘・川村周三・伊藤和彦 2003．寒冷地における籾貯蔵技術の確立　第3報カントリーエレベータで貯蔵した籾の品質．農機誌 65（5）：40-47.
竹倉憲弘・川村周三・伊藤和彦 2003．寒冷地における籾貯蔵技術の確立　第4報貯蔵中の籾の穀温差が品質に与える影響．農機誌 65（5）：48-54.
竹倉憲弘 2003．粒厚と色彩による玄米選別技術―高品質米の調製と歩留向上を同時に実現―．機械化農業 2003 年 8 月号：10-13.
竹倉憲弘・川村周三・竹中秀行・伊藤和彦 2004．粒厚選別と色彩選別とを組み合わせた玄米選別技術の開発．農機誌 66（5）：135-141.

第26章
高温登熟障害の克服に向けた福岡県の取り組みと今後の課題

宮崎真行

　福岡県では，水稲面積3万8,700 ha（平成25年産）のうち，極早生品種の「夢つくし」と中生品種の「ヒノヒカリ」でおよそ8割を占め（図26-1），実需者のニーズに応じた生産を行っている．一方，地球温暖化の進行（IPCC 2007）に伴う夏期の異常高温により，乳白，心白，背白粒といった白未熟粒の発生や充実不足による水稲の外観品質低下が全国的な問題となる中で，福岡県でも同様に，2003年頃から1等米比率が50%を下回り，かつ収量も低下傾向にあり問題となっている（図26-2）．この間，福岡県農業総合試験場では，高温登熟障害の克服に向け，さまざまな研究を行い，本県のうるち水稲作付面積の8割以上を占める極早生品種「夢つくし」および中生品種「ヒノヒカリ」を中心に収量および品質向上に向けた取り組みを進めてきた．また，高温耐性品種「元気つくし」を育成し（和田ら 2010），その普及拡大や栽培技術の改良を中心とした取り組みを進めてきた．

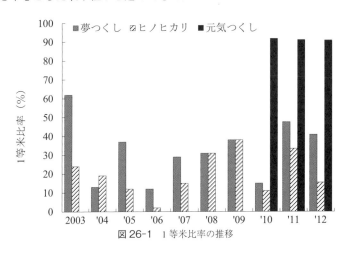

図26-1　1等米比率の推移

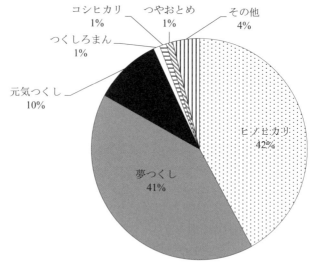

図 26-2 うるち米の品種別作付割合（2013 年産）
県水田農業振興課調べ．

本節では，こうした高温登熟障害の克服に向けた福岡県の取り組みと今後の課題について紹介する．

1 「夢つくし」および「ヒノヒカリ」の対策技術と取り組み

(1)「夢つくし」の品質向上に向けた取り組み

登熟期の高温による玄米品質低下を軽減するためには，移植時期を遅らせることが有効であり，各地で品質向上効果が確認されている（月森 2003，山口ら 2004，高橋 2006，宮崎ら 2008）．本県における移植時期は，①早期（4月下旬），②早植（5月上旬～下旬），③普通期（6月上～下旬）の3時期に大別される．冬作に麦を作付けする地域では麦の収穫が6月上旬までかかるので，おのずと③の普通期に田植えとなることが多い．しかし，うるち水稲作付面積の約8割を極早生品種「夢つくし」が占めている福岡県の北東部に位置する豊築地域では，麦の栽培が少ないことに加え，以前は早期コシヒカリ栽培地帯であったことから，「夢つくし」は5月移植が中心であった．そのため，近年は，登熟期の高温による充実不足や乳白，心白，背白粒等の多発生が顕在化してい

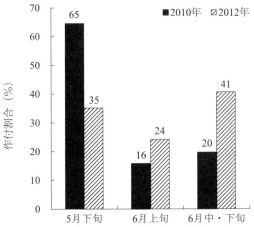

図 26-3 豊築管内における移植時期別の作付面積割合
県水田農業振興課調べ．

ることに加え，イネ縞葉枯病の発生による収量および品質低下が問題となっていた．

そこで，登熟期の高温およびイネ縞葉枯病発生回避のための対策として，普及指導センターおよび JA 等の関係機関が一丸となり 6 月移植となる「遅植え」を推進した．その結果，2010 年は 5 月移植の割合が 65％ であったのに対し，2012 年は 35％ まで減少し，6 月中・下旬植えの割合は 41％ まで増加した（図 26-3）．また，イネ縞葉枯病ウィルスの保毒虫率は年々減少傾向にあり，徐々に県平均のレベルまで低下している（図 26-4）．

2012 年産の豊築地域全体の「夢つくし」の 1 等米比率は 44％ で，2010 年の 1 等米比率に比べ，遅植えにより明らかに向上した．また，地域によって 1 等米比率に差が認められ，6 月以降の作付面積の割合が高い地域ほど 1 等米比率は高かった（図 26-5）．このように，「遅植え」の推進は品質向上に一定の成果をあげた．一方で，高温登熟障害による被害が深刻であった 2010 年では，同じ移植時期で窒素施肥量が多いと，白未熟粒の発生が抑えられている事例もみられた．田中ら（2010）は玄米の外観品質向上とタンパク質含有率の抑制を両立させるためには，最高分げつ期から幼穂形成期頃の稲体窒素含有率や窒素吸収量を高く維持することが重要であると報告しており，今後は，遅植えとあわせて施肥改善等の対策も講じていく必要がある．

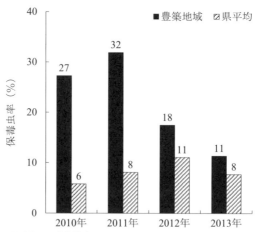

図26-4 豊築管内におけるイネ縞葉枯病保毒虫率の推移 県病害虫防除所調べ.

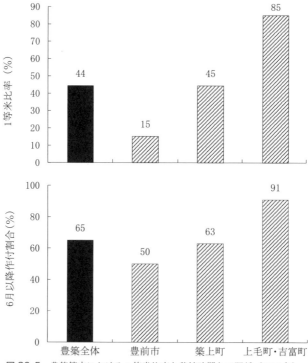

図26-5 豊築管内における1等米比率と移植時期との関係（2012年）.

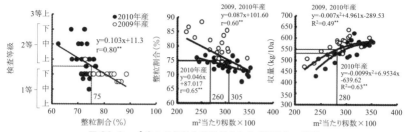

図 26-6 m² 当たり籾数と整粒割合および収量との関係
移植期：6 月 18 ～ 25 日．施肥量・回数が異なる試験区，n = 20（2009 年産）および n = 28（2010 年産）．整粒割合は穀粒判別器（サタケ RGQI20A）で測定．**は 1 ％水準で有意．

（2）温暖化に対応した「ヒノヒカリ」の適正籾数と穂肥施用法の検討

　これまで，福岡県における「ヒノヒカリ」の安定収量のための最適籾数は 30,000 ～ 32,000 粒程度としてきた（真鍋ら 1990）．また，食味向上の視点から，速効性肥料を使用する場合，2 回目の穂肥を省略してきた．しかし，現地では，生育期間中の高温の影響で生育が旺盛となり，籾数過多となっていること，そして籾数過剰が玄米の外観品質の低下を助長していると考えられるため，品質向上のための施肥改善，特に穂肥施用法の確立が重要である．

　そこで，著者ら（宮崎ら 2012）は登熟期間が著しく高温になった 2010 年産と高温の影響が比較的少なかった 2009，2011 年産を比較し，籾数制御および白未熟粒低減のための穂肥施用法を検討した．その結果，検査等級と有意な相関の認められた整粒割合（サタケ社製，穀粒判別器で測定）をみると，検査等級 1 等のための整粒割合は 75 ％以上が目安で，そのためには，m² 当たり籾数を 26,000 ～ 30,000 粒程度に抑える必要があり，m² 当たり籾数が 28,000 粒程度あれば，収量は 530 ～ 550 kg/10 a 程度を確保できることが明らかとなった（図 26-6）．また，収量を確保しつつ白未熟粒を低減するためには穂肥時期を従来（出穂前 20 ～ 18 日）より遅らせ，出穂前 7 日頃に実施することを提案し，籾数が過剰となりやすい一般平坦地における適応技術とした（表 26-1，図 26-7）．

　田中ら（2010）は穂肥に緩効性肥料を利用する方法を検討した結果，収量は 2 回穂肥と同等に確保され，検査等級は 1 回穂肥と同程度に優れ，玄米タンパク質含有率は 1 回穂肥と 2 回穂肥の中間であった（表 26-2）．

　その後，現地実証試験で検討を行い（図 26-8），収量，品質とも安定的な効果が期待できることや，玄米タンパク質含有率への影響も少ないこと，また，10 a 当たり 300 円程度のコスト増にとどまることから，2011 年産から本格的

表26-1 穂肥時期が収量および玄米タンパク質含有率に及ぼす影響（2010～2011年産平均）

施肥量 N kg/10 a	穂肥時期	稈長 cm	穂長 cm	m² 当粒数 ×100粒	登熟歩合 %	千粒重 g	玄米重 kg/a	玄米タンパク質 含有率 %
5+2+0	-18（基準）	82	18.5	307	85	23.5	56.1	6.7
	-7	80	18.2	291	85	23.6	55.7	6.7
	-1	79	18.0	273	85	23.5	53.0	6.8
5+2+1.5	-18, -11	81	18.5	318	82	23.8	57.4	6.8
5+0+0	—	80	18.1	280	85	23.4	53.5	6.4

出穂後20日間の平均気温は2010年，2011年の順に，27.9℃および26.8℃．
施肥量は基肥＋穂肥1回＋穂肥2回の順．穂肥時期は出穂前日数を示す．

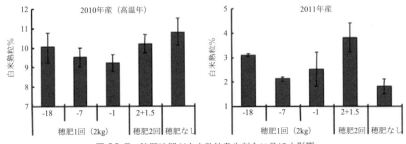

図26-7 穂肥時期が白未熟粒発生割合に及ぼす影響
表26-1と同じほ場．白未熟粒は穀粒判別器（サタケRGQI20A）で測定．背・腹白，乳白，基白の合計値．

表26-2 追肥に緩効性肥料を利用した場合の収量および品質（2004～2006年産平均）

穂 肥 N kg/10 a	穂肥の種類	穂揃期N含有率 %	千粒重 g	玄米重 kg/a	検査等級 （相当）	玄米タンパク質含有率 %
0+0	なし	1.01 a	22.5 a	41.7 a	5.0 b	6.1 a
2+0	速効性	1.11 bc	22.6 ab	46.2 bc	3.8 a	6.4 b
2+1.5	速効性	1.21 d	22.8 cd	49.0 cd	4.8 b	6.7 c
3+0	速効＋緩効	1.22 d	22.6 ab	49.5 d	3.8 a	6.6 bc

速効性＋緩効は，速効性窒素50%と緩効性窒素（LP30）50%の配合割合．
検査等級は1等上～3等下を1～9で示す．
異なる英文字間には5%水準で有意差がある（Fisher's LSD）．

に現地への普及が行われている．

(3) 県内各地の優良農家の事例から

登熟期間が著しい高温年であった2010年に県内各地の優良農家の事例調査を行った結果では，①適期移植，②土作りや作土深の確保，③水管理がポイントとしてあげられ，基本技術の重要性が改めて示された（表26-3）．特に，水管理については，収穫前の落水時期を延長するほど白未熟粒の発生が減少する

第26章 高温登熟障害の克服に向けた福岡県の取り組みと今後の課題　425

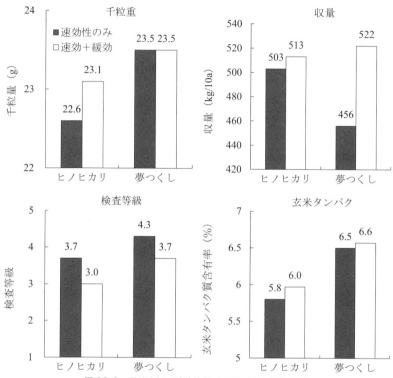

図26-8 現地実証ほ試験結果（2009～2011年産平均）
ジェイカムアグリ株式会社と実施.
圃場：ヒノヒカリは宗像市内の圃場，夢つくしは遠賀町内の異なる圃場で実施.
速効性＋緩効は，速効性窒素50%と緩効性窒素（エムコートL30）50%の配合割合.
検査等級は1等上～3等下を1～9で示す.

表26-3 現地の優良事例（2010年）

品種	地域	移植期 月/日	収量 kg/10a	検査等級		技術のポイント
夢つくし	篠栗町	6/12	466	1等	適期移植	レンゲ鋤込み，牛糞堆肥，夜間間断かん水
	築上町	6/ 5	510	1等	〃	深耕（30 cm），土改剤，収穫寸前まで入水
	上毛町	6/16	480	1等	〃	収穫5～6日前まで入水，歴に従い管理
	八女市	6/24	525	1等	〃	収穫7日前まで入水，歴に従い管理
ヒノヒカリ	筑前町	6/21	552	1等	適期移植	深耕（20 cm），土改剤，歴に従い管理
	朝倉市	6/21	530	1等	〃	深耕，土づくりにより地力高い
	大川市	6/20	490	1等	〃	収穫7日前まで入水，歴に従い管理
	大牟田市	6/25	440	1等	〃	収穫6日前まで入水，土改剤，土作り

県経営技術支援課調べ.

(春口 2010) ことや出穂期前後の高温は登熟中の子実の水分減少に大きく影響する (Tanaka et al. 2009, Miyazaki et al. 2012) ことが報告されている. そこで, 県では早めの中干しを行うとともに, ①出穂期前後には水を切らさないように管理して根の活性を保つ, ②落水時期は, 「夢つくし」では出穂後 30 日以降, ヒノヒカリでは 35 日以降とする, 等の水管理の徹底を指導している.

❷ 高温耐性品種「元気つくし」の普及拡大に向けた取り組み

(1)「元気つくし」育成の背景と普及拡大の取り組み

中生品種「ヒノヒカリ」の 1 等米比率が低迷する中で, 高温耐性を有し, 外観品質の優れる良食味品種の育成が求められていた. そこで, 登熟期間中に 35℃の温水掛け流し処理 (坪根ら 2008) を行い, 高温登熟性を評価する水稲高温耐性評価施設 (図 26-9) を利用して, 2008 年に高温耐性品種「元気つくし」を育成し (図 26-10, 26-11), 2009 年より一般栽培を開始した.

導入 2 年目, 全国的に記録的な猛暑であった 2010 年 (気象庁 2010) において, 気象庁福岡県太宰府市アメダスのデータを例にとると, 「元気つくし」の出穂期~同 20 日後に相当する 8 月下旬および 9 月上旬の各 10 日間の平均気温はそれぞれ 29.9℃ (平年 26.2℃), 28.2℃ (同 24.7℃) であり, 出穂後 20 日間の平均気温は 29℃を超えた. これは, 出穂後 20 日間の平均気温が 27~28℃以上の高温条件下になると背白粒や基白粒が著しく発生し (若松ら 2007), 1 等米比率が低下する (寺島ら 2001) 条件を大きく上回る異常な高温条件であった. しかし, このような条件下においても, 「ヒノヒカリ」を始め, 他の品種

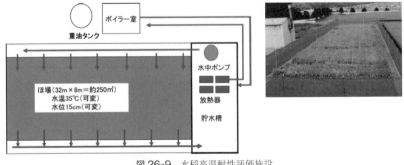

図 26-9 水稲高温耐性評価施設

第26章 高温登熟障害の克服に向けた福岡県の取り組みと今後の課題　427

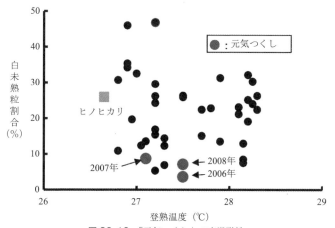

図26-10 「元気つくし」の高温耐性
2007年の試験に，2006年，2008年の結果を含めて示した．
図中の●は供試した品種・系統．
白未熟粒は乳白粒，背白粒，基白粒（基部未熟粒）等の総称．

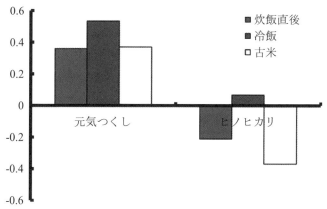

図26-11 「元気つくし」の食味
炊飯直後，冷飯は新米，古米は翌年秋まで室温貯蔵後の古米を使用．
基準は同条件のコシヒカリ（0.00）．パネリストは13-16人．

の1等米比率が15％未満であったにも関わらず「元気つくし」は90％以上を確保できた（浜地ら2012）．加えて，日本穀物検定協会による食味ランキングでは，2011年産以降，3年連続で「特A」評価を獲得するなど，食味に対する評価も高く，県民の認知度の高まりとともに需要は伸びている．「元気つくし」は2013年に福岡県下で4,260 ha栽培され，水稲作付面積の約11％を占めるに

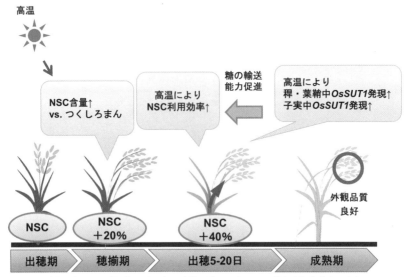

図26-12 なぜ「元気つくし」は高温に強いのか!? 〜秘密は転流能力にあり〜
OsSUT1：炭水化物の輸送には「糖トランスポーター」と呼ばれる遺伝子群が関与し，中でも，ショ糖トランスポーター遺伝子（OsSUT1）は米の登熟に深く関与している．近年の研究により，「ヒノヒカリ」では登熟期間中の高温によりOsSUT1遺伝子の発現量が減少し，これが白未熟や粒重低下につながる要因の一つであることが明らかとなっている（Phan et al. 2013, Ishibashi et al. 2014）．つまり，OsSUT1遺伝子の発現量が高いほど種子への糖の輸送が容易になり，結果的に米の登熟，収量および品質に好影響を与えると考えられる．

至っている．

(2)「元気つくし」の高温耐性機構の解明

Moritaら（2011）は，高温耐性品種「にこまる」の登熟が優れる要因として，登熟に貢献するとされる穂揃期の稈・葉鞘中に蓄積された非構造性炭水化物（Non-Structural Carbohydrate; NSC）が「ヒノヒカリ」より30％ほど多いことを明らかにしている．著者らは，「元気つくし」の高温耐性機構について検討を行った結果（Miyazaki et al. 2013），同じ出穂期の「つくしろまん」と比べて，稈・葉鞘中に蓄積されたNSCが多く，登熟期間中に効率的に利用されており，さらに高温条件下では，より活発に利用されていることを明らかにした．また，その要因の一つとして炭水化物の輸送に深く関与するショ糖トランスポーター遺伝子（OsSUT1）の発現誘導の影響も考えられ，これらの生育特性が，「元気つくし」の良好な外観品質の維持に貢献しているものと考えられ

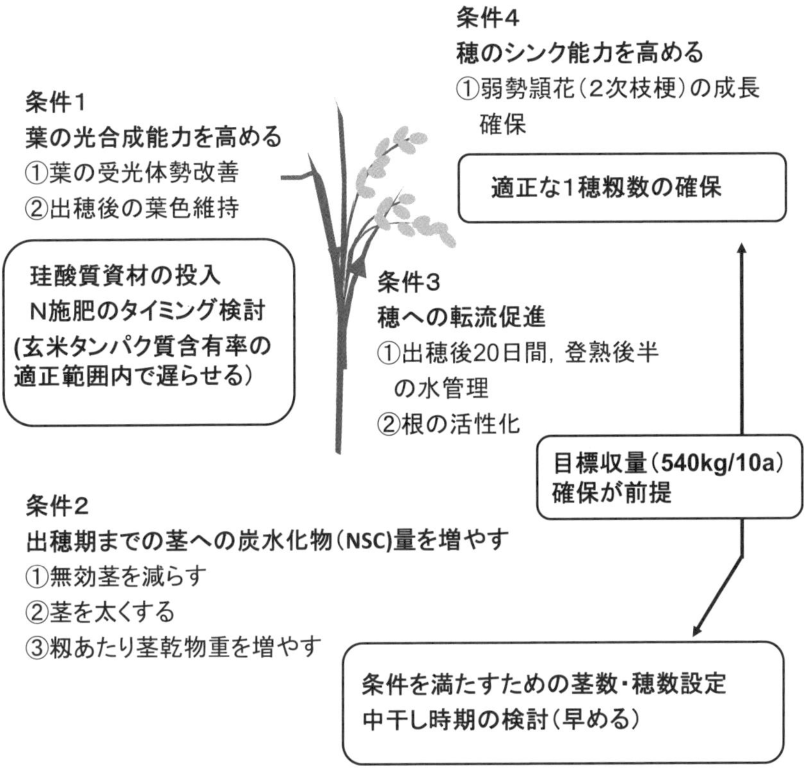

第26章　高温登熟障害の克服に向けた福岡県の取り組みと今後の課題　429

条件1
葉の光合成能力を高める
①葉の受光体勢改善
②出穂後の葉色維持

珪酸質資材の投入
N施肥のタイミング検討
(玄米タンパク質含有率の
適正範囲内で遅らせる)

条件4
穂のシンク能力を高める
①弱勢頴花(2次枝梗)の成長確保

適正な1穂籾数の確保

条件3
穂への転流促進
①出穂後20日間,登熟後半の水管理
②根の活性化

目標収量(540kg/10a)
確保が前提

条件2
出穂期までの茎への炭水化物(NSC)量を増やす
①無効茎を減らす
②茎を太くする
③籾あたり茎乾物重を増やす

条件を満たすための茎数・穂数設定
中干し時期の検討(早める)

図26-13　温暖化に対応した稲の理想型　〜シンク・ソース能力を高める稲づくり〜

る(図26-12).
　高温耐性品種の生育特性をヒントに温暖化に対応した稲の理想型を示した(図26-13).

❸ 今後の方向性と課題

　高温登熟障害の克服に向けた主な対策技術の考え方を示した(図26-14).
　本県は米の生産県(約20万t)であると同時に,それ以上の消費県(約30万t)である.このため,品種ごとに消費ターゲットを明確化し,認知度向上により県内シェアを伸ばす販売戦略とともに,対策技術の実施により高品質米を安定供給できる体制づくりを進めていくことが重要である.一方で,本県で

		夢つくし (極早生)	元気つくし (早生)	ヒノヒカリ (中生)
主な対策技術の考え方	方針	高温回避と窒素施肥不足の解消	連続「特A」獲得収量・品質の安定	籾数抑制のための施肥改善
	適期移植	6月10日以降 ※より遅植で効果大	6月10日以降	6月20日以降
	施肥法 後期重点型施肥へ移行	地力の低い地域窒素の増肥検討	2回穂肥を実施 労力的に困難な場合は穂肥に緩効性肥料を活用	穂肥時期を変更 従来：出穂期20～18日 変更：出穂前7日頃
	落水時期の徹底	出穂後30日以降	出穂後30～35日頃	出穂後35日以降
	その他	6月1日以降 2009年：50% ⇒2012年：72%	・技術研究会設立 ・食味向上実証ほ場設置 ・いもち病対策	目標籾数変更 従来：3.0～3.2万粒/m^2 変更：2.8～3.0万粒/m^2 「元気つくし」へ作付誘導

図26-14 高温登熟障害の克服に向けた主な対策技術

は，高齢化が進む中で，緩効性肥料を使用した一回全量施肥栽培が全面積の70%程度まで普及している．一回全量施肥栽培については，緩効率を50～60%で従来のシグモイド型100日タイプに120日タイプを混合して使用することが有効であることを明らかにし（荒木ら2012）製品化されている．しかし，ほ場や年次により収量・品質が不安定になることに加え，水管理等の基本技術の不徹底が収量・品質低下につながるおそれもある．現在，こうした問題点を整理し，近年の気象条件の変化や品種，土壌条件を考慮した一回全量施肥栽培の検討を行っている．また，大豆後作や肥沃度の高い県南一部地帯では水稲の初期生育が過剰となり，著しい籾数過剰により充実不足・白未熟粒の発生が続いており（吉野ら2011），さらなる改善が必要である．

参考文献

IPCC 2007. 第4次評価報告書第1作業部会報告書政策決定者向け要約（翻訳気象庁）．http://www.env.go.jp/earth/ipcc/4th/syr_spm.pdf（2014. 2. 14閲覧）

荒木雅登・宮崎真行・岩淵哲也2012. 温暖化に対応した「ヒノヒカリ」の高品質安

定栽培技術 第2報 幼穂形成期における生育診断による籾数予測. 日作九支報 78：5-7.
荒木雅登・荒巻幸一郎・黒柳直彦 2013. 被覆尿素の溶出タイプや配合割合が近年の温暖化気象下におけるヒノヒカリの品質, 収量に及ぼす影響. 福岡農総試研報 32：1-5.
Ishibashi, Y., Okamura, K., Miyazaki, M., Phan, T., Yuasa, T., and Iwaya-Inoue, M. 2014. Expression of rice sucrose transporter gene OsSUT1 in sink and source organs shaded during grain filling may affect grain yield and quality. Environ. Expt. Bot. 97：49-54.
高橋 渉 2006. 気候温暖化条件下におけるコシヒカリの白未熟粒発生軽減技術. 農及園 81（9）：1012-1018.
Tanaka, K., Onishi, R., Miyazaki, M, Ishibashi, Y., Yuasa, T. and Iwaya-Inoue, M. 2009. Changes in NMR relaxation of rice grains, kernel quality and physicochemical properties in response to a high temperature after flowering in heat-tolerant and heat-sensitive rice cultivars. Plant Prod. Sci. 12：185-192.
田中浩平・宮崎真行・内川修・荒木雅登 2010. 水稲の外観品質に及ぼす稲体窒素栄養条件や施肥法の影響. 日作紀 79：451-459.
月森 弘 2003. 島根県における高温のイネ生産への影響と技術的対策. 日作紀 72（別2）：434-439.
坪根正雄・井上 敬・尾形武文・和田卓也 2008. 登熟期間中の温水処理による高温登熟性に優れる水稲品種の選抜方法. 日作九支報 74：21-23.
寺島一男・齋藤祐幸・酒井長雄・渡部富男・尾形武文・秋田重誠 2001. 1999年の夏期高温が水稲の登熟と米品質に及ぼした影響. 日作紀 70：449-458.
Phan, T., Ishibashi, Y., Miyazaki, M., Tran, T. H., Okamura, K., Tanaka, S., Nakamura, J., Yuasa, T. and Iwata-Inoue, M. 2013. High temperature-induced repression of the rice sucrose transporter (OsSUT1) and starch synthesis-related genes in sink and source organs at milky ripening stage causes chalky grains. J. Agro. Crop Sci.199：178-88.
浜地勇次・宮崎真行・坪根正雄・大野礼成・小田原孝治 2012. 2010年の夏期高温条件下における高温耐性水稲品種「元気つくし」の玄米品質. 日作紀 81：332-338.
原口真一 2010. IV. 高温に対応した栽培技術開発の現状と方向. 6. 水管理. 九州沖縄農業研究センター資料（近年の九州産水稲の品質・作柄低下実態・要因の解析と今後の対応. 森田敏編著）94：87-90.
真鍋尚義・田中浩平・福島裕輔 1990. 水稲品種ヒノヒカリの栽培法. 福岡農総試研報 A-10：5-10.
宮崎真行・内川 修・田中浩平・福島裕助 2008. 移植時期が異なる場合の玄米品質と稲体窒素栄養条件. 日作九支報 74：11-13.
宮崎真行・荒木雅登・岩淵哲也・内川 修・平田朋也 2012. 温暖化に対応した「ヒ

ノヒカリ」の高品質安定栽培技術：第1報　高温登熟条件下における外観品質かからみた適正籾数の検討．日作九支報 78：1-4.
Miyazaki, M., Ito, Y., H. Nong Thi., Ishibashi, Y., Yuasa, T. and Iwaya-Inoue, M. 2013a. Changes in NMR relaxation times, gene expression and quality of seeds: response to different temperature treatments before and after the heading stages of rice plants. Cryobiol. Cryotechnol. 59: 149-145.
Miyazaki, M., Araki, M., Okamura, K., Ishibashi, Y., Yuasa, T., and Iwaya-Inoue, M. 2013b. Assimilate translocation and expression of sucrose transporter, OsSUT1, contribute to high-performance ripening under heat stress in the heat-tolerant rice cultivar Genkitsukushi. J. Plant Physiol. 170: 1579-1584.
Morita, S., and Nakano, H. 2011. Nonstructural carbohydrate content in the stem at full heading contributes to high performance of ripening in heat-tolerant rice cultivar Nikomaru. Crop Sci. 51: 818-828.
山口泰弘・井上健一・湯浅佳織 2004．高温年次におけるコシヒカリの移植時期が物質生産・収量・品質に及ぼす影響．福井農試研報 41：29-38.
和田卓也・坪根正雄・井上敬・尾形武文・浜地勇次・松江勇次・大里久美・安長知子・川村富輝・石塚明子 2010．高温登熟性に優れる水稲新品種「元気つくし」の育成およびその特性．福岡農総試研報 29：1-9.
吉野　稔・石塚明子・小田原孝治・浜地勇次 2011．前年夏作に大豆を栽培した圃場において基肥窒素量が水稲の生育に及ぼす影響．日作九支報 77：11-14.
若松謙一・佐々木修・上薗一郎・田中明男 2007．暖地水稲の登熟期間の高温が玄米品質に及ぼす影響．日作紀 76：71-78.

第27章
高温登熟障害の克服に向けた福井県の取り組みと今後の課題

井上健一

　福井県は北陸南部に位置しており，北陸地域の中で夏期の高温の影響を最も強く受ける．また，1960年代には早生品種「ホウネンワセ」を基幹とした全国有数の早場米地帯であったこともあり，早生品種への要望が強い地域である．福井農試は国の水稲育種指定試験地として「コシヒカリ」をはじめとする良質良食味品種の育成を行ってきたが，立地条件や地域の作型の影響により，意図しなくても高温に強い品種育成が行われてきたと推測される．水稲品種のブランド化が進む中で，高温に強い中晩生の良食味良質品種の育成を重点的に行っている．

　福井県内で栽培される「コシヒカリ」を中心とした主力品種の出穂期は7月下〜8月上旬であり，国内で最も出穂後の気温が高い地域となっている．回帰式から求めた出穂後30日間の平均気温は1974〜2013年の40年間に，26.5℃から27.9℃まで1.4℃上昇した．また，1994〜2013年の20年間に7月下〜8月中旬の平均気温が29℃を上回る年次が3年あり，登熟期間の高温に収穫前のフェーン現象による乾燥が伴った2002年には，白未熟粒や胴割粒の多発により著しく「コシヒカリ」の品質が低下した．その反省から，高温登熟を回避あるいは克服する栽培研究を進めてきたので，その一部を紹介する．

　なお，福井県の「コシヒカリ」の品質低下理由のうち，発生頻度が高いのは斑点米，未熟粒，胴割粒である．早生品種では斑点米が品質低下理由の大部分を占め，中晩生品種では年次によって未熟粒，胴割粒の発生が多い．未熟粒の内訳をみると，2002年頃までは乳白粒と青未熟粒が多かったが，2005年以降は背白粒や基白粒の発生が増加している．これは，窒素施肥量を控える栽培法の普及によりイネの生育量がやや小さくなり，m^2あたり穎数が減少傾向であることに加えて，登熟期間の高温の影響が大きいためと推測される．

1 福井県の玄米品質向上の取り組み

(1) 品種と特性
① 品種構成と特徴

　福井県の主な奨励品種は，7月中旬に出穂し8月中下旬に収穫する早生品種の「ハナエチゼン」(作付比率約25％)，8月初めに出穂して9月上中旬に収穫する「コシヒカリ」(作付比率約60％)，9月中旬に収穫する中晩生品種の「あきさかり」(作付比率約10％)である．
　このうち「あきさかり」は，温暖化に対応して2008年に奨励品種に採用された高温登熟性の高い品種である(冨田ら2009)．「コシヒカリ」に比べて10日前後成熟期が遅い中晩生品種で，収量も20％程度高い．m^2 あたり籾数は8％程度多いにも関わらず登熟歩合が高く，玄米の見かけの品質は「コシヒカリ」を上回って良好である(表27-1)．また，炊飯米に光沢があり，タンパク含量が低く味度値が高く，品質食味ともに良好である(中村・徳堂2011)．2009，2010年には移植で最高 800 kg/10 a 以上の収量が得られており，直播でもそれに近い収量データがある．2010，2012年の高温下でも比較的品質は良好であり，収量と品質食味を併せて改善できる品種である(図27-1)．
　一方，「ハナエチゼン」は最も高温登熟条件で栽培されるにもかかわらず比較的腹白粒や胴割粒の発生は少ない(堀内ら1992)．作期的にカメムシ類の被害を受けやすいために斑点米の発生は多いが，収量品質的に安定した品種で，1993年に奨励品種に採用されて以来20年以上栽培されている．

② 良質品種の物質生産特性
　「あきさかり」の物質生産能力を解析すると，登熟前半の地上部CGR(乾物増加速度)は「コシヒカリ」と大差ないが，登熟後半のCGRは明らかに高い

表27-1　あきさかりとコシヒカリの生育収量，品質食味(福井農試，稚苗5/2移植)**

	出穂期 (月日)	成熟期 (月日)	総籾数 (百粒/m^2)	登熟歩合 (％)	千粒重 (g)	精玄米重 (kg/a)	良質粒* (％)	白未熟* (％)	タンパク質含量* (％)	味度*
あきさかり	8.4	9.11	371	88.0	22.5	73.0	74.0	3.0	5.8	84.5
コシヒカリ	7.26	9.1	344	82.7	21.4	59.0	68.1	7.5	6.5	73.8

＊静岡製機製 ES-1000，TM-3500 およびトーヨー味度メーターによる分析値．
＊＊生育収量は2007〜2012年，品質，タンパク質は2009〜2012年，味度は2011〜2012年の平均値．

第27章 高温登熟障害の克服に向けた福井県の取り組みと今後の課題

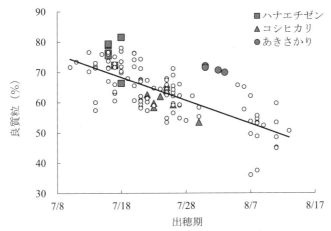

図 27-1 高温年の品種・系統の出穂期と品質
井上（2012）．ES1000 による測定．○はその他系統．

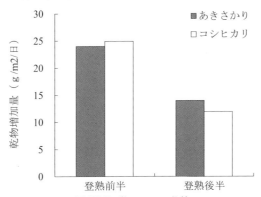

図 27-2 穂の CGR の比較
福井農試 2007-2012 の平均値（5 月上旬移植標準栽培）．

（図 27-2）．また，出穂期に蓄積された NSC（非構造性炭水化物）量が多いため，登熟前半の高温など多少の不良環境に対する耐性が高いとみられる．「あきさかり」は「コシヒカリ」より耐倒伏性が高く，登熟期間の受光体制が良好であることに加えて，温暖化の影響により 9 月の日射量が増加しており，それがやや晩生の品種の登熟に好適に働いていると推測される．

一方早生品種の「ハナエチゼン」は，登熟前半の平均気温が 29℃程度の年次でも，1 等米比率は 80% 程度を維持できている．その物質生産的背景として，幼穂形成期から登熟前半にかけての CGR がきわめて高く（図 27-3），そ

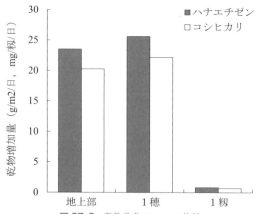

図27-3 登熟前半のCGRの比較
福井農試1991-2011の平均値（5月上旬移植標準栽培）．

れが高い高温登熟能力や収量および外観品質の安定性につながっていると考えられる．日射が多い年ではもちろん，寡照年でも登熟歩合や外観品質は良好である．欠点は，特に寡照年でタンパク含量が高まり，炊飯米の粘りがやや乏しくなる点である．

(2) 栽培技術と品質（コシヒカリを中心に）

① "適期田植え"

福井県では，それまで定着していた「コシヒカリ」の5月連休田植えから，2010年より5月15日以降の"適期田植え"を推奨した．1年前からの情報提供の徹底と関係者および生産者の努力と協力の結果，初年目の目標達成実績は86%（直播を含む）と高く，登熟前半の平均気温29℃以上の高温登熟条件下でも1等比率は84%とまずまずであった．その成果が良好であったため，「コシヒカリ」の"適期田植え"は全県下に定着している（井上2012）．

移植時期が遅いほうが見かけの品質は良好であることは10年以上前から知られていたが（山口ら2004），稈長が伸びやすく倒伏がいくぶん増加することや，m²あたり籾数が減少して減収となる可能性があることから，全県下で普及を進めることはためらわれてきた．しかし，2009年の事前の現地調査の結果，移植時期を遅らせることによる品質改善効果が現地でも確認されるとともに，収量への影響が小さかったため，普及推進を大きく働きかけることができた．

表27-2 コシヒカリの移植時期と収量，品質，食味（井上2012）**

移植時期（月日）	調査点数	穂数（本/m²）	総籾数（百粒/m²）	登熟歩合（%）	千粒重（g）	精玄米重（kg/a）	倒伏程度	良質粒*（%）	未熟粒*（%）	タンパク含量*（%）
5.4	41	393	298	78.1	21.5	51.9	2.4	77.2	21.1	6.8
5.18	72	356	283	85.8	21.9	52.0	2.6	79.6	18.4	6.6

＊静岡製機製 ES-1000，TM-3500 による分析値．
＊＊福井県内現地の平均値．

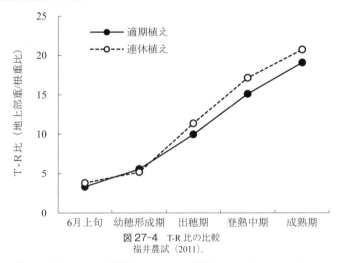

図27-4 T-R 比の比較
福井農試（2011）．

適期田植えの効果は，出穂期が遅れて登熟期間の気温がやや低下することに加えて，m² あたり籾数の減少によるシンク−ソースバランスの改善の結果，乳白粒や未熟粒の低下，登熟歩合や千粒重の増加，タンパク含量の低下や食味の向上などとして表れている（表27-2）．生育期間中の物質生産量は連休田植えが優っているが，T-R 比や登熟後半までのイネの活力維持に関しては適期植えのほうが良好である（図27-4）．それが，登熟期間の多少の高温条件でも見かけの品質が高く維持される大きな要因と推察される（山口ら 2004）．

なお，「コシヒカリ」の場合，施肥量は連休田植えより基肥相当の窒素成分で約 1 kg/10 a 減量し，5 kg/10 a を標準としている．また，やや高温下での育苗となるため，苗箱の窒素施肥量も 1.5 g/箱から 1.2 g/箱程度まで減量しないと徒長により苗質の低下が大きい（山口・井上 2005a）ことも併せて周知徹底したため，技術体系をセットで変更したことで大きな問題が生じなかったと考察している．

移植時期を遅らせる取組みは,「コシヒカリ」だけでなく早生品種の「ハナエチゼン」や中生品種の「イクヒカリ」,中晩生品種の「あきさかり」でも一部取り組まれており,9月の日射量が多い条件では品質食味に安定した効果が得られている.

② 基肥一括肥料

基肥一括肥料の側条施肥栽培は,県内の大規模生産者や生産組織を中心に80%程度と広く普及している.品種ごとに構成肥料の配分に工夫を加え,普及当初の初期生育過剰でやや秋落ちとなる生育パターンから,ゆっくりした初期生育と登熟後半までの安定した肥効が維持できる生育経過になるよう改善されている.「コシヒカリ」の一括肥料では,基肥と穂肥の比率が4:6となるよう配合されている.幼穂形成期の葉色の急速な変化はないが,マイルドな肥効が長期間持続する.稈長や穂長がやや短くなって倒伏程度が小さくなるほか,m^2 籾数がやや減少して登熟期間中も肥効が続くために,乳白粒や背白,基白粒の発生程度は少なく,見かけの品質は高く維持される(西端ら2001).食味評価もまずまずであるが,粒大がやや小さめとなるのが難点である.

③ 直播栽培

2013年の直播面積は3,300 haを上回り,そのうち「コシヒカリ」の作付けが1/2以上を占める.ほとんどが基肥一括肥料を用いて栽培されている.5月上旬に播種しても移植より出穂期が遅れるため,登熟気温がやや低く,m^2 あたり籾数もやや少ないことから,連休移植より見かけの品質は良好である.しかし,初期生育が過剰となった場合には倒伏の懸念があることや,根系が浅くなりやすいことなどから,茎数過剰防止のための中期深水管理(福井農試2011,図27-5)や,節間伸長期の倒伏軽減剤の施用などの対策が必要である.品質食味は"適期田植え"とほぼ同等である.

④ 疎植

県内に,坪60株植(約18株/m^2)が広く普及している.一部では坪50株植(約15株/m^2)に止まらず,坪37株植(約11株/m^2)の試みも行われている.疎植試験を行うと,坪50株植までは収量低下もごくわずかで,乳白粒の減少などにより品質向上効果が認められている(井上2005).また,玄米タンパク含量も疎植によりやや低下する傾向がある.しかし,坪35株植えでは,みかけの品質は良好だが収量低下に留意する必要がある.物質生産が安定して生育量が十分に確保できる地力があること,および雑草発生が少ないこと,さらに

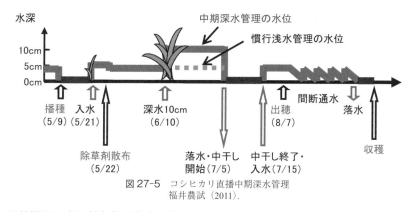

図27-5 コシヒカリ直播中期深水管理
福井農試 (2011).

登熟期間の高日射条件が成功のポイントである．

⑤ 水管理

福井県では，主要河川の九頭竜川と日野川流域の水田で農業用水のパイプライン化が進んでいる．パイプライン内を流下する水の水温は，河川からの取水水温とほとんど同じである．このことを利用して，夜温を低下させることによる品質向上の可能性を検討するために，主に現地圃場で登熟期間の昼間灌水（昼水：ポンプ場利用による慣行）と夜間灌水（夜水：自然圧）の効果を比較した．その結果，水温20～25℃の水を灌水することにより，特に高温乾燥年次で夜間灌水時の地表温が低下するとともに日較差が拡大し，夜間の溢泌液量が増加して乳白粒や背白・基白粒，胴割粒の減少による品質向上効果が確認された．加えて，味度やタンパク含量など食味関連特性にも改善効果が見られ（図27-6），食味官能試験で評価が高まる事例も認められている（井上 2014，井上・土田 2015，大塚・坂田 2013）．これらの結果を基に，地域全体での夜間灌水の取り組みによる品質食味改善の動きが進んでいる．

⑥ 立地条件

中山間地域は気温が低く日射量も平坦地より少ないため，いもち病などの病害や登熟不良により収量品質ともに不安定であった．しかし，箱施薬粒剤の普及と温暖化に伴う高温多照の気象条件により，初中期の生育が安定するとともに，登熟期間の気温がやや低く日較差が大きいため，北陸地域南部では良質良食味米の生産にとって好適な条件となっている．数年の調査によると，胴割粒の発生低減効果は明瞭であった（井上・高岡 2012，図27-7）．また，食味関連特性でも，味度値や官能評価が高まる傾向が確認されている．

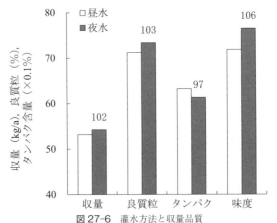

図27-6 灌水方法と収量品質
井上 (2014).10ヶ所 (味度は4ヶ所) の平均値. 数値は昼水を100とした比.

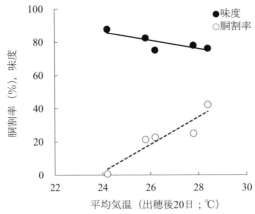

図27-7 登熟気温と胴割率, 味度値の関係
井上・高岡 (2012).

⑦ 根系の影響

最高茎数が35本/株を上回る初期生育の旺盛な「コシヒカリ」では, 土壌中の根系分布が浅くなる傾向があり, そのようなイネでは生育中後半の根量増加も少なく, 登熟期間の根の脱落も多くなり, それが登熟後半の栄養凋落につながることが多い. 一株植付本数が8本程度と多い場合や移植後の気温が高く施肥量が多い場合など, 活力のある根の本数あたりの着粒数が多くなり, 乳白粒や胴割粒の発生増加など品質への悪影響が指摘されている (井上・山口

2007).

したがって，深耕や肥培管理の改善，側条施肥から全層施肥に変更するなど，初期生育を過剰とせずにT-R比を小さくするとともに，適切に中干しを行って根を下層に伸長させることも，高温登熟条件で品質食味を良くする上で重要である．作土の浅い灰色低地土で初期生育が旺盛すぎる場合には，登熟期間に生育が凋落して登熟歩合の低下や背白・基白粒，胴割粒の多発を招くことがあるので，特に注意が必要である（山口・井上 2005b）．

2 品質と食味評価との関連性

完全米の比率が高く未熟粒が少ないことは検査等級を高めるうえで重要だが，見かけの品質が良好な米の食味評価が必ずしも高いとは限らない．一方，高温登熟下で生育が凋落して背白粒や基白粒が多発した米では，タンパク含量は低くても食味評価は必ずしも良好ではない．多収穫を期待して施肥量を多くした乾物重や窒素吸収量の大きなイネでは，m^2 あたり着粒数が多く，乳白粒や青未熟粒が多発してタンパク含量が高く，食味評価も不良である．しかし，食味評価の向上を意図してタンパク含量を下げるために窒素施肥量を減らす栽培法では，m^2 あたり着粒数はおおむね適正だが葉色が淡く，高温下では背白粒や基白粒の発生を助長する例が多い．

食味評価とタンパク含量の関係については，幅広いサンプルでは一定の傾向は認められるが，低タンパク化の進展により相関関係は低下している．これまでに，施肥量や移植時期などのさまざまな栽培条件に加えて，現地の多様な環境で栽培された玄米を収集し，品質食味分析を行うとともに食味官能試験結果との関連性について解析を進めてきた．その結果，「コシヒカリ」で玄米中のタンパク含量が 6.5% を上回る米では，粘りが弱く硬く脆い食感で食味評価が劣り，一方で 5% 台前半の低タンパク含量ではうま味評価が劣ることがあり，必ずしも食味評価は高くないことが明らかとなっている．これらの点より，例外も多いが，6.0% 前後のタンパク含量が品質食味面で安定している．

一方，炊飯米の表面光沢を数値化，指標化した味度は，官能試験の外観やうま味と関係が強く，総合評価との相関係数も高い．味度は，登熟前半の気温とタンパク含量がともにやや低く，見かけの品質が良好な条件で高まる傾向にあるため，出穂期がやや遅い作型や中山間地産の米などで安定して数値が高い

(井上 2012 ほか).

今後は，外観品質評価に加えて，極良食味な米を選抜する指標として，新しくかつ簡易な指標の開発が必要である．

❸ 高温障害克服に向けた今後の課題

　高温登熟条件でも品質低下が少ない品種では，登熟期間の物質生産能力および転流能力が優れている．これは，育成年次が古い「コシヒカリ」よりも形態的特性や生理的特性が改善され，品種の生産力が高まった結果と考えられる．特に「あきさかり」では，m^2 あたり籾数が多く玄米中のタンパク含量が相対的に少ないにもかかわらず登熟は良好で，多収で外観品質も安定して高い．品質に大きな影響を及ぼす登熟前半の日平均気温が現在より1℃，30℃近くまで上昇しても，その特性が維持されるよう，品種の持つ機能を高める必要がある．

　一方，福井県でこれまで品質が著しく低下した年次では，登熟期間の高温に加えて必ずフェーンによる乾燥が伴っており，これに対する栽培的な対策が求められている．乾燥下でも光合成能力や葉身機能が維持できるよう，ケイ酸等の吸収量を高めるための資材および土壌管理面からの検討が必要である．併せて，根の形態と機能の点で，より高温登熟に適した根系とはどのようなものか，解析と評価が求められる．

参考文献

福井農試 2011. 直播コシヒカリの中期深水管理. www.agri-net.pref.fukui.jp/shiken/hukyu/data/h23/01.pdf

堀内久満・水野　進・中川宣興・寺田和弘・冨田　桂・池田郁美・青木研一・見延敏幸・田野井真・石川武之甫・福田忠夫 1992．水稲新品種「ハナエチゼン」の育成経過と特性．北陸作報 27：1-4．

井上健一 2005．高温のイネ生産への影響と技術的対策—福井県の場合—．日作紀 74：82-86．

井上健一・山口泰弘 2007．高温障害に強いイネ．日本作物学会北陸支部・北陸育種談話会編．養賢堂．東京．pp. 59-74．

井上健一 2012．福井県におけるコシヒカリの高温登熟回避の試み—"適期田植え"の普及と品質食味の解析を中心に—．北陸作報 47：137-140．

井上健一・土田政憲 2015．水稲登熟期間の夜間灌水の効果．福井農試報 52：1-8．

井上健一・高岡聖子 2012. 中山間地で栽培されたコシヒカリの登熟条件と品質・食味の関係. 北陸作報 47：51-54.

井上健一 2014. 水稲登熟期の夜間灌水の効果. 米麦改良 2014.8：11-15.

中村真也・徳堂裕康 2011. 水稲品種「あきさかり」の品質・食味に関する考察. 北陸作報 47（別）：15.

西端善丸・牧田康宏・伊森博志 2001. コシヒカリの全量基肥施肥法による乳白粒の発生軽減と玄米品質の向上. 福井農試研報 38：41-46.

大塚直輝・坂田 賢 2013. パイプラインを利用した夜間灌漑実証試験. 水土の知 81 (4)：301-304.

冨田 桂・堀内久満・小林麻子・田野井真・田中 勲・見延敏幸・神田謹爾・林 猛・寺田和弘・杉本明夫・鹿子嶋力・堀内謙一 2009. 水稲新品種「あきさかり」. 福井農試研報 46：1-21.

山口泰弘・井上健一・湯浅佳織 2004. 高温年次におけるコシヒカリの移植時期が物質生産・収量・品質に及ぼす影響. 福井農試研報 41：29-38.

山口泰弘・井上健一 2005a. 高温条件下での稲の育苗法. 北陸作報 40：20-23.

山口泰弘・井上健一 2005b. 土質の違いと基肥一括肥料の施肥法が水稲根の発育, 収量品質に及ぼす影響. 日作紀 74 別 1：58-59.

第28章
高温障害回避技術の構築を目指して
―水田の水管理による熱環境の改善―

丸山篤志

　近年の地球温暖化にともない，西南暖地を中心に登熟期の高温による品質低下の抑制が急務の課題となっている．水田の気温あるいは水温，稲体温度などの熱環境は登熟期間中の光合成や転流・分配などの生理的過程に影響を及ぼす重要な要因である．冷水灌漑や間断灌漑等の水管理による対策は，直接的な熱環境の改善が期待される有力な対策技術であるが，水温の低い用水が十分に得られないことや，労力等の制約から実用的な技術には至っていない．また，気象条件と作物の群落構造に左右される水田の熱環境の形成は複雑で，どのような水管理方法（水深，取水時刻）が温度低下に寄与するのかも明らかでない．ここでは，近年の気候変動が登熟期の熱環境に及ぼしている影響を解説するとともに，気象条件と水管理条件から水田の水温や作物体温を推定するモデルを開発し，水管理による熱環境の改善技術の構築に向けた取り組みについて紹介する．

1 気候変動による登熟期の熱環境の変化

　気候変動に関するこれまでの研究から，20世紀後半から全球地上平均温度が上昇傾向にあることが知られている（IPCC 2013）．国内においても，1940年代までは比較的低温な時期が続いたが，その後に気温が上昇に転じ，1980年代後半から急速に気温が上昇したことが知られている（気象庁 2013）．図28-1には筑紫平野（観測点：佐賀地方気象台）における1971-1990年の20年間の平均気温と，1991-2010年の同値を比較しているが，登熟期に相当する8月下旬から9月の気温が期間を通じて上昇していることが分かる．上昇幅は8月が平均で0.5℃，9月が平均で1.0℃と，特に9月に大きい．このような気温上昇の傾向には，都市化の影響が一部含まれている可能性（藤部 2012）もあ

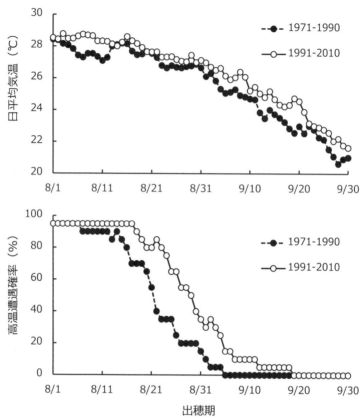

図 28-1　筑紫平野（観測点：佐賀）の登熟期における 20 年間平均気温の季節変化（上）および出穂期とその後の高温環境遭遇確率との関係（下）
高温遭遇確率は出穂後 20 日間の平均気温が 26℃ 以上となる確率を 20 年間のデータから算出．

るものの，登熟期の全体的な気温の上昇は品質低下のリスクを増大させる．

品質低下の主要因である白未熟粒の発生は出穂後 20 日間の平均気温が概ね 26〜27℃ 以上で顕著になることが知られているが（森田 2008），図 28-1 にはリスク指標を同温度が 26℃ 以上とした場合，その発生リスク（高温遭遇確率）が出穂期に対してどのように変化するかを併せて示している．例えば，出穂期が 8 月 25 日の場合の確率は，1971-1990 年は 35%（3 年に 1 回程度）だったのに対して，1991-2010 年は 65%（3 年に 2 回程度）と，リスクが約 2 倍に高まっている．また，9 月 5 日以降に出穂した場合の同確率は，1971-1990 年は

0％だったのに対して，1991-2010年は15％であり，7年に1回程度のリスクが存在することが分かる．ただし，図にみられるよう出穂期による確率の変化も非常に大きく，出穂期を少しでも遅らせることで品質低下のリスクを低下できることが伺える．このように，気温や後述する水温に代表される圃場の熱環境は，その0～1℃程度の平均的な変化が，品質低下のリスクを大きく左右することが特徴のひとつである．

② 水温と玄米品質との関係

水田の水温は，気温とともに稲体の熱環境を直接的に支配する要因であり，水稲の生育に様々な影響を与える（西山1985）．ここでは，登熟期にかけ流しを実施した水田において，水温の異なる複数地点で外観品質および稲体温度の調査を行い，水温が品質と稲体温度にどのような影響を与えるのか調べた試験結果を紹介する．

図28-2には，九州沖縄農業研究センター（熊本県合志市）の水田圃場（品種：ヒノヒカリ）において，登熟期に約22℃の用水（地下水利用）を連続的にかけ流し，水口から距離の異なる6地点において水温と未熟粒の発生率，玄

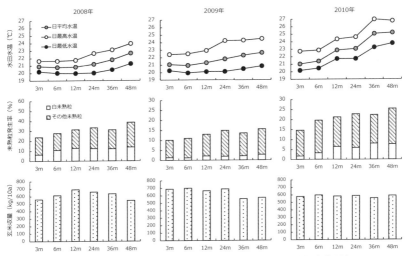

図28-2 登熟期の水温と未熟粒発生率および玄米収量の関係（九州沖縄農業研究センターにおける試験結果）
丸山（2014）にデータを追加して作成．水田水温は出穂後20日間の平均値．

米収量を測定した結果を示す．水温の測定には T 型熱電対と白金測定抵抗体を用いている．また，未熟粒の判別には穀粒判別器（サタケ RGQI20A）を用いており，ここでの白未熟粒の発生率は，乳白粒・基部未熟粒・腹白未熟粒の合計を用いている．また，収量は 1.8 mm の篩いにかけた後の精玄米重を水分含量 15％ に換算した値を用いている．2008〜2010 年の全ての年次において，水口に近い水温の低い地点ほど白未熟粒とその他未熟粒の発生率が低い傾向がみられた．ただし，年次間差に着目すると，高温年で水温の極端に高かった 2010 年よりも 2008 年の発生率が全体的に高く，未熟粒の発生率が温度以外の要因にも左右されていることが示唆される．例えば，2008 年は登熟期の日照時間が比較的短かったため，寺島ら（2001）の指摘するよう寡照条件によって白未熟粒が増加した可能性がある．また，水口付近では一般的にイネの生育が異なることから，出穂以前の前歴の影響も無視できないと思われる．ただし，玄米収量の地点間差の傾向は 3 ヵ年で大きく異なっている．このことから，年次によって収量形成や品質低下の過程には違いがあるものの，相対的な未熟粒（白未熟粒，その他未熟粒）の発生率は主に水温によって地点間で異なったと考えられる．

　次に，同試験において，水温の違いによって（生育に直接影響を及ぼす）稲体温度がどのくらい異なるのか測定した結果を図 28-3 に示す．稲体温度（葉温・穂温）の測定には極細タイプ（線径：76 μm）の T 型熱電対を用い，図には水口からの距離が異なる 2 地点で葉温を群落高度別に測定した結果を示している．気温は地点間の差がみられない一方で，水温は水口からの距離に応じた違いがみられ，低水温区は高水温区に比べて最高水温が 1〜2℃，最低水温が 0〜1℃ ほど低い傾向がみられた．すなわち，地点間で気温は同じで水温のみが異なった．また，群落下層では低水温区の葉温が高水温区に比べて 0〜2℃ 低く，特に正午から夕方にかけての差が顕著であった．稲体温度は一般に群落の熱収支によって決まるが（Maruyama and Kuwagata 2010），この結果からは，群落下層では水面からの赤外放射の違い（または，水面―大気―葉面間の熱交換の違い）によって水温の差が稲体温度に反映されていると考えられる．ただし，群落上層では葉温の明確な違いがみられず，また穂温も同様に差がみられなかったことから，先述した水温による品質の違いには，玄米自体の温度よりも稲体の群落下層あるいは根圏の熱環境が関わっていることが示唆される．和田ら（2013）は，冷水灌漑にともなう低水温によって本試験と同様に白未熟粒

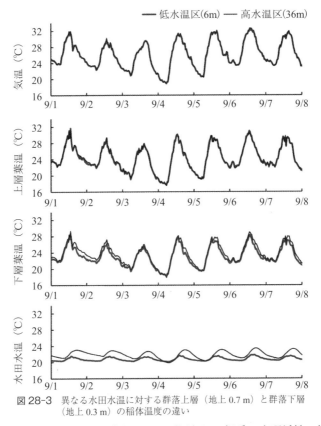

図28-3 異なる水田水温に対する群落上層（地上0.7 m）と群落下層（地上0.3 m）の稲体温度の違い

が減少する結果を得ている．また，その要因として根系の生理活性の低下抑制および葉の老化抑制を挙げており，低水温による品質低下抑制のメカニズムの解明には生理的要因を含めた今後の研究が期待される．

③ 水田水温を低下させる水管理

　西南暖地では一般的に，登熟期に取水と自然落水を数日間隔で繰り返す間断灌漑が行われている．水体は土壌よりも体積熱容量が大きいため，湛水時の田面温度は通常，日中は落水時よりも低くなり，逆に夜間は落水時よりも高くなる．どのようなタイミングで取水や落水（ここでは強制排水）を行うことが登熟期の水温を最も低く抑えられるのか，水田の熱収支に基づいた水温のシミュ

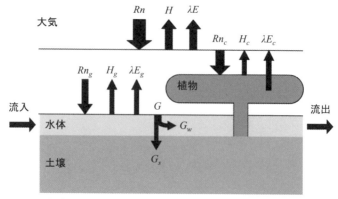

図28-4 群落の熱収支に基づいた水田水温モデルの概念図

レーションモデルによる解析結果を紹介する．

水田の群落微気象モデル（Maruyama and Kuwagata 2010）に水体の流入・流出による貯熱量変化を組み入れることで，気象条件とイネの葉面積指数（LAI），水深や取水時刻等の管理条件から水田水温の変化を再現できるモデルを構築した（図28-4）．モデルでは地面と植生の熱収支を個別に計算することで，水温と稲体温度を算定することができる．次に，2010年の筑紫平野（観測点：佐賀）の登熟期を対象に，水田水温を低下させる最適な水管理方法をモデル計算により調べた．9月4日（晴天日）と9月6日（曇天日）を対象に，取水時刻と落水時刻の様々な組み合わせによる水温の変化を計算し，水温の日平均値が最も低くなる管理方法を探索した．その結果，平均水温が最も低くなる組み合わせは，晴天日は10時に取水して16時に排水する場合，曇天日は7時に取水して16時に排水する場合であった．この結果から，日中に温まった水体を夕方に排出することが，水温を下げるのに効果的であることが分かる．

このような排水をともなう水管理は通常よりも多くの取水を必要とするため，登熟期の用水量が十分でない流域では毎日実施するのが困難なことも予想される．そこで，通常の間断灌漑を基本として上記の水管理（ここでは，落水灌漑と呼ぶ）の実施日を限定した場合に，取水回数と水温低下効果がどのように変化するのか調べた結果が表28-1である．落水灌漑の実施日を高温日に限定した場合，取水回数は減らすことができる．一方で，落水灌漑を毎日行った場合は間断灌漑に比べて20日間平均値で−0.6℃の水温低下効果がみられるのに対し，最高気温が30℃，32℃，34℃以上の日に限定した場合は，それぞれ

表 28-1 様々な水管理法による登熟期の水田水温（出穂後 20 日間の平均値：℃）の差異

水管理方法	取水回数	日平均水温 （温度差）	日最高水温 （温度差）	日最低水温 （温度差）
間断灌漑	5	27.1（ 0.0）	31.0（ 0.0）	24.1（ 0.0）
落水灌漑：毎日	20	26.5（-0.6）	29.8（-1.2）	23.8（-0.3）
落水灌漑：最高気温 30℃以上の日のみ	16	26.6（-0.5）	29.9（-1.1）	23.8（-0.3）
落水灌漑：最高気温 32℃以上の日のみ	12	26.7（-0.4）	30.4（-0.6）	23.8（-0.3）
落水灌漑：最高気温 34℃以上の日のみ	7	26.9（-0.2）	31.0（-0.0）	23.9（-0.2）

筑紫平野（観測点：佐賀）の 2010 年 9 月 1 日～20 日におけるシミュレーション結果（設定条件：管理水深 100 mm, 減水深 20 mm, 用水温度 26℃）．
各管理方法における温度差は間断灌漑との水温差を表す．

-0.5℃, -0.4℃, -0.2℃と, 実施日を減らすのに応じて水温低下効果も小さくなる．ただし, 前述したよう圃場の熱環境は 0～1℃の平均的な変化がリスクを大きく左右することから, 品質低下の抑制に対しても一定の効果が期待される．水管理による水温低下および品質低下抑制の効果は, 各地域の気象条件や水利条件, 栽培条件によって大きく異なると考えられる．また, 開花期の将来の気温上昇による高温不稔の発生（Maruyama et al. 2013）のように, 障害が短時間の温度によって決まる（Satake and Yoshida 1978）場合には, 一時的に熱環境を改善するような対策も有効であろう．そのため, 今後は日々変化する気象条件に対応して水温を低下させる最適な水管理方法を迅速に評価できる技術の確立と, 各地域での効果的な水管理方法の把握と検証を進める必要があるだろう．

参考文献

藤部文昭 2012. 日本における 100 年スケールのバックグラウンド昇温率および都市昇温率の評価. 気象研究所研究報告 63：43-56.

IPCC 2013. IPCC 第 5 次評価報告書第 1 作業部会報告書政策決定者向け要約（気象庁訳）. 東京. pp. 1-29.

気象庁 2013. 気候変動監視レポート 2012. 東京. pp. 68.

Maruyama A. and Kuwagata T. 2010. Coupling land surface and crop growth models to estimate the effects of changes in the growing season on energy balance and water use of rice paddies.Agricultural Forest Meteorology 150：919-930.

Maruyama A., Weerakoon W. M. W., Wakiyama Y. and Ohba K. 2013. Effects of increasing temperatures on spikelet fertility in different rice cultivars based on temperature gradient chamber experiments. Journal of Agronomy and Crop Science 199：416-423.

丸山篤志 2014. 近年の温暖化による水稲の高温障害の発生と水管理による対策. 農

業および園芸 89（9）957-963.
森田　敏 2008. イネの高温登熟障害の克服に向けて. 日本作物学会紀事 77：1-12.
西山岩男 1985. 稲の冷害生理学. 北海道図書刊行会. pp. 246-258.
Satake, T., and Yoshida S. 1978. High temperature-induced sterility in indica rice at flowering. Japanese Journal of Crop Science 47：6-17.
寺島一男・齋藤祐幸・酒井長雄・渡部富男・尾形武文・秋田重誠 2001. 1999年の夏季高温が水稲の登熟と米品質に及ぼした影響. 日本作物学会記事 70：449-458.
和田義春・大関文恵・小林朋子・粂川春樹 2013. 冷水灌漑が水稲高温登熟障害発生軽減に及ぼす影響. 日本作物学会記事 82：360-368.

第29章
酒米の品質と気象との関係

池上　勝

　温暖化による高温障害は食用米だけではなく，日本酒の原料である酒米の品質にもさまざまな影響を与えている（佐々木ら 2012）．外観品質では充実不足や白未熟粒による検査等級の低下，酒造適性に関しては蒸米の酵素消化性の低下や水浸裂傷粒の増加が問題になっている．一方，問題解決の中で酒米においても品質や酒造適性に関する研究が進展し，新しい知見と今後取り組むべき課題が明らかになりつつある．本稿では著者らが取り組んでいる酒米の品質研究と醸造研究分野における最近の知見を紹介する．

1 酒米の外観品質と気象条件との関係

(1)「山田錦」への温暖化の影響
　酒米は日本酒の原料米のことで，酒造好適米とも呼ばれ，農産物検査法では醸造用玄米に区分されている．現在，全国で105品種が醸造用玄米の産地品種銘柄に指定され（農林水産省 2017a），約10万3千t生産されている（農林水産省 2017b）．主な産地は兵庫県，新潟県，長野県，岡山県，富山県などで，主要品種は「山田錦」，「五百万石」，「美山錦」，「出羽燦々」，「雄町」などである．

　兵庫県は古く藩政時代から酒米の生産が盛んであり，2016年の生産量は全国一で2万6千t（全国シェア26%）である．兵庫県の酒米の主力品種は「山田錦」で，全国シェアの21.1%を占めており，県南東部の三木市や加東市を中心に約5,500 haの作付面積がある．「山田錦」は晩生種で，産地では6月上旬に移植され，8月末に出穂し，10月上中旬に収穫される．

　兵庫県の「山田錦」では1998年頃から出穂期の早生化や穂数の増加など温暖化の生育への影響が認識され始めた．兵庫県立農林水産技術総合センター酒

表29-1 山田錦の生育,品質の変化

年　次	出穂期	成熟期	穂　数	心白（大）多少	検査等級	平均気温（移植期～出穂期）	平均気温（出穂期～成熟期）
1998～2007年の平均値	8月26日	10月5日	380本/m^2	25.3%	1等（中下）	25.5℃	23.9℃
1988～1997年の平均値	8月28日	10月12日	348本/m^2	14.0%	特等（下）	25.1℃	21.8℃
比差	－2日	－7日	109%	181%		＋0.4℃	＋2.1℃

1988～2007年までの気象感応調査（兵庫県加東市・酒米試験地）結果.
移植期は6月5日,施肥量は窒素成分で10a当たり基肥に4kg,穂肥に2kg施用.

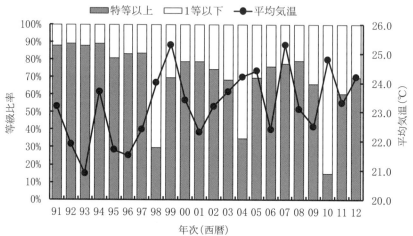

図29-1 兵庫県産山田錦の検査等級および三木アメダスの9月の月平均気温の推移

米試験地で実施している「気象感応調査」のデータを参考に温暖化への影響を調査した．生育への変化が認識され始めた1998年以降2007年までの10年間と1997年以前の10年間で，生育や品質を比較した（表29-1）．1998年以降，出穂期は2日，成熟期は7日も早くなり，穂数は9%増加している．心白の発生は，大きさの大きい心白の割合が増加している．検査等級は充実不足の理由により1等級程度低くなっている．移植期～出穂期までと出穂期～成熟期の登熟期間の平均気温を比較すると，1998年以降の10年間は1997年以前の10年間と比較して，移植期～出穂期で0.4℃，出穂期～成熟期は2.1℃も高くなり，生育や品質の変化の要因としては気温の上昇が最大の原因と推測された．

現在の検査等級制度に移行した1991年から2012年までの兵庫県産「山田

錦」の検査等級の推移を図29-1に示した．特等以上の上位等級比率は，1995年頃から減少し始め，1999年以降比率の低下が大きくなっている．上位等級比率は1991～1997年の7年間の平均値は85.8%であったが，1998年以降の平均値は72.3%で13.5%低下している（ただし，収穫時期の降雨や台風の影響で検査等級が大幅に低下した1998年，2004年および2010年の値は平均値の計算から除いた）．2010年は長年にわたる「山田錦」の生産において初めて背白米や乳白米の白未熟粒が多発し，1991年以降では最低の上位等級比率となった．

検査等級の推移とあわせて「山田錦」産地内にある三木のアメダス観測値を用いて「山田錦」の登熟期に当たる9月の月平均気温の推移を調査した．気温は1994年頃から上昇傾向にあり，1998年以降は比較的気温が低い年次でも22℃より高く，1997年以前よりも気温が高い状態が続いている．兵庫県全体の「山田錦」の上位等級比率の低下は産地の気温の上昇と平行して発生しており，品質低下の要因は，先の「気象感応調査」の結果と同様に登熟期の高温の影響が大きいと考えられた．

1998年から2012年までの兵庫県における醸造用玄米の農産物検査の1等以下格付け理由では形質の充実度が最も多く，温暖化の影響は粒の充実不足として現れていると考えられた．2010年は「山田錦」では初めて背白米や乳白米などの白未熟粒の多発による大幅な品質低下が発生した．これまでの温暖化の影響は粒の充実不足だけと考えられていたが，今後は2010年と同程度かそれ以上の高温年になると白未熟粒による大幅な品質低下が見込まれるため，温暖化対策をさらに強化する必要があると考えられる．

(2) 検査等級と玄米形質との関係

温暖化による品質低下の要因を解明するため，「兵庫北錦」，「五百万石」，「兵庫夢錦」及び「山田錦」の4品種について，酒米試験地場内試験のデータを用いて玄米形質と生育や登熟期間の気温との関係を調査した（表29-2, 29-3）．

「兵庫北錦」と「五百万石」は出穂期が7月下旬であるため登熟期間全期間の平均気温は27.5℃前後と高く，乳白米や背白米の発生が多く，特に「兵庫北錦」でかなり発生が多い（表29-3）．一方，出穂期が8月下旬の「山田錦」は登熟期間全期間の平均気温が22.4℃で，乳白米や背白米の発生が少ない．

表 29-2　酒米 4 品種の生育，収量

品種名	移植期 月日	出穂期 月日	成熟期 月日	倒伏 0-10	稈長 cm	穂数 本/m²	一穂 粒数 粒	登熟 歩合 %	精玄米 歩合 %	精玄 米重 kg/a
兵庫北錦	5/16	7/28	8/31	2.2	88	308	74.0	84.4	92.6	55.5
五百万石	5/16	7/23	8/29	4.2	91	347	84.1	67.5	86.0	47.0
兵庫夢錦	6/ 7	8/19	9/28	3.0	90	373	74.0	77.2	82.9	54.3
山田錦	6/ 5	8/27	10/ 9	5.8	107	363	61.9	75.2	84.3	47.6

兵庫北錦，五百万石，兵庫夢錦は 1999～2010 年の酒米試験地生産力検定試験の平均値．山田錦は 1993，1995～1997，2000～2003，2006～2007 年の酒米試験地気象感応調査の平均値．表 4-43 も同じ．
倒伏：無（0）─中（5）─甚（10）で示す．

表 29-3　酒米 4 品種の玄米形質及び登熟期の平均気温

品種名	千粒重 g	心白発現率（%）				腹白 米率 %	乳白 米率 %	背白 米率 %	検査 等級 1-16	登熟期の平均気温（℃）		
		大	中	小	計					全期間	出穂期 ～10日目	出穂後11 ～20日目
兵庫北錦	29.1	48.6	5.9	2.2	55.9	35.5	40.1	42.3	11.0	27.4	27.7	28.0
五百万石	25.4	27.0	14.3	17.0	58.3	39.1	18.8	3.3	9.8	27.5	27.5	27.9
兵庫夢錦	27.5	35.0	12.3	14.5	61.8	37.2	14.4	6.0	9.9	25.0	26.7	26.2
山田錦	27.8	22.1	18.8	28.6	69.4	51.5	4.3	0.3	5.9	22.4	25.6	24.1

心白発現率，腹白米率，乳白米率，背白米率の調査は目視による．
検査等級：兵庫農政事務所の調査による．特上・上（1）─特等・上（4）─1 等・上（7）─2 等・上（10）─3 等・上（13）─規格外（16）で示す．

　なお，酒米試験地の心白など玄米品質の調査方法は（池上・世古 2005），心白粒と乳白米粒及び死米粒の 3 種は各形質を 1 つの粒の中に重複して有することはないとして区別するため，全調査粒数に対して乳白米粒と死米粒が多い場合，相対的に心白粒数が少なくなるため，本来の特性上は 90% 近い心白発現率をもつ「兵庫北錦」でも心白発現率は表 29-3 のように 55.9% と低い発現率になる．腹白や背白は心白粒や乳白粒と一緒に発生している粒もあるので，腹白米率や背白米率の中には心白や乳白を有する粒も含まれている．
　4 品種について，検査等級と玄米形質の相関係数を表 29-4 に示した．「兵庫北錦」は乳白米と背白米，「五百万石」は精玄米歩合と乳白米，「兵庫夢錦」は千粒重と乳白米，「山田錦」は精玄米歩合が検査等級と有意な相関が認められた．
　「山田錦」と「五百万石」では，精玄米歩合が高いと検査等級が良くなる．精玄米歩合は「山田錦」では粒厚が 2.0 mm，「五百万石」では 1.9 mm 以上の粒厚の割合を表しており，検査上の粒の充実度と関係があると考えられる．粒

表 29-4 検査等級と玄米形質との相関係数

玄米形質	兵庫北錦		五百万石		兵庫夢錦		山田錦	
	年次数	相関係数	年次数	相関係数	年次数	相関係数	年次数	相関係数
精玄米歩合	12	-0.214	12	-0.659*	12	-0.043	10	-0.885**
千粒重	12	-0.322	12	-0.425	12	-0.607*	10	-0.388
乳白米率	12	0.598*	12	0.754**	12	0.722**	9	0.037
背白米率	12	0.657*	12	0.328	12	0.566	6	0.156

*, **はそれぞれ 5%, 1% 水準で有意であることを示す.

表 29-5 出穂後 11～20 日目の平均気温と玄米形質との相関係数

玄米形質	兵庫北錦		五百万石		兵庫夢錦		山田錦	
	年次数	相関係数	年次数	相関係数	年次数	相関係数	年次数	相関係数
精玄米歩合	12	-0.409	12	-0.404	12	-0.098	10	-0.712*
千粒重	12	-0.766**	12	-0.607*	12	-0.596*	10	-0.653*
乳白米率	12	0.664*	12	0.602*	12	0.505	9	0.002
背白米率	12	0.935**	12	0.406	12	0.592*	6	0.304

*, **はそれぞれ 5%, 1% 水準で有意であることを示す.

の充実度を直接評価する指標はないが, 精玄米歩合と検査等級の関係が強いことから, 精玄米歩合は間接的に充実度を表しており, 充実度を評価する指標として利用できるのではないかと考えられる.

(3) 玄米形質と登熟期間の気温との関係

検査等級と関連のある精玄米歩合, 千粒重, 乳白米率及び背白米率の玄米形質について, 登熟期間の平均気温との関係を調査した (表 29-5).

千粒重は全品種で出穂後 11～20 日目までの登熟期間の気温が高いと小さくなる傾向が認められた. また, 乳白米や背白米は登熟期間の気温が高いと発生が多くなる傾向が確認された. これらの玄米品質と登熟期間の気温との関係は, これまでの酒米における報告 (西田・山根 1981, 池上ら 1992, 石井ら 2008) と同様の傾向であった.

「山田錦」の精玄米歩合は, 出穂後 11～25 日目までの登熟期間の平均気温との関係が最も強く, 稚苗, 中苗ともに精玄米歩合と有意な負の相関が認められ, 平均気温が約 24.5℃ 以上になると精玄米歩合は約 84% 以下になり, 検査等級は 1 等級以下になった (図 29-2).

従来,「山田錦」では乳白米や背白米の白未熟粒の発生はわずかであったが, 2010 年は 8 月中旬から 9 月の気温がかなり高く,「山田錦」でも乳白米や

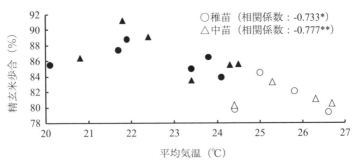

図 29-2 出穂後 11〜25 日目までの平均気温と精玄米歩合の関係
黒塗りは特等以上. *, **はそれぞれ 5%, 1% 水準で優位であることを示す.

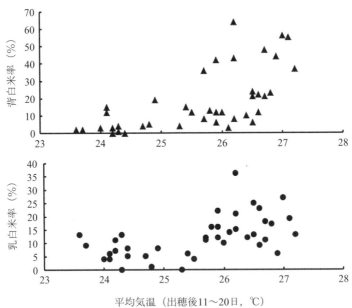

図 29-3 乳白米, 背白米と登熟期間の平均気温との関係

背白米が多発した. 図 29-3 は 2010 年に「山田錦」産地 41 カ所の乳白米と背白米の発生率と出穂後 11〜20 日目までの平均気温との関係を示したものである. 乳白米, 背白米ともに気温が約 25.5℃ 以上になると発生率が増加し,「山田錦」においても気温がかなり高い条件では乳白米や背白米が発生することが確認できた. 一方, 背白米は玄米タンパク質含有率が高いと発生が抑制されることが報告されている（近藤ら 2006, 若松ら 2008）. 2010 年の「山田錦」産

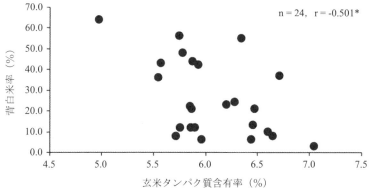

図 29-4　背白米率と玄米タンパク質含有率との関係

図 29-5　心白の大きさによる分類
左から大，中，小．

地での背白米の発生において，出穂後 11〜20 日目の日平均気温が 25.5℃ 以上の高い場合でも，背白米の発生率が 10% 以下の低い箇所や反対に 40% 以上の発生の多い箇所がある．調査箇所のうち，出穂後 11〜20 日目の日平均気温が 25.5℃ 以上の 24 カ所について，背白米率と玄米タンパク質含有率との関係を見ると 5% 水準で有意な負の相関が認められ，「山田錦」においても玄米タンパク質含有率が高い場合は，背白米の発生が低くなることが認められた（図29-4）．以上の結果から「山田錦」においても背白米の発生抑制には登熟期間の高温の回避とともに穂肥の施用などの肥培管理による方法も有効であることが示唆された．

(4) 高温による心白の大型化

酒米の特徴は，大粒で心白と呼ばれる白色部を粒の中央にもつことである（図 29-5）．心白部のデンプンは丸みを帯びた単粒や複粒デンプンが混在し，

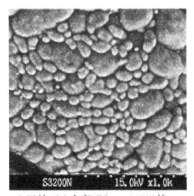

図29-6 心白部のデンプン粒
渡辺ら(1997).

デンプン粒の発達やち密度が劣るため光の透過性が低く,白色に見えると考えられている(図29-6).心白粒は吸水や麹菌の「はぜ込み」(米粒内部への菌糸の侵入)に優れ,蒸米が「外硬内軟」と呼ばれる二重構造になりやすく,酒造りに適した原料になりやすい.

酒米の心白の発生様式については,長戸・江幡(1958)は,心白は粒長や粒幅の発育が旺盛な粒で,粒の中心部から透明になる時期に粒の外側への養分集積が行われ,中心部への集積が円滑に行われずにその部分が不透明部となり,その後その外側から順調な集積が行われ透明化し心白状になるとしている.また,江幡・長戸(1960)は米粒横断面の胚乳細胞の観察から,横断面の心白の形状には線状と紡錘形の眼状があり,線状心白の胚乳細胞では背腹径に沿った非常に細長い扁平細胞が見られ,眼状心白では中心線を取り囲む放射状の扁平細胞群からなり,これらの細胞では養分の蓄積が不活発で不透明な心白部を作りやすいとしている.

従来,心白は発現が多く,大きさも大きいほうが良いとされてきたが,吟醸酒などの精米歩合の高い特定名称酒の製造では,精米時に砕米が少なく,高精米が可能な小さい心白や横断面の心白の形状が線状のものが求められている.兵庫県産「山田錦」は中,小の心白が多く,横断面の心白の形状も線状が多く,酒造適性の評価が高いが,近年大きな心白が増加してきている(図29-7).この原因を解明するために1989年～2011年のうち,4カ年を除いた19年間の酒米試験地の気象感応調査のデータを用いて,心白発現と生育特性および気象条件との関係を調査した.

表29-6に心白発現と収量構成要素および出穂後11～20日目の登熟期間の日平均気温との相関係数を示した.大きい心白(以下,心白(大))は,中程度の大きさの心白(以下,心白(中))および大きさの小さい心白(以下,心白(小))と有意な負の相関が認められた.心白(大)は穂数と正,1穂籾数と負の有意な相関が認められ,反対に心白(中)および心白(小)は穂数と負の相関が認められた.心白(大)と心白(中),心白(小)の増減は穂数と1穂籾

第29章　酒米の品質と気象との関係

表 29-6　心白発現率と倒伏および収量構成要素との相関係数

	心白(大)	心白(中)	心白(小)	心白(計)	日平均気温	穂数(株)	1穂粒数	登熟歩合	千粒重
心白(中)	-0.660**	1.000							
心白(小)	-0.747**	0.350	1.000						
心白(計)	-0.258	0.573*	0.561*	1.000					
日平均気温	0.569*	-0.668**	-0.460*	-0.531*	1.000				
穂数(株)	0.735**	-0.620**	-0.600**	-0.285	0.373	1.000			
1穂粒数	-0.622**	0.619**	0.331	0.208	-0.620**	-0.697**	1.000		
登熟歩合	-0.412	0.260	0.506**	0.354	-0.336	-0.420	0.241	1.000	
千粒重	-0.049	0.446	-0.159	0.139	-0.277	-0.236	0.452	0.230	1.000
精玄米歩合	-0.377	0.041	0.440	0.085	-0.258	-0.235	0.175	0.806**	0.100

注：数値の右肩の*、**はそれぞれ5％，1％水準で有意であることを示す．

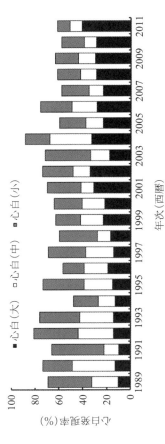

図 29-7　心白発現率の年次推移

 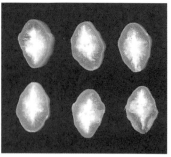

図 29-8 玄米横断面の心白の形状
左から線状,極大.

数に左右される傾向が認められた.また,心白の大きさは登熟期間の平均気温に対する傾向も正反対で,心白(大)は気温と正の相関があり,心白(中)と心白(小)は負の有意な相関が認められた.以上の結果から心白(大)は穂数が多く,1穂籾数が少ない生育条件や登熟期間の高温で多くなると考えられるが,その要因は明らかではない.著者の仮説としては,近年の温暖化条件下で増加している大きな心白は,江幡・長戸(1960)らが報告している本来の心白発現のしくみ(養分蓄積が不十分で不透明な心白部を作りやすい細長い扁平細胞や放射状の扁平細胞群の存在)と合わせて,高温の影響によりデンプンの蓄積不足による白濁化(山川・羽方 2011)が重なり,見かけ上,乳白ではなく大きな心白として観察されるのではないかと考えている。実際に心白(大)の玄米横断面の心白部を観察すると眼状の大きな心白部の中央に明瞭な線状の白色部が認められるものもあり(図 29-8),線状と眼状が重なっているのではないかと考えられた(池上ら 2013).

2 高温による酒造適性の変化

(1) 心白の大型化や白未熟粒による水浸裂傷粒の増加

白米を水に浸漬した際に生じる割れは水浸裂傷粒や浸漬割れと呼ばれる.近年,実需者からは従来よりも浸漬割れが多く,特に心白部分の大きい粒では「たて割れ」(図 29-9)と呼ばれる大きな割れの発生が多いことが指摘されている.「たて割れ」した米粒は蒸した後に冷ましても元の形状に戻らず,米粒内部が露出した形になるため,麹つくりや酒母つくりにおいて支障が生じる

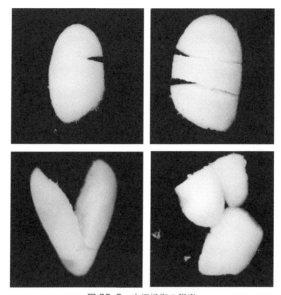

図 29-9 水浸傷の程度
上段左から「割小」,「割大」. 下段左から「縦割」,「破損」

(内田 2010).

　田中 (2012) は「コシヒカリ」などの食用米における水浸裂傷粒の発生条件を調査し, 水浸裂傷粒は登熟初中期の高温や日照不足という登熟不良条件で増加することや胴割れ米と相関関係が認められないことを報告している. 小河 (2013) は心白の大きさや乳白米と水浸裂傷粒の程度について調査し, 大きい心白や乳白米は「たて割れ」の発生が多いことを明らかにしている. 最近の酒米における水浸裂傷粒の問題は, 温暖化の影響による心白の大型化や乳白粒の増加が影響していると考えられる.

(2) 高温による蒸米酵素消化性の低下など酒造適性への影響

　酒造りの世界では暑い夏の米は溶けにくいことが経験的に知られている. 2007 年や 2010 年の猛暑年には酒造メーカーから米が溶けにくいとの声が寄せられた. 近年の温暖化が酒造適性に及ぼす影響の中で顕著な現象がデンプン構造の変化による蒸米の酵素消化性の低下である. 登熟期間の気温が高い場合には米のアミロペクチンの側鎖が長くなるため, 放冷した蒸米のデンプン構造が強固となり, 酵素消化性が低下することが報告されている (小関ら 2004,

Okuda ら 2006).また，酵素消化性はアミロペクチンの短鎖／長鎖比，DSC（示差走査熱量計）による糊化温度および RVA（ラピットビスコアナライザー）による糊化開始温度と高い相関があることが明らかにされている（Okuda ら 2009).

酒米についてはその年の原料米の酒造適性を的確に把握し，酒造りに結び付けることを目的とした全国の酒米研究グループである全国酒米研究会がある（宮野 1986).酒米研究会では「酒造用原料米全国統一分析法」により，その年の酒米の酒造適性を調査し，その年の酒造りにできるだけ間に合うように参考情報を提供している．奥田ら（2009）は，酒米の酵素消化性と出穂後 1 か月の平均気温との間に高い相関があることを明らかにし，登熟期間の気温を酵素消化性の推定に利用し，酒米研究会を通じて情報の提供を始めている．さらに奥田ら（2013）や上野ら（2013）は DSC や RVA などの熱分析装置を用いなくともアルカリ崩壊性検定法で簡便に酵素消化性が推定できることを明らかにしており，今後の利用が期待される．

一方，米デンプンが糊化しやすい遺伝子をもつ在来種や突然変異系統の利用も検討され始めており，酒米でもホスホリラーゼ欠損変異をもつ「秋田酒 44 号」が見いだされている（梅本ら 2008，池ヶ谷ら 2013，梅本ら 2013，岡本ら 2013).今後，温暖化条件下での易消化性酒米の育種素材としても期待される．

登熟期間の高温はデンプン構造への影響以外に，タンパク質組成にも影響を与え，気温が高いとプロラミン含量が減少することが明らかになっている（Yamakawa ら 2007，増村ら 2013).また，酒米「山田錦」でも高温で登熟した場合にはプロラミン含量の減少に伴いグルテリン含量が増加することが確認されており，タンパク質の消化性はデンプンの消化性とは反対に高温により高まることや酒米「山田錦」でタンパク質組成やデンプン構造（アミロース含有率および精米粉の糊化開始温度）が気温の影響を最も受ける時期は出穂後 11 〜20 日目の登熟初中期であることが明らかになっている（Ashida ら 2013，芦田ら 2013).

③ おわりに

著者らが実施した研究の一部は農林水産省「新たな農林水産政策を推進する実用技術開発事業」の委託事業として実施した．この事業の中で登熟期間の気

温と玄米品質や酒造適性との関係を解析し，登熟期間の高温を回避することの重要性を認識するとともに，酒米「山田錦」において目標とすべき最適な登熟条件は出穂後 11～20 日目の 10 日間の日平均気温が 23℃以下であることを明らかにした．そして，兵庫県の「山田錦」生産地域の 50 m メッシュ単位の気温データベースを開発し，「山田錦」の発育動態予測モデルを利用して，パソコン上で任意圃場の最適な移植期を検索できる「山田錦最適作期決定システム」を開発した（加藤ら 2013）．このシステムが兵庫県の特産である酒米「山田錦」における高温障害の軽減に役立つことを期待している．

　また，酒米の品質研究も進展しているが，依然として酒米の重要形質である心白については，不明な点も多く，発生様式など今後さらなる解明が必要と考える．

参考文献

Ashida, K., E. Araki, W., Maruyama-Funatsuki, H, Fujimoto and Ikegami, M. 2013. Temperature during grain ripening affects the ratio of type-II/type-I protein body and starch pasting properties of rice（Oryza sativa L.）. Journal of Cereal Science 57: 153-159.

芦田（吉田）かなえ・船附稚子・荒木悦子・藤本啓之・池上　勝 2013．出穂後の平均気温が酒米品種「山田錦」のデンプン特性とタンパク質組成に及ぼす影響．北農 80（3）：249-254.

江幡守衛・長戸一雄 1960．心白米に関する研究第 3 報胚乳澱粉細胞組織の発達と心白との関係．日本作物学会記事 29：93-96

池上　勝・世古晴美・米谷　正・須藤健一 1992．酒米「山田錦」における登熟期間の気象条件と酒造適性の関係．近畿作育研究 37：84-87.

池上　勝・世古晴美 2005．酒米品種における心白発現の品種間差異．近畿作育研究 40：47-51.

池上　勝・藤本啓之・小河拓也・宮脇武弘 2013．酒米品種「山田錦」における心白発生と生育特性および粒大との関係．日本水稲品質・食味研究会会報第 4 号：49-50.

池ヶ谷智仁・松葉修一・石井卓朗・野田高弘・中浦嘉子・井ノ内直良・芦田かなえ・清水博之・梅本貴之 2013．デンプンが糊化しやすいイネ突然変異系統の解析．育種学研究 15（別 1）：164.

石井健太郎・大場和彦・丸山篤志・片野　學 2008．TGC による登熟期間の高温処理が水稲酒米品種「山田錦」の粒質に及ぼす影響．日作九支報 74：24-26.

加藤雅宣・川向　肇・須藤健一・植山秀紀・小河拓也・池上　勝・藤本啓之・宮脇武

弘・矢野義昭・平川嘉一郎・土田利一・佐之瀬敏章 2013. 水稲移植適期予測システムの開発と酒米産地での情報活用―兵庫県山田錦産地を事例として―. 農業情報学会 2013 年度講演要旨集：110-111.

近藤始彦・森田　敏・長田健二・小山　豊・上野直也・細井淳・石田義樹・山川智大・中山幸則・吉岡ゆう・大橋善之・岩井正志・大平陽一・中津紗弥香・勝馬善之助・羽嶋正恭・森　芳史・木村　浩・坂田雅正 2006. 水稲の乳白粒・基白粒発生と登熟気温および玄米タンパク含有率との関係―全国連絡試験による解析―. 日本作物学会記事 75（別 2）：14-15.

小関卓也・奥田将生・米原由希・八田一隆・岩田　博・荒巻　功・橋爪克己 2004. イネ登熟期の高温が酒造適性に及ぼす影響. 日本醸造協会誌 99（8）：591-596.

増村威宏・重光隆成・後藤双水・齊藤雄飛・石丸　努・近藤始彦 2013. 高温障害が米の食味と貯蔵タンパク質へ及ぼす影響. 日本作物学会記事 82（別 1）：464-465.

宮野信之 1986. 酒米研究会 10 年の歩み（1）. 日本醸造協会誌 81（11）：782-788.

長戸一雄・江幡守衛 1958. 心白米に関する研究　第 1 報　心白米の発生. 日本作物学会記事 27：49-51.

西田清数・山根国男 1981. 酒造米の生産と品質に関する研究第 5 報作期が酒米の生育・収量・品質に及ぼす影響. 兵庫県農業総合センター研究報告第 29 号：7-12.

農林水産省 2017a. 平成 28 年産水稲うるちもみ及び水稲うるち玄米の産地品種銘柄一覧 http://www.maff.go.jp/j/seisan/syoryu/kensa/sentaku/attach/pdf/index-4.pdf

農林水産省 2017b. 平成 28 年産米の農産物検査結果（速報値）（平成 29 年 3 月 31 日現在）http://www.maff.go.jp/j/seisan/syoryu/kensa/kome/attach/pdf/index-14.pdf

小河拓也 2013.「酒米の酒造適性に及ぼす高温障害を抑制する最適作期決定システムと水管理技術の開発」研究成果集：14-15.

岡本和之・田畑美奈子・川又　快・青木法明・梅本貴之 2013. 酒造好適米から見出した低温糊化系統の特性について. 育種学研究 15（別 1）：79.

Okuda, M., I. Aramaki, T. Koseki, N. Inouchi and K. Hashizume 2006. Structural and retrogradation properties of rice endosperm starch affect enzyme steamed milled-rice grains used in sake production. Cereal Chemistry 83（2）：143-151.

Okuda, M., K. Hashizume, I. Aramaki, M. Numata, M. Joyo, N. Goto-Yamamoto and S. Mikami 2009. Influence of starch characteristics on digestibility of steamed rice grains under sake-making condition, and rapid estimation methods of digestibility by physical analysis. J. Appl. Glycosci. 56: 185-192.

奥田将生・橋爪克己・沼田美子代・上用みどり・後藤奈美・三上重明 2009. 気象データと原料米の酒造適性との関係. 日本醸造協会誌 104（9）：669-711.

奥田将生・上用みどり・高橋　圭・後藤奈美・高垣幸男・池上　勝・鍋倉義仁

2013. イネ登熟期が記録的な猛暑となった平成22年産米のデンプン特性及び蒸米酵素消化性. 日本醸造協会誌 108（5）：368-376.

佐々木良治・中井　譲・藤田守彦・小坂吉則・松本純一・上田直也・足立裕亮・角脇幸子・月森　弘・渡邊丈洋・勝場善之助・中司祐典・山本善太・藤田　究・谷口弘季・高田　聖・澤田富雄・松本樹人・石井俊雄・岩井正志・妹尾知憲・山口憲一・池上　勝・大久保和男・石井卓朗・長田健二 2012．近畿中国四国地域における水稲高温登熟障害の要因解析と技術対策．近畿中国四国農業研究センター研究資料 9：41-146.

田中研一 2012．主食用水稲における水浸裂傷粒の発生要因と対策．第36回酒米懇談会講演要旨集：21-27.

内田恵介 2010．剣菱の酒質と山田錦．加東酒米生産者大会講演要旨：1-22.

上野直也・梅本貴之・長沼孝多・石井利幸 2013．登熟期間の気温が酒米品種のアミロペクチン鎖長分布におよぼす影響．日本作物学会記事 82（別1）：394-395.

梅本貴之・平塚真遊・岡本和之 2008．イネのデンプン枝付け酵素Iに見られる自然変異の解析．日本作物学会記事 77（別1）：284-285.

梅本貴之・池ヶ谷智仁・青木法明・長澤幸一・船附稚子・松葉修一・芦田（吉田）かなえ・山内宏昭 2013．米デンプンが糊化しやすいイネ変異系統の特性およびその利用．日本作物学会記事 82（別1）：168-169.

若松謙一・佐々木修・上薗一郎・田中明男 2008．水稲登熟期の高温条件下における背白米の発生に及ぼす窒素施肥量の影響．日本作物学会記事 77（4）：424-433.

渡辺和彦・松永恒司・家村芳次・吉田晋弥・和田正夫 1997．クールステージ付きナチュラル走査電子顕微鏡による心白米の観察．近畿中国農業研究 94：29-33.

Yamakawa, H., T. Hirose, M. Kuroda and T. Yamaguchi 2007. Comprehensive expression profiling of rice grain filling-related genes under high tempreture using DNA microarray. Plant Physiology 144：258-277.

山川博幹・羽方　誠 2011．米の外観品質・食味研究の最前線〔8〕—登熟期の高温が種子遺伝子発現および登熟代謝に及ぼす影響—．農業および園芸 86（5）：562-569.

索引

アルファベット

CE-MS ································ 97, 215
CO_2 ····················· 96, 216, 223, 381
DNA マーカー ····· 38, 55, 94, 112, 132, 152, 171
H/-H 比 ···························· 37, 386, 391
maker assisted selection ···················· 134
Non-Structural Carbohydrate（NSC）···· 303, 428
NSC ···················· 169, 304, 428, 435
OsSUT1 ····························· 222, 428
PB ························ 202, 204-206, 272
PB-I ···························· 81, 205-208, 272
PB-II ································ 205-207, 272
Pb1 ································ 49, 129, 141
pi21 ······························· 129, 141, 170
Pi39 ······························ 129, 141, 147
Protein Body ····················· 202, 209, 465
QTL ····· 38, 55, 91, 115, 134, 156, 167, 173, 216, 245
QTL 領域 ····························· 135-137
RVA ···································· 21, 27
SDS-PAGE ·························· 202, 203
SNP タイピングアレイ ···················· 137
Stv-bi ································· 133, 134
TEM ···································· 205

あ 行

あいちのかおり SBL ················ 35, 132, 145
葵の風 ································ 55, 133, 145
青未熟粒 ································ 349, 356
秋田酒44号 ································ 464
あきほなみ ···························· 35, 161
旭 ···································· 133, 196
アブシジン酸 ································ 224
アミノ酸 ··· 82, 98, 102, 191, 193-199, 201, 215, 253
アミノ酸組成バランス ························ 201
網目状構造 ····················· 181, 182, 186, 187
網目幅 ······································ 410
アミロース含有率 ······ 7, 11, 97, 126, 273, 323, 464
アミロース含量 ············ 81, 109-118, 191, 213
アミロプラスト ····· 180, 189, 214, 224, 239, 282
アミロペクチン ····· 81, 109, 113, 171, 198, 211, 212, 230, 282, 463
アミロペクチン短鎖 ················· 81, 114, 121
アミロペクチン超長鎖 ···················· 113, 116
アリューロン層 ·············· 202, 224, 271, 282
アリューロン層 ································ 202
α-アミラーゼ ····· 87, 214-218, 224, 228-231, 254
α-グルコシダーゼ ························ 224, 229
α-1, 4-グルカン ································ 117
アルブミン ································ 202
安定同位体 ····················· 216, 251, 306
暗部 ······································ 184
育種目標 ···························· 34, 42, 131
育苗箱全量施肥 ························ 377, 380
異常高温 ········ 41, 161, 188, 223, 298, 383, 419
移植期 ···························· 285, 298, 423, 454, 456
一等米 ································ 160, 223, 364
一等米比率 ········ 41, 46, 61, 159, 223, 297, 301,

314, 365
遺伝資源 ………… 12, 18, 56, 130, 168, 196, 243
遺伝子単離 …………………………… 168, 170
稲体温度 ……………………… 315, 445, 447-450
稲体窒素 ………………… 285, 295, 301, 324, 421
稲体窒素栄養 …… 285, 287, 289, 294, 295, 321, 431
稲体窒素含有率 ………… 287, 289, 315, 324, 421
異物 ………………………… 237, 399, 401, 411, 414
いもち病 …… 4, 34, 51, 91, 129, 130, 141, 142, 143, 170, 439
いもち病圃場抵抗性 ……… 129, 131, 134, 138, 141, 142, 143, 170
いもち病圃場抵抗性集積品種 ……………… 143
いもち病無防除栽培 ………………………… 141
インデントシリンダ型選別機 ……………… 398
オートアナライザー ……… 8, 9, 81, 116, 118-121
おてんとそだち ………………… 35, 47, 50, 56, 161
オワリハタモチ …………………………… 134, 142
温水灌漑 ……………………………………… 51, 52
枝切り酵素 ……………………………………… 224

か 行

高温乾燥風 ………… 247-252, 254, 255, 298, 312
外観品質 …… 7, 59, 160, 173, 177, 201, 248, 269, 282, 287, 316, 350, 352, 383, 419, 436, 453
海面状 ……………………………… 181, 182, 184-187
かけ流し …………………… 276, 279, 316, 447
可視光分析計 …………………………… 394, 395
画像解析 ……… 168, 169, 173, 203, 208, 307, 311
株の出液速度 ………………………………… 384
刈り取り時期 ………………………………… 359
緩効性肥料 ………………… 52, 304, 315, 322, 423
乾燥調製条件 ……………………………… 239, 240
間断灌水 …………………………… 378, 384, 387
カントリーエレベータ ……………………… 397

寒冷外気 ……………………………… 405, 410
気象対応型 ………………… 305, 312, 316, 317
きぬむすめ …………………… 35, 45, 57, 99
基肥 ……… 74, 276, 288, 290-295, 424, 438, 454
基部未熟粒 …………… 38, 52, 287, 300, 356, 448
急速凍結―真空凍結乾燥法 ……………… 181
共乾施設 ……………………………………… 393
共同乾燥調製貯蔵施設 ………………… 393, 394
強勢茎 …………………………… 370, 371, 373-378
きらら397 …………………… 9, 115, 358, 404
近赤外分析計 …………………………………… 8
くまさんの力 ………………… 35, 47, 314
グルテリン ……………… 202-208, 272, 464
グロブリン ……………………… 202, 205, 272
ケイ酸 ………………………………… 339, 363
ゲノム育種法 ………………………………… 135
元気つくし ………… 35, 47, 56, 91, 161, 314, 426
検査等級 … 38, 277, 285, 324, 358, 411, 423, 454
玄米横断面 …………… 169, 308, 313, 320, 462
玄米形状 ……………………………… 383, 387, 388
玄米収量 ……………………… 321, 344, 353, 447
玄米水分 ………………… 387, 388, 391, 392, 396
玄米精選別 …………………………… 410, 411
玄米タンパク … 34, 64, 69, 241, 280, 288, 294, 301, 373, 386, 423, 458
玄米タンパク質含有率 … 34, 64, 69, 294, 301, 373, 386, 423, 458
玄米貯蔵 ……………………………………… 397
玄米透明度 …………………………………… 351
玄米白度 ……………………………… 350, 352
玄米品質 …… 21, 45, 46, 49, 168, 179, 223, 286, 298, 349, 420, 434, 456
玄米粒厚 ……………………………… 352, 387
恋の予感 ……………………………… 49, 161
高温回避 …………………… 285, 302, 313, 316
高温寡照 …………………… 37, 52, 175, 298, 357

索引　471

高温耐性…33, 36-42, 53-57, 91, 159-165, 167-172, 174, 188, 223, 265, 285, 310, 419, 431
高温耐性評価施設……………………38, 426
高温登熟……37, 43, 45, 61, 64, 66-69, 71, 73, 160, 165, 169, 172, 173, 186
高温登熟（耐）性…45, 49, 61, 66, 71, 73, 173, 175, 176, 231-233, 304
高温登熟障害………74, 211, 230, 265, 294, 297, 303, 311-314, 316, 320, 367, 383, 419, 433, 467
高温登熟性……38, 71, 74, 165, 173-176, 217, 220, 227-229, 231, 426, 431, 434
高温不稔………………………56, 297, 302
光合成産物…………………………………180
高昼温……………………………………305-308
高夜温………………223, 298, 305-309, 319
穀粒判別器……40, 56, 165, 250, 293, 300, 394, 423, 448
コシヒカリ……9, 33, 45, 67, 73, 77, 98, 150, 161, 179, 201, 230, 287, 350, 420, 435
コシヒカリ愛知SBL…………………132, 134
コシヒカリ変異体……………………232, 233
五百万石……………………………453, 455

さ 行

細繊維構造………………181, 182, 184-187
最大吸収波長……………117, 118, 121, 122, 123
栽植密度………328, 331, 359, 360, 369, 377, 381
最適な貯蔵温度……………………………409
さがびより………35, 50, 91, 161, 172, 314
酒米……………………………196, 211, 453
仕上げ水分……………………………383, 392
次位………………369-374, 376, 380, 381
色彩選別機…………………………………411
枝梗着生位置……………………………358, 366
自主検査………………………………394, 397

次世代シークエンサー……………137, 231
自然冷熱……………………………………404
下見検査……………………………………397
ジベレリン…………………………………224
子房………………………………180, 187, 188
脂肪酸度…………………………82, 399, 406
縞葉枯病大量検定法………………………133
縞葉枯病抵抗性…………36, 49, 131, 144-147
弱勢頴……………………………370, 371, 373
収穫後技術……………………………366, 393
充実度…………………………310, 311, 455
酒造好適米…………………………………453
出穂後40日間の日照時間……………357
出穂後40日間の日平均積算気温……14, 17, 340, 353, 356
出穂後日平均積算気温……………………361
準同質遺伝子系統…75, 134, 135, 144, 145, 175
常温貯蔵……………………………………402
障害型冷害危険期の気温…………………353
常時湛水……………………384, 385, 386, 387
醸造用玄米…………………………………453
食味官能試験……7, 8, 9, 36, 37, 149, 151, 157, 238, 439, 441
食味官能評価…22, 25, 121, 149, 150, 151, 153, 154, 367
食味…7, 8, 9, 24, 26, 34-38, 41-46, 49, 51, 56, 57, 64, 69, 75, 91-107, 109, 149, 171, 179, 191, 201, 269, 369, 383, 392, 423, 433, 441, 442, 443
食味不良形質……………………………135, 137
食味ランキング…………41, 46, 51, 171, 427
ショ糖トランスポーター遺伝子…………428
白未熟粒……33, 34, 38, 39, 40, 45, 51-54, 56, 159, 161, 162, 164, 165, 167, 169-171, 174, 175, 188, 223, 227, 233, 235, 241, 247, 248, 253-255, 265, 266, 271, 275-282, 285, 289,

294, 300, 301, 305, 308, 310, 312, 315, 316,
349, 356-358, 365, 367, 419, 421, 423, 424,
427, 430, 431, 433, 446, 448, 453, 455, 457,
462
シンク····262, 276, 278-280, 287, 303, 429, 437
深耕···264, 282, 315, 425, 441
真性抵抗性·····················51, 130, 131, 134, 145
浸漬割れ··462
浸透圧···········247, 252, 253, 258, 260, 263, 310
浸透調節·····················247, 252, 253, 254, 264
心白····33, 62, 71, 127, 159, 163, 166, 227, 249,
294, 300, 349, 358, 419, 454, 462
水温···············38, 316, 332, 439, 445, 447-451
水浸裂傷粒···238, 453, 462
炊飯米·······7, 35, 80, 86, 93, 97, 103, 104, 106,
112, 114, 127, 151, 172, 181-189, 197-199,
201, 272, 311, 365, 386, 391, 434, 436, 441
水分·········77, 86, 109, 121, 188, 194, 214, 224,
239-244, 247, 251, 261, 265, 266, 271, 318,
327, 363, 376, 378, 381, 383, 385, 391, 392,
394, 426, 448
水分状態計測······247, 248, 251, 256, 261, 265
スーパーオキシドジスムターゼ······226, 231
成熟期の窒素吸収量··········339, 341, 358, 359
成分分析計··394
精米蛋白質含有率·····················7, 15, 21, 323, 352
精米透明度···351, 365
精米白度······14, 15, 16, 19, 21, 23, 24, 350-354
整粒······14, 323, 349, 352, 361, 369, 386, 394,
395, 399, 400, 410, 412-414, 423
整粒重歩合······································386, 388
整粒歩合·····················14, 292, 293, 323, 349, 352
背白米···38, 61-67, 71, 175, 176, 295, 321, 455,
458
節位······························369-376, 378, 380, 381
セットバック···················114, 118, 120, 121

施肥法··42, 321, 328, 431, 443
施肥量·······52, 63, 71, 272, 288, 327, 359, 421,
437, 454, 467
セルプレッシャープローブ······248, 256, 257,
259, 263, 264
戦捷··134, 137
千粒重····51, 169, 183, 303, 334, 352, 353, 354,
362, 363, 364, 372, 434, 456
選抜手法··21
選別歩留···364, 401, 411-414
全量基肥栽培···292-295
早期水稲·······················248, 310, 312, 320, 321
走査電子顕微鏡································181
組成分析計····································394, 395

た 行

大規模稲作経営··389
代謝物質·································97, 98, 100, 101, 215
台風·······················33, 52, 62, 247, 276, 298, 455
多収性································34, 57, 146, 154, 179
たちはるか··143, 146
脱ぷ粒··399, 402
縦溝··227, 310, 311
縦目篩···410
たて割れ···462, 463
単位鎖·························110, 111, 115, 116, 126
タンパク····12, 34, 77, 102, 109, 173, 176, 181,
191, 195, 201-209, 213, 225, 241, 271, 272,
280, 282, 285, 290-294, 301, 317, 346, 347,
369, 421, 434, 438, 464
タンパク質······34, 36-38, 77, 97, 98, 115, 149-
152, 176, 183, 191, 201-209, 213, 225, 271,
279-283, 290-294, 301, 347, 369, 370, 372-
374, 377, 378, 386, 395-397, 421, 458, 459,
464-466
タンパク質顆粒············196, 202, 204, 205, 207

タンパク質含有率………34, 64, 69, 75, 97, 149, 176, 183, 199, 272, 281, 285, 290-294, 301, 347, 369, 421, 423, 424
地温………242, 276, 280, 281, 289, 342, 384, 385
貯蔵タンパク質…196, 201-204, 206, 207, 208, 215, 229, 233, 271, 466
窒素吸収量……275, 285-292, 324, 338, 341, 358, 359, 421, 441
窒素施肥………64, 106, 176, 196, 199, 271, 272, 278, 281, 282, 285, 287, 295, 304, 320, 321, 328, 367, 421, 433, 437, 441, 467
着色粒………………………………353, 411-414
中部134号…………………………………143, 147
中部32号………………………………99, 134, 142
ちゅらひかり………………………………142, 147
超低温貯蔵……393, 394, 402, 404, 405, 410, 417
地力…………278, 282, 285, 289, 290, 295, 315, 378, 425, 438
地力窒素発現量……………………………………289
追肥………64, 201, 272, 276, 280, 287, 290-294, 301, 302, 305, 317, 322, 327, 377, 424
つや姫……98, 99, 103, 105, 155, 172, 186, 201, 315
低温貯蔵……366, 393, 394, 402-405, 407, 409, 410, 417
抵抗性品種……131, 133, 138, 140, 144, 146, 147
低食味………………………………………181, 182, 188
テンシプレッシャー………………………386, 391
転送……………………………………180, 186, 187
澱粉顆粒……………115, 225, 227, 230, 233
デンプン合成酵素……213, 219, 273, 279, 383, 384
澱粉合成・分解……………………………………233
デンプン合成……213, 215, 216, 219, 254, 273, 276, 278, 279, 310, 383, 384
デンプン性胚乳………………202, 205, 207, 271

澱粉代謝………………………223-225, 229, 233
転流……170, 180, 189, 215, 216, 255, 272, 275, 278, 279, 280, 319, 428, 442, 445
透過型電子顕微鏡………………………………205
凍結乾燥………………………………………………181
凍結フィルム法……………………………204, 207
登熟温度………10, 37, 40, 69, 71, 110, 113, 124, 126, 173, 186, 212, 218, 219, 287, 289, 366, 384
登熟気温……16, 52, 56, 166, 168, 171, 173, 244, 288, 297, 298, 323, 339, 353, 438, 440, 466
登熟適温………………………………171, 211, 305, 319
登熟歩合……248, 362, 371, 384, 388, 424, 434, 436, 441, 456, 461
糖類……………………………82, 98, 100, 103, 104
胴割れ米………………237, 239, 244, 246, 463
土壌水分………………327, 363, 364, 376, 381
土壌肥沃度………………………………285, 288
止葉切除時期………………………………………359
ともほなみ…………………129, 135, 142, 170
トランスクリプトーム解析…………213, 229
鳥跨ぎ米………………………………………………33

な 行

苗種………………………………………………330, 361
にこまる…35, 46, 53-57, 91, 99, 160, 175, 304, 314, 428
日最高気温…………14, 242, 298, 299, 305, 308
日最低気温…………14, 298, 299, 305, 308, 404
日照時間…72, 289, 298, 299, 302, 333, 356, 357
日照不足……162, 248, 289, 301, 310, 316, 349, 463
乳心白粒発生予測………………………………313
乳白米……62, 65, 71, 127, 234, 289, 294, 318, 367, 455, 458
乳白粒……33, 165, 166, 173, 176, 211, 216, 244,

247, 250, 266, 275, 280, 285, 295, 297, 300,
320, 349, 356-362, 427, 433, 437-441, 443,
448
熱環境……………………………445, 447, 448, 451

は 行

分子構造……109, 110, 114, 115, 116, 124, 126,
127, 230
胚乳…30, 34, 110, 126, 150, 180, 187, 196, 202,
204, 207, 211, 212, 215-218, 224, 225, 231,
233, 240, 243, 251-254, 257, 258, 263, 264,
271, 276, 278, 306, 308, 310, 460, 465
胚乳細胞……196, 204, 205, 206, 215, 233, 243,
252, 278, 306, 308, 310, 460
胚乳組織……188, 202, 207, 218, 224, 244, 252,
254, 271, 276
胚盤上皮細胞……………………………………224
背部維管束……………………………180, 308, 311
葉いもち……………50, 51, 129, 135, 137, 141
白色不透明部……………………………………188
発芽率…………………………………………406, 407
腹白粒……72, 300, 341, 349, 351, 355, 356, 363,
364, 434
はるもに…………………………………………49, 57
非構造性炭水化物……170, 279, 280, 303, 304,
321, 428, 435
肥効調節型肥料……276, 280, 281, 291, 292, 294
微細骨格構造……………181, 182, 184, 186, 187, 189
比重選別機……………………398, 399, 400, 401, 402
兵庫北錦………………………………………………455
兵庫夢錦………………………………………………455
品質……7, 19, 21, 23, 34, 44, 49, 50, 57, 59, 61-
64, 69, 71, 74, 82, 106, 109, 110, 114, 127,
131, 134, 141, 159, 173-177, 201, 211, 223,
237, 247, 269, 271, 285-295, 297, 321, 323,
350, 352, 371, 383, 419, 433-443, 453

品種間差……38, 52, 61, 98, 103, 155, 160, 191,
228, 242, 248, 279, 301, 332, 357, 465
風力選別機……………………………………398, 399
フェーン……237, 247-253, 276, 298, 433, 442
深水………276, 279, 311, 316, 339, 362, 380, 438
深水管理………………………276, 362, 379, 438, 442
不稔歩合……………………………15, 338, 352, 362
プラスチド……………………180, 224-228, 231, 235
不良形質………131, 135, 137, 138, 140, 143, 171
ブレイクダウン…………114, 118, 131, 133, 142
プロテオーム解析………………………………214, 231
プロラミン……………81, 202-208, 215, 272, 464
分げつ……………………………337, 362, 369-378
平均玄米粒厚……………………………………387, 388
m^2 当たり籾数……………………………285, 359, 423
米粒外観品質……………………………………350, 352
米粒内分布……………………………201, 206-209
β-アミラーゼ……………………89, 127, 224, 254
穂いもち……………49, 129, 132, 141, 144, 145
膨圧……………………251-253, 255-259, 263, 264
飽水管理……………………………384, 385, 386, 387
穂温……………66, 162, 276, 302, 383, 384, 448
圃場抵抗性…129, 131, 135, 137, 138, 140-147,
170
圃場抵抗性遺伝子……129, 134, 138, 142, 146,
147, 170
ホスホリラーゼ欠損変異………………………464
穂肥……176, 241, 280, 285, 290, 317, 322, 377,
423, 438, 454

ま 行

マイクロアレイ……………………………212, 213, 215
膜状構造……………………………………………186, 187
未熟粒……33, 45, 159, 174, 175, 188, 223, 241,
247, 271, 275, 285, 287, 289, 297, 301, 305,
308, 332, 349, 350, 367, 378, 410, 419, 430,

431, 433, 437, 446, 453
未熟粒歩合……38, 164, 300, 332, 352, 353, 354, 361, 362
水管理……42, 171, 242, 244, 264, 276, 309, 316, 342, 374, 383-387, 424, 431, 438, 445, 450, 451, 466
水ストレス…247, 248, 252-255, 264, 265, 310, 311
水ポテンシャル………255, 258, 259, 260-264
ミネアサヒ………………………73, 135, 164
みねはるか………………………53, 139, 170
蒸米酵素消化性……………………463, 467
明部…………………………………184, 185
メタボローム解析………………97, 98, 215
メタボロームプロファイル…97, 100, 104, 105
免疫染色法…………………………206, 207
基白粒…173, 175, 275, 278, 279, 280, 287, 290, 305, 426, 433, 441, 466
籾含水率……………239, 240, 241, 383, 384
籾の自動品質検査…………………394, 395
籾摺歩留……………394, 397, 398, 401, 402
籾精選別……………397, 398, 399, 401, 402

籾貯蔵………………393, 394, 397, 403, 404

や行

山田錦………………………………453, 456
山田錦最適作期決定システム……………465

ら行

ライスセンター……………………………414
落水時期……………241, 316, 364, 424, 426
落水灌漑……………………………450, 451
理化学的特性……7, 36, 43, 124, 174, 183, 256, 387, 390
粒厚選別機…………………361, 364, 394
粒重増加……………63, 165, 173, 303, 306
良玄米歩留…………397, 400, 401, 402
良食味……1, 5, 9, 10, 34, 41, 46, 57, 77, 92, 103, 109, 110, 129, 133, 135, 138, 142, 143, 149, 171, 179, 189, 191, 197, 201, 278, 323, 369, 380, 389, 392, 426, 433, 439, 442
良食味特性……………129, 133, 138, 142, 143
連鎖………………134, 135, 137, 139, 170, 171
老化性…………7, 8, 82, 109, 118, 119, 120, 127

執筆者一覧

● 編著者

松江勇次　九州大学大学院農学研究院

● 著者（執筆順）

丹野　久　北海道米麦改良協会　北海道米分析センター（元　北海道立総合研究機構　農業研究部　上川農業試験場）
平山裕治　北海道立総合研究機構　農業研究本部　上川農業試験場
尾形武文　福岡県農林業総合試験場
坂井　真　農業・食品産業技術総合研究機構　食農ビジネス推進センター
若松謙一　鹿児島県農業開発総合センター
大坪研一　新潟薬科大学（元　新潟大学大学院自然科学研究科）
中村澄子　新潟薬科大学（元　新潟大学大学院自然科学研究科）
佐野智義　山形県農業総合研究センター　水田農業試験場
後藤　元　山形県農業総合研究センター　水田農業試験場
五十嵐俊成　北海道立総合研究機構　産業技術研究本部　食品加工研究センター
坂　紀邦　愛知県農業総合試験場
福岡修一　農業・食品産業技術総合研究機構　次世代作物開発研究センター
竹内善信　農業・食品産業技術総合研究機構　九州沖縄農業研究センター
小林麻子　福井県農業試験場
新田洋司　茨城大学農学部
阿部利徳　山形大学農学部
増村威宏　京都府立大学大学院生命環境科学研究科
斉藤雄飛　京都府立大学大学院生命環境科学研究科
山川博幹　農業・食品産業技術総合研究機構　中央農業研究センター
羽方誠一　農業・食品産業技術総合研究機構　中央農業研究センター
中田　克　農業・食品産業技術総合研究機構　中央農業研究センター
宮下朋美　農業・食品産業技術総合研究機構　中央農業研究センター

山口 武志	農業・食品産業技術総合研究機構　中央農業研究センター
三ツ井敏明	新潟大学農学部
金古堅太郎	新潟大学大学院自然科学研究科
白矢 武士	新潟県農業総合研究所
長田 健二	農業・食品産業技術総合研究機構　西日本農業研究センター
和田 博史	農業・食品産業技術総合研究機構　九州沖縄農業研究センター
近藤 始彦	名古屋大学大学院生命農学研究科
田中 浩平	福岡県農林業総合試験場
森田　敏	農林水産省　農林水産技術会議
金　和裕	秋田県農業試験場
川村 周三	北海道大学大学院農学研究院
宮崎 真行	福岡県農林水産部水田農業振興課
井上 健一	ふくい農林水産支援センター（元　福井県農業試験場）
丸山 篤志	農業・食品産業技術総合研究機構　農業環境変動研究センター
池上　勝	兵庫県立農林水産技術総合センター

| JCOPY <（社）出版者著作権管理機構 委託出版物>

2018　　　2018年2月26日　第1版第1刷発行

米の外観品質・食味

| 著者との申し合せにより検印省略 |

編著者　松江 勇次

ⓒ著作権所有

発行者　株式会社　養 賢 堂
　　　　代表者　及川　清

定価(本体6400円＋税)

印刷者　株式会社　精 興 社
　　　　責任者　青木利充

発行所　〒113-0033　東京都文京区本郷5丁目30番15号
　　　　株式会社 養賢堂
　　　　TEL 東京(03)3814-0911　振替00120
　　　　FAX 東京(03)3812-2615　7-25700
　　　　URL http://www.yokendo.com/

ISBN978-4-8425-0563-3　C3061

PRINTED IN JAPAN　　　　製本所　株式会社精興社

本書の無断複写は著作権法上での例外を除き禁じられています。
複写される場合は、そのつど事前に、（社）出版者著作権管理機構
（電話 03-3513-6969、FAX 03-3513-6979、e-mail:info@jcopy.or.jp）
の許諾を得てください。